슬픈 옥수수

슬픈 옥수수

우리의 음식, 땅, 미래에 대한 위협 GMO

케이틀린 셰털리 지음 | 김은영 옮김

풀빛

이 책에 쏟아진 찬사

처음부터 끝까지 눈을 뗄 수 없다. 마치 탐정 스릴러물 같다. 어마어마한 폭발력과 충격량을 가진 이 책은 자신과 가족이 무엇을 먹고 있는지 이해하고 싶은 사람들이라면 꼭 읽어 봐야만 한다. 이 책을 읽은 후, 나는 새롭게 눈을 떴으며 먹거리 구입하는 방식을 바꿨다.

– 케이트 크리스텐슨, 《위대한 사람》과 《특별한 식사》의 저자

자신의 건강과 우리가 먹는 음식에 얽힌 진실을 찾고자 하는 한 여성의 용감한 여정을 다룬 흥미진진하고 감탄스러운 책. 처음부터 끝까지 진지하게 읽게 된다.

– 릴리 킹, 《유포리아》의 저자

환경운동가들은 왜 GMO 작물을 반대하느냐고 묻는 사람들을 가끔 만난다. 개인적인 호기심과 도전의 의지에서 출발한 이 책에 그 질문에 대한 분명하고 자세한 답이 들어 있다. 이 문제에 대해 어느 편에서 있든 이 책을 꼭 읽어 보고 싶을 것이다.

– 빌 매키번, 《우주의 오아시스 지구》와 《딥 이코노미》의 저자, '350.org'의 설립자

다뤄지는 내용 및 책 속에 표현된 입장 때문에 두고두고 연구와 탐색의 대상이 될 것이 분명한, 열정적이고 도발적인 책. 개인적인 열망과 현실에 대한 호기심에서 출발한 셰털리 자신의 정감 넘치는 여행을 들여다볼 수 있다. 대부분의 베스트셀러들이 그렇듯, 이 책 역시 국내 문제를 세계 문제와 연결시키는 한편, 우리가 먹는 음식들 속에 어떤 위험이 내재하는지를 어려운 과학을 동원하지 않고서도 이해하기 쉽게 설명한다. 대담하고 절박하며 규범적이고, 눈이 번쩍 뜨이는 새로운 세계로 안내하는 우리 시대의 중요한 책 중 하나.

– 마이클 패터니티, 《텔링 룸》과 《사랑 그리고 죽음의 또 다른 방법》의 저자

케이틀린 셰털리의 이 책은 철저한 조사와 어머니로서의 단호한 결심에 의해 태어났다. 우아한 문장으로 우리의 식품 공급 체계 속에 스며든 유전자 조작 식품들을 철저하게 파헤치고 있다. 진실을 찾고자 하는 작가의 여정을 통해 우리의 식품 공급에 대한 대기업의 통제가 얼마나 위험한지를, 그리고 또한 이에 대해 우리는 무엇을 할 수 있는지를 과학적역사적 맥락 속에서 호소한다.

– 에이미 굿맨, '데모크라시 나우!'의 설립자이자 프로듀서

내 귀여운 토끼와 사랑스러운 사자,
이 지구를 물려받을 너희 둘에게 이 책을 바친다.

차례

"사실상 땅의 운명과 사람의 운명 사이에는 차이가 없다."

-웬델 베리, 2012년 제퍼슨 강의•에서

일러두기

1. 본문에 있는 ( )와 [ ]는 가급적 원문을 따랐다.
2. 본문에 있는 각주는 원주이며, 옮긴이 주는 미주로 달았다.
3. 본문의 볼드고딕체는 원서에서 저자가 이탤릭체로 강조한 부분이다.
4. 외국어 인명 및 지명, 도서명, 상호 등의 한글 표기는 대체로 국립국어원 외래어 표기법을 따랐으나, 국내에서 발간된 외국 도서명 및 국내에서 운영되고 있는 외국 회사의 상호, 브랜드명은 국내에서 통용되는 것을 따랐다.

"사람은 자연의 일부이다. 그러므로 자연에 맞서는 전쟁은 결국 자신과 맞서는 전쟁임을 피할 수 없다."

– 레이철 카슨, 1963년 CBS 프로그램 〈레이철 카슨의 침묵의 봄〉 인터뷰 중에서

"그레이트플레인스[1]에서 내려다보이는 풍광은 마치 음악 같고, 신의 자비를 간구하는 풀들의 기도 같다."

– 그레텔 에를리히, 《광활한 공간이 주는 위안》

PART

1

/

플라이오버 컨트리[2]

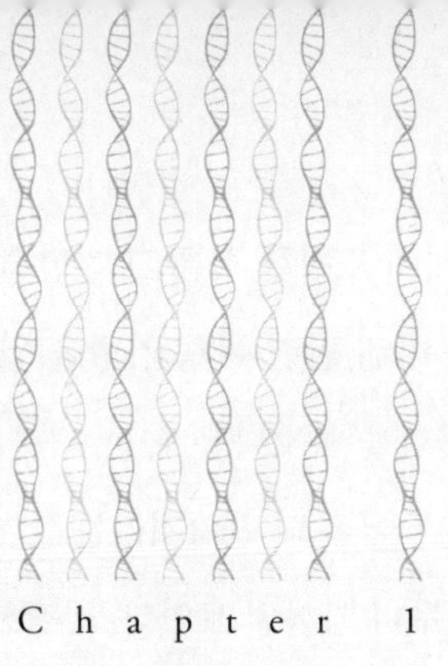

Chapter 1

내 차 위로 쭉 뻗어 있는 네브래스카의 푸른 하늘은 마치 짱짱한 고무 밴드 같았다. 바람결에서《나의 안토니아 *My Ántonia*》[3]가 담고 있는 변하지 않는 어떤 것이 느껴졌고 햇살은 땅 위로 내리꽂히는 듯 강렬했다. 시선이 닿을 수 있는 먼 곳까지, 사방은 바싹 마른 갈색의 콩밭과, 마찬가지로 바싹 마른 황금색 옥수수 밭이었다. 나무는 한 그루도 눈에 띄지 않았다. 하늘 끝과 맞닿은 곳까지, 오로지 드넓은 콩밭과 옥수수 밭, 그리고 또 콩밭과 옥수수 밭이 교대로 이어졌다. 먼 바다에서 파도에 실려 넘실거리는 배처럼, 햇살을 받아 반짝이는 트랙터들의 질서 정연한 움직임은 파고들 틈도 없을 것 같이 짙은 먼지 폭풍을 피워 올리며 오징어 먹물 색깔의 띠를 땅 위에 남기고 지나갔다. 수확의 계절이었다.

콜로라도주의 덴버에 도착한 것은 그 전날 늦은 오후였다. 비행기에서 내려 손으로는 바퀴 달린 여행 가방을 밀고 어깨에는 L. L. 빈Bean 배낭을 멘 채 공항을 빠져나온 순간, 나는 갑자기 참을 수 없는 갈증을 느꼈다. 눈을 들어 보니 반짝거리는 눈 모자를 쓴 로키산맥이 시야에 들어왔다. 너무나 가까워 보였다. 지평선에 거의 내려앉은 무자비한 태양을 지나 팔을 쭉 뻗으면 그 산에 손이 닿을 것만 같았다. 그 눈을 한 손 듬뿍 떠서 내 마른 입안에 넣을 수 있다면 얼마나 시원할까 싶었다. 산맥으로부터 렌터카 주차장으로 시선을 돌리니 콜로라도 동부에서 이제 내가 가려 하는 네브래스카까지, 그레이트플레인스를 가로질러 종잇장처럼 평평하고 너른 땅이 펼쳐져 있었다.

내가 덴버에 온 것은 출발점이 필요해서였다. 이야기, 어쩌다 보니 얽혀 들게 된, 삶이 예술이 되고 예술이 삶이 되는 그런 식의 이야기를 시작할 출발점. 두 달 전, 〈엘르*Elle*〉라는 잡지에 기사 하나를 기고했다. 알레르기 전문가이자 면역학자인 패리스 맨스먼Paris Mansmann 박사를 만날 때까지 4년이라는 긴 세월 동안 끈질기게 나를 괴롭혔던 질병에 대한 기사였다. 맨스먼 박사는 메인주 야머스—내가 살던 메인주의 최대 도시 포틀랜드에서 멀지 않은 곳—외곽에서 병원을 운영하는 의사이다. 맨스먼 박사는 나의 증상이 제초제 내성 및 자체적으로 살충제 성분을 갖도록 DNA가 조작된 GMO 옥수수 단백질에 내 몸이 예민해지면서 생긴 증상인 것 같다고 말했다. 그러한 이상異常 유전자가 나의 면역 시스템을 교란시켰다는 것이다.

그의 이론은 비정통적이고 어떻게 보면 헛소리처럼 들릴 수도 있고, 알고 보면 대단히 큰 논쟁의 소지를 안고 있지만, 나는 그의 주장을 믿기로 했다. 그 주장을 외면할 수 없을 만큼 내가 처한 상황이 절망적이었다. 결혼한 첫해와 내 아들 마스든Marsden이 태어난 후 2년을 오롯이 아픈 상태로 지냈다. 여기서 '아프다'는 표현은 '컨디션이 썩 좋지 않다'거나 약간 속이 불편하다거나 하는 정도가 아니다. 진짜 너무나 아파서, 내 몸 관절 전체에 통증이 번지고 허벅지와 발목이 약해져서 마치 아흔 살 먹은 노파처럼 절뚝거리며 다녀야 할 정도였다. (남편 댄Dan에게 내 발목을 영화 〈미저리〉의 여배우 캐시 베이츠Kathy Bates가 부러뜨려 놓은 것 같은 기분이라고 농담처럼 말하곤 했다.) 몸은 너무나 지쳤는데도 불구하고, 마치 전기 콘센트에 꽂혀 있는 것처럼 편히 잠을 자지도 못하는 이상한 상태였다. 끔찍한 두통에 끊이지 않는 코감기, 발다리팔의 저림과 무감각, 피자 소스를 바른 것처럼 번지는 얼굴의 발진. 그동안 나는 시도할 수 있는 모든 치료 또는 상담을 받았다. 호르몬 치료, 비타민 주사, 요오드 알약, 제한 식이요법. 만성적인 라임병Lyme disease[4] 치료를 위해 몸이 쇠약해질 정도로 강력한 항생제 치료도 오랜 기간 받았다. 그러나 어떤 치료도 내 몸을 낫게 하기는커녕 더 아프게만 하는 것 같았다. 앤드루 와이어스Andrew Wyeth의 그 유명한 그림[5]에 나오는 크리스티나가 된 기분이었다. 세상은 내 손이 닿지 않는 곳에 있었다. 하버드 대학교 출신의 의사에서부터 심지어는 주술사에 이르기까지, 만나 주겠다고 하는 모든 전문가들을 보러 다니는 데 수천 달러씩 쓰며 세월을 보냈다. 그 긴 시간 동안, 우리는 누군가 이 퍼즐을 풀 열쇠를 찾아 내 몸을 낫게 해 주기를 간절히 바랐다.

그러나 내가 맨스먼 박사의 이론을 신뢰한 것은 단지 절망감 때문만이 아니었다. 'GMO'로 통칭되는 유전자 조작 생물체에 생각이 미치기 훨씬 이전이었고 나의 어디가 문제인지에 대해 어렴풋한 실마리조차 잡지 못하던 2010년, 당시 한 살이던 마스든이 어느 날부턴가 갑자기 잠을 자다가 발작적으로 울면서 호흡 곤란으로 얼굴이 새파랗게 질리는 증상을 보였다. 그런 증상이 처음 있던 날, 댄과 나는 급히 차를 몰아 응급실을 찾았고, 의사들은 아기에게 심전도 검사를 실시했다. 그들의 진단은 이랬다. "이 아이는 '유아 호흡 정지 증후군breath-holding syndrome'이라는 행동상의 문제를 가지고 있습니다." 우리는 멍한 얼굴로 의사를 바라보았다. 의사의 설명이 이어졌다. "이건 일종의 떼쓰기입니다. 아이들은 종종 이런 식으로 욕구를 표현합니다. 부모로서 더 확실한 결단력을 보여 주실 필요가 있어요. 잠잘 시간이면 정말 잠을 자게 해야죠." 한 간호사가 거들었다. "다섯 살 때까지 이런 증상을 보인 아이도 봤답니다! 그 애 가족들은 그럴 때마다 '얘가 또 시작이야…' 그러더러라니까요." 응급실 의사는 아이의 관심을 다른 곳으로 유도하라고 조언했다. 아이가 숨을 멈추는 것을 '잊도록' 하라는 것이었다. 이게 진짜 현실인지 아닌지도 분간하기 어려운 혼란스러운 상태에서도, 그 후 사흘 밤을 마스든이 울다가 지쳐 얼굴이 파래지고 그러다가 결국은 내 품 안에서 하얗게 질릴 때까지 "우리 아기 착한 아기, 자장자장 잘도 잔다~" 하며 상황에 맞지도 않는 노래를 불렀다. 나도 모르게 응급실 의사의 조언에 따르고 있었던 거다.

이걸 엄마의 본능이라고 해야 할까. 아이가 울다가 숨이 넘어가는 증상을 세 번이나 겪은 후—첫아이를 얻은 젊은 엄마가 백오십 살 할머니로 폭삭 늙어 버리기에 충분한 경험이었다—나는 뭔가 다른 이유가 있다는 확신이 들었다. 내 아들에게 어떤 "행동상의 문제"보다 훨씬 더 크고 심각한 뭔가가 있는 것이 분명했다. 나는 생각을 정리해 보았다. 갓 태어났을 때, 마스든은 선한 천성이 밖으로 환하게 드러나는 아이였다. 주변을 한번 둘러본 후 댄과 나를 쳐다보는 마스든의 표정은 마치 "다들 왜 이 난리예요?" 하고 묻는 것 같았다. 우는 일도 거의 없었다. 아이는 이 거대하고 복잡한 세상의 매력에 흠뻑 빠져 있었다. 마스든의 생후 2개월 무렵, 불황으로 경제 사정이 나빠지자 우리는 LA의 아파트를 정리하고 대륙을 가로질러 메인주에 있는 친정 엄마의 집으로 들어갔다. 그 긴 여행길에도 아이는 느긋하고 의젓했다. 그때까지 마스든은 잠도 잘 자고 언제나 행복한, 해맑고 순한 아이였다.

그나마 다행인 것은, 담당 소아과 의사도 이 문제가 행동상의 문제인지 아니면 우리가 바로잡아야 할 마스든의 성격상의 문제인지 확신하지 못했다는 것이다. 유아 호흡 정지 증후군, 또는 "발작"의 원인이 철 결핍증, 공포, 트라우마 또는 아기가 너무 어려 말로 표현하지 못하는 어떤 통증*인 경우도 있다고 했다. 담당 의사는 마스든이 더 어린 아기였을 때부터 나타나 1년 이상 계속되고 있던 습진부터 다시 들여다보고 싶다고 했다. 마스든의 습진은 고형식을 먹기 시작하면서 나타나더니, 캘리포니아의 산불처럼 급격하게 번졌다. 처음에는 무릎 뒤와 팔꿈치 안쪽에서 조그만 반점처럼 나타났는데, 몸통과 팔다리로 번지더니 나중에는 뺨에까지 나타났다. 밤이면 나는 마스든의 몸에 유기농 오일을 발라 주고 특히 심한

* 요즘에는 유아 호흡 정지 발작에 대해 2010년 당시보다 더 많은 정보들이 나와 있다. 이 증상이 어떠한 신경생리학적인 이유 없이 나타나는 "떼쓰기"라는 주장은 의학적 문헌에서 사라진 상태다.

부위에는 아연 연고를 문지르며 조금이라도 증상이 진정되기를 기도했다. 의사는 음식 알레르기도 호흡 정지 증후군에 영향을 미칠 수 있으니, 제외식이elimination diet를 시도해 볼 것을 제안했다.

그 후로 그해 겨울과 이듬해 봄으로 이어지는 몇 달 동안, 우리는 마스든의 식단에서 밀가루, 달걀, 유제품, 옥수수, 콩, 가지, 생선류, 조개류, 땅콩을 비롯한 모든 견과류 등을 한꺼번에 엄격히 제거했다. 내 기억에, 우리는 칠면조, 현미, 브로콜리만 먹었던 것 같다. 흥미로운 것은, 그 당시에는 가지와 마찬가지로 옥수수도 대부분의 제외식이 프로그램에 포함되지 않았다는 점이다(소아 전문가 윌리엄 시어스William Sears 박사가 옥수수를 포함시킬 것을 권장했음에도 불구하고). 그러나 담당 의사는 옥수수가 문제일 가능성도 있으니—물론 가지의 경우처럼 가능성은 거의 없지만—확실히 하기 위해 옥수수도 뺄 것을 권했다. 단 며칠 만에 금방이라도 아이를 잡을 것만 같던 발작이 멈추었고, 습진이 눈에 띄게 줄었다.

마스든의 증상이 크게 호전되자, 우리는 뺐던 식품을 다시 식단에 넣기 시작했다. 제일 먼저 상에 오른 것이 미국인들 대부분이 주식으로 섭취하는 식품 중 하나이자 나 역시 가장 안전하다고 믿었던 옥수수였다. 세상에 누가 옥수수를 문제 있는 식품이라고 생각했겠는가? 나는 옥수수를 무척이나 좋아했다. 초록색 잎을 하늘거리며 쑥쑥 자라는 생장 모습도 좋았고, 미국 땅 어디를 둘러봐도 평화롭게 펼쳐진 옥수수 밭도 좋아했다. 옥수수를 먹는 것도 좋았다. 콘칩, 토르티야, 팝콘, 나초, 보글보글 끓이다가 불을 끄기 직전에 파르마산 치즈와 버터를 넣고 바삭하게 구운 케일을 토핑으로 얹은 부드러운 옥수수 죽(내가 댄에게 제일 처음 만들어 주었던 음식도 바로 이거였다), 옥수수 크림수프…. 뿐만 아니라 집에서 만들어 먹이는 거의 모든 야채 이유식에는 냉동 스위트콘을 푹 끓여서 곱게 간 것을 섞었다. 내 나름으로는 섬유소를 보충해 준다는 생각이었다. 요리도, 먹기도 좋아하는 한 사람, 자칭 독학 요리사로서 나는 음식에 어떤 제한을 두는 것도 달가워하지 않았다. 오히려 질감과 향미, 색깔과 다양성을 추구했다. 그리고 옥수수와 옥수수 제품은 언제나 내 식재료 중 하나였다.*

친정아버지는 나 못지않은 프리토스 열혈 팬인데, 잘 익은 옥수수를 꼬치에 꿰어 버터를 발라 구워 먹는 8월이면 늘 자랑 삼아 얘기하시던 가족사도 있었다. 아버지는 우리 증조부가 옥수수 알을 쉽게 뜯어 옥수수 크림수프를 만들 수 있게 한 발명품에 대해 늘 이야기했다. 그 기계는 우리 집 주방에서 한 자리를 차지했다. 뾰족한 못이 삐죽삐죽 솟은 작은 나무 벤치처럼 생겼고, 못 뒤로는 옥수수 알이 잘 떨어져 내릴 수 있도록 빈 공간이 있었다. 증조부가 이 기계를 들고 발명 특허를 따기 위해 특허청에 갔더니, 똑같은 옥수수 알갱이 탈곡기를 들고 와서 기다리는 사람들이 줄을 서 있었다고 한다. 할아버지는 당신의 발명품으로 특허를 얻겠다고 기다리는 것은 무의미하다고 판단하고, 특허로 경쟁하겠다는 생각을 거두셨던 모양이다. 풀이 죽은 채 특허청에서 나온 할아버지는 오하이오주 와이오밍에 있는 집으로 터덜터덜 돌아갔다. 하지만 우리 가족들, 특히 아버지는 해마다 여름이면 증조부의 발명품을 충실히 사용했다. 싱싱한 옥수수 알갱이를 따서 이중 솥에 넣고 타지 않게

* 이렇게까지 쓰기는 좀 민망하지만, 사실 대학 시절에 고급 영문학 프로그램을 끝까지 마칠 수 있었던 것은 커피와 도리토스(밤을 샐 때마다 한 봉지씩), 오레오(이것도 역시 한 통씩) 덕분이었다고 믿는다.

끓인 다음 버터와 소금, 후추를 가미했다. 때로는 이걸로 아침 식사를 대신했고, 때로는 생선 요리나 햄버거에 곁들여 먹기도 했다.

최근 들어서는 할아버지의 이 옥수수 알갱이 탈곡기가 낡은 시대의 유물이 되어 버린 것 같다. 어느 해 여름, 켄터키주에 출장을 간 아버지는 일요일 아침 산책을 나갔다가 한 고물상을 지나게 되었다. 유리창을 통해 증조부가 만든 것과 아주 비슷하게 생긴 탈곡기를 보았는데, 그 기계 아래에 검은 글씨로 '이게 무엇일까요?'라고 쓴 작은 쪽지가 붙어 있었다고 한다. 다음 날, 메인주로 돌아온 아버지는 그 고물상에 전화를 걸어 주인에게 그 기계가 무엇에 쓰는 물건인지를 일러 주었다. 그러고는 그 탈곡기를 사서 내 남동생에게 선물로 주었다.

제외식이가 성공한 후, 소아과 의사는 그동안 제대로 먹지 못한 우리 환자에게 먹을 것을 듬뿍 주어야 한다고 말했다. 사흘 동안은 끼니마다 식단에 포함된 식품들을 자세히 관찰해야 했다. 그것이 우리 아들의 몸을 제대로 이해할 수 있는 최선의 방법이었다. 그랬더니 놀랍게도 옥수수를 테스트하는 동안 습진이 다시 나타나기 시작했고 이내 성이 나서 마스든의 팔다리와 뺨이 빨갛게 짓무르는 것이었다. 마치 고장 난 수도꼭지처럼 코에서는 콧물과 점액이 쉴 새 없이 흘렀다. 마스든은 코가 막혀 힘들어했다. 자주 보채면서 잠을 잘 자지 못했고, 밤이면 숨소리도 거칠어졌다. 그리고 잠을 자다가 도저히 어떻게 달래 볼 수 없을 정도로 심하게 우는 증상이 다시 시작되었다. 그때 마스든은 겨우 생후 15개월이었기 때문에 무엇이 불편한지, 배가 아픈지 머리가 아픈지, 아니면 어디가 가려운지 말로 표현할 수도 없었다. 하지만 댄과 나는 뭔가 심각한 일이 벌어지고 있음을 목격하는 중이었고, 아들의 모습은 도저히 눈을 뜨고 볼 수 없을 만큼 비참했다.

의사의 조언에 따라, 우리는 마스든의 식단에서 옥수수를 뺐다. 적어도 우리는 그렇게 했다고 생각했다. 알고 보니, 미국 식품의약국 FDA의 규정에는 옥수수 식품의 포장지나 포장 용기에 옥수수가 알레르겐allergen(알레르기 유발 물질)임을 알리는 표시를 해야 한다는 내용이 없었다. 그러나 포장 식품의 80퍼센트가 GMO 옥수수나 GMO 콩으로 제조된 성분을 함유하고 있다. 사실은 '유기농 식품'의 첨가제로 사용할 수 있도록 법적으로 허용된 비유기농 물질—그중 일부는 화학물질이다—이 250여 종 이상이고, 그중 대다수가 공업적으로 생산된 옥수수나 GMO 옥수수를 원료로 만들어진다. 이 글을 쓰고 있는 현재에도 미국에서는 여전히 식품 포장재의 GMO 성분 표시를 의무화하지 않고 있다(워싱턴에는 각 주가 자체적으로 GMO 성분 표시를 할 수 없도록 엄청난 압박이 가해지고 있다*). 하지만 그렇다 하더라도 정말 이상한 것은, GMO

* 2015년이 끝날 무렵, GMO 식품의 성분 표시를 의무화하고 규제할 각 주 정부의 권리를 부정한 '안전하고 정확한 식품 표기법(Safe and Accurate Food Labeling Act)'이 하원에서 통과되었다. 이 법안을 반대하는 측은 이 법안을 미국인들의 알 권리를 부정하는 법안(Deny Americans the Right to Know)이라 하여 'DARK 법안'이라 칭했다. 식품 안전 센터 소장인 앤드루 킴브렐(Andrew Kimbrell)은 이 법안이 "몬산토 사와 농산업계 기업들"로부터 후원을 받았음은 널리 알려진 사실이라고 말했다. 또한 그는 이 법안이 "수천만 미국 시민들의 민주적인 결정권을 효과적으로 무력화할 것"이라고 했다. 뿐만 아니라, "기업의 영향력이 승리하고 시민들의 목소리는 무시되었다"라고 주장했다. DARK 법안이 발효되자—2015년 연말에 FDA가 (아쿠아바운티AquaBounty라는 매사추세츠주의 한 회사가 생산하는, "자연산" 연어보다 두 배나 생장 속도가 빠른) 유전자 조작 연어를 승인한 것에 대한 여파로—하원에서는 해당 연어가 슈퍼마켓에서 판매되기 전에 GMO 식품에 대해 보다 상세히 표시할 방안을 강구하라고 FDA에 요구했다. FDA는 생산업체가 더 이상 'GMO-free' 또는 이와 비슷한 의미의 표시를 할 수 없게 하겠다는 방안을 내놓았다. 그러나 FDA가 원한 것은 "현대적인 생명공학을 이용하여 유전학적인 조작을 거치지 않은"과 같은, 'GMO-free'보다 조금 더 긴 설명문이었다. 엄마들이 그 내용을 이해하는 데 약간의 시간을 더 소모하게 만든 것뿐이다! 그 후의 상황을 업데이트하자면, 2016년에 DARK 법안은 상원에서 간발의 차이로 통과하지 못했다. 한 정치가의 보좌관이 나에게 전한 바에 따르면, 캠벨 수프(Campbell's Soup)의 경영자 중 한 사람은 정부가 GMO 성분 표시법을 만들든 말든 "기차는 이미 떠났다"라고 말했다고 한다. 그러나 시민들은 성분 표시를 원한다.

와 가공 식품 시스템 사이에서 점점 커지고 있는 불협화음 속에서도 점점 더 많은 제조업체들이 옥수수 성분을 표시하거나 GMO 원료들을 성분 표시에서 아예 제외하기 시작했다는 점이다. (어제만 하더라도, '유기농 후추와 해염으로 만든 포테이토칩'이라는 제품명이 찍힌 홀푸드Whole Foods Market[6] 제품을 보고 기절할 뻔했다. 커다란 글씨로 찍힌 제품명 아래 작은 글씨로 적힌 성분 목록에는 '유기농 포도당', '유기농 말토덱스트린'이 포함되어 있었고, 말토덱스트린과 관련하여, "옥수수로부터 추출하지 않았음"이라고 강조되어 있었다[포도당은 흔히 옥수수에서 만들어지는데, 이 제품에 사용된 포도당은 그렇지 않은 것이 분명해 보인다]. 이것은 새로운 성분 표시이다.*)

시간이 흐르면서, 댄과 나는 거의 모든 식품에 옥수수가 포함되어 있다는 사실을 발견했고 대혼란에 빠져들었다. 사방 도처 곳곳에 숨어 있는 '월리'를 찾는 기분이었다. 베이킹파우더, 치즈, 비타민, 약품, 티백, 주스, 주방 세제, 보존제, 종이컵 코팅제, 과일 가게에 진열된 과일들의 왁스 코팅제…. 한도 끝도 없었다. 아무리 믿을 만하게 '천연', '유기농' 표시가 되어 있더라도 우리 가족이 사용하는 거의 모든 것이 결국은 아이오와주의 옥수수 밭에서 출발한 것이었다. '잔탄검xanthan gum'**[7], '야채 전분', '변성 전분', '구연

* 핵심을 이해하기 위한 아주 간단한 유기화학 상식 한 가지. 식품업계에서 사용되는 대부분의 화학물질(유기농 식품의 인증 방식과 똑같은 원리로 비유기농인)들은 석유에서 출발한다. 식품용 화학물질은 '탄소'가 기반이다. GMO 옥수수라는 마법의 상품이 등장한 이후로 점점 더 많은 화학물질과 생산품들이 옥수수를 기반으로 생산된다.

** 기술적으로 들여다보면, 잔탄검은 옥수수에서 자라는 박테리아에서 만들어진다. 이를 위해 옥수수를 수확할 때 일부는 수확하지 않고 그대로 남겨 둔다고 한다. 그러나 일부 제조사에서는 제조 과정에서 옥수수를 절대로 사용하지 않는 'corn-free' 잔탄검을 만들고 있다고 주장한다. 나는 글루텐 섭취를 끊으면서 빵을 구울 때 잔탄검이 필요했는데, 내가 'corn-free' 잔탄검에 대해서는 아무런 거부 반응이 없다는 사실을 알게 됐다.

산', '천연향', '비타민 C' 등 그 이름도 수십 가지였다. 거의 매일같이, 고개를 돌릴 때마다, 하루는 "이 치약에도 옥수수가 가득 들어 있어!", 그다음 날에는 "잠깐! 이 주방 세제도 옥수수로 만들었네!", 그리고 일주일 후에는 "어머나! 요오드 소금에도 포도당이 들어 있어!", 그리고 또 "소아용 이부프로펜인데, 여기에도 옥수수가 들어 있네!" 이런 식이었다. '100% 유기농' 또는 'non-GMO'라는 표시가 붙은 유아식조차 보존제로 구연산과 아스코르브산을 사용하는데, 이 두 가지 모두 GMO 옥수수에서 만들어지는 것이다.

질려 버린 나는 어느 날 밤 댄에게 말했다. "이건 불가능한 싸움이야." 우리는 어쩔 수 없이 패배를 인정했다. 돌이켜 보아도, 할 만큼 했지만 더 이상 발버둥 치는 것은 무의미했다. 우리는 지쳤고 혼란스러웠으며, 더 버틸 힘도 없었다. 아들에게 먹을 것과 입을 것과 살 집을 마련해 주는 것이 가장 중요한 세 가지 임무라면, 우리는 그 첫 번째 임무에서부터 실패한 느낌이었다. 우리는 결국 아들에게 가능한 "최선의" 웰빙 환경을 만들어 주기로 결정했다. 옥수수는 완전히 제거하기에는 너무나 어려운 적이었다.

그러나 우리의 삶 안으로 쉴 새 없이 옥수수를 흘려보내는 옥수수 저장고의 구멍을 손가락으로 틀어막아 보려고 버둥대던 그 혼란기에 우리에게 스트레스를 더해 주었던 것은, 아무도 그 원인을 콕 찍어 밝혀 주지 못한 병이 점점 더 심하게 나를 괴롭힌다는 사실이었다. 안면 발진, 낫지 않는 코감기, 과민 대장 증후군IBS 등 마스든에게 나타나던 증상들 중 일부는 아이에게만 나타나는 것이 아니었다. 하지만 내가 가장 견디기 힘들었던 것은 온몸에 나타나더니 점점 더 심해지는 통증이었다. 아픈 부위도 한 곳이 아니라 이리저리 옮겨 다녔다. 가장 참기 힘든 곳은 두 손이었다. 손이 뻣뻣해지고 너무나 심하게 아파서 마스든의 스웨터에 달린 조그만 단추를 채우거나 아이의 섬세한 피부에 일회용 밴드를 붙여 주는 것도 거의 불가능했다. 이유식 병뚜껑을 열거나 내가 만드는 모든 요리에 꼭 넣곤 하던 파슬리를 잘게 다지는 일도 할 수 없을 정도였다. 우리가 기르던, 키 크고 늘씬한 로티-셰퍼드 잡종견 호퍼를 산책시킬 때도 손이 아팠다. 꽁꽁 얼어붙은 듯 뻣뻣해진 손은 작가로서의 내 경력에도 좋을 리 없었다. 여러 달 동안 나를 괴롭히는 이런 증상들을 나는 일단 덮어 두었다. 애드빌Advil[8] 몇 알과 비타민제(나를 암소처럼 튼튼하게 만들어 줄 거라는 믿음으로 한 줌씩 삼켰다)로 버티며 할 수 있는 한 건강식을 섭취했다. 그리고 에너지를 끌어올리고 아이에게 집중하기 위해 커피를 몇 잔씩 마셨다. 내 몸이 어떻게 되어가든, 일단 그 문제는 마주하고 싶지 않았다.

내가 얼마나 아픈지는 거의 아무에게도, 가까운 친구는 물론 직계 가족을 제외한 다른 친척들에게도 말하지 않았다. 어떻게, 왜 아픈지를 설명할 수 없었기 때문이다. 정확한 진단명도 없이 그저 갖가지 증상만 있을 뿐이었다. 어느 날 밤 댄이 말했다. "스트레스 때문이야."

"스트레스 때문이에요." 나는 친정 엄마에게 말했다.

돌이켜 보면, 그때 댄과 나는 바깥세상을 향해 "아주 잘 지내고 있는" 척을 하느라 무진 애를 썼다. 하지만 남의 눈과 귀가 닿지 않는 우리만의 공간인 집 안에서는 속절없는 걱정과 원인에 대한 탐색, 그리고 내 병이 낫게 해 달라는 간절한 기도로 세월을 보냈다.

2010년 8월의 어느 여름밤이었다. 침대에서 나오지도 못할 정도로 극심한 증상을 겪은 후, 댄과 나는 마주 보며 말했다. "이건 예삿

일이 아니야. 현실이야. 아무것도 효과가 없어. 이렇게 살 수는 없어." 그 순간을 지금도 생생히 기억한다. 바로 그때가 터닝포인트였으니까. 우리는 최악의 경우를 두려워하기 시작했다. 그 병은 우리를 사로잡고 우리의 삶 속에서 한 자리를 차지하고 있었다. 그게 무엇이든, 우리 삶 자체를 위협하고 있지 않다 하더라도 우리의 삶을 망가뜨리고 있는 것은 분명했다. 우리가 스스로 공포를 느끼고 있음을 인정하는 것만으로도 그 병 앞에서 이미 녹초가 된 듯했다. 그날 밤, 무릎의 힘이 완전히 풀려 버린 느낌이었던 것을 지금도 기억한다. 나는 주방 수납장에 기대어 있었고 댄은 주방에 선 채로 이야기를 나누고 있었는데, 어느 순간 내가 바닥에 푹 주저앉고 말았다. 속수무책인 내 상황이 너무나 갑갑해서 울음이 터져 나왔다. 옛날 흑백 영화에 나오는, 여주인공이 갑자기 정신을 잃고 쓰러지자 누군가 스멜링 솔트smelling salt[9]로 정신을 차리게 하는 그런 장면과 비슷했다(나를 스칼렛이라 불러 주오).

2~3주 후, 나는 보스턴에 있는 매사추세츠 종합병원에 다니기 시작했다. 웬만한 알레르기 증상이나 질병에 대한 거의 모든 것을 테스트했다. 검사 결과가 나올 때마다 댄과 나는 최악의 경우를 대비했다. 그러나 내게 나타나는 증상은 내가 만난 모든 전문가들을 어리둥절하게 만들었다. 한 가지 가정이 세워졌다가 허물어지는 일이 몇 달 동안 계속되었다. 뇌 스캔, 신경과 정밀 검사를 받았고, 섬유근육통을 포함해 온갖 이유로 셀 수도 없이 많은 약을 먹었다. 내가 다니는 병원의 일반의는 섬유근육통이라는 진단이 코에 걸면 코걸이, 귀에 걸면 귀걸이라 그 병이 정확히 어떤 병인지, 어떻게 해야 나을 수 있는지 아무도 모른다고 했지만 어쩔 수 없었다. 온갖

짓을 다 해도 증상은 호전되지 않았다. 점점 더 심해질 뿐이었다.

2011년 2월, 맨스먼 박사의 병원에 처음 가게 되었다. 뉴글로스터 도심 북쪽에서 시작해 남쪽으로 굽이굽이, 야머스를 관통해 캐스코만灣까지 흘러가는 로열 리버 강변에 자리 잡은 병원이었다. 강물은 하얗게 꽁꽁 얼어 있었고, 벌거벗은 가로수들은 강변을 지키는 은빛의 초병들처럼 서 있었다. 맨스먼 박사는 숱 많은 은발의 노신사로, 굉장히 진중해 보이는 인상이었다. 박사는 부드럽지만 절제된, 높낮이나 속도가 거의 일정한 목소리로 말했다. 부인인 레슬리Leslie가 접수를 끝내고 나를 들여보내자, 박사는 의학 저널과 《면역학》, 《비염》, 《스테드먼 의학 사전*Stedman's Medical Dictionary*》 같은 두꺼운 책과 파일 캐비닛에 빙 둘러싸인 대기실을 지나 나를 안내했다. 현미경, 비커, 여러 개의 병에 각종 용액이 들어 있는 작은 실험실도 지나서 금속 테이블과 목재 책상이 있는 아담한 진찰실로 들어갔다.

맨스먼 박사는 3대를 이은 알레르기 전문가로, 고등학생 시절부터 아버지가 운영하는 필라델피아의 제퍼슨 메디컬 칼리지 알레르기 클리닉에서 일하기 시작했다. 박사는 필라델피아의 세인트조지프 유니버시티 대학교에 다니면서 아버지가 "두어 가지"의 천식약을 개발할 때 곁에서 도왔다고 말했다. (두 사람이 개발한 슬로비드Slo-Bid와 에어롤레이트Aerolate는 오랫동안 천식 치료제로 쓰였다.) 학부를 졸업한 뒤, 박사는 듀크 대학교에서 미국 국립 보건원NIH 펠로우십으로 세 과목—내과, 소아과 그리고 알레르기 및 면역학—의 전문의 자격을 취득했다. 듀크에서 모건타운의 웨스트버지니아 대학교로 옮긴 그는 알레르기 및 면역 클리닉을 이끌었고,

미국 국립 산업 안전 보건 연구원NIOSH과 함께 근로 환경이 야기하는 호흡기 질환을 연구했다. 2000년, 박사는 랭글리 호수 근처로 이사한 부모님과 가까이 살기 위해 가족을 이끌고 메인주의 야머스로 옮겨 왔다. 부모님에게 가족의 손길이 필요하다고 생각했기 때문이다.

나와 마주 앉은 맨스먼 박사는 두툼한 나의 진료 파일을 옆으로 밀어 놓고 빈 종이 한 장을 꺼냈다. 파일은 이미 다 읽었지만, 처음부터 내게서 직접 이야기를 듣고 싶었다고 했다. "제가 생각할 수 있는 모든 검사를 이미 다 하셨더군요. 그러니 이제 저는 질문만 하겠습니다." 그러더니 나에게 여러 가지를 묻기 시작했다. 발진이 번지기 시작한 것은 언제부터였나? 통증은 근육에서 느껴지는가, 아니면 더 깊은 곳에서 느껴지는가? 손이 딱딱하고 뻣뻣하게 느껴지는가, 아니면 관절이 아픈가? 잠에서 깰 때가 더 아픈가, 아니면 밤에 더 아픈가? 컨디션이 좋을 때와 나쁠 때의 주기가 있는가? 감기는 항상 달고 있는가? 호흡 곤란을 느낀 적은 없는가? 그렇게 질문과 답을 이어 가는 동안, 박사는 세상에 급할 것이 없는 사람처럼 보였다. 나는 차츰 마음이 편해지기 시작했다. 4년 만에 처음으로, 누군가가 내 이야기를 정말 귀담아 듣고 있다는 기분이 들었기 때문이다. 적어도 표면적으로라도 내 증상에 뭔가 그럴듯한 이름표를 붙여 줄 수 있는 사람을 만난 것 같았다.

나는 그동안 얼마나 답답했는지 하소연했다. 이 증상이 너무 오래 계속되어서 아들과 보내야 할 소중한 시간을 빼앗기고 있다고 했다. 그러다가 어느 순간 갑자기 마음이 약해진 나는, 두려운 마음까지 털어놓았다. 박사는 고개를 끄덕이며 거의 아무런 감정도 드러내지 않은 채 자가면역 질환은 진단에만 8년이 걸린 경우도 있다고 했다. "하지만 그런 경우가 있었다는 이야기이고, 환자분의 경우에는 유전자 조작 옥수수에 대한 반응이 점점 민감해진 걸로 보이네요." 박사는 아무것도 아니라는 듯이 말했다.

나는 어리둥절한 얼굴로 박사를 쳐다보았다. "네?"

그냥 피곤해서 그랬던 게 아니고요? 나는 박사에게 물었다. 책 한 권을 다 쓴 것이… 거의 1년 전이었다. 하지만 피곤한 건 사실이었다. "책 한 권을 쓴다는 것은 지독히 피곤한 투쟁이다. 끔찍하게 아픈 병을 앓는 것과 같다"라고 조지 오웰George Orwell도 말하지 않았던가? 아니면 스트레스 때문이었을 수도 있고. 박사의 이야기는 도저히 믿기지 않았다.

박사는 고개를 저었다. 그의 말에 따르면, GMO가 처음 등장한 이후로 옥수수 자체가 아니라 해충에 대한 내성을 지닌 옥수수를 만들기 위해 삽입한, 즉 장내 독소로부터 생성된 단백질과 옥수수를 '라운드업 레디Roundup Ready' 상태로 (즉 몬산토Monsanto 사가 '라운드업'이라는 상표명으로 개발한 글리포세이트 제초제에 내성을 갖도록) 만들기 위해 삽입한 단백질에 대해 만성적인 알레르기 반응을 보이는 사람들이 나타나기 시작했다는 것이다. 박사는 GMO 옥수수 안에서 이루어진 이 작은 유전자 조작이 인체의 면역 체계에서 과도한 반응을 유발하고 비정상적인 신체 반응을 야기하는 것으로 보인다고 말했다. 박사는 이러한 특정한 반응이 체내의 혈류에서 호산성 백혈구eosinophil의 과도한 분출을 유발하여 이를 점막과 근육, 안면 시스템, 내장에 유입시킨다고 보았다. 이러한 반응이 진행되면, 그 증상이 자가면역 질환이나 만성적인 '혈청병serum sickness'*이라 불리는 질환과 유사하게 보인다고 했다. 만성 혈청병은 과민 증상, 또는 약물 치료나 약물 사용에 대한 면역 시스템의 과도한 반응이라고 설명되는데, 이 병의 진단에는 다음과 같은 증상이 지적된다. '발진, 관절염, 관절통, 기타 전신성 증상.' 특히 맨스먼 박사는 GMO 옥수수 안에서 이루어진 DNA의 변화가 약물 치료나 약물 사용과 마찬가지로 혈청병을 일으킬 수 있다고 믿는다고 말했다. 박사에 따르면, 내 몸이 "반응을 보일 준비가 되어" 있거나 또는 끊임없는 반응 상태에 놓여 있어서 내가 먹거나 접촉하는 모든 것에 대해 알레르기, 또는 과민 반응을 일으키는 것처럼 보인다는 것이다.

박사의 이론을 확인하기 위해 면봉으로 콧속의 점액을 긁어냈다. 맨스먼 박사는 사람의 눈이 영혼의 창이라면, 코는 면역 체계의 창이라고 말했다.** 박사는 내 코의 점막을 유리 슬라이드에 묻힌 후 작업대로 가지고 갔다. 호산성 백혈구를 물들이는 데 쓰이는 푸른색 염료인 한셀 스테인Hansel stain[10]에 슬라이드를 적셨다가 물에 헹구자 슬라이드에 분홍색 얼룩이 나타났다. 박사는 슬라이드를 현미경 아래 놓고 들여다보더니, 한 발 물러서서 말했다. "자, 보세요." 슬라이드에 수백 개의 분홍색 점이 보였다. 박사는 그것이 바로 호산성 백혈구라고 했다. 내 코 안에 그 백혈구가 가득 차 있었다. 면역 체계가 제대로 작동하면, 호산성 백혈구는 기생충이든 바이러스든 외부에서 침입한 물질 주변에 모여들어 그 물질을 제거한다. 그러나 때로는 알레르기를 일으키는 단백질이 면역 체계

---

* 2009년 〈농작물과 잡초*Journal of Crop and Weed*〉에 글리포세이트 또는 라운드업 제초제가 어류의 위장에서 "심각한 점액 분비"를 유발하며 어류의 상피 세포와 식도, 창자를 손상시킨다는 내용의 논문이 실렸다.

** 박사는 내 코의 점막을 검사한 후, 치명적인 위산역류증이라는 진단까지 내렸다. 음식물에서 나와 내 코로 역류한 '지방 세포'가 점막을 가득 채우고 있었던 것이다.

를 자극해 이 호산성 백혈구를 분출시킨다. 환자의 몸이 알레르겐을 감지해서 제거하지 않으면, 호산성 백혈구는 계속 분출되고 이는 만성적인 상태로 이어진다. 박사는 내 식단에서 옥수수를 완전히 뺄 것을 권했다. 유기농(미국 농무부인 USDA 표시법에 따르면, 유기농은 그 본질상 GMO일 수 없다)이든 아니든 모두 빼라고 했다. 박사는 미국 땅에서 완벽하게 깨끗한 non-GMO 옥수수를 찾는 것은 매우 어렵다고 말했다. 미국 전역의 옥수수 밭에서 GMO 옥수수가 시험 재배되기 시작하고 USDA가 합법적인 작물로 GMO 옥수수에 대한 규제를 푼 1980년대 후반과 90년대 초반 이후(지금은 미국에서 경작되는 옥수수의 90퍼센트 이상, 경작 면적으로 따지면 9000만 에이커 이상의 땅에서 경작되는 옥수수가 모두 GMO 옥수수이다), 풍매 작용, 새나 꿀벌 또는 단순한 사람의 실수 등으로 인해 모든 옥수수가 GMO 옥수수에 오염되었다고 봐야 하기 때문이다. "모든 사람들이 알레르기를 일으키지는 않습니다. 하지만 GMO 옥수수에 노출되는 것 자체가 문제입니다. 알레르겐에 노출됨으로써 누군가는 알레르기를 일으킬 수 있으니까요." 박사는 "미국의 문제는 식생활이 옥수수에 크게 의존하는 시스템을 갖고 있다는 점입니다. 옥수수는 거의 모든 음식에 들어 있고, 노출의 정도 역시 매우 심합니다"라고 말했다. 그럼 콩은 어떤가요? 내가 물었다. GMO 콩 역시 엉성한 시스템 속에서 곳곳에 침투해 있다는 것을 알고 있었다. 박사는 아주 좋은 질문이라면서, GMO 콩은 미국인의 삶에 옥수수처럼 심하게 침투해 있지는 않지만, GMO 콩을 멀리하는 것은 좋은 생각이라고 했다. 한편, 고도로 정제되어 있어서 원료 식물의 단백질을 거의 함유하고 있지 않은 옥수수당에 비해 옥수수 전분은 정제가 덜 되어 있고, 따라서 훨씬 많은 알레르기 유발 단백질을 함유하고 있다고 박사는 말했다. 그는 아주 기본적인 음식부터 직접 만들어 먹고, 농산물 직거래 장터와 제철 채소를 자주 이용하라고 권했다. 그리고 비타민에 숨어 있는 옥수수를 찾아내는 방법도 알려 주었다. 박사가 제철 식품 섭취의 장점을 적극적으로 설득하면서 "봄철 채소"에 대해 얼마나 설명을 잘하는지, 내 입에 침이 고일 정도였다. 맨스먼 박사는 내 몸이 완전히 정상으로 돌아오려면 1년쯤 걸릴 거라고 말했다. 하지만 좋은 소식도 있었다. 2~3년 정도만 옥수수를 완전히 끊고 지낸다면, 그 후에는 조금씩은 먹어도 괜찮을 거라고 했다.

댄과 나는 기쁜 마음으로, 맨스먼 박사의 조언에 따라 옥수수 없는 식단을 실천했다. 우리가 먹는 빵은 모두 직접 굽기 시작했고, 밀가루 토르티야, 베이킹파우더, 파스타, 그리고 머핀이나 케이크처럼 단맛이 나는 간식들도 직접 만드는 법을 배웠다. 마요네즈, 콩으로 만든 딥 소스, 아이스크림까지 직접 만들었다.* 그리고 새로운 마음가짐으로 포틀랜드 파머스 마켓(농수산물 직거래 장터)에 다니기 시작했다. 그때부터 파머스 마켓은 맛있는 토요일 저녁 식사를 위해 장을 보는 장터가 아니라 우리 가족의 일주일치 식재료를 한꺼번에 구입하는 장터였다. 프리덤 농장의 대니얼Daniel, 피시보울의 크리스Chris와 갤릿Galit, 써티 에이커 농장의 사이먼Simon, 고랜슨의 잔Jan, 엉클스 팜의 아저씨들, 모두가 장터의 스타들이자 우

* 댄과 마스든이 퀴진아트(Cuisinart) 아이스크림 메이커를 사 왔다. 알고 보니 아이스크림 만들기는 깜짝 놀랄 정도로 쉬웠다. 요즘에는 자주 만들어 먹는다. (크림 혼합물을 먼저 만들고, 토핑으로 요구르트, 설탕, 바닐라콩, 루바브, 딸기 같은 것을 소량 혼합한 뒤에 저녁 식사를 하는 동안 아이스크림 메이커에 넣어 두면 20분쯤 후 디저트로 먹기에 딱 좋은 아이스크림이 완성된다.)

리의 친구가 되었다. 여름이 끝날 무렵에는 모든 식재료—메인주에서 재배해서 말린 여러 종류의 콩, 토마토, 브로콜리, 오이, 핵과류*, 장과류**, 양배추, 셀러리, 호박, 생강, 애호박 등—를 대량으로 구매해 저장하기 시작했고, 9월과 10월에는 밤마다 이 야채들을 통조림, 병조림으로 만들거나 초절임으로 만들고 냉동했다. 메인주에서 싱싱한 유기농 지역 농산물을 함께 구입할 공동 구매팀에 합류하기도 했다. 또 정원에 직접 토마토와 여러 종류의 허브, 양상추, 시금치, 애호박, 후추 같은 것들을 기르기 시작했다. 가을이면 루이스턴 근처 언덕 위에 있는 과수원 리커 힐에 가서 엄청난 양의 사과를 따다가 애플소스로 만들어 통조림으로 저장했다. 어느 해인가는 사과가 싱싱할 때 애플파이 여섯 장을 한꺼번에 만들어 냉동한 후, 겨우내 먹자는 기특한 아이디어를 내기도 했다. 곡물은 메인주에서 재배된 것으로 구매했다.

운 좋게도, 옥수수 사료를 먹이지 않고 닭을 기르는 용감무쌍한 (옥수수 사료를 쓰지 않기는 생각보다 매우 어려운 일이다. 옥수수 사료를 먹여 기르면 닭이 훨씬 빨리 자라고 몸무게도 많이 나가기 때문이다) 젊은 양계업자를 만나, 닭고기는 모두 그 사람에게서 사기 시작했다. 소고기는 코넬 대학교를 졸업하고 포틀랜드 외곽에서 풀을 먹여 소를 기르는 목축업자의 목장에서 구입했다. 그 목장의 소고기는 햄버거, 스테이크, 비프 스튜(추운 겨울에 맛있는 쌀밥과 과카몰리를 살짝 얹어 텍사스 칠리를 만들어 먹는다)용으로 포장이 되어 배달되고, 뉴잉글랜드식 요리나 토마토, 와인, 버

* 복숭아, 자두, 살구 등 내부에 단단한 씨핵이 들어 있는 과일.

** 딸기, 블랙베리, 블루베리 등 과육이 부드럽고 과즙이 많으며 속에 씨가 들어 있는 과실.

섯, 셀러리, 각종 양념을 얹어 천천히 구워 먹기 좋은 가슴살도 있다. 우리는 자연산 어류(양식산은 먹지 않는다. GMO 콩과 옥수수를 주재료로 한 사료를 먹여 기르기 때문이다)와 지역 농부들이 풀을 먹여 기른 소에게서 짠 젖으로 만든 유제품을 사 먹었다. 마스든과 나는 옥수수가 들어 있는 모든 종류의 약과 보조제를 완전히 끊었는데, 그러다 보니 먹을 수 있는 약과 보조제가 거의 없었다(대신 직접 약을 조제해 파는 동네 약방에서 corn-free 아세트아미노펜과 베나드릴Benadryl[11]*을 구할 수 있었다). 어디를 가든 (옥수수 추출물 왁스로 코팅이 되어 있는 종이컵을 쓰지 않기 위해) 스테인리스 스틸로 만든 물병과 커피 잔을 가지고 다녔다.

몇 달 만에 우리 가족이 섭취하는 식품의 대략 85퍼센트 정도가 가까운 지역에서 생산되는 식재료, 그리고 모두 유기농 식재료로 바뀌었다. 그런데, 여기서 꼭 기억해야 할 중요한 사실은, 우리에게 무제한으로 쓸 수 있는 재단 기금이 있었다거나 채소를 기르고 껑충껑충 뛰어다닐 수 있을 만큼 넓고 목가적인 땅이 있었던 것도 아니라는 점이다. 우리는 이후 아파트에서 살기도 했고, 또 한동안은 모래가 깔린 마당이 있는 집에 세 들어 살기도 했다. 그 집에 살 때에는 화단을 만들어 채소를 기른 뒤 커다란 냉장고에 저장했다. 그러면서 스키 여행을 가고 좋은 옷을 사는 대신 식재료에 많은 투자를 했다. 더 나아가 대부분의 미국인들이 금과옥조로 여기는 생활신조—시간이 곧 돈이다—를 뒤집어엎었다. 우리 부부에게는 '시간 투자=먹을 음식'이었다. 빨리 먹고 치울 수 있는 음식

---

* 2011년에 이렇게 사는 것은 2016년에 비해 훨씬 더 힘들었다. 지금은 'corn-free' 또는 'GMO-free'라고 표시되어 나오는 비타민도 많다.

에 대한 욕심을 버리고, 모든 먹거리에 대해 천천히 탐색하고 천천히 요리해서 천천히 먹기 시작했다. 상하기 전에 졸여서 저장해야 할 토마토가 10킬로그램이나 남아 있는 평일 밤에 이런 느린 속도를 그대로 고수하기는 참 힘든 일일 수도 있다. 그러나 히포크라테스Hippocrates가 말했듯이, "음식이 곧 치료약"이라는 신조를 지키며 살자면 평생 그런 느릿한 속도를 지켜야 한다.

의사의 조언을 든든한 배경 삼아 시시포스의 바위 굴리기와도 같은 일을 끊임없이 계속하면서 이번에는 진짜 깨끗하게 식단을 '청소'하자 마스든의 습진은 거짓말처럼 사라졌다. 고장 난 수도꼭지의 수돗물처럼 흐르던 콧물이 멈추었고, 온몸이 눈에 띄게 진정되었다. 나도 마찬가지였다. 가장 먼저 눈에 띈 것은 도저히 치료도 안 되고 참을 수도 없었던 발진이 서서히 사라진 것이었다. 천천히, 몸의 통증도 멈추었다. 먼 거리도 걷거나 심지어는 가볍게 뛸 수도 있었다. 몇 년 만의 일이었다. 더 많은 에너지가 느껴지기 시작했고, 밤에는 더 편히 잠을 잤다. 코감기도 사라졌고, 하루에 티슈를 한 박스씩 쓰지도 않았다. 4개월쯤 지난 5월 말 무렵에는 옛날의 나를 거의 되찾은 느낌이었다.

이 시험 기간 동안 나와 마스든의 대조군은 댄이었다. 댄은 옥수수를 먹어도 본인이 인식할 만한 아무런 문제도 없었다. 나나 마스든처럼 댄도 옥수수 알레르기 테스트에서 양성이 나온 적이 없다. 하지만 남편은 평생토록 특발성 혈소판 감소성 자반증Idiopathic thrombocytopenic purpura과 싸우고 있었다. 이 병은 백혈구가 혈소판을 공격하여 혈소판 수치가 정상 수치보다 낮아지는 병이다. 대부분의 성인은 혈소판이 혈액 1마이크로리터당[12] 15만에서 45만 개인데 댄의 경우는 생명이 위험한 수준인 7000개까지 떨어지기도 한다. (이렇게 낮은 수준까지 떨어지면 댄의 몸이 굉장히 아프지만, 그럼에도 불구하고 댄이 평상시 건강하게 지낼 수 있는 것은 혈소판 수치가 이렇게 떨어지는 것을 보상할 수 있을 정도로 굉장히 많은 수의 혈소판을 가지고 있기 때문이라는 것을 우리는 나중에 알았다.) 우리가 기억하기에, 댄의 혈소판 수치가 가장 낮은 7000개에 이르렀을 때는 우리가 엄청난 양의 옥수수, 즉 폴렌타, 토르티야, 팝콘, 옥수수유로 만든 가짜 버터 등을 먹고, 유제품과 글루텐은 인체에 해롭다는 대중적인 믿음에 따라 관련 식품은 피하던 때였다. 1년 동안 옥수수를 먹지 않고 지냈더니 댄의 혈소판 수치는 극적으로 치솟아 4만 5000개에 이르렀다. 과거 어느 때에도 혈소판 수치가 이렇게 높았던 적이 없었다. 이게 단지 우연이었을까? 어쩌면 그럴지도 모른다. 확실히 대답할 수는 없다. 사람의 건강이란 신비롭다고 말할 수밖에 없다.

이렇게 시간이 흐르는 동안, 나는 그동안 어떻게 즐기는지 그 방법조차 잊고 있던 나의 신체적인 건강이 놀랍고 당황스러웠다. 밤마다 나는 내일 아침에는 내 몸이 다시 아플지도 모른다는 불안감을 안고 잠자리에 들었다. 그리고 고장 난 녹음기처럼 댄에게 똑같은 질문을 반복했다. 정말 옥수수 때문이었을까? 옥수수는 아무 죄가 없고, 내 몸이 다시 아프기 시작하면 어쩌지? 이렇게 행복한 순간들이 계속 이어질까? 이런 불안감을 그냥 안고 살 수는 없었다. 나는 더 알아야만 했다.

내가 제일 먼저 답을 찾고 싶은 질문은 이것이었다. 유전자 조작 옥수수는 무엇인가? 많은 사람들이 읽었듯이, 나도 마이클 폴란 Michael Pollan의 《잡식동물의 딜레마 *The Omnivore's Dilemma*》를 읽었고 애런 울프Aaron Woolf의 다큐멘터리 〈킹 콘*King Corn*〉을 보았다. 그리고 이 두 작품에서 우리가 먹는 거의 모든 음식과 일상에서 사용하는 거의 모든 물건에 옥수수가 숨어 있다는 걸 알게 되었다. 하지만 GMO라는 것이 무엇인지에 대해 내가 아직 명확하게 알지 못한다는 걸 인정하지 않는다면 그건 거짓말이었다. 솔직히 말하자면, 내가 먹는 옥수수는 옛날에 우리 부모 세대와 조부모 세대가 먹던 그 옥수수(또는 내 증조부로 하여금 그 이상한 도구를 발명하게 만든 그 옥수수)와 똑같지 않다는 사실에 대해서는 깊이 생각해 본 적이 없었다. 설령 내가 머릿속의 어느 한구석에서 'GMO'라는 용어에 대해 어느 날 갑자기 어린아이들처럼 유치한 비속어를 갖다 붙이려고 했다손 치더라도, 그게 정확히 무슨 뜻인지에 대해서는 곰곰이 생각해 본 적이 없다는 것을 깨달았다.

아주 약간의(이후로 아주 많은) 조사를 통해 나는 다음과 같은 정보를 얻었다. 과학자가 어떤 식품을 유전학적으로 조작하려면, 두 개의 서로 다른 종—예를 들면 밀가루와 딸기(마법사의 요술 모자에서 꺼낸 밀가루와 딸기가 아니라 진짜 밀가루와 딸기!)—을 취해서, 그 두 재료의 DNA를 이어 붙이거나splice 포획한다mesh. 유전자를 포획하기 위해서는 대개 유전학자가 원하는 형질을 가진 DNA 가닥과 때로는 텅스텐 파우더가 첨가된 시료에 살짝 담근 금 탄환을 쓴다. 말만 금 탄환이 아니라 진짜 탄환이다. 이 탄환을 유전자 총으로 쏜다. 이 유전자 '총'은 이름만 그런 게 아니라 사실상 진짜 총이다.* 크로스먼 공기권총이 최초의 GMO를 만드는 데 쓰였는데,

* 몬산토 사는 현재 유전자를 전달하는 방법으로 아그로박테리움(agrobacterium)법을 사용한다. 이 방법은 박테리아가 숙주 식물의 DNA에 침투하여 사람이 원하는 DNA를 세포핵이 전달하는 방식으

실제로 이렇게 생겼다.

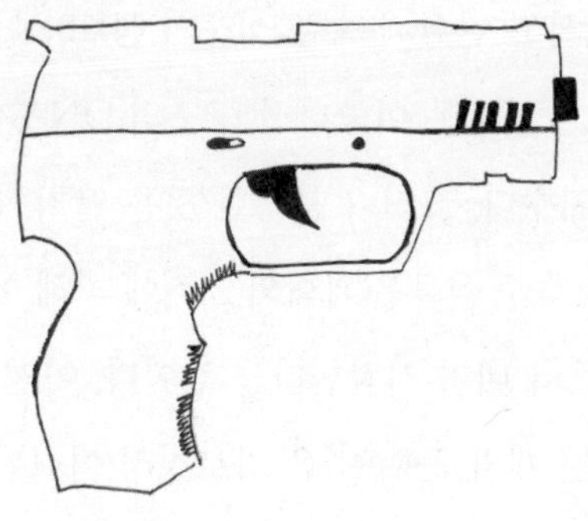

오늘날 유전자 총은 22구경 권총과 비슷한 힘을 갖고 있으며, 현실 세계보다는 〈스타 워즈*Star Wars*〉에 더 어울릴 듯한 묵직하고 하얀 우주 시대의 총처럼 생겼거나, 술집에서 흔히 볼 수 있는 아이스머신—단단하고 유리알 같은 얼음이 잔뜩 들어 있으며 뚜껑이 없는 커다란 스테인리스 스틸 얼음 저장고—과 비슷하지만 세련되어 보이는 기계에 총신이 달린 모습을 하고 있다. 과학자들은 표본 세포가 들어 있는 페트리 접시에 탄환을 발사하는데, 요즘에는 가속제로 헬륨이 쓰인다. 탄환이 페트리 접시에 맞으면, 숙주 DNA의 핵을 깨뜨린 뒤 부서진 이중나선 구조 속으로 들어가 나선을 완성한다. 그런데 나는 유전자 조작에 대한 이런 설명을 들을 때마다 웬일인지 〈애니여 총을 잡아라*Annie Get Your Gun*〉[13]에 나오는 노래를

로 유전 물질을 직접 전달하는 것이다. 온라인 정보 사이트인 'GMO 나침반(GMO Compass)'에 따르면, 이 방법은 '토마토', '담배'에 특히 적합하고, 옥수수나 밀 같은 곡물에서는 효율이 떨어진다고 한다.

상상하게 된다. "당신이 할 수 있는 일이라면 나는 더 잘할 수 있어. 무슨 일이든 나는 당신보다 더 잘할 수 있어." 이런 가사의 노래다. 어쨌든, 이런 방식은 과학적으로 매우 부정확하고 불명확하다. 유전자 총에서 발사된 탄환이 숙주 식물의 **정확히** 어떤 유전자에 맞을지 불분명하고 새로운 이중나선 구조의 DNA가 **정확히** 어떻게 발현될지도 미지수다. 그러나 분명한 것은 딸기, 옥수수, 면화, 콩 등 어떤 것이든, 숙주 식물은 과학의 기적에 의해 이 순간부터 삽입된 DNA를 만들어 내기 시작한다는 점이다. 어떤 과학자들은, 사실상 GMO는 두 개의 문phyla[14]을 가로질러 이식된 유전자를 갖고 있으므로 "형질 전환transgenic"이라고 부르는 것이 더 타당하다고 주장한다. 아주 명료한 이유로 인해, '형질 전환'이라는 말은 GMO 찬성론자들로부터 거부당했다. 요즘의 GMO 찬성론자들은 널리 익숙해져 버린 GMO라는 약어가 연상시키는 부정적인 함의를 멀리하기 위해 GMOgenetically modified organism가 아니라 간단하게 GMgenetically modified이라 부르기를 선호하기 때문이다. 이 이야기를 좀 더 깊이 따져 보자. GMO를 반대하는 많은 사람들이 GMO라는 용어를 받아들인 이유는—여기서부터는 좀 더 정신을 바짝 차리고 읽어야 한다!—GMO가 여러 질병에 대한 치료법을 탐색(예를 들면, 지카 바이러스를 전파하는 모기를 박멸하는 데 도움이 되는 슈퍼 모기를 유전공학적으로 만들어 낸다든지)하는 의학계에서 점점 더 많이 쓰이고 있다는 이유로 GMO 찬성론자들이 GMO 반대론자들을 "반과학적"이라고 비난하기 때문이다. 그리하여 이제는 양쪽 진영에서 GM을 작물에만 국한해 일컫는 데 합의한 셈이다. 상황을 더욱 복잡하게 만든 것은, FDA가 이제는 GMO를 단순히 GEgenetically engineered라고 칭하고 있다는 사실이다. 그러나 GMO라는 용어가 대부분의 사람들이 이해하는 데 가장 적합하다고 보이므로, 이 책에서는 계속해서 GMO라고 쓰기로 한다.

무엇이 어디에 어떻게 삽입되었는지에 대해 거의 논의되지 않고 있지만 기억해야 할 중요한 포인트로는 딸기에 넙치의 유전자가 삽입된다는 것뿐만 아니라 다음과 같은 것들도 있다.

(1) **프로모터promoter 인자:** 식물 바이러스 DNA의 일부로, 삽입된 유전자가 낯선 환경에서 기능할 수 있도록 활성화시켜 주는 '점등 스위치on switch' 역할을 한다.
(2) **표지marker 유전자:** 삽입된 유전자가 전이 과정에서 살아남았는지의 여부를 알려 주는 역할을 한다. 이 유전자는 대개 항생제 내성을 가지고 있어서, 일부 과학자들은 이 유전자가 인체의 항생제 내성도 증가시킬 수 있다고 추측한다.
(3) **종결서열terminator sequence 또는 '소등 스위치off switch':** DNA의 유전 정보 전사 중단을 명령함으로써 불필요한 DNA가 전사되는 것을 막는 역할을 한다.

옥수수의 경우, 삽입되는 유전자—이 경우 '넙치flounder'—중의 하나가 바실루스 투린지엔시스Bacillus thuringiensis, 또는 Bt라고 불리는 박테리아(식물이 아니라)의 유전자이다. 여기서도 이것만은 분명하다. 박테리아는 식물과 같은 종種이 아니다. 자연 상태에서는 결코 박테리아와 옥수수가 짝짓기를 하도록 만들 수 없다. 넙치가 아무리 정력적이고 딸기가 아무리 맛있게 보여도 넙치와 딸기를 절대로 짝짓기시킬 수 없는 것과 마찬가지다. 자두와 복숭아의 잡종 교배로 '자숭아'를 만들거나 살구와 복숭아를 교배해 '살숭아'를 만드는 것과는 다르다. 농부들은 이미 수만 년 전부터 "유전자를 조작"해 왔다고 말하기 좋아하는 사람들이 있다. 그 말은 정확하지 않다. 극히 일부분만 맞는 말이다. 예를 들어 보자. 매킨토시 사과나무에서 가지 하나를 꺾어 코트랜드 사과나무에 접붙이기를 해서 또 한 그루의 매킨토시 사과나무를(접붙이기를 한 자리에서 위쪽으로만) 만들 수는 있지만, 이것은 형질 전환transgenic이 아니다. 강조하지만, GMO는 두 개의 서로 다른 종으로부터 유전자를 가져오는 것이며, 오직 '기술'(아주 드문 경우를 제외하고는)로써만 가능하다. 어떤 농부도, 어떤 식물 육종가나 식물학자도 실험실 이외의 다른 장소에서 유전자를 조작할 수 없다. 다시 말하거니와, GMO는 오직 실험실에서만 만들어진다. 자연에서는 절대로 GMO가 그냥 만들어지거나 논밭에서 사람이 만드는 경우가 없다. 그 사람이 아무리 똑똑한 천재일지라도! 더욱이 생명공학 기업들이 GMO와 '유기농'이라는 단어는 본질적으로 같은 것을 의미한다고 아무리 되풀이해서 떠든다고 한들, GMO는 문자적인 해석으로 보거나 USDA의 상표 규정에 따른 해석으로 볼 때 절대로 '유기농organic'이 아니다.* 마이클 폴란은 《욕망하는 식물*The Botany of Desire*》에서 이렇게 썼다. "종과 종 사이가 아니라 문과 문 사이를 초월한 유전자를 의도적으로 식물에 삽입했다는 것은, 자연에서 바이러스에 의해 가끔 발생하는 것과는 달리, 강력하고 새로운 무

* 요즘에는 슈퍼마켓에서 식품을 구매할 때 바코드를 읽어서 GMO가 들어 있는 식품과 유기농 식품을 구분할 수 있게 해 주는 스마트폰 앱도 있다.

기를 앞세운 인간에 의해 식물이 가지고 있던 본질적인 정체성—다시는 회복할 수 없는 식물의 야생성이라고 말할 수도 있는—의 벽이 허물어졌음을 의미한다."

다시 옥수수로 돌아가자. Bt는 아주 흥미로운 박테리아다. 일본의 생물학자 이시와타 시게타네Ishiwata Shigetane가 1901년에 발견했는데, 주로 토양에 서식하는 박테리아로 식물의 잎 표면이나 동물의 배설물, 곤충이 풍부한 환경, 즉 우리 주변에서 찾을 수 있다. Bt 중 어떤 것은 내독소endotoxin 또는 살충 결정 단백질Cryprotein이라 불리는 결정 단백질을 만드는데, 이 내독소가 나방, 딱정벌레, 장수말벌, 야생벌, 개미, 파리, 모기 등의 해충과 선형동물에 대해 살충 작용을 하는 것으로 밝혀졌다. 《식물학: 식물생물학 개론*Botany: An Introduction to Plant Biology*》에 따르면, Bt는 탄저병anthrax을 일으키는 바실루스 안트라시스Bacillus anthracis(탄저균)의 아주 가까운 친척으로, 플라스미드plasmid—박테리아에서 나타나는 짧고 둥근 DNA의 조각으로, 작은 박테리아의 염색체와 비슷한 역할을 한다—가 서로 다르다. Bt의 플라스미드가 만드는 단백질은 오직 유충만을 대상으로 삼지만, 탄저균의 플라스미드가 만드는 단백질은 사람과 가축을 대상으로 삼는다.

1911년, 독일의 한 과학자가 밀가루 명나방의 유충에서 패혈증의 원인이 되는 박테리아를 분리하는 데 성공했고, 10년간 이어진 연구를 통해 이 박테리아가 몇몇 곤충의 서식 환경에 유입될 경우 살충제와 비슷한 작용을 한다는 단서를 포착했다. 1962년, 레이철 카슨Rachel Carson은 농약인 DDT의 위험성을 지적한 대표 저서인 《침묵의 봄*Silent Spring*》에서 Bt에 대해 다음과 같이 희망적으로 썼다. "바실루스 투린지엔시스의 시험에서 … 큰 희망이 보인다. … 이 박테리아에서 포자와 함께 특정 곤충, 특히 나방과 비슷한 나비목lepidoptera 곤충에게 강한 독성을 갖는 단백질로 구성된 특이한 결정이 만들어진다. 이 독성 물질로 덮인 잎을 먹은 유충은 마비되거나 먹이 섭취를 멈추고 죽게 된다."

《침묵의 봄》이 출판되고 몇 년 후, 미국 전역의 여러 회사에서 농약에 내성을 갖기 시작한 곤충을 제거할 농약 대체품으로 Bt를 제조하기 시작했다. 연구 초기에는 Bt 살충제를 작물에 분무하면 한동안 효력을 갖다가 시간이 지나고 비와 햇살, 바람 등에 노출되면 저절로 사라지는 것처럼 보였다. 이 때문에 Bt는 수분 매개체, 자연환경, 인간, 야생의 생물에 영향을 거의 미치지 않는다는 결론이 내려졌다. 따라서 Bt의 일부 변종은 유기농 작물에도 사용할 수 있도록 허용되었다. 그 후 1995년에 Bt의 DNA를 갖도록 유전자가 조작된 최초의 유전자 조작 Bt 옥수수가 몬산토 사에 의해 미국 환경보호청 EPA에 등록되었다. 몬산토 사는 가장 크고 유명한 화학 생명공학 기업으로, 미주리주의 세인트루이스에 본사를 두고 있으며 다우 케미컬 사The Dow Chemical Company와 공동으로 에이전트 오렌지Agent Orange[15]를 개발한 것으로 알려져 있다. 뿐만 아니라 사카린의 제조사이자, RgBHBovine somatotropin[16], PCBpolychlorinated biphenyl[17], 라운드업, 그리고 최초의 GMO 상품 중 몇 가지를 개발한 회사이다.*

* 몬산토 사와의 직접 몇 차례 접촉을 시도했으나 계속 거절당했고, 나의 질문은 실제 인터뷰할 가치가 없다는 답변을 들었다. 미국의 알 권리 캠페인 본부가 〈뉴욕 타임스〉에 보낸 4600통의 이메일 요약본을 통해 나중에 알게 된 바로는(정보의 자유법에 따라), 일부 과학자들이 몬산토 사로부터 금전적이거나 비금전적인 형태의 무제한적인 보조금을 지급받거나 간접적인 특혜를 받았으며, 몬산토 사는 이들이 소속된 여러 대학 및 대학 재단을 동원해 자사에 긍정적인 분위기를 만들었다는 것이다. 공개된 이메일을 통해 GMO를 주제로 〈엘르〉에 실린 나의 글 역시 몬산토 사에서 논의되었

몬산토 사의 목표는 Bt를 식물에 삽입해 옥수수에 구멍을 내는 해충인 조명충나방의 애벌레가 옥수수 알갱이(또는 옥수수의 어느 부분이라도)를 한 입만 먹어도 죽게 만드는 것이었다. 조명충나방의 애벌레는 이렇게 생겼다.

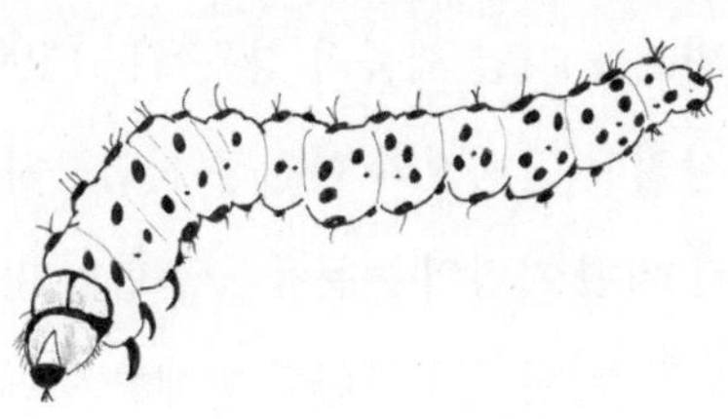

이 작고 꼬물거리는 녀석이 최초의 GMO를 만들도록 인간을 부추기고 커다란 전쟁의 실마리를 제공했던 것이다. 그건 그렇고, 못생겨도 참 못생긴 녀석이다.

몬산토 사의 Bt 옥수수는 조명충나방을 무찌르는 데 혁혁한 공을 세웠다. 회사에서는 그야말로 역사적인 대히트를 쳤다고 생각했다. 더 이상 큰 공을 들이지 않고도, 심지어 EPA, USDA, FDA로부터 인체 무해성이나 안전성을 확인하기 위한 별도의 테스트도 받지 않고 몬산토 사는 1996년에 미국에서 Bt 옥수수의 판매를 허가받았다. (몬산토 사는 사내에서 이 제품의 테스트를 여러 번 실

음을 알게 되었다. 보다 구체적으로 〈타임스*The Times*〉의 기자인 에릭 립턴(Eric Lipton)에 따르면, 몬산토 사는 자사로부터 간접적인 지원금을 받으면서 GMO 찬성론자로 돌아선 과학자 케빈 폴타(Kevin Folta)에게 나의 기사에 대해서 "몬산토 사를 대신해서 개입하여 비판할 것"을 주문했다고 한다. 폴타는 이 주문을 성실히 이행했다. 딸랑 딸랑 딸랑!

행했으며 그 결과를 미국 정부의 규제 기관에 보냈다고 주장했다. 2013년에 나에게 보낸 이메일에는 이렇게 적혀 있다. "USDA는 GM 식물이 농업과 환경에 안전함을 확인하기 위한 평가를 합니다. 이 평가의 신청자는 일반적으로 400쪽에 달하는 서류를 제출하는데, 이 서류에는 실험실 내부에서는 물론 현장에서의 실험으로부터 얻은 데이터가 포함됩니다. 곤충과 질병으로부터 식물을 보호하기 위한 형질을 지닌 제품의 경우에는 EPA가 심사합니다. 심사 신청자는 삽입된 단백질의 안전성을 입증하기 위한 데이터 수천 쪽이 포함된 20편 가량의 논문을 제출합니다.") 1999년, 번스타인Bernstein 가문의 두 형제와 부친이 합세한 알레르기 전문가 그룹은 신시내티 대학교에서 밭에 Bt를 살포하면서 이 물질에 노출되어 알레르기 반응으로 고생하고 있는 멕시코의 농부들을 연구했다. 내가 아는 한, 이 연구는 논밭에서든 식탁에서든 Bt에 고도로 노출되면 Bt가 알레르겐으로 작용할 가능성이 있음을 시사하는 최초의 독립적인 테스트였다.

오늘날에는 Bt의 여러 가지 변종들이 각기 다른 곤충을 표적으로 하는 여러 종류의 살충 결정 단백질과 함께 유전자 조작 곡물, 즉 콩, 면화, 옥수수, 감자 등에 사용된다. 여기에서는 우선 미국 땅 어디든 보통 미국인들의 식탁 구석구석에서 Bt 조작 곡물을 볼 수 있다는 점만 말해 두겠다. 2011년에 의학 전문지 〈생식 독성학 *Reproductive Toxicology*〉에 실린 캐나다 연구진의 논문에 따르면, Bt 독소가 임산부의 제대혈에서까지 발견될 정도로 Bt는 이미 우리가 사는 세상 곳곳에 스며 있다.

현재 대부분의 GMO 옥수수들은 다양한 곤충을 표적으로 삼기 위해, 살충 결정 단백질 형태로 여러 종류의 변종 Bt를 포함하도록 유전자를 조작한다. 뿐만 아니라 '라운드업 레디' 유전자도 포함하게 되는데, 이 유전자는 옥수수가 몬산토 사의 제초제 라운드업에 내성을 갖게 한다. 따라서 이 유전자를 가진 옥수수에는 라운드업을 마음 놓고 쓸 수 있다. (위에서 언급한 캐나다 연구진의 논문에 따르면, 임신하지 않은 여성의 혈액 샘플에서도 글리포세이트가 발견되었다.) 옥수수에는 더 다양한 이식 유전자를 삽입할 수 있다. 이 부분에 관한 한 옥수수가 가진 선택의 폭은, 솔직히 말해 머리가 어지러울 정도로 넓다. 바로 지금도 (활동가들의 전언에 따르면) 다국적 거대 제약회사들은 임신 조절 호르몬birth control hormone, 항생제, 기타 여러 가지 약물을 옥수수에 섞어 넣을 방법을 연구 중이다. 정말 그렇다는 확실한 증거는 아직 없지만, 확실히 하기 위해 검토해 볼 만한 가치는 있다고 생각한다(암과 싸우기 위해 식물 RNA를 쓰고자 하는 용감한 개척자들은 말할 것도 없고). 콩 역시 Bt와 라운드업 레디 DNA를 함께 갖고 있고, 감자, 비트, 면화도 마찬가지이다. 사실, 이런 식물들의 유전자를 조작하는 방법을 알아내기만 하면, 그다음에는 다양한 단계로 새로운 시도를 하게 된다.

옥수수 제외 식단으로 빠르게 건강을 회복하면서 한편으로는 남모르게 갖고 있던 의심을 풀기 위해 GMO에 대해 최대한 많이 배우려고 애쓰던 나는, 갖가지 과학적 이론과 과학적으로는 입증되지 않는 경험적 증거, 대중의 여론, 그리고 그 사이의 모든 것들이 매우 미묘하게 다른 의미를 가지고 복잡하게 뒤죽박죽 섞여 있는 거대한 솥단지(또는 구정물통)에 스스로 빠져들고 있었다. 나에게 일어났던 일에 대해, 그리고 어떻게 그것을 극복했는지에 대해 언젠가는 글을 쓰겠다는 목표를 가지고 나는 사람들과 대화하기 시작했다. 사람들을 만나 인터뷰를 하면 할수록 더 많은 의문이 생기는 것 같았다. 마치 카멜레온처럼, GMO 찬성론자가 되었다가 반대론자가 되었다가 하면서 왔다 갔다 색깔을 바꾸는 나 자신을 발견했다. 하루는 GMO 찬성론자가 되었다가, 그다음 날이면 또 마음이 바뀌었다. 늦은 밤, 침대에 누워 잠들기를 기다릴 때면, 내 마음은 어느덧 그 두 진영의 중간에 놓인 회색 지대에 가 있기 일쑤였다. 마음을 어루만지는 듯한 밤의 평화 속에서, 어느 한쪽 진영에 속한 인터뷰 대상자들의 확신에 찬 주장에도 불구하고 나는 여전히 답을 얻지 못해 궁금한 내용들을 헤집고 다녔다. 이 문제를 파고들면 파고들수록, GMO가 인간에게, 식물과 동물에게, 그리고 전체적인 환경에 어떤 영향을 끼칠지 정확하게 아는 사람이, 심지어 전문가라는 사람들조차 놀라울 정도로 드물다는 것을 깨달았다.

결국, 나의 병과 내가 직접 조사해서 알아낸 사실들로부터 드러난 GMO에 관한 복잡한 문제들을 가지고 2013년 8월호 〈엘르〉에 기사를 썼다. 내 기사에 대한 호응도 깜짝 놀랄 정도로 컸지만, 〈슬레이트*Slate*〉나 〈포브스*Forbes*〉 등 인터넷 뉴스들의 반격은 맹렬하고 광포했다. 피뢰침에 날아드는 번개처럼, GMO에 대한 대규모의 극단적인 논쟁이 날아들었다. 하룻밤 사이에 나는 GMO 반대론자들로부터는 박수갈채를, 생명공학 찬성론자들로부터는 살벌한 집중 공격을 받았다. GMO 반대 진영에서는 나를 유전자 조작의 오점을 낱낱이 밝힌 모범적인 언론인이라고 칭송했고, 찬성 진영으로부터는 언론인으로서의 자질조차 의심스러운 사이비라는 손가락질을 받았다. 지나친 칭찬이나 과도한 비난은 트위터(여기서는 집단적인 논쟁 끝에 나의 문제는 내가 옥수수에 알레르기가 있기 때문이라는 결론이 내려졌다. 나는 옥수수 단백질 알레르기 테스트를 받았는데도 불구하고!)와 페이스북에서뿐만 아니라, 홍수처럼 밀려드는 이메일과 불쾌하고 공격적인 온라인 기사로도 날아왔다. 이 문제를 어떤 방향에서 누구와 이야기하든 언제나 논쟁적인 인터뷰가 예상되기에, 이런 상황으로부터 도망쳐서 어디론가 숨고 싶은 마음도 있었지만, 그 불편함은 뒤로 밀어 두었다. 그리고 필요한 것은 더 많은 정보라고 판단했다. 내 기사가 어째서, 누군가의 아픈 곳을 그렇게 격하게 찔렀던 걸까?

2013년 10월 초, 나는 내 고향 메인주의 포틀랜드에서 비행기를 타고 콜로라도주 덴버로 날아갔다. 덴버에서부터 차를 몰아 미국의 곡창 지대를 가로지를 계획이었다. 여정 중에 네브래스카주 중부에서 팝콘용 옥수수와 GMO 옥수수, 그리고 콩을 재배하는 잭 허니컷Zach Hunnicutt을 만날 계획도 있었다. 잭을 만난 후에는 형편이 되는 대로 새로운 계획을 만들 생각이었다. 동쪽으로 더 멀리 아이오와주까지 달려가, 가장 큰 목소리로, 가장 격렬하게 GMO 반대 운동을 펼치고 있는 '푸드 데모크라시 나우!Food Democracy Now!'*의 공동 창립자, 리사 스토크Lisa Stokke와 데이브 머피Dave Murphy를 만날 수도 있었다. 그리고 좀 돌아서 가더라도 아이오와주까지 가는 길에 과거에 몬산토 사에서 종자를 연구하다가 지금은 네브래스카 주립 대학교 링컨 캠퍼스에서 연구하는 리처드 굿맨Richard Goodman이라는 과학자도 만나 보고 싶었다. 마지막 만남은 내게 시간과 에너

* 느낌표도 원래 이름에 포함되어 있다.

지가 얼마나 남아 있느냐가 관건이었다. 갈 데까지 가 보는 수밖에.

그러나 GMO를 주제로 한 줄의 글이라도 더 쓰기 전에 나는 먼저 옥수수와 콩을 가장 많이 재배하는 핵심 지역, 즉 콘벨트Corn Belt[18]를 내 눈으로 직접 봐야 한다고 느꼈다. 처음에는 환자이자 엄마로, 그리고 나중에는 작가로서 휘말린 격렬한 논쟁의 중심지인 GMO 옥수수 밭과 콩밭을 직접 목격해야 했다. 내 눈이 닿을 수 있는 가장 먼 곳까지 초원의 바람 속에 황금색으로 일렁이다가 끝없이 푸르고 넓은 하늘 가장자리에 가 닿는 옥수수 밭을 직접 두 눈으로 보면 그 느낌이 어떨지 확인해야 했다.

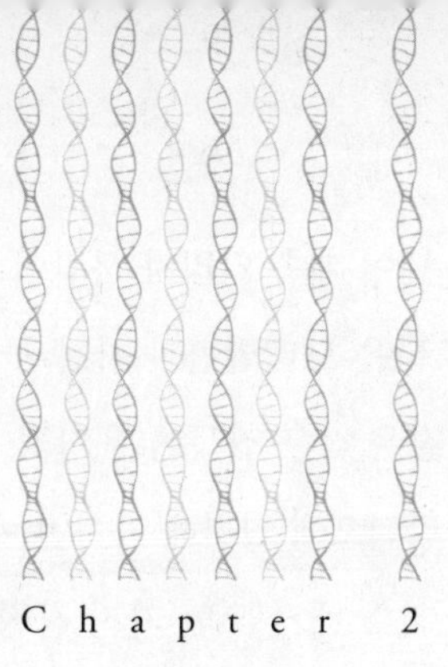

Chapter 2

덴버에서 콜로라도 번호판이 달린 은색 폭스바겐 '딱정벌레'를 렌트했다. 대평원을 횡단하기 위해 도로에 올라서 보니, 사나운 굉음을 내며 질주하는 트랙터 트레일러, 몬스터 트럭[19], SUV 차량들 사이에서 그 차는 난쟁이 중의 난쟁이처럼 보였다. 커피를 마시기 위해 처음 차를 세운 곳에서 만난 슈퍼마켓에 들어가 훔무스[20], 크래커, 샐러드 믹스, 포테이토칩, 유기농 메밀 시리얼, 유기농 두유(우유를 가지고 다니려면 쿨러가 필요하니까), 샐러드드레싱, 방목한 소고기로 만든 육포 등을 잔뜩 샀다. 적어도 며칠 동안은 먹을 것을 구경할 수 없을지도 모른다는 생각에 뭔가를 준비해야 할 것 같았다. 등 뒤로 해가 넘어가기 시작하자 나는 동쪽을 바라보며 다시 운전을 시작했다.

덴버의 시 경계를 넘어 계속 달리자 사람이 지은 건물은 사라지고 도로 양쪽으로 드넓은 모래벌판과 자갈 구덩이가 이어지더니, 이내 세이지브러시 같은 작은 잡목이 우거진 메마른 땅과 말들이 나타났다. 아이폰을 라디오에 연결해 라이언 애덤스Ryan Adams의 노래를 틀었다. 애덤스의 노래가 오만 가지 감정, 즉 사랑, 노스탤지어, 깊은 슬픔 그리고 기쁨이 뒤섞인 내 마음을 차분히 걸러 주고 살아 있음을 느끼게 해 주었다. 애덤스의 노래가 끝난 뒤, 루신다 윌리엄스Lucinda Williams의 노래를 틀었다. 그녀의 노래는 차창 밖에 펼쳐진 풍경만큼이나 메마르고 거칠었다.

혼자 자동차로 대륙 횡단에 버금가는 먼 거리를 여행하다 보니, 벌써 오래전부터 느끼지 못했던 내 영혼의 일부가 속박에서 풀려나는 기분이었다. 결혼을 하고, 한 아이의 엄마가 되고, 다른 사람이 필요로 하는 것들과 다른 사람들의 일상에 나를 맞추려고 노력하며 살았던 탓이었다. 내가 이렇게 아무런 막힘도 구속도 없는 자유를 누렸던 마지막 기회는 경제 불황의 한가운데서 댄과 함께 로스앤젤레스로 차를 몰아 이사하던 때였다.

지평선 너머로 해가 기울기 시작하자, 주변의 황량함이 슬슬 느껴졌다. 그레이트플레인스의 서쪽 가장자리는 아직도 더스트볼Dust Bowl[21]의 시대에서 회복되지 못한 듯 보였다. 콜로라도주 동부의 토양은 지금도 농사를 짓기에는 건조하고 거칠다. 이곳에는 몸이 검은 앵거스Angus 종[22] 소들이 풀을 뜯는 목장들이 이어지고, 울타리 기둥에는 북방개구리매northern harrier[23]들이 올라앉아 사냥감을 찾는다. 바람에 실려 오는 세이지브러시의 향기가 야생의 땅임을 일

깨우고 '언덕 위의 집' 이미지를 떠오르게 한다.

얼마 후, 카우보이의 땅 콜로라도가 물러나고 네브래스카가 나를 맞이했다. 76번 도로에서 80번 도로로 올라서자 훨씬 잘 길들여지고 물길도 잘 다듬어진 땅이 나타났다. 농기계가 지나간 흔적과 사일로(곡물 저장탑), 사탕무(요즘에는 일반적인 조리용 설탕과 당밀에서부터 가축용 사료에 이르기까지 모두 GMO 사탕무로 만든다*) 농장 그리고 사탕무를 가공하는 공장들이 보였다. 고속도로를 굽어보는 커다란 간판—'F-O-O-D'—아래 허름한 식당이 있었다. 콜로라도주와 네브래스카주가 만나는 경계를 넘자마자 공기가 확 달라졌다. 폭풍 전선이 코앞에 바싹 다가와 있는 것처럼, 매캐하게 톡 쏘는 듯한 건초 냄새와 작물을 수확할 때 퍼진 먼지의 메마른 냄새 때문에 코가 꽉 막히고 눈에서는 눈물이 났다. 날이 어두워지자 나는 자몽 크기만 한 GMO 사탕무를 가득 실은 트럭들을 따라 두 주 사이의 고속도로를 달렸다. 너무 피곤해서 더 달릴 수 없을 때까지 가다가 네브래스카주 노스플랫의 햄프턴 인에서 차를 세웠다.

노스플랫은 네브래스카주의 남서부, 북쪽과 남쪽에서 지류들이 만나 플랫강으로 합쳐지는 곳에 자리 잡고 있어서 '플랫'이라는 지명을 얻었다. 아메리카 원주민 부족인 오토Otoe족과 포니Pawnee족, 오마하Omaha족은 이 강을 '평평한 물flat water'이라고 불렀고, 오토족 언어로 '평평한 물'은 '네브라트카nebrathka'였다. 프랑스 탐험가들은 플랫을 '리비에르 플랫Riviere plate(plate은 프랑스어로 '평평하다'라는 뜻이며 '플랫'으로 발음된다)'이라고 불렀고, 그 이름이 그대

* 미국에서 생산되는 설탕의 60퍼센트 또는 880만 파운드가 GMO 사탕무에서 만들어진다.

로 굳어졌다. 매년 50만 마리 이상의 캐나다두루미가 저 남쪽의 텍사스와 멕시코에서부터 날아와 봄을 나는 곳이 바로 여기다. 그리고 그 새들은 알래스카나 시베리아까지 다시 이동해 거기서 알을 낳는다. 이곳에서 두루미들은 강 주변의 늪지에서 작은 무척추동물을 잡아먹거나 강가 옥수수 밭에서 GMO 옥수수 알갱이를 쪼아 먹는다.* 2~3주 동안 휴식과 영양을 취하고 난 두루미들은 북쪽을 향한 여정을 계속한다.

역사적으로 철도 도시인 노스플랫은 덜 정제된 서부와 대규모의 산업화된 농업 지대 사이에 걸터앉은 통로 같은 느낌이 든다. 대규모의 산업화된 농업은 미국 한가운데 자리 잡은 '곡창 지대' 네브래스카의 상징과도 같다. 노스플랫에서는 농업과 산업이 한데 묶인 농산업 관련 컨벤션이 1년 내내 열린다. 특히 수확이 끝난 겨울에는 더 자주 열린다. 시내의 호텔과 모텔에서 열리는 컨벤션에는 가감 없이 하고 싶은 말을 던지는 농부와 그 아내들로 북적거린다. 내가 햄프턴 인에 투숙했던 날에도 로비에 농부의 몇몇 아내들이 모여 있었는데, 남편들이 농사에 대해 이야기하는 사이에 아내들은 뜨개질을 하면서 커피를 마셨다.

방에 들어가 가방을 풀고 가져간 책 두 권을 꺼냈다. 이언 프레이저Ian Frazier의 여행기 《그레이트플레인스*Great Plains*》와 《시블

---

* 2013년, 미국 조류 보호협회(American Bird Conservancy)는 GMO 옥수수에 쓰이는 농약인 네오니코티노이드 때문에 희생되는 새의 수를 파악해 보고하기 시작했다. 과학자들은 알껍데기가 얇아지고 잘 깨질 뿐만 아니라, 더욱 위험한 것은 "네오니코티노이드를 입힌 옥수수 알갱이 한 알만 먹어도 새가 죽을 수 있는 점"이라고 설명했다. 산란기에는 일일 허용치의 네오니코티노이드가 입혀진 옥수수 알갱이 한 알의 10분의 1만 먹어도 생식 능력에 영향을 미치기에 충분하다. 이 보고서가 주장하는 더욱 놀라운 내용은, "EPA의 위험 평가는 엄정한 과학적 과정이 아니라 우연의 결과물일 뿐인, 과학적으로 근거가 불충분하거나 낡은 방법에 의지해 이러한 위험을 지나치게 축소하고 있다"라는 것이다.

리의 서북아메리카 조류도감*The Sibley Field Guide to Birds of Western North America*》이었다. 그리고 수영복도 꺼냈다. 어디로 여행을 가든 나는 항상 러닝화와 수영복을 꼭 가지고 다닌다. 새로운 곳에 갈 때마다 발로 땅을 밟으며 뛰는 것이 수영을 하는 것보다 좋았다. 하지만 익숙하지 않은 먼 길을 달린 날에는 차선책으로 수영장이 있는 숙박 시설을 택했다. 하루의 긴장을 풀며 수영을 하다 보면, 소독약 냄새가 살짝 풍기는 물속에서 늦은 저녁의 세정식을 치르는 기분이었다. 햄프턴 인의 조용하고 푸른 수영장을 왕복하며 수영을 한 후, 샤워를 하고 잠자리에 들었다. 피곤했다. 나의 여행은 이제 시작이었다. 눈꺼풀이 묵직해지는 것을 느끼면서,《시블리의 서북아메리카 조류도감》을 꺼내 천천히 기계적으로 책장을 넘기면서 대평원의 서쪽 경계를 넘어올 때 내 머리 위로 날아가던 새들의 이름을 찾아보았다.

다음 날 아침, 코가 꽉 막히고 부은 채 일어나 이제 막 수확을 끝낸 옥수수 밭을 유리창 너머로 내다보았다. 호텔 주차장의 경계와 맞닿은 옥수수 밭에는 이제 갈색의 옥수숫대만 꼿꼿하게 남아 있었다. 시리얼과 두유로 아침 식사를 하고, 다시 가방을 꾸려 차를 탔다. 운전하는 도중에 먹을 간식을 꺼내 손에 닿기 쉽도록 옆 좌석에 늘어놓고, 차에 연료를 채운 뒤 동쪽을 향해 운전을 계속했다.

네브래스카의 땅은 넓고 평평하다. 탁 트인 너른 대지에서 자유와 환희까지 떠오른다. 이언 프레이저는 이렇게 썼다. "사막은 신비로운 황홀을 낳고 잉글랜드의 황야는 우울을 낳는 것처럼, (그레이트플레인스에서 느껴지는) 환희는 지리地理에서 오는 것 같다." 하지만 내 눈에 비친 평원은 프레이저가 1980년대에 그레이트플레인스의 풍경을 보지 못한 사람들을 위한 기록을 남기려고 이 마을 저 계곡을 거치며 지그재그로 달렸던 그 평원과는 달랐다. 개척자들이—로라 잉걸스와 초원의 집에 사는 가족들처럼—드넓은 땅을 횡단해 와서 정착했던 그 땅은 이제 바람결에 떠다니는 추억의 한 자락 속에도 남아 있지 않았다.

non-GMO 밀과 수수도 약간 있지만, GMO 옥수수와 콩을 집중적으로 재배하기 시작한 20년 전 이후로 이곳은 전형적인 곡창 지대의 풍경으로 변했다. (사실 이곳을 '곡창 지대'라고 표현하는 것은 옳지 않다. 곡창 지대라는 말에는 사람들이 먹을 것이 자라는 땅이라는 의미가 담겨 있다. 그러나 사실 여기서 자라는 콩과 옥수수 대부분은 플라스틱, 화학물질, 의약품, 동물 사료, 생물 연료 또는 에탄올 등의 원료로 쓰인다.*) 사람이든 그 외의 다른 어떤 것이든 옥수수와 콩 이외에는 남은 것이 거의 없다. 이러한 산업적인 규모의 농업에는 이제 극도로 오염되고 얇아진 오갈랄라 대수층Ogallala Aquifer으로부터 막대한 양의 물 공급이 끊임없이 필요하다. 오갈랄라는 네브래스카의 한 도시로, 그 지명은 오갈라 수Oglala Sioux족으로부터 연유되었다('오갈라'가 어쩌다가 '오갈랄라'가 되었는지는 미스터리다). 그레이트플레인스의 땅 밑, 사우스다코타에서 텍사스까지 면적이 17만 4000에이커acre[24]에 이르는 오갈랄라 대수층은 세계에서 가장 큰 대수층 중 하나다. 주변에 있는 모든 주들이 이 대수층으로부터 농업용수와 가정용수를 공급받는다. 관개 시설이 잘되어 있기 때문에, 네브래스카의 풍경은 생각보다

* 요즘에는 GMO 옥수수로 운동화, 장난감, 식기, 수저까지 만든다. GMO 옥수수에서 추출한 고과당 옥수수 시럽이 든 코카콜라는 GMO 옥수수로 만든 '생분해성' 용기에 담겨 판매된다. 옥수수로 만들 수 있는 것은 거의 무궁무진하다. 옥수수는 정말 기적의 씨앗이다.

훨씬 푸르고 싱싱하다. 프레이저는 이 대수층에 대해 이렇게 썼다. "그 물이 더스트볼의 일부를 그전보다 훨씬 더 진하고 풍부한 녹색으로 만들었다."

그러나 오갈랄라는 곧 고갈되거나 고갈에 가까운 상태가 될 것이다. 과학자들은 20년 혹은 길어야 50년으로 내다보고 있다.* 오갈랄라 대수층의 두께는 애초에도 30미터에 불과했는데, 1950년대부터 시작된 관개로 인해 이미 15미터로 줄어들었다. 오갈랄라 대수층이 말라 버린다면, 가뭄이 들 것은 불을 보듯 뻔하다. 한 예로, 잭 허니컷은 2012년에 네브래스카주에서 관개 토지가 아닌 땅 또는 관개 축을 벗어난 땅에 심은 작물은 7월 4일 이전에 모두 죽었다고 말했다.

예상과는 다른 푸르름 외에도, 도로를 달리다 보면 밭이 끊긴 자리에는 물이 가득 차 있고 그 안에는 척추동물, 무척추동물이 살고 있는 늪도 만난다. 어디선가 찾아온 오리들이 이런 늪에서 베토벤의 소나타에 맞춰 춤을 추는 것처럼 출렁이는 물결을 따라 솟았다 가라앉았다 하는 모습도 가끔 볼 수 있다. 수확이 끝난 옥수수밭, 콩밭에서는 젖소들이 한가하게 밭을 훑으며 남아 있는 알갱이들을 주워 먹는다(내가 홀푸드 마켓에서 사 먹는 네브래스카산 '방목' 소고기도 혹시 수확이 끝난 GMO 밭에서 낟알을 주워 먹던 소의 고기가 아닐까 하는 의심이 들었다). 네브래스카주의 중심으로 가까이 갈수록, 좀 전까지 내 눈을 가득 채웠던 푸르른 초록은 점차 사라지고, 가도 가도 끝없는 옥수수 밭이 이어졌다. 사람이 만든

* 나사(NASA)는 우주에 띄운 위성으로 지구의 대수층을 연구하고 있는데, 그 결과는 그다지 긍정적이지 않다. 인간은 지하수를 근심스러울 정도의 속도로 써 버리고 있다. 물이 무제한의 자원이라는 생각은 어쩌면 신기루에 불과할지도 모른다.

또 다른 풍요로움, 거미줄처럼 촘촘하게 뻗은 관개 수로와 작은 도시마다 들어찬 거대한 곡물 저장탑, 그리고 그 저장탑을 오르내리는 엘리베이터로 완성되는 또 하나의 풍경이었다. 프랭크 골크Frank Gohlke의 책《공허의 깊이*Measure of Emptiness*》에 실린 흑백 사진이 생각났다. 중서부 곳곳의 곡물 엘리베이터를 찍은 사진들이었다. 그의 사진 속 텅 빈 공간들과 거대하고 획일적인 건축물(곡물 엘리베이터)을 둘러싼 그림자에서 외로움이 느껴졌다. 농사가 점점 더 대규모화산업화되어 가는 현실에서 인간과 지구 사이의 중요한 연결고리 중 일부가 사라져 가고 있음을 그들의 물리적 존재 속에서 분명하게 보여 주는 것 같았다.

드넓은 평원, 농장들을 빙 둘러 가며 커다란 상자처럼 생긴 상점과 버스 정류장, 그리고 군데군데 죽은 나무 등걸이 지나갔다. 언제나 기억나는 여행의 이미지가 있다. 영양분으로 가득 찬 콩과 사람 키를 넘게 자란 옥수수 밭이 끝도 없이 이어진 마을, 아마도 먹을 것으로 차고 넘치는 마을. 그러나 그런 마을에 식료품점이나 농산물 직거래 장터 같은 것은 없다. 모두 월마트에서 장을 본다. 월마트에서는 큰 폭으로 할인된 가격에 물건을 파니까. 운전을 하면서 나는 큰 소리로 혼잣말을 했다. 이 마을에서 재배되는 먹거리는 이 마을 사람들에게 팔리지 않고, 이 마을 사람들은 다른 어떤 곳—아마도 중국 또는 멕시코?—에서 실려 온 먹거리를 월마트에서 산다.

아무런 변화의 물결도 알지 못하는 무심한 바람은 100년 전이나 지금이나 변함없이, 무기력하게 느껴질 정도로 변함없이 너른 땅을 가로지르며 불어온다. 메인주의 소나무 숲에 이는 바람처럼, 이 바람도 '속삭인다'라고 묘사한다면, 초원을 달리는 이 바람은 오래도록 끊어지지 않고 길게 끌리는 인디언의 외침 소리에 가깝다. 자연의 힘은 인간의 힘보다 위대하다는 성서적인 일깨움처럼 대지를 달리며 일어나는 외침이다. 하지만 이 넓고 넓은 대지를 두텁게, 넓게 채우던 다양하고 풍부한 들풀들 대신 황금색 옥수수와 갈색 콩으로 채운 인간들에게, 키 큰 나도기름새, 보라색 그령, 참새그령, 드렁새, 바랭이, 야생 보리, 나래새, 김의털, 비누풀, 부들, 바람, 이런 아름답고 경이로운 이름들은 어느 날 갑자기 한낱 장난스러운 추억 속의 이름이 되고 말았다. 이 글을 쓰는 지금, 나는 눈을 감고 150년 전 사람들이 이 초원을 건너가는 모습을 상상해 본다. 바람결에 파도처럼 일렁이는 색색의 보드라운 들풀을 멀리까지 훑어본다. 서로 다른 초록의 차이—짙은 초록에서 연한 초록까지, 자연이 악센트로 준 보라색과 갈색, 그리고 빨간색과 파란색을 품은 초록까지—는 분명 어떤 의미가 있었을 것이다!

그러나 그건 트랙터, 더스트볼, 오갈랄라가 있기 전, 생명공학이 등장하기 전, 역사나 미래에 대한 고려는 전혀 없이 경작지를 넓히려는 경쟁이 시작되어 초원의 땅 한 뼘조차 남기지 않고 밭을 일구기 전의 일이었다. 샌드라 스타인그래버Sandra Steingraber는 고향인 일리노이주의 초원이 어떻게 사라졌는지를 《먹고 마시고 숨 쉬는 것들의 반란*Living Downstream*》에서 이렇게 묘사했다. "키 큰 풀이 자라고 면적이 28만 1900에이커에 이르던 내 고향의 초원은 이제 공식적으로 4.7에이커(0.0017퍼센트)만 남았다. 나는 초원을 다시 본 적이 없다. … 내 고향의 토종 식물들과 가깝게 지내지 못했다." 알도 레오폴드Aldo Leopold는 자연에 대한 구슬픈 명상집 《모래땅의 사계*The Sand County Almanac*》에 이렇게 썼다. "말 탄 개척자들의 무릎을 스칠 만큼 키 큰 풀이 자라는 초원을 이젠 아무도 볼 수가 없다." 1949년 출간됐지만 그때 이미 다가올 비극을 예견한 듯하다. 얼마 전 마스든에게 캔자스에서 찍은 사진을 보여 주었다. 사진 속에서 나는 겨우 3개월을 넘긴 갓난아기인 마스든을 안고 있었고, 귀를 쫑긋 세운 호퍼가 발치에서 마치 성모자聖母子를 올려다보는 신심 깊은 신자처럼 우리를 쳐다보고 있었다. "봐, 이게 우리야. 캔자스 초원에서 찍은 사진이야." 내가 말하자 마스든은 어이없다는 얼굴로 나를 쳐다보며 대꾸했다. "저건 초원이 아니야. 저기 가게도 있고 주유소도 있고 커다란 트럭도 있잖아." 물론 그 사진이 잠잘 때 읽어 주거나 체리 존스Cherry Jones가 녹음한 오디오 북으로 들려주던 어린이 소설 속 로라 잉걸스 와일더Laura Ingalls Wilder[25]를 찍은 사진은 아니었다. "아, 맞네." 마스든이 왜 그런 지적을 하는지 알 것 같았다. "옛날에는 아주 넓은 초원이 있던 자리야. 아쉽게도 지금은 조금밖에 안 남았지만." 프랭클린 D. 루스벨트Franklin Delano Roosevelt[26]는 더스트볼 시대에 초원의 일부라도 보호하려는 의미 있는 시도로 400만 에이커의 초원을 보존했지만, 최근 보도에 따르면 2008년부터 2011년 사이에 2400만 에이커에 가까운 면적의 초원이 밭으로 일궈졌다. 메인주와 비슷한 면적의 땅이 옥수수 밭, 콩밭, 밀밭으로 변해 버린 것이다.

1930년대에 미국 역사상 가장 혹심했던 가뭄이 덮치자 과도하게 밭으로 일군 땅이 바람결에 휩쓸리면서 더스트볼 지역에는 블랙 롤러black roller와 블랙 블리자드black blizzard라 불리는 거대한 먼지의 파도가 일어났다. 엎친 데 덮친 격으로 대공황까지 닥치자 북미 대륙의 중부 지역에서 농사를 지으며 살던 많은 사람들이 모든 것을 잃고 캘리포니아를 향해 서쪽으로 이주하게 되었다. 더티 써티 Dirty Thirty라고도 불리는 더스트볼의 시기는 이 땅의 풍경에 대한 이해뿐만 아니라, GMO는 물론 GMO의 일부를 이루거나 GMO와 한 묶음을 이루는 화학물질이 등장하게 된 정서적·물리적 분위기를 이해하는 데 좋은 길잡이가 된다. 오늘날 그레이트플레인스에서 농사를 짓는 많은 사람들에게 더스트볼과 대공황은 그다지 먼 옛날의 일이 아니다. 그 두 사건의 기억은 여전히 그들의 땅을 덮고 있으며 이따금씩 유령처럼 사람들을 괴롭힌다.

켄 번스Ken Burns의 다큐멘터리 〈더스트볼*The Dust Bowl*〉의 오프닝 몽타주에서, 내레이터는 더스트볼에 대해 "미국의 역사에서 인간이 만들어 낸 최악의 생태학적 재앙이었다. 쉬운 돈벌이에 대한 돌이킬 수 없는 압박과 수천 명에 이르는 농민들의 지각없는 행동이 미국의 곡창 지대를 거의 완전히 초토화시킬 뻔한 총체적인 비극을 낳았다"라고 설명한다. 다르게 표현하자면, 이 다큐멘터리의 바탕이 된《최악의 위기*The Worst Hard Times*》의 작가 티모시 이건 Timothy Egan은 이렇게 썼다. "더스트볼은 자연을 향한 인간의 도전과 인간에 대한 자연의 응전이 빚어낸 고전적인 이야기였다."

어떤 이들은 이 재앙의 원인을, 밀을 최대한 많이 심으라는 정부의 부추김에 넘어간 농부들이 무분별하지만 넘치는 열의를 가지고 진격을 거듭하며 초원을 거의 통째로 갈아엎은 탓이라고 지적하며, 이를 "위대한 밭 갈기The Great Plow-up"라고 부른다. 프레이저는 자신의 책에 이렇게 썼다. "초원을 갈아엎기는 회복시키기보다 훨씬 쉽다." 처음에는 농부들에게도 보상이 돌아갔다. 작황은 풍년이었고 농사짓기는 수입이 짭짤해서, 타지에서 '수트케이스 파머

suitcase farmer'라 불리는 반쪽짜리 농부들까지 등장했을 정도였다. 이들은 도시에서 다른 직업에 종사하면서 1~2에이커의 땅을 산 다음, 거기에 밀을 심고 수확기까지 그대로 두었다. 농작물 생산을 위해 이렇게 땅을 조각내고 쪼개는, 다시는 원상태로 되돌려 놓을 수 없는 과정이 시작되었다.

위대한 밭 갈기 이전에 초원을 덮고 있던 풀들은 수백 년째 그 자리에서 뿌리를 내리면서 땅을 지켜 주던 존재였다. 조밀한 카펫처럼 두텁게 땅을 덮고 있던 그 풀 덕분에 땅은 3~4미터 깊이까지 물을 품을 수 있었고, 그래서 자양분이 풍부한 아름다운 옥토가 될 수 있었다. 초원은 되새김질을 하는 동물들과 염소, 버펄로 같은 동물들에게 완벽한 먹이를 제공하는 훌륭한 '풀의 땅'이었다. 동물들은 다양한 종류의 풀로 완벽한 영양을 섭취할 수 있었다. 그러나 경작이 시작되면서 최악의 상황이 닥쳤다. 바람과 햇살, 그리고 가뭄으로부터 땅을 보호해 줄 수 있는 것들이 모두 사라졌던 것이다. 땅은 벌거벗은 채 누워 있을 뿐이었다. 《오즈의 마법사*The Wizard of Oz*》에서 L. 프랭크 바움Lyman Frank Baum이 말했듯이, 초원에 집을 짓거나 농장을 만들고자 한다면 바람과 마찬가지로 태양도 반드시 고려해야 할 무서운 적이었다. "문 앞에 서서 주변을 둘러보는 도로시의 눈에는 사방 어디를 보아도 오로지 드넓은 회색의 초원뿐이었다. 사방으로 그 끝이 하늘과 맞닿아 있는 드넓은 땅에 시선이 걸리는 나무 한 그루, 집 한 채도 없었다. 갈아 일군 땅을 태양은 바싹 구워 회색의 덩어리로 만들어 놓았고, 군데군데 갈라진 틈까지 있었다. 태양은 풀잎마저 태워 풀잎 가장자리가 사방 어디서나 똑같이 회색이었다."

선견지명이 있던 몇몇 개척자들은 인간의 도전이 어떤 의미를 갖는지 간파하고, 초원은 대규모 농업을 시도하기에는 세상에서 가장 "위태로운" 지역이라고 일컬었다. 그러나 그들의 이성에 귀를 기울이기에는 '진보'에 대한 미국인들의 무분별한 갈증이 너무나 컸다. 10년 동안 이어질 먼지 폭풍과 가뭄이 시작되었을 때, '전문가'들은 농부들에게 경작을 계속하라고 조언했다. "비는 틀림없이 올 것이고, 초원에서 풀을 제거하면 제거할수록 비가 올 확률은 더 높아질 테니!" 미국의 농업계는 모든 문제의 해답이 언제나 '생산량 증가'에 있다고 말한다. 그리하여 마치 돌에 새긴 금과옥조처럼 그 조언을 따르며 농부들은 경작을 계속했다. 바람은 멈추지 않았고 가뭄은 더 심해졌으며, 표토는 점점 더 바람에 날아갔고 끝내는 농사는커녕 사람도 살 수 없는 땅이 되었다. 설상가상으로 그나마 농부들이 기르던 극소량의 작물마저 메뚜기 떼의 습격을 받거나 토끼 떼에게 빼앗기고 말았다. 정착민들이 몸집 큰 천적들을 쏘아 죽인 바람에 메뚜기나 토끼의 개체수가 수십 배로 불어난 탓이었다. 메뚜기 떼와 토끼 떼는 파도처럼 밀려들며 초록색을 띤 것은 모조리 먹어 치웠다. 텃밭의 채소, 곡물, 들풀도 씨가 말랐다.

그다음에 펼쳐진 일들은 우리가 모두 아는, 미국의 역사에 하나의 아이콘이 된 이야기들이다. 더스트볼 지역의 수많은 농부들이 성서 속의 욥이 겪었던 것과 비슷한 온갖 고난을 겪은 뒤, 결국은 밭(일부의 경우에는 자신의 생명까지)을 잃었다. 많은 사람들이 필사적으로 캘리포니아를 향해 서쪽으로 떠났다. 온 가족이 얼마 남지 않은 세간을 자동차 지붕에 올려 묶은 뒤, 햇살 좋은 캘리포니아의 과수원에서 포도나 오렌지를 따는 일이라도 하겠다는 희망을 안고 서쪽으로 향했다. 미국 대륙을 횡단한 많은 이들, 특히 곡창 지대로 불리는 지역에서 식량을 재배하려 애쓰다가 떠난 이들에게 있어서 대공황은 눈에 불이 번쩍 나도록 뺨을 맞은 것이나 다름없는 일이었다. 이제 그들도 아메리칸 드림은 더는 회복할 수 없는 꿈이라는 것을 현실로 받아들일 수밖에 없었다.

초원을 가로질러 달리면서 더스트볼에 대해 생각하다 보니, 존 스타인벡John Steinbeck이 쓴 《분노의 포도*The Grape of Wrath*》의 한 장면이 기억났다. 한 이웃의 아들이 고글과 마스크, 장갑을 끼고서 어떤 소작농의 메마른 땅을 갈아엎기 위해 트랙터를 끌고 갔다. 스타인벡은 트랙터를 운전하는 사람을 이렇게 묘사했다. "그는 땅을 있는 그대로 볼 줄도, 땅에서 나는 냄새를 맡을 줄도 몰랐다. 그의 발은 땅을 밟거나 땅의 온기와 힘을 느끼지도 못했다. 그는 쇳덩어리로 만든 좌석에 앉아 쇳덩어리로 만든 페달을 밟고 있을 뿐이었다." 소작농이 고글을 낀 남자 앞에 서자, '고글'은 그 소작농에게 자기도 먹여 살려야 할 가족이 있다고, 은행에서 주는 3달러가 꼭 필요하다고 말했다. 그러면서 소작농의 집을 허문다면, 2달러를 더 받을 수 있다고 했다. 소작농은 처음에는 절망하다가 그다음에는 분노했지만, 결국은 무기력해졌다. "이걸 멈추게 할 방법이 있을 거예요. 이건 번갯불이나 지진이 아니잖아요. 사람이 나쁜 짓을 저지르기는 하지만, 신께 의지하면 그걸 바꿔 놓을 수 있어요." 소작농이 말했다.

어쩌면 우리는 그 고통스러운 절망의 경험이 오늘날 대평원에서 농사를 짓는 농부들의 심리에 얼마나 깊고 얼마나 커다랗게 자리하고 있는지는 미처 생각하지 못했을 수도 있다. 사실 나도 콜로라도 동부의 메마르고 침울한, 잡목만 우거진 땅을 지나 네브래스카의 물기 많고 초록이 싱싱한 땅에 들어서기 전까지는 잘 몰랐다. 프레이저가 썼듯이, "그레이트플레인스에는 과거를 위한 넓은 자리가 있다." 아무리 세월이 좋아졌어도, 어떤 사람들에게는 그 악몽이 아직도 지척에 있는 듯 느껴질 수도 있다.

1940년대에 들어서면서 비가 충분히 내려 딱딱하게 마른 땅을 적시고 토지의 생명력이 되돌아오자, 농부들은 조심스럽게 또다시 낙관론을 갖게 되었다. 최악의 사태는 지나갔다는 생각이었다. 이쯤에서 연방 정부가 농업에 개입—그리고 다시는 발을 빼지 않았다—하자, 그것을 보험으로 여긴 사람들은 과거보다 한결 안전해졌다고 느꼈다. 마치 든든한 뒷배가 생긴 것처럼 느낀 것이다. 그리고 정말 든든하게 뒤를 봐주는 사람이 있었다. 가뭄으로 갈라 터진 초원을 두 번이나 다녀간 프랭클린 D. 루스벨트 대통령은 자신이 신체적 장애[27]를 극복했듯이, 신은 미국인을 포기한다 해도 자신은 절대로 포기하지 않을 것임을 보여 주었다. 1936년 첫 방문 때, 루스벨트 대통령은 아주 작은 시골 마을의 기차역까지 빠지지 않고 멈춰 서서 농부들과 그 가족을 만나고 그들의 이야기에 귀를 기울이며 그들이 겪고 있는 끔찍한 고난을 직접 목격했다. 워싱턴으로 돌아간 루스벨트 대통령은 미국인들에게 농민들이 어떤 일을 감내하고 있는지 이야기했다. 1938년에 대통령이 다시 그곳을 찾았다. 그는 텍사스에서 사람들의 기운을 북돋는 연설을 했고, 그들이 버려지지 않았음을 설득했다. 그런데 연설 도중에 갑자기 검은 비구름이 몰려오더니 소나기가 쏟아졌다. 내리는 비를 고스란히 맞으면서 루스벨트 대통령은 연설을 계속했다. 그날 그 자리에 있던 많은 사람들에게 그 비는 신의 계시처럼 느껴졌다. 사람들은 루스벨트 대통령이 비를 내리게 했다고 이야기했다.

낙관주의와 안일함에 대한 형벌처럼, 1950년대에 또 한 번의 가뭄이 초원을 덮쳤다. 그 가뭄이 지나가자 농부들도 다시는 날씨를 두고 도박을 하고 싶지 않게 되었다. 다시는 자연에 의존하지 않기로 작정했다. 그리하여 오갈랄라 대수층으로 눈을 돌린 것이다. 농부들은 비를 기다리며 변덕스러운 하늘을 쳐다볼 필요가 없도록 대수층에서 물을 뽑아서 쓸 방법을 알아냈다. 그 후로 50여 년 동안 초원의 사람들은 이 물을 신이 보낸 선물이라 여기며 미래에 대해서는 손톱만큼도 생각하지 않고 그것을 퍼 올렸다. 사람들이 깨달았어야 할 교훈은 아무도 들여다보지 않았다. 다시는 돌아올 수 없는 다리를 건넌 셈이었다. 1935년에 통과된 긴급구호할당법 Emergency Relief Appropriation Act에 따라 더스트볼을 복구하자는 프로그램인 셸터벨트 프로젝트Shelterbelt Project의 일환이기도 하지만, 바람에 표토가 날려가지 않게 할 목적으로 심었던 나무들을 다시 베어내고 경작할 땅을 넓혔다. 어디서나 물을 쓸 수 있으니, 이젠 나무를 심어 표토를 보호할 필요가 없었다. 대수층 덕분에 초원은 과거보다 더욱 푸르고 싱싱해졌다.

최악의 상황이 왔다 가고, 1980년대 말과 1990년대 초에 유전자 조작 곡물이 등장하기 시작한 것은 바로 이러한 위태로운 확신의 분위기 속에서였다. 몬산토나 다우 같은 초대형 다국적 화학 기업들이 초원과 곡창 지대의 농부들에게 접근해 가뭄과 해충에도 강하며 훨씬 높은 생산량을 약속하는 유전자 조작 곡물 종자를 홍보하자 희미한 과거의 기억은 더는 사람들의 밤잠을 설치게 하지 못했다. 밭고랑 사이를 파서 잡초를 제거하는 작업인 김매기도 더 이상 필요 없었다. 사실 농부의 손으로 직접 김매기를 하는 것은 오히려 해로웠다. 그런 작업이 또 다른 더스트볼을 불러올 수도 있었다! 글리포세이트를 원료로 몬산토 사에서 제조하는 제초제인 라운드업이 알아서 잡초를 제거해 줄 것이니, 표토를 뒤엎을 필요가 없었다. 옥수수를 심었다가 귀리를 심고, 그다음에는 알팔파를 심는 식의 윤작(돌려짓기)도 더 필요 없었다. 단일 경작(윤작을 할 때처럼 토양이 기운을 회복할 시간을 주지 않는다)이 훨씬 더 큰 수익을 가져올 것이고 그 밖의 문제는 농약과 화학비료가 해결해 줄 것이었다. 결국은 돈과 권력이 초원에 영구적으로 집중되었다. 미국의 상황에 지금도 여전히 어울리는 소설《분노의 포도》에 스타인벡은 이렇게 썼다. "(미국은) 좋은 나라였어. 하지만 이미 오래전에 도둑맞았지." 스타인벡은 대공황과 더스트볼을 두고 소설을 썼지만, 반세기가 지난 지금 다국적 기업들이 미국의 심장부에 캠프를 차리고 식량 생산을 농부의 손에서 영원히 빼앗아 간 상황에도 잘 들어맞는다.

몬산토 사 전문가들의 약속에 호응하듯, 더 많은 땅이 곡물 생산에 투입되었다. 습지를 밭으로 만들고, 작은 땅을 일궈 농사를 짓는 농가를 둘러싸고는 목을 조이고, 모든 도로의 양옆을 야금야금 갉아먹으며 수백만 에이커의 땅(GMO가 재배되는 경작지는 전 세계적으로 4억 4800만 에이커에 달한다)이 농지가 되었다. 그러나 이제 사람들은 자신의 등 뒤에 거대 기업이 버티고 서서 특별한 보험이 되어 주고 있다고 느꼈다. 더스트볼 시기에 정부가 초원에 나타나 도움을 주었을 때 사람들이 정부가 농업을 방치하지 않을 거라고 느꼈던 것과 마찬가지였다. 몬산토 사는 어떤 재앙에도 굳건히 버티는 종자와 그 종자에 어울리는 화학물질을 약속했다.* 내과 의사이자 하버드 의대 교수 시절 '보건과 지구 환경 센터Center for Health and Global Environment'를 설립해 센터장으로 활약한 에릭 치비언Eric Chivian 박사**는 사람들이 초원에서 느끼는 심리는 다소 복잡하다고 말한다. "초원은 무제한의 공간이라는 느낌이 든다. 자연은 너무나 드넓기 때문에 인간이 자연에 해를 끼치는 것은 불가능하다고 느껴진다. 그와 동시에 '개척자 정신'도 갖게 된다. 자연은 인간에게 위험하고 잔인하며, 한 가족 전체는 아니라도 한 사람의 삶을 통째로 빼앗아 갈 수도 있는 적이라고 생각하는 것이다. 따라서 정복하고 통제해야 할 대상으로 보게 된다."

잭 허니컷의 농장을 향해 동쪽으로 차를 몰아가는 동안 GMO 밭을 지나면 또 나타나는 GMO 밭을 보면서 궁금증이 생겼다. **GMO가 정말로 또 한 번의 극심한 가뭄이라는 피할 수 없는 운명으로부터 저 초원을 지킬 수 있을까? 단일 경작, 집중적인 농약 살포, 과도한 토지 이용이 초래할 다른 문제들은? GMO가 그런 문제들로부터 우리를 보호해 줄 수 있을까?** 아마 아닐 거야, 내 안의 회의론자가 답했다. 그러나 그 초원에는 그런 믿음과 희망이 있었고, 그 믿음과 희망은 바람결에 실려 오는 소망처럼 그레이트플레인스를 지나가며 내게 속삭여 주었다.

곧이어 잭이 가르쳐 준 대로 네브래스카주 필립스 타운으로 들어가기 위해 고속도로에서 빠져나올 때가 되었다. 잭은 오후 내내

* 애비 호프먼(Abbey Hoffman)은 이렇게 말했던 것으로 기억된다. "전문가란 싸구려 양복을 입은 외지 사람이다."
** 그는 선대로부터 물려받은 과수원과 양봉업을 운영하는 농부이기도 하다. 1985년에는 '핵전쟁 방지를 위한 국제 의사협회(International Physicians for the Prevention of Nuclear War)'를 설립한 공로로 노벨 평화상을 수상했다.

콩밭에서 수확을 할 예정이고 일하는 동안 나를 트랙터에 태우고 잠시 함께 시간을 보낼 수 있을 거라고 했다. 어느 순간, 콩밭과 옥수수 밭을 커다랗고 반듯한 정사각형으로 가르며 풍경을 바둑판처럼 만드는, 인적도 없이 흙먼지만 날리는 도로를 달리고 있는 나를 발견했다.

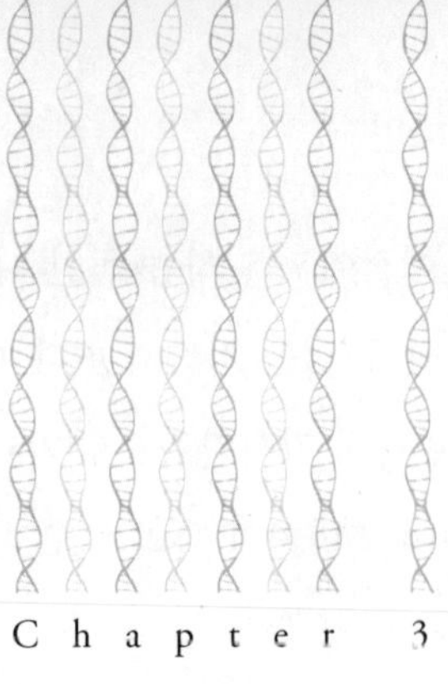

Chapter 3

맞는 방향이기를 간절히 바라는 마음으로 뽀얗게 먼지 나는 길을 달리면서, 잠깐 동안 이 '잭'이라는 남자가 나를 골탕 먹이려고 한 것은 아닐까 하는 의심이 들었다. 그는 그냥 'F-도로'에 들어서면 어디선가 자기를 보게 될 거라고 말했다. (그는 "여기 도로에 이름을 붙이기 시작한 건 겨우 20년 전부터였어요"라고 했다.) 그런데 콩밭과 옥수수 밭이 바다처럼 펼쳐진 네브래스카의 한 중간에서 GPS는 'F-도로'를 찾지 못했다. 어디를 둘러봐도 여기나 저기나 다 'F-도로'처럼 보이는 곳에서 나는 금방 질려 버릴 것 같았다. 뒤로는 뽀얀 흙먼지만 남기고, 도로 양옆에 키 높이로 자란 옥수숫대 사이에 나는 완전히 갇혀 버렸다. 곳곳에 신젠타Syngenta, 파이오니어Pioneer, 아벤티스Aventis 등 여러 화학 기업들이 세워 놓은 '시험 재배' 푯말이 보였다. 이 종묘 기업들이 농부와 계약을 맺고 새로운 GMO 품종이나 농약을 시험하고 있다는 표시였다. 콜로라도행 비행기를 타기 전에, 신시내티에 이런 식으로 작물을 시험 재배하는 밭이 있다는 이야기를 한 과학자로부터 들은 바 있지만, 이렇게 직접 목격하게 될 줄은 몰랐다.

내가 잭 허니컷을 처음 만난 것은 트위터에서였다. 잭은 네브래스카주의 길트너라는 마을에서 가족과 함께 2500에이커의 밭에 GMO 옥수수와 GMO 콩, 그리고 팝콘용 옥수수(기술적으로 말하자면 이 옥수수는 GMO 작물이 아니다. 이 작물을 유전자 조작 곡물로 만들어서 큰돈을 벌 수 있다고 계산하는 기업이 없기 때문이다)*를 재배하는 젊은 농부로, 자신의 삶에 대한 단상과 사진을 트위터에 올린다. 내가 그의 트위터 계정에 관심을 가지고 그의 소개글("우리는 햇살과 비, 땅과 씨앗을 옥수수와 팝콘 그리고 콩으로 바꿔 길러 냅니다")에 주의를 기울이게 된 것은 소셜 미디어를 솔직하게 포용하는 그의 태도 때문이었다. 돌이켜 보면 조금 우스운 생각이지만, 그때 나는 농사에 대한 이야기—날씨, 토질, 작물, 트랙터, 추수 같은 소재가 등장하는—가 트위터리언들의 관심을 끈다는 게 놀라웠다. 게다가 그는 4000명에 가까운 팔로워(사실 4000명은 아주 많은 숫자는 아니다. 그러나 잭이 미국의 한 농부로서의 평범한 삶을 살고 있는 지극히 보통 사람임을 생각한다

* 나중에 알게 된 바로는, 스트레스(가뭄, 지력 고갈, 병충해 등)를 받으면 기술적으로는 플린트 콘(알갱이가 딱딱하고 가뭄에 강한 경립종 옥수수의 일종)인 팝콘 옥수수도 때에 따라서는 가까이에 있는 GMO 플린트 콘의 변종(또는 산업용 옥수수)과 꽃가루 및 유전 물질을 교환하므로, 팝콘 옥수수(유기농이든 비유기농이든) 알갱이 중 일부는 GMO DNA를 포함하고 있을 수도 있다고 한다. (비유기농 팝콘은 네오니코티노이드라는 농약에 노출되었을 수 있고, 거의 모든 경우에 제초제인 아트라진에 노출되었다고 볼 수 있다. 따라서 GMO가 아니라 하더라도 '클린'하지는 않다.)

면 상당히 큰 숫자다)를 거느리고 있을 뿐만 아니라, 그의 팔로워들 중에는 GMO를 둘러싼 논쟁에서 제법 큰 목소리를 내는 몬산토 사의 중역들과 농산 관련 거대 로비 조직인 크롭라이프 아메리카CropLife America의 중요 인사들도 있었다. 몰려오는 먹구름을 이야기할 때나 (수확을 앞둔 시기에 시들어서 싱싱하고 촉촉한 옥수수로 수확할 수 없는) 말라 죽어 가는 옥수수를 얘기할 때에도, 농업 정책이나 스포츠에 대해 이야기할 때에도 그의 트윗에서는 사교적이고 젊은 톤이 느껴졌다. 멀리서도 좋아할 수밖에 없는 사람이었다. 나는 직접 전화를 걸어 온라인에서처럼 전화상에서도 친근감이 느껴지는 사람인지 알아보고 싶었다. 내 전화를 받았을 때, 그는 트랙터를 타고 옥수수를 수확하는 중이었지만 잠깐 이야기할 짬은 있다고 했다. 일은 거의 기계가 하기 때문에, "손질만 해 주면 되는 종업원이나 다름없다"라고 웃으며 말했다.

나는 그에게 GMO에 대한 책을 쓰고 있는데, 트위터에서 그의 글을 보고 관심을 갖게 되었다고 얘기했다. 누가 어떻게 우리의 식량을 기르고 있는가를 두고 미국에서 벌어진 가장 격렬한 논쟁의 진원지에서 지극히 평범하게 보이는 한 사람이 트윗을 하고 있다는 것이 흥미롭다고 말했다. 그는 껄껄 웃으면서, 최근까지도 대부분의 미국인이 자기 같은 농부들의 일을 꼼꼼히 따져 보지 않고 있었기 때문에 소셜 미디어에 관심을 갖게 되었다고 대답했다. 그는 "이런 플라이오버 컨트리에는 대부분 관심을 갖지 않아요. 뉴스가 만들어지고 떠돌이들과 선동가들이 모여드는 바닷가에서나 일상도 드라마틱한 거죠. 우리는 여기에 방치된 거나 마찬가지예요. 좋든 싫든, 아니면 무관심하든, 하여튼 여기는 그래 왔어요"라고 말했다. 이언 프레이저도 비슷하게 쓴 적이 있다. "그레이트플레인스는 미국인들이 잠깐 자신의 꿈을 비춰 보고 나서는 대부분 잊어버리는 얇은 스크린과 같다."

지금까지는 그랬다. 농업 현장과 정책에 대한 최근의 관심은 CAFO(밀집 가축 사육장)와 물 사용, GMO, 농약*에 대한 전국적인, 또 국제적인 논쟁과 함께 대부분의 농부들이 아직 준비되지 않았음에도 불구하고 농사에 대한 세세한 관찰을 불러왔다. 잭은 개인적으로 "사람들이 머릿속으로 그리고 있는 농사의 이미지(예를 들면 동화책에 나오는 하얀색의 농가, 빨간색의 헛간, 초록 풀이 자라는 마당을 종종걸음으로 돌아다니는 닭 등)와 실제 이미지(즉, 대규모 경작지와 산업적 재배)"가 서로 일치하지 않는 것이 문제라고 걱정했다. 그는 이렇게 말했다. "고등학교를 졸업하고 처음 만난 친구가 너무 많이 변해서 충격을 받은 것과 비슷합니다. 사실, 우리는 우리가 해 놓은 것들, 그리고 기술과 자원을 어떻게 활용해 왔는가에 대해 자랑스럽게 생각해요." 담대하고, 호감을 불러일으키고, 자상한 아빠이기도 한 잭은 그런 이유로 트위터의 논쟁에 뛰어들었다. 그의 목표는 자신과 같은 농부들에 대한 미국인들의 시선을 더 좋은 쪽으로 변화시키는 것이었다.

잭과 같은 농부들은 어떤 사람들인가? 나는 알고 싶었다. 그의 성姓은 원래 헌코츠Huncotes였다. 그의 조상들은 1634년에 잉글랜드에서 건너와 버지니아에 정착해 살다가 훗날 캐롤라이나와 조지아로 이주했고, 거기서 이름을 허니컷으로 개명했다. 그러나 남북 전

---

* '농약'이라는 용어에는 제초제, 살균제, 살충제가 포함된다. 특별히 그 세 가지를 구분해서 써야 할 경우에는 그렇게 하겠지만, 일반적으로 곡물을 재배하는 밭 또는 가정의 정원에서 바람직하지 못한 풀이나 벌레, 세균 등을 제거하는 모든 화학물질을 '농약'으로 통칭하기로 한다.

쟁이 일어나자 대장장이이자 농장 노동자였던 그의 고조부는 네브래스카 준주—현재의 콜로라도주와 노스다코타주, 사우스다코타주, 와이오밍주, 몬태나주 그리고 네브래스카주를 각각 부분적으로 포함하던—로 이주했다. 잭은 고조부가 왜 남동부를 떠나야 했는지는 정확히 알지 못한다고 했다. 그러나 남북 전쟁의 양쪽 진영 모두에서 허니컷이라는 이름을 가진 참전자들이 있는 것으로 보아, 아마도 고조부는 전쟁의 소용돌이에 휘말리는 것보다는 새로운 땅을 개척하는 것이 더 큰 기회라고 생각했던 것 같다. 그의 고조부는 홈스테드법[28]에 따라 네브래스카에서 160에이커의 땅을 개척하고 뿌리를 내렸다. 그의 아들 오토Otto, 즉 잭의 증조부는 1898년에 태어났다. 증조부는 홈스테드법에 따라 길트너 인근 지역에 정착한 가족의 딸인 베시 디태모어Bessie Detamore와 결혼했다. 오토는 아내와 함께 길트모어로 이주했고, 허니컷 가문은 그 후로 그곳에서 계속 농사를 지었다. 오토와 베시는 더스트볼 시기를 잘 넘기면서 가족이 소유한 땅을 대부분 지켜 냈다. 오토의 아들, 즉 잭의 할아버지는 가족 소유의 땅을 원래 면적인 160에이커*로부터 조금씩 넓히기 시작했다. 잭의 아버지가 농사에 뛰어들었을 무렵, 가족의 땅은 3500에이커에 달했다. 그 땅을 잭의 아버지와 두 삼촌, 그리고 할아버지가 1000에이커에 조금 못 미치는 땅으로 공평하게 나누어 농사를 지었다. 3500에이커의 농장이 네 가족을 먹여 살렸다고 잭이 말했다.

잭의 할아버지가 농사일을 그만두자, 할아버지의 땅은 잭의 아버

* 이언 프레이저는 《그레이트플레인스》에서 이렇게 썼다. 한 사람이 160에이커의 밭을 가지고 산다는 것은, "온갖 동물과 인디언들이 먹을 것을 찾아 수백 마일을 여행하는 드넓은 땅에서 이렇게 좁은 땅을 가지고 살아간다는 것은, 어부가 드넓은 바다의 아주 작은 한구석에서만 고기를 잡아 살아가는 것과 같다."

지와 두 삼촌이 공평하게 분할했다. 잭의 형 브랜던Brandon이 15년 전 대학을 마치고 돌아와 농사를 거들기 시작한 후로 아버지와 브랜던은 다시 조금씩 경작지를 늘려 나갔다. 토지를 매입했고, 은퇴한 이웃의 농부들로부터 임차하기도 했다. 브랜던은 이후 가족의 옛 토지를 물려받아 농사를 지었다. 2004년 네브래스카 대학교 링컨 캠퍼스에서 농학사 학위를 받은 뒤 집으로 돌아온 잭도 농사를 짓기 시작했다. 길트너에 집을 샀고, 지금도 그 집에서 아내 애나Anna, 세 아이인 에버렛Everett, 애들린Adeline, 휴스턴Houston과 함께 살고 있다. 잭은 형 브랜던, 그리고 아버지와 함께 농장을 운영 중이다.

잭의 가족사를 듣고 나서, 나는 그의 농장과 GMO에 대한 그의 믿음에 대해 더 자세히 알고 싶어졌다. 인심 좋은 잭은 네브래스카로 와서 직접 얼굴을 보고, 자신과 자신의 가족에게 농사란 무엇인지 보라고 권했다. 그렇게 해서 나는 옥수수의 바다 한가운데서 완전히 길을 잃은 채 서 있게 되었던 것이다.

점점 다급해지고 있는데, 한 여자가 담황색의 긴 머리칼을 날리며 운전하는 SUV 한 대가 쌩하고 지나가더니 오른쪽으로 모퉁이를 돌아 갔다. 혹시 잭의 아내가 아닐까 싶어서 나도 급히 차를 몰아 그 뒤를 따라갔다. 여자가 길을 벗어나 밭으로 들어가 차를 세웠다. 나는 차에서 내려 소리쳤다. "잠시만요! 잭 허니컷을 찾고 있는데요!" 그러자 여자가 역시 소리치며 대답했다. "잘 찾아오셨네요. 저기 저 트랙터 안에 있어요!" 커다란 초록색 콤바인의 뒤를 쫓아가는 커다란 초록색 트랙터가 보였고, 나는 한 남자의 모습을 희미하게나마 알아볼 수 있었다.

잭 허니컷은 끊임없이 이어진, 수확하고 남은 갈색의 콩 줄기를 가로질러 네브래스카의 먼지구름을 일으키며 거대한 초록색의 존 디어John Deere[29] 트랙터를 몰고 다가왔다. 그의 트랙터가 초원의 먼지를 뽀얗게 뒤집어쓴 나의 작은 렌터카 옆에 멈춰 섰다. 잭이 문을 열고 나를 향해 소리쳤다. "올라오세요!" 햇볕에 그을린 갈색 팔뚝으로 네브래스카 대학교 로고가 새겨진 야구 모자를 쓱 추켜올리니 그의 얼굴이 드러났다. 깜짝 놀랄 만큼 잘생긴 얼굴이었다. 한쪽 눈은 파란색인데 다른 쪽 눈은 아몬드처럼 갈색이었고, 짧게 깎은 짙은 갈색 머리카락은 숱이 많아 보였다. 잭의 트랙터는 크기도 군대의 탱크처럼 컸지만, 생긴 것도 딱 그랬다. 그 옆에 있는 나의 폭스바겐은 영락없이 딱정벌레였다. 초대도 받지 않고 그의 밭에 나타난, 작고 성가신 벌레 같았다. 하지만 그의 푸근한 미소가 차가운 금속의 기계가 주는 위압감을 누그러뜨려 주었다. 나는 트랙터로 올라가 자리를 잡고 앉았다. 미국에서, 미국을 위해 산업적인 규모로 GMO 작물을 재배하는 한 젊은 농부가 앉아 있었다. 아들의 축구 경기에 코치로 나서고, 온 가족에게 자상한 아빠일 것이 틀림없는 얼굴, 평생토록 알고 지냈지만 이제서야 그에게서 빛나는 놀라운 불꽃을 발견한 듯한 그런 느낌이었다. 야구 모자를 쓰고 집업 스타일의 양모 점퍼(트랙터 밖의 기온은 21도가 넘는 따뜻한 날씨였음에도 불구하고)에 짧은 바지를 입고 하이킹 스니커즈를 신은 차림이었다. 내가 트랙터 운전석 옆자리에 안전하게 자리를 잡자, 잭은 방향을 돌려 형이 운전하고 있는 콤바인을 부지런히 쫓아갔다.

《잡식동물의 딜레마》에서 마이클 폴란은 아이오와주에 사는 조지 네일러George Naylor라는 농부의 말을 인용했다. 이 농부는 산업적 경작이 "군산 복합체"를 위한 식량 재배 때문이라고 말했다. 네일러의 말이 무슨 뜻인지, 나는 잭의 트랙터를 타 보고서야 깨달았다. 전쟁과 농경의 방식은 결코 풀 수 없을 만큼 단단하게 얽혀 있다. 농경은 우리가 하는 활동 중에서 연료를 가장 많이 쓰는 일이고, 우리는 바로 그 연료를 보호하기 위해 전쟁을 한다. 또한 무기와 마찬가지로, 오늘날의 트랙터와 콤바인도 사람의 손길을 거의 필요로 하지 않는, 첨단의 기계들이다. 이 기계들은 저들이 할 일인, 수확, 분리, 탈곡을 척척 알아서 한다.*

거대한 기계를 타고 누비면서, 잭은 마치 캐딜락 마운틴을 타고 즐겁게 소풍을 가는 사람 같았다. 대시보드 위에는 차가 담긴 보온병이 여러 개 놓여 있어서 그가 차를 마실 때마다 운전석 내부에 향긋한 차향이 번졌다. 부드럽고 신중한 말투를 가진 그는 어떤 질문에도 서둘러 대답하지 않았다. 중서부 사람 특유의 예절 바른 습관이 배어 있어서 동부 사람의 저돌적인 질문이 튀어나오면 하던 말을 멈추고 경청하다가 신중하게, 그러나 재치 있게 대답하곤 했다. 트랙터를 타고 앉아, 줄 맞춰 심은 콩을 따라 올라갔다 내려갔다 하는 브랜던의 콤바인을 트랙터로 따라다니며 잭은 마치 우리가 평생토록 이야기를 주거니 받거니 하며 살아온 사이인 것처럼 느끼게 했다. 이따금씩 잭은 브랜던의 콤바인 옆에 트랙터를 바짝 붙여 세우고, 트랙터 뒤쪽 짐칸에 콩을 실었다. 짐칸이 가득 차자, 우리는 밭 가장자리에서 시동을 건 채 적재함이 채워지기를 기다리고 있는 바

* 콤바인이라는 기계에 대해서 잘 모르는 독자들을 위해—나도 몰랐다—설명을 좀 하자면, 그것은 '옛날이라면 사람 손으로 직접 했어야 할 여러 일들을 모두 해내는 기계'이다. 다 자란 곡물을 베고, 모아서 기계 속에 집어넣어, 탈곡, 즉 줄기와 가지로부터 곡물을 거둬들이고, 씨앗을 떨어낸 다음, 나머지 부분들을 잘게 썰어서 다시 밭에 뿌려 퇴비가 되게 한다. 잭의 밭에서 브랜던의 콤바인이 콩 줄기를 베고 콩을 수확하여 자루에 담아 놓으면, 잭의 트랙터가 따라다니며 그 자루를 실어 오는 식이었다.

퀴 18개짜리 대형 트럭으로 다가갔다. 적재함이 다 채워지면 트럭은 몇 마일 떨어진 곳에 잭의 가족이 소유한 곡물 저장소로 간다. 그리고 그곳에서—아마 지금쯤이나 아니면 얼마 후쯤, 가격이 더 좋아지면—수확기에 농부들로부터 곡물을 사들이는 조합으로 향할 것이다. 이런 과정 외에, 달리 더 할 일은 별로 없었다. 자동화된 트랙터 기술이 수확 작업의 대부분을 담당하고, 잭은 트랙터에 앉아 내장된 컴퓨터가 해야 할 일을 제대로 하는지만 감독하면 된다. 때문에 트랙터 안에 앉아서 아이패드로 수확량을 계산하고, 기록하고, 트위터와 페이스북에 글을 올리고 때로는 독서도 할 정도로 시간이 난다.

잭이 농장 장비에 필요한 장비든 GMO 종자에 관한 것이든 활용할 수 있는 기술을 폭넓게 활용하고 있다는 것은 말할 필요도 없을 것이다. 잭의 말에 따르면, 스무 살에서 스물여덟 살쯤 된 농부들 사이에서는 새로운 기술을 익히고 받아들이는 분위기가 지배적이라고 한다. 사실 잭이 집으로 돌아와 농부가 되기로 마음먹었던 것도 그런 기술들 덕분이었다. 대학생 시절, 농사를 짓는다는 것이 처음에는 별로 내키지 않았다고 한다. 그런데 그의 호기심을 자극했던 것이 유전자 조작 곡물에서부터 트랙터의 발전에 이르는 여러 가지 기술이었다. "집으로 돌아와 농사를 짓겠다는 결심을 주저하게 한 첫 번째 고민은, 내가 돌아와 선 그 자리에서 앞으로 40년 동안 똑같은 방식으로 농사를 지어야 하는가, 였어요. 저는 그러기는 싫었습니다. 끊임없이 적응하고, 발전하고, 변화하는 능력이 내 미래에서는 중요한 일부라고 생각했어요." 그는 기술을 적극적으로 활용하는 것으로 그 고민을 해결했다. "로맨틱한 부분은 좀 잃겠지만, 등골이 휠 정도로 고된 농사일에서는 벗어날 수 있어요. 지금 우리 증조할아버지를 이리로 모시고 와서, 할아버지 세대처럼 오랜 시간을 몸이 부서지도록 일하지 않고 자동화된 기계와 설비로 농사를 지을 수 있다는 것을 보여 드린다면, 할아버지는 아마 이 모든 과정과 기계 하나하나가 대단하다고 하실 거라고 생각해요." 구경꾼이 보기에는 실내 온도가 21도로 맞춰진 대형 기계 안에서 차를 마시고 라디오를 듣는다는 것이 굉장히 편안하고 여유 있어 보일지도 모르지만, 잭은 할 일이 많다고 했다. "그래도 하루에 열여섯 시간은 일하는 셈이에요. 기계가 고장이 나기도 하고. 그러면 우리가 손을 써야죠. 몸도 고되지만 정신적으로도 고된 면이 있습니다."

나는 잭에게, 그렇더라도 기술 덕분에 농사를 지으면서 실제로 흙을 만지는 일로부터는 상당 부분 해방되지 않았느냐고 물었다. "라운드업 레디 콩을 심기 전에는, 낫을 들고 밭에 나가서 해바라기나 도꼬마리, 까마종이 등 콩밭 근처에서 자라는 콩을 제외한 다른 식물들을 베어 내야 했습니다. 제 사회 보장 명세서social security statement[30]는 1987년부터 작성되었어요. 저는 1982년생이고요." 그는 자신의 이야기를 강조하려는 듯이 나를 바라보았다. 잭은 다섯 살 때부터 아버지의 농장에서 일하기 시작했다. "정말 힘든 일이었고, 영원히 끝나지 않을 것 같았어요. 아마 2주 정도밖에 일하지 않았을 텐데, 하여튼 내가 밭에 나가서 처음 일하기 시작한 때였어요." 다섯 살이 된 내 아들 마스든이 밭에 나가 해바라기와 도꼬마리 같은 식물을 베어 내는 장면을 상상해 보았다. 일을 하는 당시에는 힘들고 고단하겠지만, 마스든이라면 그렇게 힘써 일하는 것을 좋아할 것 같았다. 아직 어리지만, 마스든은 이미 힘든 일도 잘하고, 맨손으로 어떤 일을 해내는 것을 좋아했다. 특히 자연으로 나가 흙을 묻히며 하는 일이라면 더욱 그랬다. 나는 잭에게 물었다. "그때의 노동이 당신으로 하여금 열심히 일하도록 가르쳤다고 생각하지 않나요?"

"그랬죠." 향기로운 차를 마시며 잭이 고개를 끄덕였다.

내 안의 모성애가 발동하여, 지금 우리가 사는 이 세상은 각종 기계와 도구가 너무 많아서 우리가 기억하는 우리 어린 시절에 비하면 훨씬 더 단절된 느낌이 든다는 두려움이 들었다. 그 때문에 중요하다고 생각되는 질문이 하나 떠올랐다. "당신의 아이들이 이해하는 노동과 당신이 다섯 살 때 이해했던 노동은 같은 것이라고 생각하세요?" 이 질문을 던지면서, 나는 들에서 붉은꼬리매가 사냥하는 모습을 바라보았다. 콤바인이 지나가자 용케 그것을 피한 작은 짐승들이 아직 곡물을 수확하지 않은 밭으로 도망쳤다. 그 작은 짐승들이 움직이는 경로를 붉은꼬리매가 쫓아갔다. 붉은꼬리매는 삶은 노동이라는 것을, 생존의 칼날은 매우 날카롭다는 것을 아는 듯했다.

"언젠가 아내와도 똑같은 이야기를 한 적이 있어요. 여기 성경 어플이 있는데…." 잭이 무릎 위에 놓인 아이패드를 톡톡 두드리며 말했다. "영어로 쓰인 여러 버전의 성경이 모두 들어 있고, 40개 국어로 쓰인 성경도 들어 있는 무료 어플이에요. 여기에다가 메모를 할 수도 있고, 뭐든 할 수 있어요. 다른 분들과 성경 공부 모임을 하고 있는데, 대부분 연세가 예순이 넘은 분들이세요. 그분들은 아주 오랜 옛날부터 쓰던 성경을 갖고 계세요. 그 성경책 여백에다 메모도 하시고 밑줄도 그으시고, 새롭게 배운 것들을 적어 놓고 그러시죠. 물리적인 실체가 있는 어떤 것을 가진다는 건 느낌이 다른 것 같아요. 그래서 저도 어느 날 새 성경책을 한 권 샀습니다. 새 성경책에는 여백에 줄도 그어져 있어서 메모를 하거나 다른 내용을 적기가 훨씬 수월했어요."

성경의 교훈에도 불구하고, 자신이 하는 일이 옛날에 비해서는 육체적인 노동의 강도가 훨씬 낮기 때문에 세 아이들을 트랙터에 태우고 농사일을 현장에서 직접 보여 주기가 "훨씬 편하다"라는 점이 마음에 든다고 말했다. 그가 어린 시절에는, 새로운 씨앗을 심거나 곡물을 수확할 때면 며칠 동안이나 아버지의 얼굴을 보지 못하고 지내는 때가 많았다고 했다. "아버지는 내가 일어나기 전에 나가셔서 내가 잠자리에 든 후에나 돌아오신 거죠." 요즘에는 기술이 좋아서, 같은 일도 옛날처럼 오랜 시간이 걸리지 않는다. 그렇게 해서 생긴 여유 시간 덕분에, 잭은 파종기에도 아들의 T볼 팀 코치를 할 수 있게 되었다. 그의 아버지는 더 돌보지 않아도 곡물이 저절로 자라는 시기인 늦여름이 오기 전까지는 시도도 할 수 없었던 일이다. 거기까지 이야기하고 잠시 대화가 끊긴 사이에 잭은 자신이 그랬던 것처럼, 아버지가 고된 노동으로 힘들게 농사짓는 것을 목격하지 못해서가 아니라 땅과 농사에 대한 소명 의식을 느끼지 못해 그의 아이들이 아버지가 직접 농사를 짓고 있는 땅에 아무런 연대감도 느끼지 못하게 될까 봐 그게 가장 두렵다고 털어놓았다. "아까 하셨던 말씀이, 우리가 계속 연결되어 있게 하고 우리 아이들이 계속 연결되어 있게 하는 것에 대한 거죠. 저도 그 부분을 고민해 왔습니다. 그러기 위해서 의도적인 노력을 기울여야 한다면, 할 수 있는 한 자주 아이들을 함께 데리고 나와서 작물이 어떻게 자라는지 설명해 주고, 트랙터에서 내려 콩밭 사이를 달리게 하고, 내 아이들이 자라서 하게 될 일이 어떤 일들인지 알게 해 준다면 밭에 나가 해바라기를 베는 것과 똑같은 교육적인 효과가 있지 않을까요?"

그런데 사실 애초에 잭이 GMO에 관심을 두게 된 이유가 해바라기와 까마종이, 도꼬마리 때문이었다. 잭은 자신의 가족과 친구들이 처음 GMO를 알게 되었을 때, 모두들 굉장히 기대하는 바가 컸다고 했다. "잡초가 생기면 그 잡초를 없애기 위해 땅에도 환경에도 뭔가를 더 해야 하니까요. 잡초를 더 안전하게 제거할 수 있는 방법이 있다면, 잡초를 없애는 데 쓰는 시간을 줄일 수 있고, 땅의 힘을 더 건강하게 키울 수 있기 때문이죠…. 우리에게는 깊이 생각할 필요도 없는 선택이었어요." 그레이트플레인스와 중서부의 곡창 지대에서도 GMO에 대해 좋은 말만 늘어놓는 대형 생명공학 회사들의 주장에 콧방귀를 뀐 농부들이 많았다는 것을 나도 나중에 알게 되었지만, 당시의 잭과 그의 가족들, 그리고 주변의 농부들은 충만한 가능성에 들떠 있었다.

그러나 잭이 미처 예상하지 못했던 것은, 많은 미국인들이 GMO에 반기를 들면서 시작된 반발이었다. "지금 제가 생각하는 건, 지금 우리가 겪고 있는 이런 현상들을 처음부터 다시 시작해야 한다면…, 이런 일들이 어차피 계속될 일이고, 지금의 이런 발전이 계속되어야 한다고 해도…, 우리가 고객들, 그러니까 우리가 기르는 곡물을 소비하는 사람과의 소통에 미숙했다는 것을 인정해야 한다는 점입니다."

소통을 위한 생명공학 회사나 농부들(또는 식품 회사)의 노력이 없었다는 점은 이번 인터뷰 여행에 앞서서 환경 활동가인 리사 스토크로부터 나도 들은 바가 있다. 리사는 그들의 소통 부재가 폭포처럼 쏟아지는 온갖 문제점들을 덮고자 하는 기만술이라고 정의했다. 리사는 GMO가 처음 등장했을 때, 음식도 유전적으로 조작될 수 있다는 것을 알고 깜짝 놀랐다고 한다. "생명공학은 우리를 깜깜한 암흑 속에 밀어 넣었어요…. '세상에, GMO 작물을 기르는 땅이 벌써 9000만 에이커나 된대!' 이런 식으로…. 우리가 할 수 있는 게 뭔가요?" (GMO 작물을 재배하는 땅이 미국에서만도 1억 7000만 에이커에 이른다.)

사람들이 GMO가 미국을 암흑 세상으로 몰아넣었다고 생각하는 것은 '플라이오버 컨트리'에서 힘들게 노동하며 작물을 재배하는 농부들에 대한 기본적인 신뢰가 없기 때문이라고 잭은 말했다.*

농부들에게는 맥이 풀리는 상황이지만, 그는 이해한다고 했다. 잭은 소통의 부재가 "어느 날 갑자기 과학자들이 사람이나 환경, 그 외 다른 것에 대해서는 아무런 관심도 없이 오로지 돈을 목적으로 실험실에서 만든 걸 가지고 불쑥 나타난 것 같은 어둡고 불안한 상황을 만든 듯해요. 우리가 왜 GMO 작물을 기르는지, 많은 부분이 작물과 종자 선택의 논리적인 연장선에서 수긍할 수 있다는 것을 적극적으로 알리지 않으니까 마치 우리가 뭔가 숨기고 있는 것처럼 보이는 거죠. 물론 모든 것을 공개적으로 이야기하기에는 민감한 사안인 것은 분명해요. 사람들이 모두 들고 일어나 유전자 조작에 대해 비난하고, 농부들은 마치 사람들에게 해가 되는 나쁜 일을 하는 것처럼 비난받는다고 하소연하고 있으니 말이죠. 사전에 이러한 소통이 보다 적절히 준비되고 다뤄졌더라면, 훨씬 더 이성

---

* 2013년 〈사이언티픽 아메리칸*Scientific American*〉의 한 호에서 조너선 폴리(Jonathan Foley)는 "미국의 옥수수 시스템을 다시 생각할 때"라고 주장했다. "미국에서 옥수수는 1에이커당 생산량이 140에서 160부셸(bushel)[31]에 이르는 대단히 생산성이 높은 작물임에도 불구하고, 식품으로서 식탁에 오르는 옥수수의 양은 현저히 적다. 오늘날 옥수수 작물은 주로 생물 연료(미국에서 생산되는 옥수수의 대략 40퍼센트가 에탄올 제조에 쓰인다)와 가축 사료(미국산 옥수수의 약 36퍼센트와 에탄올 생산 후에 남은 찌꺼기가 소, 돼지, 닭의 사료에 쓰인다)에 쓰인다. 그리고 남는 양 중 상당 부분은 수출된다. 미국산 옥수수의 아주 적은 부분만이 미국인들의 식탁에 오르고, 그중 대부분은 고과당 옥수수 시럽의 형태이다. 간단히 말해 옥수수는 고생산성 작물이지만, 옥수수의 생산-소비 시스템은 사람을 위해 식량을 생산하는 것이 아닌 자동차를 위한 연료, 가축을 위한 사료를 만드는 데 맞춰져 있다.

적이고 합리적인 토론이 가능했겠죠. 소비자들이 걱정하는 것은 자신의 아이들에게 건강한 음식을 먹이고 있는가, 자신은 건강한 음식을 먹고 있는가에 대한 확신이 필요하다는 것이죠. 사람들이 걱정하는 것은 궁극적으로 그거예요. 우리가 걱정하는 것도 똑같습니다. 내 아이들도 소비자들의 아이들이 먹는 것과 똑같은 것을 먹어요. 우리 농부들도 안전하고 건강한 음식을 내놓기 위해 고민하고 있고, 우리 다음 세대가 더 나은 삶을 살 수 있도록 우리가 가진 자원을 쓰고 있어요"라고 말했다.

햇살 좋은 아름다운 날이었고, 잭은 굉장히 성실하고 개방적인 사람이었다. 그에게 공감하지 않을 수 없었고, 그에게 투영되는, 밭에서 옥수수, 콩, 카놀라, 밀을 기르느라 고생하면서도 갑자기 GMO 반대 여론에 휘말린 수많은 농부들에 대해서도 공감을 표할 수밖에 없을 만큼 인성 좋은 사람이었다. 솔직히 말하자면, 농사는 한가롭게 공원을 산책하는 것과는 다르다. 아무리 전천후 트랙터 안에 앉아 밭일을 하고 농약 살포기로 농약을 뿌린다 한들 농사일이 힘든 것은 부인할 수 없다.

트랙터 안에서 나지막한 소음을 들으며, 잭은 GMO가 토양을 보호할 뿐만 아니라, 작물과 초원의 미래까지 보호하여 이 초원에서 그의 아이들도 미래를 갖게 해 줄 것이라고 믿는다고 말했다. 또한 자신의 의견으로는 대수층에 대해서 크게 걱정할 필요는 없다고 했다. 비록 지하에서 물을 끌어올려서 관개 시스템에 유입시키는 데 상당한 에너지가 필요하다는 것과 농사를 짓기 위해 필요한 관개수로의 수가 적지 않다는 것(아무리 작은 밭이라도 물을 끌어다 대야 하고, 1제곱마일의 밭이라면 물을 끌어들일 수로가 적어도 네 곳은 있어야 한다)은 인정하지만, 관리만 잘된다면 대수층을 보호할 수 있을 것이며 물 부족 사태는 생기지 않을 것으로 믿는다고 했다. 또한 가뭄이 올 때에는 그 전조를 알 수 있다고 했다. "어느 날 갑자기 수도꼭지를 틀어도 물이 나오지 않는 그런 사태는 생길 수 없습니다. 그런 사태가 생긴다면 재앙이지요. 하지만 여러 세대에 걸쳐서 천천히 가뭄으로 발전할 수는 있을 겁니다…. 지난 15년 동안 우리는 물을 사용하는 방법을 바꿔 왔습니다. 제 생각에는 앞으로 몇 세대 정도는 물 걱정 없이 농사를 지을 수 있을 거라고 봅니다."

대수층은 걱정 없다는 생각은 비단 잭만 하는 것이 아니다. 많은 농부들 그리고 과학자들이 잭과 같은 생각을 가지고 있으며, 제초제 내성 옥수수의 라운드업 시스템과 제초제 공중 살포로 밭을 갈 필요 없이 잡초를 죽인다면, 토양은 더 개선되어 과거처럼 표토가 바싹 말라 바람에 날아가는 천재지변의 영향은 없을 것이라고 말한다. "경운耕耘 농법으로 밭을 갈다 보면 토양에 경질硬質 지층이 생긴다는 문제가 있습니다. 토질 좋고 부드러워 뿌리가 잘 내리는 흙이 아니라 딱딱하고 굳은 땅이 생기는 거죠. 우리 땅의 토질은 상당히 개선되었어요. 우리 땅에서는 표토층의 손실이 거의 없습니다…. 심토층에서부터 토지의 구조가 좋아진 거죠. 관개 시스템으로 물을 뿌리거나 비가 와서 땅이 젖은 뒤 나와 보면, 지면 곳곳에 벌레 구멍이 보여요. 제가 어릴 때엔 그렇지 않았습니다. 어쩌면 그때는 제가 벌레 구멍에 관심이 없어서 그랬을 수도 있지만요. 하지만 지렁이의 활동으로 땅이 얼마나 건강한지 판단할 수 있습니다." 잭이 말했다. 나는 그의 말을 귀 기울여 들었다. 잭의 밭을 바라보면서, 한편으로는 기쁘기도 했다. GMO도 최소한 진짜 땅에서 재배되고 있다는 사실을 단일 경작의 진원지에서 내 눈으로 직접 확인했기 때문이다. GMO 작물도 달나라에서 옥토끼가 기르는 것은 아니었다. 잭의 밭에는 흙과 지렁이, 붉은꼬리매와 쥐도 깃들여 살고 있었다.

그러나 최근의 몇몇 연구 결과들은, 제초제로 잡초를 제거하는 '무경운' 농법이 정말 그렇게 만병통치약인가 하는 의문을 제기한다. 이 농법의 단점으로 예상할 수 있는 것 중 하나가 흙을 갈아엎지 않고 계속 농사를 짓다 보면 화학비료의 부산물인 인燐이 표토층에 계속 축적되어, 비가 오거나 관개수 사용 시 밭에서 인이 농축된 물이 흘러내려 강으로 유입된다는 점이다. 인은 강과 호수, 강 유역은 물론 최종적으로는 식수원에서까지 녹조 현상을 유발한다. (2014년 여름, 오하이오주의 톨레도 주민들은 농경지에서 유입된 물의 조류 함량이 너무 높아 식수를 마실 수 없었다. 2015년에는 에릭 호수에서도 똑같은 문제가 발생했다.)

게다가 잭 같은 농부들이 옥수수 밭에 살포하는 제초제 그리고 농약의 양과 살포 주기를 생각하면, 경운 농법의 단점이 정말 그렇게 큰 것인가 하는 의문이 생긴다. 추수가 끝난 직후의 가을이면 잭은 다우 케미컬 사가 생산하는 2,4-D*를 살포한다. 유기 염소계 살충제라고 알려진 2,4-D는 염소 가스를 사용해서 염소와 석유에서

---

* 2014년, 다우 케미컬 사는 USDA와 EPA에 독성이 더욱 강한 제초제 2,4-D의 사용을 허가해 줄 것을 청원했다. 잭의 밭에서 자라는 잡초처럼, 다양한 제초제 혼합물에 이미 내성을 갖게 된 잡초를 제거하려면 독성이 더 강한 제초제가 필요했던 것이다. 새로운 제초제는 인리스트 듀오(Enlist Duo)로, 글리포세이트와 2,4-D를 융합한 강력한 혼합물이다. 다우 사는 현재 2,4-D와 인리스트 듀오에 내성이 있는 콩과 옥수수까지 내놓았다. USDA는 다우 사의 신종 옥수수와 콩이 2014년 봄과 여름이면 판매될 수 있을 것이라고 발표했다. 하지만 내가 장담하건대, 미국 시민 대부분은 2,4-D 내성 콩이 무엇인지, 2,4-D가 실제로 무엇인지 제대로 알지 못할 것이다. 2014년 가을, USDA는 2,4-D 내성 콩을 승인했고, EPA는 승인을 반대하는 서명 운동에 동참한 시민이 50만 명을 넘었음에도 불구하고, 독성이 한층 강해진 글리포세이트와2,4-D의 혼합 용액을 승인했다. 2015년 11월 〈월스트리트 저널 *The Wall Street Journal*〉은, EPA가 "위의 제초제가 주변의 식물에 끼치는 독성이 이전에 생각했던 것보다 훨씬 강하다는 정보가 있어서" 이 화학물질에 대한 승인을 취소할 것을 고려 중이라고 전했다.

추출한 탄소 원자를 융합하여 만드는데, 효과가 뛰어난 독극물이며 1차 세계대전 때 독일군이 광범위하게 사용했던 것으로 알려져 있다. 2,4-D는 2,4,5-T와 똑같은 비율로 혼합해 에이전트 오렌지를 제조하는 데 쓰이는 물질이기도 하다. 에이전트 오렌지는 몬산토와 다우가 제조하고 미군이 밀림의 나무와 작물을 제거하기 위해 베트남전에서 대량 사용했다. 에이전트 오렌지가 인체의 건강에 미치는 영향—베트남 사람들뿐만 아니라 미군들에게도—은 다양하게 보고된 바 있다. 베트남 사람들을 조사한 통계만 봐도 에이전트 오렌지의 영향은 매우 놀랍다. 베트남 정부의 발표에 따르면, 480만 명의 베트남인들이 에이전트 오렌지에 노출되었고, 약 50만 명의 아기가 에이전트 오렌지로 인해 심각한 선천적 기형을 가지고 태어났다. 이뿐만이 아니다. 에이전트 오렌지는 여러 암의 원인일 뿐만 아니라 다양한 B세포 림프종B-cell lymphomas, 연부조직 육종soft tissue sarcomas과 관련이 있다. 미국 퇴역 군인부에서는 베트남에서 배를 탄 적이 있거나 도보로 행군한 적이 있는 모든 군인들이 에이전트 오렌지에 노출되었던 것으로 추측하고 있다.

2,4,5-T는 베트남에 살포된 어마어마한 양의 다이옥신 제조에 쓰였으며, 당시에 많은 선천성 기형과 사산의 원인이 되었다. 베트남에서는 토양에 잔류한 높은 수치의 다이옥신이 계속해서 주민들에게 영향을 끼치고 있어서, 선천성 기형과 사산을 유발하고, 음식물을 오염시키며, 내분비계를 교란할 뿐만 아니라 후두, 폐, 전립선 등의 암을 발생시키고 있다.

좀 놀라운 일일 수도 있겠지만, 다이옥신의 폐해를 알아보고 싶다면 먼 나라 베트남까지 갈 필요도 없다. 웨스트버지니아의 니트로에 2,4,5-T를 제조하는 몬산토 공장이 있었는데, 2004년 이 공장이 폐쇄될 때까지 계속해서 주변 환경이 다량의 다이옥신으로 오염됐다. 2012년, 이 회사는 결국 니트로를 회복시키기 위한 노력을 시작하는 데 동의했다. 그러한 노력의 일환으로 8400만 달러를 들여 의료 검진을 실시하고, 900만 달러로 공장과 그 주변을 정화하며 소송 원고 측의 소송비 2900만 달러를 지불하겠다고 약속했다.

다이옥신을 둘러싼 이러한 여러 가지의 악재(산업화된 국가의 농업 노동자들은 다른 직종 종사자들에 비해 암 발병률도 높고 암으로 인한 사망자 수도 훨씬 많다는 점도 고려해야 한다)*에도 불구하고, 잭의 말에 따르면 2,4-D는 봄철 밭에 나타나는 모든 것을 죽여 준다는 점에서 농부들에게는 아주 고마운 존재라는 것이다. 밭에 씨 뿌릴 준비를 하기 위해 해야 할 일을 덜어 주기 때문이다. 2,4-D에 대해 걱정한 적이 한 번도 없었느냐는 나의 질문에, 잭은 그렇다고 답했다. "2,4-D는 미국의 모든 잔디밭에 살포되는걸요." 그의 말은 사실이다. 너 나 할 것 없이 우리의 이웃도 민들레나 토끼풀이 없는 완전한 잔디밭을 가꾸기 위해 이 농약을 뿌리고 있을지도 모를 일이다. (레이철 카슨은 1962년에 출판한《침묵의 봄》에서 점점 뚜렷해지고 있던 2,4-D의 위험성을 지적했다. 카슨은 2,4-D로 처리한 식물에서 질산염 성분이 급격히 증가했고, 그 성분이 소들을 죽이고 있다는

---

* 샌드라 스타인그래버는《먹고 마시고 숨 쉬는 것들의 반란》에서 이렇게 말했다. "부모가 페인트, 석유 제품, 솔벤트[용매溶媒], 농약 등에 장기간 노출된 것과 아동 뇌종양, 백혈병의 연관 관계가 꾸준히 지적되고 있다. 아이가 태어나기 이전에 부모가 위의 물질에 노출된 경우에도 그 자녀가 발병할 가능성이 있다. 아동은 또한 부모가 입은 의복, 신 등을 통해 위의 화학물질에 노출될 수도 있으며, 모유(직접 오염된 모유 또는 어머니가 아버지의 옷에 접촉해서 발생한 2차 오염)를 통해, 심지어는 호흡을 통해 공기 중에 존재하는 위의 물질들에 노출될 수 있다. 솔벤트류는 폐에서 걸러지는데, 부모가 아이 앞에서 숨을 내쉼으로써 그 호흡을 통해 배출된 발암물질에 아이가 노출될 수 있다. 이렇게, 귀가한 아빠가 아이에게 인사로 한 키스, 작업복을 입은 채 한 포옹이 아이를 오염시킬 수 있는 것이다."

사실을 발견했다. 그녀는 "사슴, 영양, 양, 염소 같은 반추 동물에 속하는 야생 동물들"도 똑같은 위험에 처하게 될 거라고 예측했다.)

봄이 오면, 잭은 잡초를 깨끗하게 제거하기 위해 2,4-D를 두 번 연달아 뿌린다. 과거에는 종종 무수암모니아의 형태로 질소를 뿌리곤 했다. 이 물질은 화학비료의 일종인데, 부식성이 강하고 위험한 물질로 알려져 있으며, 특히 농부에게는 더욱 위험하다. 독성 때문에 잭은 가급적 이 비료를 사용하지 않고 대신 더 안전한 것으로 알려져 있던 건식 비료를 써 보았다. 작물을 파종하고 나면, 잭은 잡초가 돋아나기 전에 "예방적 제초제"로 아트라진Atrazine을 살포해서 다른 잡초보다 일찍 고개를 내미는 잡초들을 제거한다. 잭은 아트라진이 토양수에 스며든다는 것을 알지만 그냥 살포한다고 말했다. 그러고는 이렇게 덧붙였다. "내 아이들은 아트라진 근처에 얼씬도 못하게 합니다. 아트라진은 안전하지 않아요. 사람을 죽일 수도 있어요."*

아트라진—신젠타 사가 제조하는—이 가지고 있는 심각한 문제가 알려지기 시작한 것은 비교적 최근의 일로, UC 버클리의 생물학자 타이론 헤이스Tyrone Hayes의 연구 덕분이다. 헤이스는 거의 20년간 네브래스카와 미국 전역을 돌며 늪과 냇물에 사는 개구리를 연구했다.** 헤이스가 연구한 바에 따르면, 아트라진은 내분비계를 교란하고 에스트로겐의 분비를 증가시켜, 수컷 개구리의 생식기

---

* 유럽 연합(EU)은 아트라진이 지하수를 오염시킨다는 이유로 2004년부터 사용을 금지했다. 미국에서는 아트라진을 제조하는 화학 회사의 기금을 받은 연구진이 아트라진의 사용을 억제한다면 농업 경제가 타격을 입을 것이라는 연구 결과를 2007년 내놓은 바 있다.

** 타이론에게 아트라진이 사람을 죽일 수도 있다는 말이 사실이냐고 묻자 그는 이렇게 대답했다. "그렇습니다. 하지만 쥐약처럼 사람을 즉사시키지는 않아요. 아트라진은 장기적으로 이 물질에 노출되는 사람들에게—특히 호흡과 피부 노출을 통해 아트라진과 접촉하는 농장 노동자들에게—여러 건강상의 문제를 일으키다가 결국 죽음에 이르게 하는 겁니다."

기형을 일으키고 성정체성을 모호하게 만든다. 또한 아트라진은 어린 수컷 개구리를 양성체, 심지어는 '게이'로 만들기까지 한다(수컷 개구리가 성정체성의 혼란을 일으킨 나머지 수컷끼리 교미를 하려 한다는 뜻이다). 아트라진이 인간에게는 어떤 영향을 주는지 아직 밝혀지지 않았으나, 인간 남성에게도 비슷한 영향을 줄 것이라는 추정이 완전히 터무니없지는 않을 것이다. 사실, 최근에 워싱턴주와 텍사스주에서 진행된 연구의 결과는, 아스트라진에 노출된 어머니에게서 태어난 남자 아기들이 다른 것은 몰라도 생식기 기형을 가지고 태어날 위험이 증가했다는 것을 보여 준다. 타이론은 이렇게 말했다. "[중서부의] 농부들에게 이런 사실을 말해 주면 아마 이렇게 이야기할 겁니다. '이보쇼, 나도 이런 농약 쓰고 싶지 않아요. 하지만 옆집 사람들은 모두 이걸 쓰는데 나만 쓰지 않는다면 나만 망할 거 아니요! 당신한테 우리가 이걸 쓰지 않고도 농사를 지을 수 있게 할 방법이 있다면, 다 해 봐도 좋아요. 우리도 이게 나쁘다는 건 알아요. 하지만 우리더러 대체 어쩌라는 거요?'"

헤이스는 지금도 아트라진을 관찰하고 그 물질이 살아 있는 유기체에 끼치는 영향을 연구하고 있지만—"아트라진에 대해 그나마 가장 다행인 점은 이것이 어떤 결과를 가져오는지 우리가 알고 있다는 것"이기 때문에—최근 들어 농부들이 직면한 잡초 내성 문제로 인해 농부들 사이에서 점점 더 확산되고 있는 화학물질 칵테일로 눈길을 돌리는 중이다. "이 화학물질들을 한꺼번에 혼합하면, 각각의 물질에서는 예측할 수 없던 전혀 뜻밖의 새로운 성질이 나타나게 될 겁니다." 한 농부가 살포한 칵테일과 그 이웃의 다른 농부가 살포한 또 다른 칵테일이 서로 섞이면서 나타나게 될 시너지 효과는 말할 것도 없다. 이 문제는, EPA가 아직 탐험할 시도조차 하지 않은, 농약 연구의 새로운 개척 분야이다.

잭도 2,4-D와 아트라진을 살포한 후에도 끈질기게 남아 있는 귀찮은 잡초들을 제거하기 위해서는 자신도 아트라진과 라운드업, 2,4-D, 기타 이보다 덜 알려진 제초제 칵테일을 사용할 것이라고 말했다. 작물이 어느 정도 자라면, 측면 시비side-dress[32]를 하거나 액체 질소를 뿌리고, 제초제 라운드업을 한두 번 살포하며 여름을 보낼 것이라고 했다.

몬산토 사가 생산하는 제초제 라운드업의 주요 성분인 글리포세이트를 조금만 더 자세히 들여다보자. 라운드업은 1970년대에 몬산토 사가 특허를 낸 후, 1974년부터 시장에 내놓았다. 원래 잡초를 제거할 목적으로 개발되었는데, 지금은 미국에서 팔리는 글리포세이트 함유 제품이 750가지가 넘는다. 라운드업은 대규모로 경작되면서 라운드업에 죽지 않는 GMO 작물, 즉 옥수수, 콩, 면화에 광범위하게 쓰이고 있다. 그러나 진화라는 운명의 장난처럼, 글리포세이트, 또는 라운드업이 죽여야 할 잡초도 이 성분에 대한 내성을 키우면서 아무리 제초제를 살포해도 끄떡하지 않는 '슈퍼 잡초'가 생겨났다. 정말 아이러니한 것은, 라운드업이 처음 개발된 1970년대에는 농부들이 이 제초제에 큰 기대를 걸었고, 전문가들 또한 어떤 잡초도 이 농약에 내성을 갖지 못할 것이므로 마치 물처럼 안전한 제초제인 듯 말했다는 점이다. 이 제초제와 짝꿍을 이루는 GMO가 시장에 등장했을 때, 미국에서 라운드업 사용량은 폭발적으로 증가했다. 농사를 짓는 밭에서만 사용된 것이 아니었다. 소비자들은 철물점이나 월마트 같은 곳에서 병에 담긴 라운드업을 사다가 정원수 밑에 자라는 잡초를 제거하고, 정원에 깔린 벽돌 사이에 고개를 내민 잡초를 없애고, 시야를 가리는 잡초를 죽였다. (GMO 작물이 본격적으로 판매되기 시작한 2001년부터 2007년 사이, 글리포세이트 사용량은 두 배로 늘어서 2007년에만 1억 8000만에서 1억 8500만 파운드pound[33]의 글리포세이트가 사용되었다. 일부에서는 지난 10년간 그 수치가 다시 두 배로 늘었다고 추정하지만, 노골적으로 화학 기업들의 편에 섰던 부시 행정부가 2007년부터 글리포세이트 사용량 추적을 중단시켰기 때문에 실제 데이터는 알 길이 없다.)

어쨌든 진화는 계속되었고, 골칫덩이 잡초들도 계속 진화하면서 라운드업 내성은 시급한 문제가 되었다. 따라서 농부든 농부가 아닌 보통 사람이든 가릴 것 없이 이 제초제를 더 많이 사용하게 되었다. 그 와중에 잡초들이 내성을 갖게 된 제초제는 라운드업만이 아니었다. 2013년 〈뉴욕 타임스*The New York Times*〉는 "제초제 내성에 대한 국제 조사에 따르면, 오늘날 217종(이 글을 쓰는 시점에서는 248종으로 늘어나 있다)의 잡초에서 적어도 한 가지 이상의 제초제에 대한 내성이 발견되고 있다"고 밝혔다.* 새로운 제초제가 등장한다 해도, 잡초들이 그 제초제에 내성을 갖기까지는 몇 년이면 충분하다는 것은 이미 잘 알려진 사실이다. 따라서 많은 과학자

* 부언하자면, 농약제에 아무런 영향도 받지 않게 된 것은 잡초만이 아니다. 레이철 카슨이 《침묵의 봄》에서 상세히 설명했듯이, 우리가 박멸하려고 애쓰는 해충들도 마찬가지이다. 카슨은 이렇게 썼다. "상황이 이렇게 된 것은 다윈이 주장한 적자생존의 원칙을 가장 현란하게 보여 주는 생명체인 곤충이 특정 살충제에 대한 면역력을 가진 슈퍼 종족으로 진화했기 때문이다. 언제나 가장 강한 개체가 살아남으니 그 면역력은 더 강해질 수밖에 없다. 살아남은 개체는 그 전 세대보다 더 강한 개체인 것이다."

들은 새로운 화학물질에만 매달리는 것은 해결책이 아니라고 말하고 있다.*

아직 라운드업에 내성이 없는 식물 중의 하나가 박주가리[34]인데, 제왕나비가 여기에 알을 낳고, 이 알에서 부화한 애벌레는 탈바꿈을 할 때까지 오로지 박주가리만 먹고 자란다. 따라서 제왕나비의 일생에 박주가리가 얼마나 중요한 식물인지는 두말하면 잔소리다. GMO 작물이 등장하고 무분별하게 라운드업이 살포되기 시작하면서 박주가리의 개체수는 급속히 줄고 있다. 박주가리의 감소가 제왕나비 개체수의 감소로 이어졌다는 것이 많은 연구자들의 결론이다. (제왕나비 개체수에 영향을 준 것이 단지 박주가리를 죽이는 라운드업 때문인지, 아니면 제왕나비에게 치명적인 독을 품고 있는 GMO 옥수수의 Bt 꽃가루가 어떤 역할을 한 것인지에 대해서는 아직 의견이 분분하다.) 최근 몇 년 동안 제왕나비는 위기에 처했음이 확실해진, 일종의 지표종이 되었다. 즉 인간이 환경에 미치는 영향이 지구에 어떤 변화를 가져왔는가를 보여 주는 종인 것이다. 이러한 사실을 반영하여, 천연자원 보호 위원회Natural Resources Defense Council NRDC는 2014년에 EPA를 고소했다. EPA가 라운드업이 무분별하게 사용되도록 허가한 것을 비난하는 NRDC의 청원을 검토하지 않고 있다는 것이 주된 혐의였다. 미국의 농업용 토지에서 GMO 재배에 투입되는 면적이 나날이 증가함에도 불구하고, EPA는 NRDC의 청원을 1990년대부터 계속해서 검토하지 않고 있었던 것이다. 이에 대해 EPA에서는 제왕나비 개체수

* 논에서 흔히 볼 수 있는 '피'는 벼와 아주 비슷하게 진화해서, 분홍색에서 벼와 똑같은 초록색으로 카멜레온처럼 색이 변하면서 끈질기게 논을 오염시킨다.

의 감소 원인에 대해 다각도로 연구를 진행하는 중이며, "위험 관리" 차원에서 이 문제를 다루고 있다고 답변했다. (이 책을 쓰고 있는 현재, 제왕나비를 멸종 위기종으로 지정할 것인지에 대한 검토 단계에 있으며, NRDC는 EPA가 글리포세이트와 2,4-D를 혼합한 강력한 제초제인 다우 케미컬 사의 인리스트 듀오를 승인한 데 대해 두 번째 소송을 시작했다.)

여기서 끝이 아니다. 글리포세이트에 대해서는 아직도 나쁜 소식들이 계속 들려온다. 중앙아메리카와 남아메리카의 사탕수수 밭에서 올라온 연구 보고서에 따르면, 라운드업이 농장에서 일하는 남성 노동자들에게 신부전증을 일으켰을 가능성이 있다. 2013년 〈식품과 화학독성학*Food and Chemical Toxicology*〉에 실린 한 연구 보고서는 라운드업이 내분비계를 교란하고 호르몬 의존성 유방암을 일으킬 가능성이 높다고 주장했다. 이 보고서에 따르면 "글리포세이트와 콩에 함유된 식물성 에스트로겐인 제니스타인 사이에 부가적인 에스트로겐 효과가 있음"이 밝혀졌다. (GMO 콩은 라운드업 내성을 가지고 있으므로, GMO 콩을 먹는 사람은 이 두 가지 성분을 한꺼번에 섭취할 것이 자명하다!) 아직도 반신반의하는 사람이 있다면, 2015년 국제 암 연구 기구International Agency for Research on Cancer에서 발표한 연구 결과를 보자. 이 보고서에 따르면, 글리포세이트(라운드업)가 사람에게서 암을 유발할 가능성이 높고, 특히 비호지킨 림프종의 경우에는 거의 확실하다. 같은 해, 세계보건기구WHO는 글리포세이트가 "발암물질일 가능성이 높다"라고 추론한다고 발표했다. 그러자 캘리포니아주는 2015년 9월에 글리포세이트를 발암물질 목록에 올릴 예정이라고 발표했다.* 이런 상황 속에서도 몬산토 사는 라운드업이 무해하다는 입장을 고수하고 있다. (그들의 주장이 틀리지 않기를 바라는 마음이다. 미국에서 나온 한 지질학 연구 보고서에 따르면, 미시시피 삼각주의 농경 지대에서 채취한 대기 및 빗물 샘플 중 75퍼센트에서 라운드업이 발견되었다고 하니까.)

생물학자도 아니고 전염병학자도 아니라는 점(그래서 조롱을 받고 있기도 하다) 때문에 주변적인 인물로 치부되며 논쟁을 일으켜 온 MIT의 연구원 스테파니 세네프Stephanie Seneff는 글리포세이트와 자폐증 사이에 연관이 있다는 주장으로 위해성 논란의 싸움판에서 판돈을 키우며 불협화음에 끼어든 새로운 목소리가 되었다. 그녀는 2032년 즈음에는 자폐증이 전 인구의 절반에게 영향을 줄 것이라고 경고한다. 대부분의 사람들이 알고 있듯이 자폐증은 점점 증가하는 중인데, 그 추세는 거의 유행병처럼 돼 버린 천식의 증가 현상과 크게 다르지 않다. 세네프의 추론이 흥미로운 이유는 그녀의 기본 가정이 글리포세이트가 우리 몸에 필수 아미노산을 공급하는 유익한 장내 미생물을 죽임으로써 체내에 일련의 결함을 유발한다는 전제에서 출발하기 때문이다. 또한 글리포세이트가 망간, 철분같이 우리 몸의 면역체계에 꼭 필요한 여러 종류의 비타민이나 미네랄과 킬레이트 고리[35]를 형성함으로써 인체의 신경전달 물질 형성에 문제를 일으킨다고 주장한다. 이 부분이 바로 자폐증(또한 주의력 결핍 과잉행동 장애ADHD나 '감각발달 장애' 같은 새로운 증상)과 연결되는 것이다.

* 이 책이 거의 완성될 무렵에도 캘리포니아주는 여전히 이 제안에 대한 의견을 수렴하는 중이었다.

이 마지막 부분의 주장은 미군 소속 식물병리학 선임 연구원으로 미 국방부의 베트남전 생화학 무기 연구에 참여했던 퍼듀 대학의 식물병리학 명예교수 돈 후버Don Huber 박사의 주장과도 일치한다. 후버 박사는 글리포세이트가 토양 속의 미네랄과 킬레이트 고리를 형성함으로써 우리가 먹는 식품에 영양학적 결손을 일으킨다는 주제의 강연으로 유명해진 바 있다. 내가 아이다호의 그의 집에 전화를 걸어 질문했을 때, 박사는 우리 토양에 축적되고, 따라서 우리가 먹는 식품에 쌓이는 글리포세이트가 가장 큰 걱정이라고 말했다. "식용 작물 속에 잔류하는 글리포세이트의 양은 임상 독물학에서 포유류의 체내 조직에 영향을 끼칠 수 있다고 보는 수준의 40배에서 800배에 이르는 매우 높은 수준입니다. FDA는 이걸 그냥 방치하고 있어요."* 2,4-D처럼 글리포세이트도 광범위하고 장기적으로 영향을 미친다. 제초제로 글리포세이트를 살포하면, 그것이 식물의 모든 세포와 수액에 흡수된다. 게다가 글리포세이트를 몬산토 사의 라운드업과 혼합 살포하면 라운드업의 효능을 높이기 위해 첨가한 계면활성제 POEA 때문에 글리포세이트만을 단독으로 살포했을 때보다 그 독성이 더욱 강해진다는 것이 밝혀졌다.** 게다가 흙을 단단하고 딱딱하게 만들어서 식물의 뿌리를 둘

---

* 작물에 허용된 양의 10분의 1만으로도 글리포세이트는 농업 근로자들에게 임신 장애를 일으키며 인간 태반세포의 활동력에도 영향을 준다는 연구 결과가 있다.

** 환경 독성 물질에 의한 후성적(後成的) 변화를 연구하는 UC 어바인(Irvine)의 과학자 브루스 블룸버그(Bruce Blumberg)는 POEA에 대해 나에게 다음과 같은 이메일을 보내 주었다. "이런 물질의 상당수가 화학물질을 식물의 표면에 '고착'되도록 도와줍니다. 농약이나 제초제보다 오히려 이런 물질이 위험하다고 주장하는 사람들도 있는데, 그런 주장은 매우 의심스럽습니다. 이런 물질들은 (독성을 갖고 있다 하더라도) 그 자체의 독성이 문제라기보다는, 사람들을 문제가 되는 화학물질에 더 많이 노출시킨다는 점이 문제인 것입니다. 물론 무한대의 지혜를 갖고 있는 EPA에서는 기업들이 이런 물질들을 뭉뚱그려 '비활성 성분'으로 표시하고 '영업 비밀'이라는 미명하에 공개하지 않을 수 있도록 허용하고 있습니다. 질량 분석기 한 대만 있으면 어떤 기업이든 하루 이틀 안에 그 성분을 밝혀낼 수 있는 세상에서 이건 말도 안 되는 정책입니다."

러싸고 있는 생태계—박테리아, 곰팡이, 미네랄 등—에도 영향을 미친다. 2013년 〈뉴욕 타임스〉에 실린 기사에서, 스테파니 스트롬Stephanie Strom은 이렇게 썼다. "라운드업과 글리포세이트 내성을 가진 종자를 파는 몬산토 사는 '라운드업이 토양 속에서 미생물이 일으키는 여러 작용에 광범위한 영향을 끼친다는 신뢰할 만한 증거는 없다'라고 말한다. 농무부 소속의 과학자들도 다양한 연구 보고서들을 몬산토 사와 비슷한 시각에서 검토하고 라운드업이 매우 순한 물질이라는 결론을 내렸다. EPA는 최근 몬산토 사의 요청에 따라 식품용 작물과 사료용 작물의 글리포세이트 허용 기준을 높였다." (여기서 나의 친구이자 환경운동가인 스티븐 호프Steven Hopp가 자주 하는 말이 떠오른다. "어떤 것이 존재한다는 증거가 없다고 해서 그것이 존재하지 않는다는 증거가 되는 것은 아니다.")

농사를 짓고 있는 지역—그레이트플레인스, 콘벨트, 그리고 미국의 심장 지대—의 많은 농부들 사이에서 라운드업(또는 글리포세이트)은 안전하다는 주장이 퍼지고 있는 것이 사실이다. 잭은 한 모임에 갔다가, EPA 관계자라는 어떤 사람이, "라운드업은 완벽한 제초제"라고 하는 말을 들었다고 한다. 잭에게 그 말을 믿느냐고 묻자, 그는 라운드업은 모든 화학물질들 중에서 상대적으로 "온건한" 선택이라면서, 라운드업이 위험하다는 이야기는 믿지 않는다고 답했다. 그러나 후버 박사는 그렇지 않다고 말한다. 박사의 말에 따르면, 글리포세이트는 22년, 때로는 그보다 더 긴 세월을 토양 속에 잔류하며, 따라서 제왕나비나 건강한 토양에 의존하는 인간은 말할 것도 없고 미래의 작물에까지 영향을 미친다고 한다. UC

버클리의 과학자인 타이론 헤이스도 이에 동조했다. 글리포세이트가 EPA에서 말하는 것처럼 안전한지 물었을 때, 그는 어이없다는 표정으로 나를 바라보며 말했다. "그 물질은 생명체를 죽이려는 목적으로 만든 거예요. 당연히 우리에게 유익할 리가 없죠." (곁가지이기는 하지만, 여기서 한 가지 말해 두고 싶은 것이 있다. 전문가는 아니지만 정원 가꾸기를 좋아하는 사람으로서, 나도 식물에 달라붙는 해충을 제거하는 것이 얼마나 힘들고 귀찮은 일인지 잘 안다. 매주 두 번씩, 내가 기르는 식물에 달라붙은 배추좀나방과 달팽이를 일일이 잡아서 뜨거운 비눗물에 집어넣느라고 힘들었다. 넓디넓은 밭에서 이런 일을 한다는 것은 나로서는 상상조차 할 수 없다. 자기가 농사짓는 밭을 지키기 위해 전쟁도 불사하는 마음은 인간적으로 충분히 이해할 수 있는 일이다.)

나에게 책은 물론이고 라운드업 같은 농약을 사용하기로 한 농부들을 비난하려는 의도가 있는 것은 아닌지 의심하는 사람들에게 밝혀 두지만, 경작지에 다량의 화학물질을 사용하기 시작한 것은 책이 태어나기도 전부터 시작된 일이었다. 농약은 2차 세계대전 직후(레이철 카슨이 《침묵의 봄》을 쓰고 있을 때 이미 널리 퍼지고 있었다), 녹색 혁명이라 불리던 시기에 시작되었다. 녹색 혁명은 노먼 볼로그Norman Borlauge라는 과학자에게서 비롯되었다. 녹색 혁명이라는 이름에도 불구하고(요즘 식으로 말하자면, 태양 전지판이나 가재 껍데기 퇴비 같은 보다 급진적인 어떤 것을 떠올리지만), 사실은 산업화된 경작 또는 농산업을 강하게 밀어붙인 것에 지나지 않았다. 녹색 혁명은 종종 지구상에서 기아를 물리치기 위한 활동이었다고 기억되지만, 실은 이타주의와는 거리가 먼 복잡한 사정이 있었다(농부인 조지 네일러George Naylor가 "군산 복합체"라고 칭한 것의 시초이기도 했다). 《식품주식회사: 질병과 비만, 빈곤 뒤에 숨은 식품산업의 비밀*Food, Inc.: Mendel to Monsanto—The Promises and Perils of Biotech Harvest*》의 저자 피터 프링글Peter Pringle에 따르면, "2차 세계대전이 끝나 갈 무렵, 미국은 세계 식량 생산의 주도권을 이용해 전 세계로 영향력을 확장하겠다는 결정을 내렸다. … 이 양동 작전陽動作戰[36]으로 미국은 지구상의 기아와 싸우는 동시에 공산주의의 확산을 막고자 했다. 라틴아메리카와 아시아 저개발 국가의 인구 폭증은 식량 부족 사태를 의미했다. 기아는 사회의 동요로 이어지고, 사회의 동요는 공산주의에 물들 위험이 높아진다는 뜻이었다." 따라서 이 경우의 '녹색'은 밀과 옥수수, 벼가 자라는 거대한 땅덩어리를 의미한다. 프링글은, '혁명'은 "대중의 소요를 의미하는 것이 아니라 개량된 종자와 화학비료, 농약, 그리고 관개 프로젝트가 연합된 식량 생산의 노력"을 의미한다고 말한다. 사실, 인류 역사에서 현대의 농경이 화학물질에 의존하게 된 연유를 되짚어 보면, 석유에서 합성 화학물질을 뽑아내기 시작하고 종자 기업의 종자 개량으로 수백만 에이커의 땅에 옥수수를 단일 경작하기 시작한 2차 세계대전 직후가 매우 중요한 시기였다면서 말이다. 또한 2차 세계대전은 "군용 폭발물의 핵심 원료인 질소 생산 능력을 엄청나게 향상시켰다. 질소는 폭발물뿐만 아니라 비료 제조에도 중요한 원료였기 때문에, 전쟁이 끝나자 질소 제조업체들은 비료 생산으로 방향을 전환했고, 전 세계의 무기비료 생산량은 1700만 톤에서 1억 5000만 톤으로 증가했다. 1950년부터 1980

년까지 30년 동안, 질소 비료의 판매량은 17배로 껑충 뛰었다."* 아이러니하게, 또 슬프게도, 프링글은 녹색 혁명은 세계의 기아 문제를 제어한 적이 없다고 말한다. 오히려 2025년이면 최소한 10억 명의 인구가 식량 불안의 위기에 놓일 것이라고 한다.

책은 여름이 와서 그때까지 살포한 여러 가지 화학물질 덕분에 옥수수가 제대로 자라게 되면, 마지막으로 질소 비료를 한 번 더 살포할 거라고 했다. 이 시기에 비료를 주는 것을 '엽면시비葉面施肥'라고 하는데, 옥수수 잎의 그림자가 옥수숫대 아래서 자라는 잡초의 생장을 방해할 만큼 충분히 커질 무렵에 시행한다. 여러 주(내가 살고 있는 메인주도 그중 하나이다)의 지하수에서 내분비계 교란물질로 알려진 살균제가 발견되고 있음에도 불구하고, 곰팡이 때문에 병이 생기면 식물이 스트레스를 받기 때문에 식물의 번식기 때는 살균제를 뿌려 준다고 책은 말했다. 살균제를 뿌린 후, 식물이 잘 자라면 수확 이후까지 비료나 농약을 그다지 많이 뿌리지 않는다. 그러나 수확이 끝나면 겨울이 오기 전에 밭에 남아 있는 모든

* 지금은 모두가 알고 있듯이, 화학비료의 유거수(流去水)는 환경을 산성화하여 독성을 지닌 녹조의 성장을 촉진함으로써 하천과 연못, 강을 오염시킨다. 지금 나는 메인주 바닷가의 잘 가꿔진 해변 마을에 있는 친구의 집에서 이 글을 쓰고 있다. 마당에서 흘러 바다로 유입된 물은 마치 방사성을 띤 초록 거미줄처럼 보인다. 화강암 바위 사이로 조류가 긴 띠를 흐르며 구불구불 이어져 바다로 들어간다. 추측건대, 질소가 다량 함유된 잔디 비료가 이런 현상을 일으킨 듯하다. 산업화된 경작과 화학비료, 농약, 제초제 등을 생각할 때 여기서 파생되는 '부차적 문제'를 생각해 봐야 할 것 같다. 이 화학물질들을 대형 농장과 농산업체들을 위해 승인해 주었을 때는 일반 가정에서 정원을 가꾸는 사람들까지 사용하리라는 생각은 하지 않았을 것이다. 우리는 이제 식량—또는 생물 연료—을 기르기 위해 그레이트플레인스의 땅을 위와 같은 화학물질 범벅으로 만들고 있을 뿐만 아니라 내 집 마당까지 물들이며 동식물의 생태계에 영향을 주고 있다. 1994년의 추산으로 보자면, 미국의 가정에서 소비되는 농약의 수는 평균 두서너 가지였다. 2001년부터 2006년 사이에는 미국 가정의 최소한 95퍼센트가 적어도 한 가지의 농약을 상비하고 있었다. 1994년으로 돌아가 보면, 미국인들이 가정에서 농약을 사는 데 쓴 비용은 총 190만 달러였다. 2007년에 EPA가 조사한 바에 따르면 미국의 각 가정에서 가정용 농약을 사는 데 쓴 비용은 2500만 달러에 이르렀다. 농약의 양으로 따지자면 7100만 파운드에 달한다! 2016년까지 가정과 경작지에서 이러한 증가 추세가 이어진다면 그 양이 그저 눈이 돌아갈 정도로 어마어마하게 증가했을 것이라고 추측하는 게 안전하다.

것들을 죽이기 위해 2,4-D를 다시 살포한다.

나와의 이야기를 책으로 접할 독자들을 인식한 듯, 잭은 자신이 밭에 굉장히 많은 화학물질을 뿌리는 것처럼 보이겠지만, 사실 자신이 아는 모든 사람들도 다 똑같이 하는 평균적인 수준이라고 강조했다. "화학비료나 농약도 비용이 만만치 않게 들어요. 그러니까 우리도 그저 심심해서 뿌리는 게 아닙니다"라고 말이다. 덧붙여, GMO 옥수수에는 Bt 형태의 살충제가 들어 있기 때문에, 옥수수밭에는 살충제를 거의, 또는 전혀 뿌리지 않는다고 했다. "옥수수밭에 마지막으로 살충제를 뿌린 건 몇 년 전 일입니다." (나중에 잭이 전화로 말하기를, 앞서 얘기했던 때에는 자신이 미처 네오니코티노이드Neonicotinoid—곤충 신경독의 일종으로 전신성 살충제—를 생각하지 못했다고 했다. 그는 옥수수를 파종하기 전에 "전처리"로 옥수수 종자에 네오니코티노이드를 처리하거나 첫 시비하는 비료에 액상 살충제로 섞어서 뿌린다고 했다.* 잭의 말을 들으며 나는 심정이 복잡해졌다. 나는 잭이 정직하고 영리하며 재주도 많은 데다 성격도 좋은 사람이라 여겼고, 그에게 호감을 가졌었기 때문이다. 그러나 사실인즉 GMO 찬성론자들의 주장에서 GMO 및 Bt 작물의 등장으로 살충제가 더 적게 사용되고 있다는 지적은 단골 메뉴로 등장한다. 옥수수 알갱이 하나하나, 목화씨 한 알 한 알, 콩 한 알 한 알이 모두 말 그대로 네오니코티노이드에 푹 불려졌다가 나온다는 사실, 네오니코티노이드의 사용량이 세계 어디에서나 전무후무한 수준으로 폭발했다는 사실을 고려한다면, 이 주장은 사실

* 살충제가 또 필요하다는 사실이 의아할 수도 있는데, 그 이유 중 하나는 GMO 옥수수가 처음 등장한 지 10년이 지나자 옥수수 조명충도 GMO 옥수수에 내성을 갖게 되었기 때문이다.

이 아니다. 이 사실에 대해서는 이 책의 2부에서 더 자세히 다루겠지만, 예습 차원에서 미리 말해 둬야 할 필요성을 느꼈다.)

잭은 자기가 어렸을 때 그의 아버지는 훨씬 더 많은 화학물질을 뿌렸다고 말했다. (수치 데이터상으로도 그의 말이 옳지 않다는 나의 판단 때문에) 이 문제에 대해 내가 좀 더 깊은 질문을 던지자, 그는 자신의 아버지는 살충제를 더 많이 뿌렸지만 자신은 제초제를 더 많이 뿌린 것 같다고 한발 양보했다. 미국 전체로 보면—전 세계적으로 보아도—그의 말도 틀리지 않다. 짐작건대 살충제—네오니코티노이드에 대해서 우리가 눈감아 준다면—의 사용량은 GMO가 등장한 이래 감소했다. 그러나 제초제 사용량은 46퍼센트, 양으로는 5억 2700만 파운드나 늘었다.* GMO 작물에 해를 입힐 수 없었던 잡초들이 점점 GMO 작물에 대한 내성을 키우고 있다는 사실은 상황을 더 악화시킨다. 타이론 헤이스는 이렇게 말한다. "내가 GMO에 대해 가장 걱정하는 부분은, 애초에 GMO가 농약을 덜 쓰고 농사를 지을 수 있게 해 준다는 약속과는 달리 상황은 그 반대로 가고 있다는 점입니다. 실질적으로 농약을 **필요로 하는** 유전자 조작 곡물을 만들어 내고 있어요. 이렇게 되고 있는 가장 큰 이유는, 6대 화학 회사들이 우리가 재배하는 곡물의 종자 90퍼센트를 소유하고 있다는 현실 때문입니다. 그러니 여기서 이해의 충돌이 일어날 수밖에 없죠. 화학 회사의 입장에서는 화학비료나 농약을 더 이상 필요로 하지 않는 것을 만들어 내고 싶지 않겠죠. 비료나 농약이 **꼭 필요한 걸** 만들고 싶을 겁니다." 하버드 대학교의 에릭 치

* 이 데이터는 추적하기가 쉽지 않다. 다른 보고서를 보면 2013년 글리포세이트 사용량이 2억 5000만 파운드로 네 배나 증가했다고 한다. 어떤 데이터를 믿는다 하더라도 정말 충격적이지 않은가!

비언 교수는, 이 문제에 있어서 중간 지대는 없다고 매우 직설적으로 말했다. "농업에 있어서는 재앙입니다. GMO 작물을 기르기 위해 사용되는 살충제와 제초제는 꿀벌이나 호박벌 같은 수분受粉 매개체, 그 외의 다른 익충들과 작물에 해를 입히는 벌레를 잡아먹는 새, 그리고 토양을 비옥하게 하는 지렁이와 무척추동물에게도 해를 입힙니다. 그러므로 제초제와 살충제는 수분, 생물학적 작물 보호, 토양의 영양과 같은 기본적인 생태계의 기능을 손상시킵니다. 이 정도면 충분히 이해할 수 있지 않나요?" (치비언 박사의 말을 듣고 보니, 잭이 비 오는 날에 자기 밭으로부터 사방 서너 걸음 안에서 지렁이를 본 적이 있는지 궁금했다.)

오후가 점점 기우는 동안, 잭과 나는 트랙터를 타고 똑같이 생긴 또 다른 커다란 정사각형의 콩밭을 거의 세 시간 가까이 누비고 다녔다. 문득 내가 그의 시간을 너무 많이 빼앗고 있다는 생각이 들었다.

하지만 마지막으로 한 가지만 더 알고 싶었다. 아버지이자 남편이고 인심 후해 보이는 남자인 그는, GMO 식품 안에 들어 있는 농약이 궁극적으로 사람의 건강에 문제를 일으킬 수 있다는 생각은 전혀 안 해 봤을까? 그가 밭에 뿌리는 농약에 대해서도 마찬가지이다. 내 질문에 대해 그는 조심스러운 낙관론을 펼쳤다. 우선 그는 〈엘르〉에 실린 내 기사를 읽었으며, GMO 찬성론자들이 내게 한 행동에 대해 유감스럽다고 밝혔다. 하지만 내게 있었던 일은 접어두고, "내가 먹는 것들이 앞으로 20년이나 50년, 하여튼 미래의 어느 날엔가 나를 죽일 수도 있다는 걱정에 대해서 말하자면… 우리가 식량을 훨씬 잘 생산하고 있다는 점을 인식해야 한다고 봅니다"

라고 말했다. 자신의 주장을 뒷받침하기 위해, 그는 그의 할아버지가 결혼한 해인 1948년 봄에 대해 이야기했다. 그해 겨울은 유난히 혹독했다. 눈이 너무 많이 와서 사람들이 먹을 것을 구하러 다닐 수가 없었다. "동네 식료품 가게조차 갈 수 없었답니다. 맥도날드나 데어리 퀸도 갈 수 없었죠. 오늘날 우리가 걱정하는 문제는 '지금 당장 먹을 것이 없어 굶어 죽을지도 모른다'라는 것이 아니라 '지금 내가 먹는 것이 앞으로 50년쯤 후에 나를 죽일지도 모른다'라는 것이죠." 그가 보기에 이런 걱정은 사치이다. 바로 자신처럼, 곡창지대의 밭에서 등골이 휘어지게 일하는 농부들 덕택에 평범한 미국인들에게 주어진 걱정인 것이다. 그는 이렇게 말했다. "역사적으로 보아도, 우리는 1퍼센트의 1퍼센트에 속하는 풍요로운 시대를 살고 있습니다."

어쩌면 그럴지도 모른다. 하지만 그것은 우리가 우리의 건강에 대해 어떻게 생각하느냐에 달려 있다. 미국인들의 건강은 지금 역사상 그 어느 때보다도 허약하다. 물론 대부분의 사람들이 내일 당장, 또는 다음 주에 굶어 죽을 상황은 아니며, 백신과 항생제는 눈부시게 발전했다. 그러나 우리가 굶어 죽지 않는다는—또는 자동차를 탄 채로 맥도날드나 데어리 퀸에 들어가 주문할 수도 있다는—사실만으로 우리가 먹는 음식이 우리를 천천히 죽이고 있다는 것을 부정할 수는 없다.

솔직히 말해, 통계 자료를 보면 끔찍하다. 미국인들의 비만은 거의 유행병 수준이다. 선진 국가 중에서 미국은 당뇨병 유병자 비율이 가장 높다. 심장병 유병자 비율도 가장 높은 축에 속하며 또한 사망 원인으로도 가장 높은 자리에 자리한다. 암 발병률은 그야말로 역사상 최고 수준이다. 어린이들은 차치하더라도, 성인 남성 두 명 중 한 명, 여성은 세 명 중 한 명이 암에 걸리고 있다. 염증성 질환에 대해서는, 알레르기와 자가면역 질환을 먼저 살펴보자. 미국 성인의 55퍼센트가 '알레르기성' 체질이다. 다시 말하자면, 음식, 피부 또는 호흡기를 통해 체내로 들어오는 알레르겐에 양성 반응을 보인다는 뜻이다. 여기에는 알레르기 테스트에서 반응을 보이지 않은 수백만 명은 포함되어 있지 않다. 알레르기 테스트는 정확하지 않기 때문이다. 정부에서 시행하는 건강 설문조사 최근 자료를 보면, 1997년 이후 식품 알레르기를 가진 아동의 수가 50퍼센트나 증가했고, 피부 접촉 알레르기를 가진 아동은 69퍼센트(부모들이 자녀의 알레르기를 발견하는 경우가 늘어난 것 때문에 이 수치가 증가한 것은 아니라고 전문가들은 말한다) 증가했다. 셀리악병, 루푸스, 1형 당뇨, 습진 같은 자가면역 질환에 대해 살펴보면, 미국 인구의 20퍼센트 이상이 자가면역 질환이라는 진단을 받은 것으로 나타난다. 자가면역 질환의 경우는 정확한 진단명이 나오기까지 짧게는 8년, 길게는 12년까지 걸리므로, 아직 증상이 나타나지 않아 이 통계에 잡히지 않은 사람이 얼마나 되는지는 알 수 없다. 글루텐 소화 능력이 없는 것이 가장 큰 증상인 셀리악병은 진단을 내리기가 가장 어려운 자가면역 질환 중 하나다. 이 질환을 가진 사람들 대부분이 정확한 병명을 알기까지 평균 12년이 걸린다. 글루텐 민감증을 갖고 있거나 아직 셀리악 병으로 진단되지 않은 사람들을 제외하고, 셀리악병은 가장 빠른 속도로 증가하는—미국인 133명 중 1명이 셀리악병으로 진단받고 있다—자가면역 질환 중의 하나다. 연구자들 중 일부는 셀리악병의 놀라운 증가 추세의 원인을 GMO 밀에서 찾기도 하고, 또 다른 연구자들은 글리포세이트 또는 라운드업을 원인으로 보기도 한다. 위의 두 화학물질은 농부들이 수확 직전에 건조시키는 과정에서 밀에 살포하기 때문이다. 이런 자료만으로는 문제의 심각성을 인정할 수 없다면, 2005년 〈뉴잉글랜드 저널 오브 메디신*New England Journal of Medicine*〉에 실린 한 편의 논문을 보자. 이 논문은, 자녀 세대의 수명이 부모 세대인 우리의 수명보다 짧아질 것이라고 예측했다. 미국의 질병 발병률이 크게 높아졌기 때문이다. 이래서는 안 되지 않겠는가.*

그러나 바로 그 순간, 잭의 트랙터 뒤에는 깔끔한 황금색 콩이 가득 차 있고, 지구와 지구에 사는 모든 인류의 건강에 대한 나의 우려를 그에게 장광설로 풀어놓는 것은 오히려 비생산적일 것 같았다. 게다가 모든 일이 그렇듯이, 이 문제에 대해서도 찬반 양 진영의 논쟁이 계속될 것이다. 따라서 잭의 형이 콤바인을 몰고 밭을 누비는 동안, 잭과 나는 도로에 서서 기다리고 있는 대형 트럭에 마지막으로 한 번 더 다녀왔다. 잭과 트럭의 적재칸 바로 옆에 트랙터를 세우고 버튼을 하나 눌렀다. 마치 무슨 마술처럼 콩이 쭈르륵 빨려 들어가며 트럭의 적재칸에 쌓였다. 우리는 트랙터 안에서 스크린으로 그 모든 과정을 지켜볼 수 있었다. 바람이 일면서 콩의 일부가 날아갔지만, 거의 모두가 트럭에 실렸다. 나는 콩의 일부가 트럭에 실리지 못하고 사라져서 아깝다든가 손해를 볼까 걱정되지 않느냐고 물었다. 그는 "약간은" 아깝지만, 그가 생산한 전체 양에 비하면 아주 적은 부분이기 때문에 그다지 신경 쓰지 않는다고 말했

* 빙산이 녹고, 병을 옮기는 모기들이 들끓고, ISIS 같은 테러 조직이 날뛰는 것만으로도 이미 충분히 공포스럽지 않은가?

다. 모든 물자가 너무나 풍족한 것이 문제라는 말이 실감 났다.

트랙터에서 내린 나는 잭에게 시간을 내서 친절히 인터뷰에 응해 준 데 대해 감사의 인사를 전했다. 잭은 다시 일하러 돌아갔고, 나는 차에 몸을 실었다. 안전띠를 매면서, 오갈랄라 대수층과 정부의 보조금에 의존하는 농업 경제 덕분에 필요보다 넘치게 많이 생산하는 데 익숙한 잭 같은 농부들을 생각했다.* 그의 할아버지에게 혹독했던 1948년과 49년 겨울보다 오늘날 사람들은 더 잘살고 있는 걸까, 어쩌면 산업화된 식량 생산에 의존하다가 진짜 큰 위기가 닥치면 우리의 삶은 더 고단해지지 않을까 하는 의구심도 들었다. 화석 연료의 형태로 각 농장에서 사용되는—농약과 농기계가 돌아가게 하는 연료로—어마어마한 양의 석유는 말할 것도 없다. 마이클 폴란은《잡식동물의 딜레마》에 이렇게 썼다. "산업적인 규모의 농장에서 옥수수 1부셸을 생산하려면 4분의 1에서 3분의 1갤런 사이의 석유가 필요하다. 1에이커의 밭에서 옥수수를 기르려면 약 50갤런의 석유가 필요하다." 더 쉽게 설명하자면, 미국인들이 쓰는 연료의 20퍼센트가 GMO 곡물의 경작과 포장, 그리고 운반에 들어간다. 여기에, 우리 식탁에 오르는 음식의 3분의 1에서 절반은 버려진다는 사실도 고려해야 한다. 그러니까, 우리가 먹지도 않을 음식을 생산하기 위해 초원과 숲이 파괴되고 있는 것이다. 지구에 사는 인구 중 무시할 수 없는 숫자가 먹을 것을 구하기 위해 사투를 벌이는 와중에, 다른 한편에서는 생물 연료, 가축 사료, 플라스

* 《잡식동물의 딜레마》를 쓴 마이클 폴란에 따르면, 산업적 규모로—보조금을 받아—생산된 옥수수를 일부 농부들은 '보조금 여왕'이라는 다소 폄하하는 듯한 이름으로 부른다고 한다. 잭은 이런 경멸적인 이름도 이해할 수 있다고 말한다. 옥수수 생산에 다른 어떤 작물보다도 많은 보조금이 주어지기 때문이다. 옥수수는 미국인들의 식탁에서 주식—또는 주 사료—이고, 식량 안보에 있어서도 타의 추종을 불허하는 중요한 식품이다.

틱과 화학물질을 생산하기 위해 기후 변화의 주범인 에너지를 쏟아붓고, 그러면서 우리는 만들어 놓은 음식의 절반 가까이를 쓰레기통에 버리고 있는 현실을 생각해 보라.

동쪽을 향해 차를 몰면서, 나는 이 곡창 지대가 지구 환경과 그 속에 깃들여 사는 사람들 모두를 위해 더 지속 가능하고, 더 안전하고, 더 작은 규모로 경작이 이루어지는 곳으로 돌아가려면 무엇이 필요할까 궁금해졌다. 그러나 그와 동시에, 많은 사람들을 먹여 살리기 위해서 밭에 나가 일하는 잭 같은 농부들, 지구에서 가장 명예로운 직업 중 하나일 농사를 짓는 사람들을 지지하고 싶은 마음도 들었다. 끝이 보이지 않을 정도로 넓고, 평평한 경작지로 다듬어진 초원을 가로지르는 내 머리 위로 하늘은 한없는 가능성으로 활짝 열린 채 펼쳐져 있었다. 쉬운 답은 어디에도 없다는 것이 슬펐다.

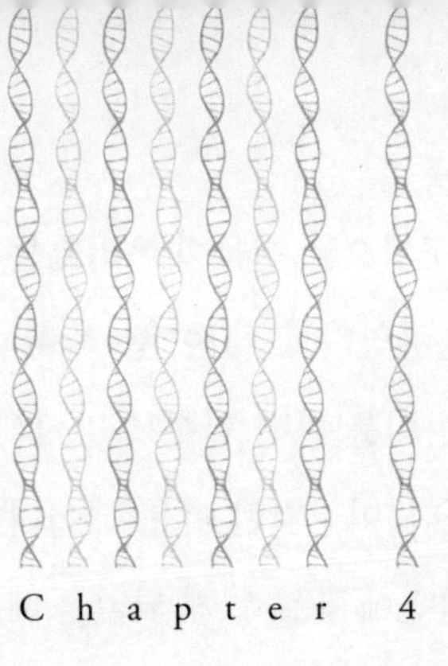

Chapter 4

〈엘르〉에 기사가 실린 이후 GMO 찬성론자들로부터 맹렬한 공격을 받은 여성 작가로서, 나는 거대 농산업체에 대한 인터뷰를 하러 먼 길의 자동차 여행을 홀로 떠난다는 데 대해 막연한 두려움을 느꼈다. 어쩌면 내가 영화를 너무 많이 본 건지도 모르겠다. 아니면 이번 여행을 앞두고 친구들로부터 실종이라도 당하면 어쩌느니 하는 농담을 너무 많이 들었거나. 이 책의 출판 계약을 마친 후에, 담당 편집자인 케리가 한 말이 내 가슴에 콕 박혀서 그런 걸지도 모르고. 케리는 나에게 이렇게 물었다. "이 책을 계속 쓴다는 거, 두렵지 않아요?" 케리, 당신이 그런 질문 하기 전까지는 겁 안 났거든요! 8월에, 이 책을 계속 쓰겠다고 했더니 내 친구 제너비브Genevieve가, "넌 정말 말썽꾼이야!"라고 했다. "나는 말썽꾼이 아니야." 목구멍으로 신물이 올라오는 것처럼, 슬슬 걱정이 올라오기 시작하던 차였다. "고집이 좀 셀 뿐이지. 우리가 이 문제에 대해 털어놓고 논의를 하면 할수록 말썽은 더 줄어들 거라고!" 나는 그렇게 대꾸했다. 이런저런 이유로, 어디가 어딘지 알 수 없는 먼지 뽀얀 도로 한복판에 홀로 있게 되었을 때, 말하자면 길을 잃었을 때, 잭이 나에게 자기 밭의 위치 정보를 의도적으로 엉뚱하게 알려 준 게 아닐까 의심이 들었던 것이다. 그리고 탱크와 비슷하게 안전한 트랙터 안에서 따뜻하고 인간미 넘치는 그의 옆을 떠나 네브래스카의 넓고 너른 벌판을 홀로 달리고 있는 지금, 내 온몸을 조여오는 불안감이 점점 뚜렷이 느껴졌다.

이 책을 쓰기 위한 준비를 하던 지난 2년 동안, 생명공학 대기업들의 방해 공작에 대한 소름 끼치는 이야기들을 많이 들었다. 신변의 안전까지는 아니어도, 자신의 경력을 망칠지도 모른다는 공포에 비공개 조건으로만 대화하겠다던 수많은 과학자들과 의사들은 셀 수도 없었다. 그 이야기들이 또렷이 떠올랐다. 차를 모는 동안 특별히 더 기억나는 세 사람의 이야기가 있었다. 운전대를 쥔 손에 더욱 힘이 들어갔다.

#1 과학자 사이먼 호건과의 불편한 대화

사이먼Simon Hogan과 내가 만났던 것은 2012년 6월, 내가 알레르기와 자가면역 질환의 확산, 그리고 GMO의 연관성 여부에 대해 몇몇 의사들과 대화하기 위해 신시내티로 날아갔을 때였다. 그날의 여러 인터뷰는 신시내티 호산성 질환 센터를 운영하던 마크 로텐버그Marc Rothenberg 박사가 주선했는데, 사이먼은 그날 만났던 과학자들 중 한 사람이었다. 약속 시간보다 조금 늦게 사이먼의 사무실에 도착했더니, 그는 다른 약속이 있어 곧 나가야 할 것 같다고 했다. 그래서 우리는 거두절미하고 곧바로 인터뷰에 들어갔다. 여러 권의 책과 의학 저널, 갖가지 서류 더미가 산더미처럼 쌓여 있는 책상을 사이에 두고 사이먼과 마주 앉았다. 사이먼은 커다랗고 둥근 푸른 눈, 희끗희끗해져 가는 금발 머리, 럭비 선수처럼 당당한 체구를 지닌, 그리고 자신감이 넘치는 호감형의 남자였다. 수다스럽지는 않지만 붙임성 있고, 자기 뜻을 분명하게, 가감 없이 전달하는 스타일이었다.

그로부터 7년 전, 사이먼은 모국인 호주에서 살 때 유전자 조작 완두콩에 대해 유명한(어쩌면 보는 사람의 시각에 따라서는 악명 높은) 논문을 공동으로 저술했다. 연구 대상 완두콩은 강낭콩에서 뽑은 단백질을 함유하도록 유전자를 조작한 완두콩이었다. 문제의 완두콩은 콩바구미가 큰 골칫덩어리인 아프리카 사하라 이남 지역을 위해 개발된 품종이었다. 콩바구미는 이렇게 생겼다.

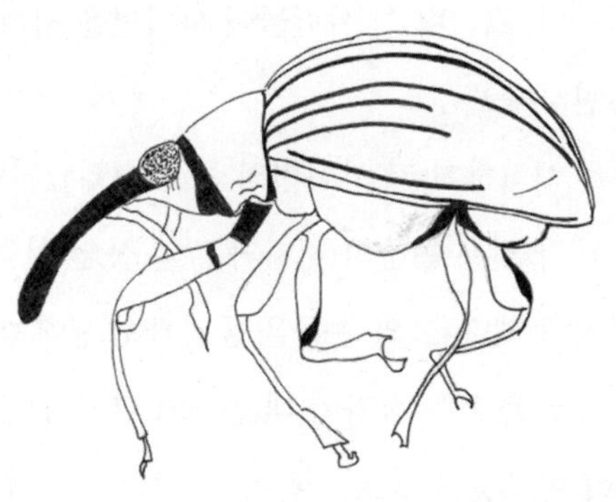

정말 흥미롭게도, 강낭콩에서 추출한 DNA는 이 완두콩을 콩바구미로부터 보호하는 천연 살충제 역할을 한다. 그런데 2005년 〈농업 및 식품화학 저널*Journal of Agricultural and Food Chemistry*〉에 실린 사이먼의 연구에 따르면, 폐에 이 완두콩 샘플을 주사한 쥐의 몸에서는 이 GMO 완두콩이 면역 반응을 일으켰다. 이 연구는 마치 번개를 빨아들이는 피뢰침처럼 되어 버렸다. 사이먼은 GMO 반대론자로부터는 칭송을 받는 동시에 찬성론자들로부터는 엄청난 비난을 받게 되었다. 〈네이처 바이오테크놀로지 뉴스*Nature Biotechnology News*〉는 그의 연구를 "엉망진창"이라고 혹평한 반면, GMO 반대 진영에게는 "증거"라고 불렸다. 그러나 십수 년이 지난 오늘날까지도 GMO의 위험성을 가리키는 연구 중에서 거의 유일하게 확실한 논문으로 여겨지고 있다. 그러나 그의 논문을 깎아내리고 폄하하기 위해 엄청난 돈과 노력을 쏟아부어야 했던 GMO 찬성론자들에게는 눈엣가시 같았다. 그들이 그렇게 애를 먹었던 건, 사실 사이먼이 뛰어난 과학자였기 때문이다. (심지어는 그의 연구에 강한 반감을 가진 GMO 찬성론자들도 "사이먼 호건은 뛰어난 과학자"라고 여러 번 언급했다. 그러니 이 사람들이 사이먼을 쉽게 무너뜨릴 수 없었던 건 당연하다.)

이번 여행을 시작하기 전 사이먼의 논문을 읽었지만, 막상 마주 앉기 전까지 내가 읽은 논문의 저자와 그가 동일 인물이라는 사실은 미처 깨닫지 못했다. 그의 논문을 둘러싼 논쟁에 대해서도 전혀 몰랐다. 나처럼 글을 쓰는 작가인 내 친구가 말하기를, 사이먼은 작가라면 차라리 아무것도 모르는 편이 더 낫다는 생각을 가지고 있다고 말해 주었다. 아무것도 모르는 상태에서 오히려 더 좋은 자료를 접할 수 있으리라는 것이었다. 이 책을 쓰기 위해 자료 조사를 하던 초기에, 분명히 그의 주장을 잘 따져 보았었다. 어쨌든 사이먼은 자기 논문을 둘러싼 논쟁에 대해서는 한마디도 하지 않았기 때문에 나는 완전히 깜깜한 상태였다. 그는 다만 자신의 완두콩 연구는 오직 유전자 조작 완두콩의 어떤 것이 생쥐의 면역 시스템을 "교란"한다는 것을 증명했을 뿐이라고 굉장히 애를 쓰며 설명했다.

그런 다음, 그 논문이 출판된 후 자신이 마주쳐야 했던 어려움을 넌지시 암시했다. 그는 그 논문 이후 후속 테스트를 더 하고 싶었다고 했다. "하지만 연구를 더 확대할 수가 없었고, 당시의 상황에 대해 근본적인 밑바닥까지 들여다보게 되었죠." 나중에는 후속 연구를 할 수 없어서 "실망스러웠다"고도 했다. 그 말에 나의 호기심이 더욱 발동했다. "연구 기금을 받지 못했나요?" 그러자 그는 얼른 한 발 물러섰다. "아뇨, 아니에요. 여러 가지 이유가 있었어요. 시간도 없었고, 장소도 마땅치 않았어요. 때마침 제가 연구소를 옮겼기 때문에, 그 연구를 계속할 수 없었던 거죠." 신시내티를 떠나면서도 그 대화를 계속 떠올렸다. 어딘지 모르게 부족한 느낌이었다. 뭔가 빠진 것 같기도 했다. 하지만 그게 뭔지, 왜 그런 건지 확실하게 와 닿지 않았다.

그러던 7월의 어느 더운 날 밤, 포틀랜드의 낡은 아파트 바닥에 트윈 사이즈 매트리스를 깔아 놓고 당시 세 살배기였던 마스든과 누워 뒹굴다가 퍼뜩 무언가가 떠올랐다. 마스든의 숨소리가 낮고 깊어질 때까지 기다렸다가 깊이 잠든 것을 확인하고, 도둑고양이처럼 그 방에서 빠져나왔다. 마스든과 누워 있는 동안 내 정신은 사이먼과의 첫 만남을 떠올리며 기억의 조각들을 짜 맞추고 있었다. 나는 그가 그렇게 중요한 연구를 왜 그토록 빨리 포기했는지 궁금했다. GMO와 면역에 대해 결정적인 의문을 제기한 유일한 연구였다면, 왜 더 깊이 파고들지 않았을까? 나에게 말할 수 없는 뭔가가 있었던 게 아닐까? 마스든의 방에서 나온 나는 얼른 사이먼에게 이메일을 보내, 첫 인터뷰에서 다루지 못한 후속 질문 몇 가지가 있다고 했다. 사이먼은 주말에 연구실을 벗어나 휴가를 갈 예정이니, 그때 통화를 하자고 답장을 보내 왔다.

나도 댄, 마스든, 그리고 친정 엄마와 함께 메인주 북부의 한 호수로 낚시 캠핑을 갈 예정이었기에 흔쾌히 좋다고 답장을 보냈다. 매년 7월이면 우리는 캐나다 국경 지대로 긴 여행을 떠나곤 했다. 우리가 거래하는 농부들이 있는 포틀랜드에서 필요한 장비와 먹을 것들을 잔뜩 사서 차에 싣고 가서, 며칠 동안 읽고, 먹고, 물고기를 잡았다 놓아 주고, 모터보트를 타고 호수를 돌아다니고, 따뜻한 물에서 수영을 즐길 수 있는 작은 섬의 모래밭에서 놀다 왔다. 밤이면 우리는 흥겨운 파티와 카드놀이를 즐겼다. 매년 여름, 너무 일찍 캠핑을 왔나, 너무 멀리 온 건 아닌가 싶다가도 언제나 특별한 여름 행사로 끝났다. 오두막에 도착해 그곳에 주차된 친정 엄마의 스바루 자동차와 발밑에 폭신하게 밟히는 솔잎들, 반짝반짝 빛나는 수면이 넓게 펼쳐진 호수 앞에 서면, 우리는 평범한 일상의 굴레에서 벗어나 진짜 자유를 찾은 듯한 기분으로 행복감에 젖어 들었다.

사이먼과 통화하기로 한 날, 보트놀이와 수영을 즐기고 나서 댄과 마스든, 그리고 나는 보트를 타고 오두막으로 돌아와 닭고기구이와 집에서 만든 포테이토칩, 코울슬로로 저녁을 먹기로 했다. 하지만 저녁 식사 준비가 끝나고 보니 사이먼과 통화하기로 약속한 시간이었다. 가족들에게는 기다리지 말고 먼저 식사를 하라고 말해 두고 나는 캠핑장의 야영객들을 위한 '사무실'로 쓰이는 작은 작업장으로 자리를 옮겼다. 벽에 핀으로 꽂힌, 갈색 송어, 흰농어, 황농어 등 여러 물고기의 차이를 설명해 놓은 물고기 차트를 마주 보며 커다란 책상에 앉았다. 방충망을 통해 몇십 미터 떨어진 우리 오두막으로부터 닭고기 요리와 뜨거운 수제 포테이토칩 냄새, 가족들이 웃는 소리가 넘어왔다. 이번에는 사이먼 역시 지난번 만났을 때보다 훨씬 편안해하고 덜 경계하는 느낌이었다. 이런저런 이야기로 가볍게 대화를 나누다가, 다시 그의 완두콩 연구 이야기를 꺼냈다. 나는 그 논문이 출판된 뒤 어떤 일들이 있었는지에 대해 내가 정확하게 파악하지 못한 느낌이라고 말했다. 사이먼은 잠시 말이 없다가 이야기를 시작했다.

그는 GMO 사료를 동물에게 주었을 때(그는 이 연구를 통해 그것이 인간에게 미치는 영향까지 추정할 수 있으리라고 생각했다) 있을 수도 있는 위험을 연구하는 것으로 출발했다고 말했다. 순전한 호기심으로부터 시작했을 뿐, 뭔가를 증명해야 한다고 생각한 것은 아니었다고 했다. 호주 정부 당국으로부터 연구 기금을 지원받았고—그는 어떤 기업으로부터도 영향을 받지 않은 독립적인 연구였다는 점을 강조했다—면역 시스템에 대한 기본적인 의문의 답을 찾고 싶었을 뿐이라고 했다. 예를 들면 면역 시스템이 GMO에 반응할 만큼 예민한지 알고 싶었다고 했다. 연구 과정에서 뭔가 심각한 결과들이 나타나기 시작하자, 그는 연구 과정의 어디서도 부정확함이 없도록 철저하게 주의를 기울여 진행해야 할 필요가 있음을 깨달았다. 똑같은 결과를 두 번째로 얻었을 때, 그는 논문을 발표하기로 결정했지만 어디서도 이 논문을 받아 주지 않았다. "어이가 없었어요. 정말 잘 진행한 연구였거든요." 그러다가 결국 〈농업 및 식품화학 저널〉에서 이 논문을 싣기로 했다. 기업들의 관심을 최대한 끌지 않도록, 제목을 장황하게 달았다. "완두콩 속 강낭콩 알파 아밀라아제 억제제의 이식유전자 발현이 조직 구조와 면역원성을 바꾼다Transgenic Expression of Bean Alpha Amylase Inhibitor in Peas Results in Altered Structure and Immunogenicity"가 논문의 제목이었다. 제목에 'GMO'라는 두문자頭文字 조합이 들어가지 않게 하려고 무진 애를 썼다. 그러나 논문이 발표되자마자 사방에서 난리가 났다. 그가 미처 사태를 제대로 파악하기도 전에 봉인은 완전히 해제되었고 후속 연구를 위한 기금은 어디서도 조달받지 못했다.

"그다음에는 어떻게 되었나요?"

"다 아시잖아요." 그가 대꾸했다.

"사실 잘 몰라요." 나는 솔직히 대답했다.

"그런 연구를 계속 진행했다간, 그냥 이렇게 말할게요, '나한테 더는 기회가 없겠구나' 하는 걸 금방 깨달았어요. 그래서 그 이상 뭘 증명하고 싶지 않았어요."

"다시 말하자면, 만약 그 싸움을 계속했다면 일자리를 잃었을 수도 있었다는 건가요?"

"그렇죠. 그건 다윗과 골리앗의 싸움이었어요. '내가 굳이 그 길을 가야 할 필요가 있겠나' 싶었어요."

"요약하자면, 교수님은 엄청난 발견을 했고, 그걸 작은 저널에 발표하셨어요. 그런데 거대 생명공학 기업이 냄새를 맡고 방해 공작을 폈고, 교수님은 맞서 싸우지 않으셨다는 거네요. 제가 맞게 정리한 건가요?"

"네."

침묵이 흘렀다. 처음 만났을 때 사이먼이 어째서 이 문제에 대해 삐딱한 시선을 갖고 있는 것처럼 보였는지 그제서야 이해가 갔다. 또한 후속 연구가 취소되었을 때 그가 왜 침묵의 소용돌이를 택했는지 알 것 같았다. 그의 경력에는 정말 중대한 영향을 끼칠 수도 있는 일이었다. 그는 결국 그 논문 주제를 완전히 포기하고 미국으로 건너왔다. 사이먼은 현재 신시내티에서 천식과 아나필락시스 anaphylaxis[37]에 대한 연구를 하고 있다. "거기다 제 무덤을 파고 싶지는 않았어요." 그가 말했다. 그러나 사이먼이 완두콩 연구로 발견한 사실들은 완두콩이 아프리카에 진입할 수 없게 만들 정도로 강력한 것이었다. 그의 연구 결과는 지금까지도 일부 GMO 지지자들의 심기를 불편하게 만들고 있어서, 그의 논문을 입에 올리는 것만으로도 싸움이 일어날 정도다.*

오두막으로 돌아가 보니, 엄마가 식탁을 치우고 계셨고, 댄은 2층에 올라가 마스든을 재우는 중이었다. 나는 얼른 내 몫으로 남겨진 것들을 먹으면서, 엄마께 사이먼과 나눈 이야기를 들려드렸다. 엄마는 설거지를 하다 말고 앞치마(엄마는 우리 집에 오실 때도 항상 앞치마를 가지고 오신다)에 손을 닦으며 내 이야기를 들으셨다. 그러더니 더 듣고 싶지 않다고 하셨다. 영화 〈실크우드*Silkwood*〉[38]가 생각나서 무섭다고. "알려 줘서 고마워요, 엄마. 어차피 오늘 밤에는 안 자려고 했는데…. 그리고, 저는 〈에린 브로코비치*Erin Brochovich*〉[39]의 주인공이 되는 편이 낫겠어요."

---

* UNL(네브래스카 대학교 링컨 캠퍼스)의 릭 굿맨(Rick Goodman)은 "설치류들이 마구 먹어 치워서" 더 이상 연구할 완두콩이 남아 있지 않다고 말했다.

#2 내 머릿속을 맴도는 불편한 이야기

아트라진을 필생의 연구 과제로 삼은 UC 버클리 교수인 타이론 헤이스는 신젠타 사의 화학물질이 개구리의 성기 기형만이 아니라 성정체성 혼란까지 유발한다는 것을 증명하기 위한 연구를 시작하면서, 신젠타 사에 자신이 발견한 사실들을 전달하자 그들이 몹시 언짢아했다고 했다. 처음에는 그런 논문을 발표할 수 없을 거라면서 그의 입을 막으려는 시도를 했고, 그래도 헤이스가 물러서지 않자, 이번에는 그의 뒤를 쫓아다니며 몇몇 논문을 타깃으로 삼아 그의 연구에 대한 신뢰도를 떨어뜨리려는 시도를 했다. 2014년에 출판된 〈뉴요커*The New Yorker*〉지 어느 호에는 신젠타 사가 인터넷 포털로부터 'Tyrone Hayes'라는 검색어를 사서, 인터넷 사용자가 'Tyrone Hayes'의 자료를 검색하려 하면 신젠타 사의 자료가 제일 먼저 뜨도록 시도했음을 보여 주는 내부 이메일이 공개되었다. (지금도 'Tyrone Hayes'를 검색하면 'Tyrone Hayes Not Credible[못 믿을 타이론 헤이스]'라는 광고가 제일 먼저 뜬다.) 신젠타 사는 내부 문건뿐만 아니라 헤이스가 정신적으로 불안정한 사람이라는 공격적인 선전으로 헤이스에게 인격 살인에 가까운 시도를 자행했다. 회사 측 인사들이 헤이스의 강연 장소에 찾아가 고의로 진행을 방해하거나 시끄럽게 필기를 했으며, 강연이 끝난 후에는 헤이스가 협박으로 느끼기에 충분한 불쾌한 언사로 인사를 건네기도 했다. 이 책의 후반부에 내가 캘리포니아로 가서 그를 만났던 일을 자세히 다루기로 한다. 그러나 네브래스카를 횡단하는 동안 가장 공감했던 이야기는 그가 밭에서 일할 때면 물리적인 위협에 노출되었다는 느낌을 받곤 했다는 일화였다. "와이오밍주에서 야생에 미치는 아트라진의 영향을 연구할 때, 작은 연못가에서 일하는 날이 많았어요. 거기 가려면 래러미까지 비행기를 타고 가서 다시 자동차로 두 시간 남짓 가야 합니다. 렌트카 업체—공항 자체가 작아서, 마치 원룸 같아요—가 갖고 있는 차라고 해야 달랑 세 대뿐이었어요. 공항에서 차를 타고 호수까지 가다 보면, 자주 차를 세워야 했습니다. 와이오밍주 한가운데서 흑인이 차를 몰고 가다 보면, 경찰이 항상 차를 세우지요. 그렇게 오가면서 든 생각이, 신젠타 사에서 나를 망가뜨리겠다고 작심한다면, 래러미로 와서 렌터카 업체에 있는 차에 마약을 미리 숨겨 놓기만 하면 되겠다는 거였어요. 경찰이 내가 탄 차를 세우기만 하면 난 곧바로 감옥으로 갈 테니까요. 상황이 그렇다 보니, 그 렌터카 업체를 더 이용하지 않았습니다. 덴버로 날아가서 차를 빌려 타고 5시간 운전하는 쪽을 택했습니다. 덴버에는 고를 수 있는 차들이 훨씬 많이 있었으니까요…. [하지만] 그 회사에서 [농부라든가] 성향이 나쁜 사람을 고용해 나에게 직접 폭력을 행사할 수도 있겠다는 생각이 들었어요." 나는 흑인이 아니므로, 피부색 때문에 경찰로부터 차를 세우라는 요구를 받을 일은 없겠지만, 가장 남성 중심적인 농업과 과학, 그리고 의학계에서 암약하는 여자로서 공격받기 쉬운 위치에 놓여 있다는 것을 깨달았다.

나를 잔뜩 경계하게 만든 것은 타이론의 경험담만이 아니었다. 네브래스카를 횡단할 즈음, 비공개를 조건으로 하는 전화를 셀 수도 없이 많이 받았다. 〈엘르〉 기사가 나가고 난 뒤 내 기사가 장안의 화제가 되자 인터뷰했던 사람들 중 몇몇이 GMO에 대한 자신의 발언을 철회하겠다고 알려 왔다(인터뷰 내용은 모두 녹음한 후, 녹취로 풀어서 팩트 체크 전문가들로부터 검토를 거쳤는데도 불구하고). 그리고 전혀 예상치 못했던 방식으로 내게 분노를 표시한 사람들도 있었다.

#3 나를 괴롭힌 성난 전화

"나를 비열한 사기꾼으로 취급하다니!" 몬산토 사로부터 간접적인 자금 지원을 받아 GMO를 위한 로비 활동을 하는 것으로 알려진 은퇴한 대학 교수 브루스 채시Bruce Chassy의 쩌렁쩌렁한 목소리가 전화기를 타고 들려왔다. 채시는 아이다호의 산 속 높은 곳에 자리 잡은 자기 집에서 나에게 전화를 거는 중이었다.

"아뇨, 아닙니다. 저는 그런 말을 한 적이 없습니다…." 나는 깜짝 놀라 기어들어 가는 목소리로 답했다. 와우! 반응 끝내주는군. 내가 이 남자 꼭지를 돌게 만들었나 본데. 이걸 어떻게 무마하지? 큰일 났네!

그는 계속해서 버럭버럭 화를 내며 말하더니 목소리를 차츰 낮췄다. 하지만 분노는 여전히 그 속에서 부글부글 끓고 있었다. 그의 말은 끊임없이 이어졌고 나는 잠자코 듣기만 했다.

그해 이른 봄, 일리노이 대학교에서 은퇴한 식물학자로, 최근에 '몬산토 사의 컨설턴트'*로 활약하고 있는 브루스 채시를 소개받았다. 나는 그에게 이메일을 보냈다. (브루스는 풀브라이트 장학금으로 스페인에서 공부했고, 미국 국립 보건원에서 연구했으며 지금

* 브루스는 자신이 몬산토 사의 컨설턴트라든가 그 회사를 위해 일한다든가 또는 그 회사로부터 돈을 받았다는 모든 이야기를 길고 장황하게 부인했다. 표면적으로는 그의 말이 사실일지라도, 그가 일리노이 대학교나 재단으로부터 받은 보조금이 몬산토 사에서 나온 것으로 보이고, GMO 지지 강연 때 사용한 여행 경비 역시 그에게 직접 지불되지는 않았다 하더라도 몬산토 사가 지원하거나 후원했던 것으로 보인다. 브루스는 몬산토 사의 연구 지원금이나 출장비 지원 때문에 자신의 과학적인 객관성이 훼손되지는 않았다고 강력하게 주장했다. 그의 부인에도 불구하고, 브루스가 몬산토 사의 입장에서는 매우 소중한 자원으로 활용되어 왔으며 그가 자신이 가진 전문성에 대한 보상을 받아 왔음은 분명하다.

은 일리노이 대학교에서 식품 안전 및 영양학 명예 교수직을 맡고 있다. 한마디로 결코 만만한 사람이 아니다.) 내게 말하기를, 자신은 몬산토 사를 돕고 있는데, 주로 그 회사의 이미지를 개선하는 일을 하고 있다고 했다. 그의 말을 그대로 옮겨 보자. "나는 몬산토 사가 GM 작물에 대한 대중 홍보를 대단히 잘못 다루었다고 생각합니다. 자사의 제품을 평가하는 데 오만했고, 대중의 우려를 전혀 이해하지 못했어요." 브루스는 자신이 그런 일을 하는 것은 돈을 바라서가 아니라 생명공학과 생명공학이 인류를 위해 해야 할 일에 대한 믿음이 있기 때문이라고 했다.

브루스와 전화 연결이 되었을 때는 촉촉하고 시원한 어느 봄날 저녁, 식사를 마친 후였다. 댄은 마스든을 재우는 중이었고, 밖은 어두웠다. 내 서재 밖의 단풍나무—붉은눈솔새가 마른 풀잎, 옷에서 떨어진 보푸라기, 장수말벌의 벌집 조각, 그리고 우리가 밖에서 호퍼의 털을 빗겨 줄 때 떨어진 호퍼의 털을 물어다가 집을 짓고 있던—가 저녁 바람결에 살랑살랑 나뭇잎을 떨고 있었다. 우리 집은 메인주 뉴글로스터 시내의 뉴잉글랜드 강변에 작은 마을을 이룬 몇 채의 집들 중 하나였다. 물막이 판자와 돌로 지은 집이었는데, 창이 커서 바람이 잘 통했다. 원래는 내 친구가 살던 집이었는데, 그 친구가 남쪽으로 이사를 가면서 빈 집이 되어 우리가 머물게 되었다. 포틀랜드에서 우리가 세를 얻어 살던 아파트가 지붕이 새면서 급기야 천장이 무너졌고, 사람이 살 수 없게 된 바람에 친구가 비어 있던 집을 잠시 내준 것이다. 허겁지겁 세간을 챙겨 포틀랜드에서 30분 떨어진 그 집으로 이사하고 정신을 차려 보니, 농장과 사과나무, 그리고 호박 밭이 우리를 둘러싸고 있었다. 군데군데 수

리할 곳이 많았지만, 어느 모퉁이에는 햇살이 듬뿍 쏟아져 환한 빛의 웅덩이를 만들고 낡은 마룻장과 짙은 색의 몰딩까지 반짝반짝 빛나게 하는 즐거운 집이었다. 우리는 너른 마당과 엄청나게 큰 사탕단풍나무 세 그루, 낡은 헛간 기단基壇에 사는 뱀 가족까지 좋아했다. 3월에, 우리는 직접 단풍나무에서 수액을 채취해 메이플 시럽을 만들었다. 봄에는 번갈아 가며 무리 지어 피는 크로커스, 진달래, 튤립, 아이리스를 바라보며 황홀경에 빠졌다.

브루스는 단도직입적으로 대화의 주제를 향해 돌진하는 스타일이었다. 마치 이야기를 시작한 지 몇 시간 지난 듯이, 불필요한 시간 낭비나 질문의 여지조차 남기지 않으려고 하는 것 같았다. 말투도 그다지 우호적이지 않았다. 연이어 퍼부어 대는 그의 말 속에 불만이 가득하다는 것은 아무리 눈치가 없는 사람이라도 모를 수 없을 정도로 표시가 났다. 우선, 그는 약간의 "역사적 배경"을 언급하고자 했다. 그는 내가 꼭 알아야 할 내용이라고 했다(그 말에 대해서는 솔직히 나도 동의한다). 브루스의 말에 따르면, 식물 유전자공학의 가능성이 엿보이기 시작하던 시점에 신젠타 사의 사람들이 백악관(아버지 부시가 주인이던 시절)에 찾아가 "이 새로운 기술에 대한 규제가 필요할지 불필요할지에 대해서 살펴볼 가치가 있다"라는 뜻을 전했다고 한다. 한동안 면밀한 검토를 거친 후, "미국 과학 아카데미는 유전자공학이 매우 신속하고 단순하며 정확하므로…" 따라서 감시가 거의 필요하지 않다는 결론을 내렸다. 그는 이렇게 말했다. "과학의 관점에서 볼 때, 우리는 이 이슈에 대해서는 이야기조차 하지 말았어야 했어요." 논쟁은 불필요하고 대중은 개입할 필요가 없다는 것이었다. 그리하여 정부에서는 '계속 진행하라!'라고 결정했다. 한 술 더 떠서, 그는 시장에 나와 있는 어떤 GMO든 "[과학자들이] 연구소에서 10년 넘는 세월 동안 연구해 왔다고 볼 수 있어요. 개발에서 승인까지 대략 10년에서 15년이 걸립니다"라고 말했다. 따라서 어떤 문제가 있었다면, 회사에서 발견할 시간이 충분했다는 논리였다.

계속해서 말하기를, GMO를 대상으로 실시한 모든 실험들은 FDA, EPA, USDA 등 정부 기관이 아니라 회사가 직접 해 왔다고 했다. 나로서는 처음 듣는 이야기였다. 그러나 브루스는 그런 방식이 더 안전하다고 주장했다. 몬산토 사나 다우, 아니면 다른 어떤 기업이든 GMO를 생산하는 회사나 개발자가 "직접 데이터를 산출하는 것", 즉 환경과 인체의 건강에 대한 위해성 테스트를 처음부터 끝까지 진행하는 것이 더 안전하다는 말이었다. 브루스의 말로는 연방 정부에는 그런 테스트를 진행할 "시설이나 과학자"가 없다는 것이었다. 그에게 그런 기업들이 이윤을 위해 생산하는 제품에 대한 데이터를 정말 투명하게 산출하리라고 믿느냐, 투명하기 위해 최선의 노력을 다하고 있다고 믿느냐고 묻자 그는 반박했다. "데이터를 감추는 건 범죄입니다! 더 나아가서 모든 테스트 데이터는 공개되고, USDA, FDA, EPA 어디를 막론하고 원하는 아무 때나 데이터를 입수할 수 있어요…. 정부 기관에서는 인원이 부족해서 그런 데이터의 1퍼센트도 만들 수 없습니다." 그렇다면 USDA나 FDA, EPA에는 GMO를 개발하는 기업들이 생산하는 데이터를 평가할 직원들조차 없다는 말인가? 나는 그 부분을 질문했다.* 브루스는 어떤 상품에 대

* 2015년 2월, 〈뉴요커〉지에 식품 매개 병원체를 다룬 기사가 실렸다. 이 기사의 저자 윌 S. 힐턴(Wil S. Hylton)도 이와 같은 상황을 설명한다. "FDA는 관할권 내에 있는 제품을 제대로 검사하기에 충분한 인력을 갖추고 있지 않다. 하나의 식품 생산업자를 검사하려면 몇 년이 걸린다."

해서든, 생산자는 "두 트럭" 분량 이상의 데이터를 저장해야 할 텐데, 그런 일은 아무도 할 수 없을 거라고 말했다.* 그러나 모든 미국인이 깨달아야 할 중요한 포인트는 "어떤 기업도 자신들이 산출한 데이터를 잘못 해석하지 않는다"라는 것이라고 브루스는 주장했다.

왠지는 모르겠지만, 갑자기 대화의 방향을 반反-GMO 활동가 그룹 쪽으로 바꾸기 시작한 순간, 나는 브루스가 짜증을 내기 시작했다는 것을 깨달았다. 그는 워싱턴 DC에 근거를 둔, 식품 안전 센터Center for Food Safety라는 이름의 그룹에 대해 이야기하고 싶어 했다. 그는 이 그룹을 대중에게 GMO 공포증을 일으켜 "떼돈을 벌려고" 하면서 "우리 시간이나 축내는" 작자들이라고 깎아내렸다. 한 술 더 떠서, "GM에 반대하는 사람들은 사기꾼, 거짓말쟁이"라고 일축했다.

내가 브루스에게 물었다. "그렇다면 마트에서 식품을 구입하는 평범한 시민들이, 앞에서 말씀하신 것과 같은 특별한 목적을 가진 그룹들이 아닌 다른 어떤 곳에서 GMO에 대한 올바른 정보를 얻을 수 있을까요?"

그가 대답했다. "대중에게 그들이 전혀 알지 못하는 문제에 대해 판단을 구하는 것은 [말도 안 됩니다]. [이 문제는] 대단히 높은 수준의 기술적인 문제고, 이해하기도 지극히 어렵습니다."** 그렇지만 보통 사람도 이해할 수 있는 방식으로 대중에게 정보가 전달되어야 하지 않을까? 나는 궁금했다. 정보를 분해하고 가공해서, 나 같은

---

* 여기에 한 가지 더 걱정스러운 것은, 정보의 자유법(Freedom of Information Act)을 통해서, 기업이 산출했지만 EPA, USDA, FDA에서 검토되지 않았거나 저장되지 않은 데이터를 검색하면 아무것도 검색되지 않는다는 사실이다.

** 네브래스카 대학교 링컨 캠퍼스의 과학자 릭 굿맨도 이런 뉘앙스로 말한 적이 있다. "과학 연구에 종사하지도 않고, 과학 관련 서적을 읽지도 않는 사람이" 뉴스에서 접하는 GMO 관련 정보에 대해 "올바른 판단을 하기는" 매우 어렵다는 것이다.

보통 부모들도 이 주제에 대해 충분한 정보를 가지고 결정권을 행사할 수 있도록 해야 하지 않을까? 브루스는 짜증이 잔뜩 밴 태도로 매정하게 콧방귀를 뀌었다. 그러더니 결국에는 이렇게 말했다. "문제는 신뢰입니다." 그는 유전자 조작 식물과 동물에 특허가 주어질 때에는 투명성이 확립됐었다고 했다. 그러므로 대중은 그 특허를 창출한 기업들을 그저 신뢰하기만 하면 된다는 주장이었다.

"그 기업들이 그 상품들에 대한 특허를 얻었다는 이유로요?" 내가 물었다.

브루스는 나의 무지함에 점점 짜증을 드러냈다. 그는 한숨을 푹 내쉬었다. "이 기업에 종사하는 사람들은 내가 아는 한 가장 윤리적인 사람들입니다. 나는 대학 소속 과학자들보다 차라리 기업에서 일하는 과학자들을 더 존경해요. 대학의 과학자들보다 기업의 과학자들이 정직을 훨씬 더 중요하게 생각합니다."* 브루스 본인도 대학에서 오랜 경력을 쌓은 과학자이면서 이렇게 말한다는 것은 사리에 맞지 않아 보였다. 하지만 나는 "알겠습니다"라고 답하고 더 캐묻지 않았다. 우리는 조금 더 대화를 나누었지만, 그가 나와는 이제 할 말이 없다는 태도였으므로 의미 있는 진전은 이루어지지 않는 느낌이었다. 나는 결국 고맙다는 인사와 함께 전화를 끊었다.

나는 계단을 내려와 낡은 뉴글로스터 집의 뒤편으로 갔다. 댄은 바닥을 쓸고 있었고, 식기는 선반에서 물기가 마르는 중이었다. 내가 대체 왜 이런 말도 안 되는 추적극을 벌이고 있는 거지? 그 회사들이 그렇게 많은 테스트를 했다고 하지만—대중은 그 테

---

* 브루스는 나중에 이 발언에 대해 수위를 낮추며 "나는 모든 사람들이 똑같이 존중받아야 한다고" 믿는다고 말했다.

스트에 대해 어떤 것도 보거나 들을 수 없는데—그게 아무 문제가 없다는 뜻은 아니잖아? 갑자기 브루스의 과장된 확신, 모든 감시자 그룹들이 돈을 벌려는 목적으로 달려드는 것이라고 신경질적으로 역설하던 목소리에서 뭔가 짚이는 게 있었다. "댄, 내가 방금 통화한 이 사람은 말이야, GMO나 GMO의 안전성에 대해서 지나치게 확신하고 있었어. 그래서 나는 오히려 더 궁금하고 걱정스러워…." "그게 바로 당신이 쓰려는 스토리잖아. 회색 지대, 양쪽 진영 모두에게 말이 되는 이야기, 중도의 뉘앙스." 댄이 말했다. "나도 그렇게 생각해." 내 머릿속에 소용돌이가 일었다. 하지만 나는 가만히 서서 작은 먼지 덩어리와 식탁에서 떨어진 음식 부스러기들을 빗자루로 쓸어 쓰레받기에 담는 댄을 바라보다가 나도 모르게 브루스와의 대화를 다시 떠올렸다. 댄이 청소를 하는 동안 꼼짝도 않고 선 채로, 나는 브루스가 자신의 위치에서 얻는 것이 무엇일까 생각해 봤다. 모든 사람들이 뭔가를 얻기 위해서 어떤 입장을 취한다고—심지어 이 글을 쓰는 나도—또 누구나 자신이 취하는 스탠스로부터 뭔가 얻는다고 나는 판단했다. 대담해진 나는 브루스에게 다시 전화를 걸어 단도직입적으로 묻기로 했다. "몬산토 사와 일함으로써 당신이 얻는 것은 정확하게 무엇인가요? 월급을 받나요? 과학자로서의 경력이 훼손되지는 않나요? 몬산토 사람들의 윤리적인 행동에 대한 당신의 이야기를 내가 어떻게 믿나요?"*

* 나도 뜬금없이 이런 질문을 한 것은 아니었다. 엑슨모빌(ExxonMobil)과 피바디(Peabody) 에너지 같은 회사들은 기후 변화에 대한 우려는 사실이 아니라고 대중과 정부, 그리고 투자자들을 설득하기 위해 사내 과학자들은 무시한 채 비용이 많이 드는 PR 캠페인(실제 과학자들을 동원해 자사의 메시지를 선전하는 리플렛으로)을 추진했다.

잠시 침묵이 흐르더니, 곧이어 반격이 쏟아졌다. "내가 거짓말쟁이고 사기꾼이고, 이 자리를 얻기 위해 몸이라도 팔았다는 듯한 조롱에 분노를 금할 수가 없군요. 사람을 돈으로 살 수는 없는 겁니다…. 우리는 대학에서 연구하던 과학자들이었다고요!"*

주제를 바꿀 요량으로, 나는 얼른 혹시 사이먼 호건의 연구에 대해서도 하고 싶은 말이 있느냐고 물었다. 브루스에게 사이먼은 반란의 주동자나 다름없으니까. 나의 질문은 브루스가 가진 GMO 이데올로기가 어디에 뿌리를 두고 있는지 밝혀내는 데 도움을 주었다. 브루스의 이데올로기가 불분명하기 때문이 아니라, GMO가 나쁜 건지 아니면 GMO는 좋은 건지 더 승률이 높은 쪽에 내기를 걸 수 있을 만큼 양쪽 진영에 대한 더 많은 정보에 목이 말랐기 때문이다. 진실이 나에게만 불편한 것일지라도, 그 불편한 진실에조차 마음을 열 수 있을 것 같았다. 내 식단에서 GMO를 배제하는 것으로 정말 내 건강을 회복할 수 있을지를 확실히 알고 싶었다.

---

* 2015년 말 〈뉴욕 타임스〉는 앞서 언급한 에릭 립턴의 글을 실었다. 립턴은 이 글에서 몬산토 사로부터 공개되지 않은 금액의 무제한적인 보조금을 받는 대가로 이 회사가 지지 기반을 "확장"하는 데 "과학자"로서의 입지를 활용할 수 있도록 허용한 두 사람의 과학자 중 한 사람(나머지 한 사람은 플로리다 대학의 케빈 폴타Kevin Folta였다)으로 브루스 채시를 지목했다(브루스는 몬산토 사로부터 직접 지원을 받은 바가 없다고 부인했다). 〈뉴욕 타임스〉에 따르면, 2011년 브루스의 주요 임무는 EPA에 압력을 행사해 "종자가 해충 내성을 갖도록 하기 위해 사용하는 농약에 대한 규제 강화를 포기하도록" 하는 것이었다고 한다. 몬산토 사의 중역인 에릭 삭스(Eric Sachs)는 브루스에게 다음과 같은 내용의 서한을 보냈다. "공공의 이익을 위한 혁신과 제품 개발이 가능하도록 하는 합리적이고, 정당하며, 합법적인 규제 요건을 마련하는 데 대해 과학계는 매우 진지한 자세를 갖고 있다는 분명한 메시지를 보내는 것이 중요합니다." 브루스의 임무는 성공했다. EPA는 원래의 계획을 포기했다. 브루스가 삭스의 비서에게 자신이 받을 수표를 그들이 어떻게 보내 줘야 하는지 써 보냈던 걸로 보아, 이 일로 그가 어떤 보상을 기대했던 것은 분명해 보인다. "편지에 동봉된 수표는 브루스 M. 채시의 생명공학 연구와 교육 활동을 지원하기 위해 일리노이 대학교 재단에 지불하는 무제한적인 선물이라는 내용이 포함되어 있어야 합니다." 과학자 이그나시오 차펠라(이 책의 3부에 등장한다)로부터 미국에서는 "이제 과학이 곧 종교"라는 말을 들은 후, 위의 정보는 나에게 특히 흥미로웠다. 차펠라는 우리가 신을 바라보는 대신 과학에 고개를 돌리고 있다고 지적했다. 과학이 헤아릴 수 없이 큰 권위와 권력을 가지게 되었다는 뜻이다. 이 책을 쓰기 위해 인터뷰한 다른 사람들도, 미국의 "기업"은 신이나 종교, 그 밖의 어떤 것보다도 큰 존재가 되었다고 말했다. 〈뉴욕 타임스〉에 실린 위의 기사를 보면서, 나는 과학과 기업의 결합이 미국 역사상 가장 강력하고 설득력 있는 조합일지도 모른다는 생각을 했다.

브루스는 두어 번 헛기침을 하며 불편한 기색을 내비쳤지만, 이번에는 전화를 끊지는 않았다. 그는 이렇게 말하며 사이먼의 연구를 배척했다. "그건 그저 한 편의 논문에 불과하고, 내가 아는 알레르기 전문의들은 대부분 확신이 없어요. 부적절한 연구로 만든 가짜 주장입니다…. 그 연구를 인용하는 사람들은 과학에 관심이 있는 것도 아니고 진실에 관심이 있는 것도 아닙니다." 사이먼의 연구가 전혀 가치가 없다는 뜻인가요? 내가 물었다. 브루스는 한숨을 쉬었다. "그 완두콩은 GM 작물이 알레르기를 일으킬 수도 있다는 걸 증명합니다. 즉, 특정 작물이 알레르기를 일으킬 수 있다는 뜻이라는 겁니다." 빙고! 하지만 그의 주장은 계속 이어졌다. "그건 지저분한 실험이었어요. [전에는] 동물 모델 시스템은 쓰지 않았고, 받아들여지지도 않았어요. 그리고 그건 사실 식품 알레르기가 아니라 따지고 보면 호흡기 알레르기입니다. 과학계에서는 그 결론을 받아들이지 않고 있어요." 그는 유럽에서 같은 연구를 했지만, 호건의 것과 똑같은 결과가 나오지도 않았다고 했다.* 그게 무엇을

---

* 나도 사이먼의 연구를 재현하려고 했던 미셸 엡스타인(Michelle Epstein)과 직접 대화를 해 보았다. 말투가 부드럽고 생각이 깊은, 그리고 대단히 개방적인 여류 과학자였다. 미셸은 나에게 이렇게 말했다. "우리 실험 대상이었던 쥐는 특별한 반응을 보이지 않았어요." 미셸은 이유는 정확히 모르지만, 사이먼이 쓴 동물 모델과 자신들이 쓴 모델이 달랐던 것이 틀림없다는 결론을 내렸다. 미셸은 이 연구가 더 많은 곳에서 "서로 다른 쥐를 대상으로" 더 많이 이루어져야 한다고 말했다. 그녀의 경험상, "동물 모델의 실험으로 인체에 대한 영향을 직접적으로 예측할 수는 없기" 때문이다. 더 많은 연구가 우리에게 더 많은 답을 줄 것이라고 했다. 여담이지만 "나는 GMO가 안전하기를 바랍니다. 이미 세상에 존재하고 있으니까요"라고 미셸은 말했다. "호건에 대해서는 아주 높게 평가합니다. 정말 뛰어난 연구를 해냈어요." (사이먼을 다시 만나 엡스타인과의 대화를 들려주자 그는 그녀의 논문을 훑어보았다. 그러더니, 본질적으로 그녀의 연구는 "아무것도 증명하지 못했다"라고 말했다. "그냥 물을 흐려 놓았을 뿐이에요." 사이먼은 이렇게 간단히 설명했다. "그들이 한 말은 '우리는 모든 단백질에서 일어나는 반응을 보았으므로, 이식 유전자[GMO]의 알레르기 유발성이 더 심하다는 뜻은 아니다'라는 거예요." 나는 그에게 더 쉬운 말로 설명해 줄 수 없느냐고 물었다. 그러자 본질적으로 말해서 "그 사람들은 [내] 논문이 틀렸다는 걸 증명하지는 못하고, 내 논문에 대한 의문만 제기한 셈입니다"라고 말했다. 마지막에 그는 이렇게 덧붙였다. "2박 3일이라도 앉아서 저 사람들이 만들어 낸 데이터에 대해 1000개도 넘는 반박 이론을 댈 수 있어요…." 하지만 "나는 지금 내 연구에 만족합니다. 그리고 우리는 꼭 필요한 과학적인 열정을 가지고 그 연구를 진행했습니다."

증명하나요? 나는 궁금했다. "그 완두콩 논문은 이제 죽은 이슈예요. 과학적으로 다 정리가 되었습니다…. 언론 쪽에서 보자면 논문 하나도 뉴스가 될 수 있어요. 과학계에서 논문 한 편은 아무것도 아닙니다."

대학 소속 과학자들에 대한 그의 이야기가 떠오른 건 한참 뒤였다. 언제나 나를 지켜 주는 호퍼를 내 발밑에 두고 내 집의 안락함 속에서 생각해 보니 참 아이러니한 일이었다. 페이스북에서 빛나는 산을 배경으로 기타를 들고 앉은 수염이 멋진 남자, 브루스의 사진을 보았을 때처럼, 이런 경우 가장 중요한 것은 거리였다.

하지만 그로부터 6개월 후, 좋든 싫든 나는 GMO의 세계 한가운데 있었고, 스스로 그 사연들과 논쟁 속으로 달려가고 있었다. 비공개를 조건으로 나눈 대화, 불편한 전화 대화, 많지는 않지만 두려움을 느끼기에 충분한 사례들이 자꾸만 메인주의 집으로 돌아가고 싶다는 마음을 갖게 했다. 도대체 나는 왜, 또 무슨 질문을 던지겠다고 바보같이 비행기에 올라탔던 걸까? 나는 정말 이 태풍의 눈 속에서 춤을 춰야 하는 걸까? 정말 궁금했다. 차를 돌려, 이제는 꽤 괜찮은 도시처럼 보이는 덴버로 돌아가지 않고, 계속 가기 위해서, 나는 고개를 숙이고 모든 잡생각을 붙들어 매야 했다. 아이팟을 틀어 라이언 애덤스의 노래를 들으며, 80여 마일 남은 길을 계속 달렸다.

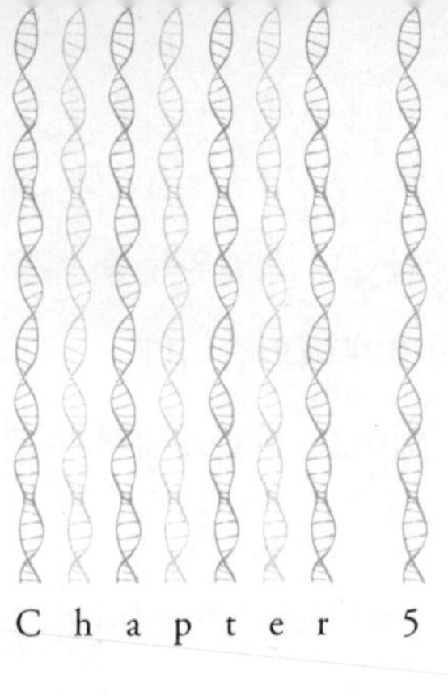

Chapter 5

네브래스카의 링컨 시가 보이기 시작하자 나는 리처드 굿맨에게 전화를 걸기로 했다. 굿맨은 전직 몬산토 사의 연구원으로, 종자 과학자이며 지금은 네브래스카 대학교 링컨 캠퍼스의 프로젝트 매니저로 일하고 있다. 내가 릭을 처음 만난 것은 2012년 8월이었고, 그 후로 〈엘르〉의 기사를 쓰는 동안 계속 연락을 주고받았다. 운전을 하면서, 처음으로 그와 통화하던 때를 떠올렸다. 그날 포틀랜드의 날씨는 뜨겁고 후텁지근했다. 기사 마감의 압박이 슬슬 밀려오고 있었고, 주변에는 온갖 노트와 아무 종이에나 대충 적어 놓은 메모들이 사방으로 흩어져 있었다. 일에 집중할 수 있는 조용한 장소가 필요했던 나는, 우리 부부의 친구인 댄Dan과 조앤 에이머리Joan Amory 부부가 노스 헤이븐의 여름 별장으로 떠나 있는 사이 그들의 집을 빌려 일하는 중이었다. 나는 일광욕실에 있는 유리 식탁을 책상 삼아 분홍색 카펫 위를 맨발로 돌아다니며 작업에 몰두했다. 남의 집에 들어앉아 사방을 난장판으로 만든 채, 나는 그동안 수집한 제각각의 정보들을 어떻게 하나로 묶을지 난감해하고 있었다. 틈만 나면 내가 만들어 놓은 무질서로부터 도망치듯, 창밖에 펼쳐진 조앤의 정원을 내다보았다. 나무와 꽃, 나무 벤치 그리고 숨바꼭질하기에 꼭 알맞은 장소들이 여기저기 눈에 띄는 비밀의 정원이었다. 거기에 앉아 있다가 문득, 누군가 나에게 들려준 한 몬산토 퇴직자의 이야기가 떠올랐다. GMO라는 주제에 관한 한 화수분 같은 에너지를 갖고 있던 사람이라고 했다. 그때는 나야말로 화수분 같은 에너지가 필요한 순간이었다. 휴대전화를 집어 들었다. 두 번 벨이 울리고 릭이 전화를 받았다. "릭 굿맨입니다."

릭은 워싱턴주의 스포캔에서 자랐다고 했다. 이스턴 워싱턴 대학교를 다녔고, 거기서 석사 학위를 받은 후 오하이오 주립 대학교에서 낙농학으로 박사 학위를 받았다. 그 후 코넬 대학교에서 면역학으로 박사후 과정을 끝냈다. 그가 몬산토 사에서 일하기 시작한 것은 1997년부터였다. 당시는 한 종種—박테리아나 물고기—의 DNA를 총으로 쏘아 식물에 넣는 방법이 발견된 1980년대 직후였다. 그는 "더 성공적인 상품"을 가능하게 할 잠재력이 있다는 믿음으로 생명공학을 택했다. 수천 년 동안 주어진 환경 속에서 각 작물이 무엇을 필요로 하는지에 대해 끊임없이 관심을 기울이면서 좋은 유전자를 골라내고 교배를 하거나 접붙이기를 하는 방법을 개발해 온 농부들보다, 실험실에서 식물을 "만들어 내는" 과학자들이 더 성공적이라는 주장에 내가 선뜻 동의하지 못하자 릭은 이렇게 말했다. "GM 식물을 만들 때는 [실험실과 온실에서] 수년간 테스트를 해야 할 뿐만 아니라 농부와도 함께 일해야 합니다." 즉, 농부도 그들과 함께 참여하며 괴짜 과학자들이 "어둠 속에서 신분을 숨긴 채" 연구소에서 위험한 작업을 하는 건 아니라고 했다. 또한 GMO를 만드는 이유가 바로 농부들을 위해서라고 했다.

농부들과 그레이트플레인스의 불모의 역사를 가슴에 담은 채 몬산토 사에서 일하던 2000년대 초, 릭은 해충과 가뭄에 내성을 가진 GMO 밀 개발에 참여했다. 그러나 그가 개발한 GMO 밀은 시장에 나가지 못했다. 유럽과 일본에서 수입을 거부했기 때문이었다. 지금도 그들은 GMO 밀은 수입하지 않고 있다. 결국 GMO 밀 개발 프로젝트는 빛을 보지 못하고 끝났다. 그 직후에 릭은 몬산토 사를 떠났다. 그의 말에 따르면, 그가 몬산토 사를 떠난 것은 GMO 밀이 시장 진입에 실패했기 때문이 아니라 (지금도 여전히 아픈 추억이기는 하지만) 그를 부당하게 대우했던 상사 때문이었다.

요즈음 릭은 네브래스카 대학교 링컨 캠퍼스에서 알레르기 데이터베이스를 운영하고 있다. 전 세계의 이용자들이 어떤 단백질이 알레르겐인지 아닌지 판별하려 할 때 그의 데이터베이스를 찾고 있다. 이 데이터베이스에는 GMO 식품에 삽입되었거나 거기서 파생된 단백질은 들어 있지 않다. 다시 말하자면, 굿맨의 데이터베이스도 GMO 식품이 알레르기 항원성을 유발할 가능성이 있는지를 결정하는 데는 무용지물이라는 뜻이다. 이 데이터베이스는 기본적으로 주요 생명공학 기업 여섯 회사로부터 지원을 받고 있다. 다우, 듀폰DuPont, 몬산토, 신젠타, 바스프BASF, 그리고 바이엘Bayer이다. "달리 어디서 자금를 지원받겠어요?" 릭의 반문이 내 가슴을 콕 찔렀다. 그는 미국에 있는 대부분의 대학의 과학 관련 기관에 가장 많은 기금을 지원하는 기업이 바로 생명공학 기업들이라고 말했다. 그는 이렇게 말하며 대화를 결론지었다. "이해의 상충이 있느냐 없느냐는 보는 사람의 시각에 따라 다른 거겠죠."

의사든 과학자든 아니면 FDA든, GMO 작물 또는 합성 단백질에 들어 있는 농약 성분이 면역 시스템을 교란시킬 가능성이 있는지, 또는 알레르기를 일으킬 가능성이 있는지를 파악하려면 릭의 데이터베이스를 이용하는 방법밖에 없다. 만약 필요한 데이터를 여기서 찾을 수 없다면, 다행히 아주 높은 수준의 기술을 가진 사람이나 단체의 경우에는 땅콩이나 밀, 또는 우유 등 이미 알려진 알레르겐의 아미노산 서열을 숙주 식물에 삽입된 단백질의 아미노산 서열(예를 들면 호두의 DNA 속 Bt 서열)과 비교해야 한다. 만약 알려진 알레르겐과 일치하는 DNA가 있다면, 알레르기 항원성이 성립될 수 있다. 그러나 이 데이터베이스에서 그런 알레르기 항원성을 발견할 가능성은 거의 없다. 알려진 알레르겐과 유사한 아미노산 서열을 가진 상품은 시장에 진입하도록 승인되지 않고, 따라서 이 데이터베이스에 기록될 필요가 없다는 것이 그들의 논리다.

많은 과학자들이 이런 시스템은 이치에 맞지 않는다고 말한다. 우유나 땅콩 같은 알레르겐을 함유하고 있지 않은 GMO 식품 이외에 우리가 유전자를 조작하고 있는 다른 상품들에 대해서는 어떤 정보도 허락되지 않기 때문이다.* 사이먼 호건은 이렇게 말했

* 떠도는 소문 중에는 GMO 옥수수에 성장 촉진을 위한 땅콩 유전자가 들어 있다는 이야기도 있다. 인터넷상에서 땅콩 알레르기를 가진 사람이 GMO 옥수수에 대해서도 알레르기 반응을 보였다는 '일화'를 여러 편 발견했지만, 이 소문의 진위를 증명할 수는 없었다. 땅콩 알레르기가 일으킬 여러 위험을 감수하고 GM 제조사들이 굳이 땅콩 유전자를 썼을 것 같지는 않으므로, 어떻게 이런 정보들이 만들어졌는지는 나도 확실히 알 수 없다.

다. “지금 사람들이 던지고 있는 질문 중 일부는 적합하지 않습니다. ‘아미노산 서열이 알려진 알레르겐과 일치하지 않는다’, 이 말은 적합하지 않아요! 서열은 일치하지 않아도 [알레르겐일 가능성은 얼마든지 있습니다].” 어쨌든 릭 굿맨은 자기가 가진 알레르겐 데이터베이스와 생명공학에 충실하며, 열정적인 옹호자이다. 그는 자신의 데이터베이스가 완벽하다고, 더할 나위 없이 효율적으로 이용되고 있다고 믿는다. 더 많은 의문이 있을 수 있다는 뜻을 내비치자 그는 벌컥 화를 냈다.

똑같은 맥락에서, 릭은 GMO를 두고 자신이 동의할 수 없는 주장에 대해서는 매우 격하게 비판하는 것으로 알려져 있다. 솔직하게 말하자면, 그는 목표를 향해 날아드는 미사일 같다. 반-GMO를 표방하고 있는 것이면 방송에 나오는 것이든 인터넷에 보이는 것이든 잘도 찾아낸다. 2012년에 프랑스 과학자 길레제릭 세랄리니Gilles-Eric Séralini의 논문을 비난했을 때에도 국제적인 관심을 끌었다. 세랄리니는 몬산토 사의 GMO(MON863) 옥수수를 쥐에게 먹이면 거대한 암성 종양이 발생한다는 연구 결과를 발표했다. 쥐에게 옥수수를 먹인 기간이 2년이었는데, 2년은 평균적으로 2.5~3.5년에 불과한 쥐의 수명을 고려할 때 굉장히 긴 기간이다. 반면에 몬산토 사는 동물에게 90일간 GMO 옥수수를 먹였으며, 90일이면 그 위험성을 평가하기에 충분한 기간이라고 주장한다.

세랄리니의 연구는 몇 가지 오류가 있다는 지적을 받았다. 가장 큰 오류는 실험에 스프라그돌리Sprague-Dawley종의 쥐를 이용했다는 점이다. 이 쥐는 어떤 먹이를 먹느냐에 상관없이 2~3살 정도가 되면 암 발병률이 높아지는 특징을 가지고 있다. 하지만 암과 GMO

옥수수 사이의 연관 관계를 확실하게—그리고 주류 과학자들에게도 설득력이 있는(커다란 종양 덩어리를 달고 있는 쥐의 사진만으로도 소름이 끼쳤다!)—보여 준 최초의 연구 사례였다. 또한 미국 국립 독물학 프로그램도 발암물질 연구에 이 쥐를 이용했으며 이 종류의 쥐가 산업화된 나라에 사는 사람들 대부분의 암 발병률과 비슷한 암 발병률을 보인다는 점도 발견했다. 세랄리니의 연구가 어떤 의미를 갖는지는 나도 잘 모르겠지만, 우리가 알고자 하는 내용으로부터 크게 벗어나는 것 같지는 않다. 오늘날까지도 유기농 사료를 먹인 쥐와 GMO 옥수수를 먹인 쥐를 비교한 두 번째 연구는 본 적이 없다.

세랄리니의 연구에 격분한 릭은 〈식품과 화학독성학〉 편집자에게 그 저널이 가짜 연구를 출판하고 있다고 비난했다. 그가 논쟁거리로 삼고자 했던 논문을 철회하도록 이 저널에 진짜 압박을 가했는지 어쨌는지는 확실치 않다. 본인은 부정하지만 다른 사람들은 그렇다고 하니까. 하여튼 그는 갑자기 이 저널의 편집진에서 한자리를 차지했다(하지만 곧 사직했다). 논문은 곧 철회되었으며 언론에서는 그 논문을 대부분 신뢰할 수 없다고 보도했다. (세랄리니의 논문은 2014년 6월 〈유럽 환경 과학*Environmental Sciences Europe*〉 저널에 다시 게재되었다.) 세랄리니의 논문을 두고 벌어진 소동은 두 가지 측면에서 주목할 만하다. 연구 자체는 다소 선정적이고 공포스럽다. 논쟁은 너무나 복잡하고 시끄러워서 아무도 무엇을 생각해야 할지 알고 싶어 하지 않고 솔직한 대답도 하고 싶어 하지 않을 정도였다(억지로 장난감 가게에서 끌려 들어간 엄마들처럼). 그리고 이 소동의 진원지에 릭이 있는 듯했다.

캘리포니아에서 활동한 팀 소속으로 최초의 GMO 식품—플레이버 세이버Flavr Savr라는 토마토로, 판매대에 진열되었을 때 쉽게 물러지지 않도록 만들어졌다—개발에 참여했던 과학자 벨린다 마티노Belinda Martineau는 세랄리니가 본인의 논문이 한창 소동을 일으키고 있을 때 몬산토 사에서 일하는 어느 과학자들에게 이메일을 보낸 적이 있다고 말해 주었다. "이메일에는 'FDA에서 여러분을 위해 실험의 개요를 정리해서 보냈습니다. 여러분께 부탁하는 것은 그 실험을 재현해서 결과가 어느 쪽으로 나오든 이 소동을 잠재워 주셨으면 하는 것입니다.' 이렇게 쓰여 있었어요. FDA에서는 그런 실험을 하지 않습니다. 나는 FDA가 그 과학자들이 세랄리니의 실험을 재현하도록 만들었어야 한다고 생각해요. FDA는 몬산토 사에 이런 내용의 서한을 보냈어요. 이 서한은 FDA 웹 사이트에 공개되어 있지요. '우리는 귀사의 옥수수가 안전하다는 결론을 받아들입니다. 그러나 귀사, 몬산토 사에서 판매하는 것이 안전하고 완전하다는 것을 확실히 증명할 책무는 귀사에 있음을 다시 한번 밝히는 바입니다' 등등. 안전성과 완전성에 대해 증명해야 할 것이 있다면, FDA가 그 연구를 재현했어야 합니다." (사이먼 호건의 완두콩 연구에 대해 인터뷰했던) 유럽에 거주하는 미국의 과학자 미셸 엡스타인은 EU는 적어도 그 연구를 재현하려는 뜻은 갖고 있다고 말했다. "EU는 이 논쟁에 손톱 끝만큼이라도 진실이 있는지 파악하기 위해서는 많은 비용이 필요하다고 느끼고 있어요."* 그녀는 이런 실험의 반복이 엄청난 시간 낭비라고 생각하는 듯했

* EU가 실제로 그런 실험을 하고 있는지 여부는 밝힐 수 없었다. 그러나 EFSA(European Food Safety Authority, 유럽 식품안전국)는 현재 2년 기간의 동물 실험을 권장하고 있다. 반면에 미국에서는 90일이 권장사항이며, 기업들은 그 정도의 기간이면 충분하다고 믿고 있다.

다. 그리고 세랄리니의 연구는 "불완전하게 진행되었다"라고 하면서, 진짜 중요한 다른 과학 프로젝트에 들어갈 돈을 훔쳐간 거나 마찬가지라고 했다.

세랄리니의 연구에 대한 판단은 달랐지만, 릭과 나는 1년여 동안 가치 있는 대화를 이어 갔다. 릭은 철저했고, 어떤 질문에도 침착하지만 신중히 대답하는 데다 듣는 사람이 어떤 개념이든 명확하게 파악할 때까지 길고 자세히 설명하는 스타일이었기 때문에 나는 릭과의 대화가 대부분 정말 즐거웠다. 릭은 〈엘르〉에 실린 나의 기사도 문제 삼았다. 그는 그 기사가 반-GMO 진영의 사람들 손에서 악용될 수 있다고 보았고, 나와 긴 시간을 함께 보냈음에도 불구하고 내가 자신이 설명한 내용의 극히 일부분만 반영했으며 GMO 과학의 어느 한 부분도 다루지 못했다고 생각했다. (이 부분에 있어서는 그의 생각이 옳다. 그 분야를 훤히 꿰뚫고 있으며 과학적으로 설명할 능력이 있고, 모든 실패와 성공의 가능성을 막힘없이 이해하고 있는 과학자들과 똑같이 상세하게 다루기란 정말, 정말 힘들었다.) 그 결과, 릭은 내 기사가 나간 후 약간의 소동을 일으키기 시작했다. 처음에는 나에게 이메일의 홍수를 퍼부었다.

"동기가 뭔가요?"

"뭘 먹고 사나요?"

"내가 처음에 한 생각은 당신을 링컨으로 초대해서 식품 안전에 대해 하루나 이틀 강의를 듣게 했으면 좋겠다는 거였어요…. 당신은 이 기술이 먹을 것을 가장 필요로 하는 사람들을 위해 화학물질은 덜 쓰고 위험도 낮추면서 훨씬 더 안전하게 식량의 안보를 확립하게 할 수 있다는 점을 믿지 않는 것 같아요. 이 연구를 직접 해 온 과학자들을 믿지 않는 것 같습니다. 식품 안전 테스트를 이해하고 안전 평가의 제약과 과정을 설명할 수 있는 배경을 가진 사람들인데도 말이죠. 저는 제대로 균형이 잡힌 기사를 기대하고 있었습니다." (이크!) 거기서 끝이 아니었다. 얼마 후, 릭이 자신의 정보원이라고 밝힌 존 엔타인Jon Entine이라는 작가가 나를 쫓아다니기 시작했다. (〈마더 존스*Mother Jones*〉지는 그가 거대 농산업체에 "고용된 총잡이"이며, 몬산토 사를 자신의 "우수 고객"이라고 말한 적도 있다고 보도했다. 그렇지만 엔타인은 몬산토 사와의 관계를 부정했다. 자신은 결코 "그 회사를 위해 일하거나 컨설팅을 해 준 적이 없다"는 것이다. 표면적으로는 그 말이 사실일 수도 있다. 그의 수입은 홍보 회사로부터 들어오는 것으로 보이기 때문이다. 그러나 그 회사가 몬산토 사로부터 일을 의뢰받고 있으며, 그 회사가 엔타인에게 직접 돈을 지불하고 있으므로 그가 몬산토 사의 지원을 계속 받고 있다는 의심은 거두기 힘들다. 〈시카고 트리뷴*Chicago Tribune*〉은 2015년 가을에, '미국의 알 권리U.S. Right to Know'라는 비영리 단체가 정보의 자유법에 따라 입수한 이메일을 통해, 엔타인의 웹 사이트 '유전학 교육 프로젝트Genetic Literacy Project'가 GMO에 찬성하는 일련의 문건들을 게시했는데, 이를 게시하도록 뒤에서 후원한 사람이 몬산토 사의 경영진 중 한 사람인 에릭 삭스라고 보도했다. 하버드나 코넬 대학교에 소속된 고명한 과학자들이 쓴 이 문건들에서, 조작된 과학의 향기가 풍기는 것은 그다지 놀랍지도 않다.) 내 에이전트에게 공격적인 항의 전화를 폭풍처럼 해 댄 후에 엔타인과 온라인 잡지 〈슬레이트〉는 내 글에 도움을 주거나 조언을 해 준 릭을 포함한 사람들이 나와의 인터뷰에서 한 발언들을 철회했다는 암시를 담은 기사를 내놓았다. 살다 살다 별일을 다 겪는구나 싶던 시기였다. 물론 이런 저항을 충분히 예상은 했지만, 아무리 최악의 상황을 예상했다 하더라도 그 상황이 실제로 닥치면 당황하지 않을 수 없는 게 사람이다. 〈엘르〉의 편집진들과 나는 갑자기 내 인터뷰 전부를 뒤지며 기사에 실린 모든 인용을 다시 체크하기 시작했다(이미 철저하게 팩트 체크를 마친 기사임에도 불구하고). 우리가 추측할 수 있었던 유일한 시나리오는 내가 기사를 쓰는 동안 직접 목격하거나 전해 들었던 공포가 실제로 다시 표면화되고 있으며 일부 참여자들은 압박감을 느끼고 있음이 틀림없다는 것이었다. 그 사람들이 누구 때문에, 무엇에 대해서 압박감을 느끼고 있는지는 우리도 알 수 없었다. 마지막에 가서야 우리는 그 사람들 입장에서는 GMO 찬성론자들의 분노에 맞서기보다는 자신이 했던 말, 기록되어 있는 발언들을 '그렇게 말한 적이 없다'라고 부인하는 것이 훨씬 쉬운 선택이었으리라는 것을 깨달았다. 〈엘르〉는 내 입장을 옹호하는 공개 서한을 냈고, 엔타인은 〈엘르〉의 입장을 공격하는 두 번째 기사를 냈다. 인터넷의 블로그 무대에서는 이 극적인 드라마를 두고 초특급 허리케인이 불었다.

그때의 사건은 몇몇 사람들에게 릭은 가까이 해서는 안 될 사람이라는 인식을 심어 주기에 충분했다. 그러나 네브래스카를 횡단해 아이오와로 가는 동안, 에린 브로코비치 버전의 카렌 실크우드를 떠올리며 용기를 냈다. 그리고 솔직히 〈엘르〉의 기사에 대한 공격이 있기 전의 그는 나와 굉장히 오랜 시간 전화 통화를 하며 내가 GMO에 대해 묻는 모든 질문에 성실하고 꼼꼼히 대답해 주던 사람이었다. 가장 좋은 상황을 상상하면서, 나는 릭에게 전화를 걸어 내가 지금 네브래스카에 있으며 링컨을 향해 가고 있다고 얘기할 생각이었다. 잠깐 시간을 좀 내주실 수 있을까요? 그는 좋다고 했다. 실제로 만난 릭은 따뜻하고 당당하며 사람을 직접 만나기를 좋아하는 사람이었다. 우리는 UNL 캠퍼스 밖, 그의 사무실이 있는 빌딩의 한 카페에서 만나 차를 마시기로 했다.

차에서 내려 그의 인생에 불쑥 끼어든 불청객처럼 그를 찾아갔더니, 그는 차가 가득 담긴 하얀색의 UNL 머그컵을 들고 나를 기다리는 중이었다. 직접 얼굴을 보니 릭은 생각했던 것보다 더 뻣뻣한 태도에 안색이 창백했다. 그의 팔은 단단히 감아 놓은 로프처럼, 칼라가 달린 티셔츠 밖으로 퉁, 튕겨져 나올 것 같았다. 60대 중반인 그는 갈색 콧수염과 갈색 머리카락이 돋보였고, 마치 윈스턴 처칠Winston Churchill에게서 빌려 온 듯한 강인함이 느껴졌다.

우리는 자리에 앉자마자 농업에 대한 이야기를 시작했다. '소규모 농업 대 대규모 농업'이 주제였다. 잭의 농장에서 이제 막 나온 참이었고, 차창 밖 어디를 보아도 대규모 농경이 이루어지고 있었으므로 내 머릿속에 선명하게 각인되어 있는 주제였다. 이야기를 시작한 지 5분도 되지 않았는데, 우리는 마치 2년 전의 첫 대화 이후 전혀 시간이 흐르지 않은 것처럼 대화에 깊이 몰입하기 시작했다. 릭은 우리가 대규모 농경에서 벗어나 다시 지역화되고 소규모로 나뉜 생물학적 다양성을 유지한 농경으로 돌아간다면 네브래스카의 링컨에서도, 세계의 기아 문제 해결은커녕, 가까운 곳에 사는 지역 주민들에게 필요한 식량조차 원만히 해결하지 못할 거라고 진심으로 믿고 있었다. 네브래스카는 너무 춥고 너무 건조하다고 그는 말했다. 그러나 나는 똑같은 면적의 농지에서 여러 종류의 채소를 기를 때의 물 소비량과, 물을 가장 많이 소비하는 것으로 널리 알려진 옥수수 등의 대규모 산업형 경작에 필요한 물의 양을 비교하면 어떻게 되는지 궁금했다. 릭은 나의 생각에 별다른 흥미를 느끼지 못하는 것 같았고, 세계적인 기아와의 전쟁이라는 더 큰 대의를 위한 싸움에도 도움이 되지 않는다고 생각하는 듯했다. 나는 이렇게 물었다. 만약 그 옥수수를 수확해서 반경 100마일 이내에 거주하는 사람들만 식용으로 쓴다면—또는 그 농지를 쓴다면—그것은 대의를 축소시키거나 지역화시키는 것인가요? 그러는 편이 더 효율적이지 않을까요? 릭은 내 질문이 요점에서 벗어났다는 듯, 전에도 그런 질문으로 자신을 곤혹스럽게 했던 게 기억난다는 듯 지친 표정을 지었다.

나는 그에게 《잡식동물의 딜레마》에서 마이클 폴란이 미국의 옥수수 생산 시스템을 설명한 부분에 대한 나의 생각을 이야기했다. "1970년대 400만 부셸에서 오늘날에는 1000만 부셸로 [옥수수의] 산은 점점 더 커지고 있다. 그 값싼 옥수수의 산을 움직이는 것—그 옥수수를 소비할 사람이나 동물, 그 옥수수를 연료로 사용할 자동차, 생산 원료의 일부로 소비할 새로운 상품, 그 옥수수를 수입할 다른 나라를 발굴하는 것—은 산업화된 식량 시스템의 주요 업무 중 하나가 되었다. 옥수수는 공급이 수요를 크게 초월하고 있기 때문이다." 마이클 폴란이라는 이름이 나에게는 어느 정도 도움이 된 것 같았다. 알고 보니 릭이 마이클 폴란에게는 호의적이었다.

릭에게 소규모 농경에 대한 나의 입장을 이해시키기 위한 마지막 수단으로, 나는 출판계의 유명 인사를 거명하며(그에게 깊은 인상을 준 것이 확실하다) 바버라 킹솔버Barbara Kingsolver의 《자연과 함께한 1년: 한 자연주의자 가족이 보낸 풍요로운 한해살이 보고서*Animal, Vegetable, Miracle: A Year of Food Life*》에 나오는 이야기 한 편을 요약해 들려주었다. 아이오와에서 오랜 세월 농사를 짓던 바버라의 친구 데이비드David와 엘시Elsie가 버지니아에 있는 그녀의 집을 방문해 "새로운 해법을 찾고 있던" 농부들과 유기농 유제품 워크숍을 진행했다. 바버라 킹솔버는 이렇게 썼다. "워크숍에는 낙심천만인 사람들이 모였다. 거의 대부분이 파산 상태였다. 농부들은 일점일획도 어긋남 없이 현대적인 낙농법을 따랐다. 성장 호르몬, 항생제, 농경의 기계화…. 성품이 온순한 데이비드였지만, 상황의 아이러니는 그를 비켜 가지 않았다. USDA가 공식적으로 농업 집산화 정책을 선언한 후로 반세기가 흐르는 동안, 공들여 키우던 가축과 땅, 그리고 은행 잔고가 허물어져 가는 것을 속절없이 지켜볼 수밖에 없었던 농부들이 모였다." 여기서 릭은, 만약 우리가 방향을 바꿔 소규모 농장에서 다양한 작물을 재배하는 쪽을 선택했다면, 아직도 농업계 전체의 발전을 망치는 노동력 부족이라는 커다란 문제를 해결하지 못했을 것이라고 주장했다. "값싼 노동력이 필요합니다." 그가 말했다. 경기 침체로 미국에는 아직도 일자리가 필요한 사람이 많지 않으냐고 반문하자 릭은 냉소를 흘렸다. 미국인들은 이런 일을 하지 않아요, 그가 말했다. "멕시코인들을 쓰게 되겠죠…. 하지만 그렇더라도 농업계의 시스템 전체에 변화가 필요할 겁니다." 그래서 우리에게 농부의 유일한 일손인 대형 트랙터를 탄 한 사람의 농부가 혼자서 콩과 옥수수를 재배하는 거대한 단일 경작 농장이 남겨졌다. 여러 가지 작물을 재배하고, 진짜 사람을 고용해 소를 길러 우리 식탁에 먹을 것을 올려놓는 것보다는 이 방식이 더 쉽고, (농약과 연료에 드는 천문학적인 비용을 일단 접어 둔다면) 어쩌면 더 저렴할지도 모른다.

릭은 자신이 생각하기에 중요하다고 생각하는 문제를 몇 번이고 되풀이해 이야기했다. 그가 중요하게 생각하는 것은 빈곤과 기아, 작물의 병충해가 기승을 부리는 제3세계 국가들의 "지속 가능한" 농업이었다. 그는 사하라 이남의 아프리카 국가나 인도 같은 건조하고 빈곤한 국가들에 있어서는 GMO가 이런 중대하고 광범위한 문제, 특히 기아의 해답이라고 느낀다. 그는 미국의 작물 재배와 제3세계 국가들이 스스로 기아를 극복하기 위해 식량을 자급자족하는 문제를 결합시킬 필요가 있다고 말한다. 그래서 릭은 인도의 농부들이 농업 활동가 반다나 시바Vandana Shiva를 따라 GMO에 저항하기 시작했다는 소식에 분노를 금치 못한다. 이제는 몇몇 유명한 단체들 사이에서 아주 유명한 인사가 된 시바는 몬산토 같은 거대 다국적 기업들이 세계 곳곳에서 "식량 전체주의"를 압박하고 있다고 믿는다.

인도에서의 상황은 특별히 더 관심이 가는데, 그 이유는 가장 먼저 GMO 면화—몬산토 사가 개발하고 판매한 Bt 면화—를 심기 시작한 사람들이 바로 인도의 농부들이기 때문이다. 2001년에 인도에서 시험 재배를 한 후로, 인도의 농부들은 세계에서 가장 먼저 GMO 면화를 받아들였다. 그러나 어떤 사람들은 그 선택이 이미 고사 직전의 위기에 있던 인도 면화 재배 농부들의 상황을 더 위험한 지경에 빠뜨린 원인이라고 지적한다. 이미 가난한 농부들이 특허를 가진 더 비싼 종자를 구입해야 했고, 그다음에는 그 종자를 재배하는 데 꼭 필요한 농약과 비료를 또 사야 했기 때문이다. 기술적으로, 몬산토 사를 비롯한 다른 생명공학 기업들은 기술 사용에 대한 대가를 지불하지 않는 한, 농부들이나 육종가들이 종자를 저장하는 것을 용인하지 않는다. 한때는 자신들이 판매하는 종자에 '터미네이터' 유전자Terminator Gene[40]를 넣어서 종자를 불임 상태로 만들었지만, 그러한 정책은 많은 대중으로부터 반감을 샀고, 급기야 기업에 대항하기 위한 움직임까지 일게 만들었다. 오늘날 미국에서는 대부분의 종자들이 터미네이터 유전자를 갖고 있지 않다. 대신에 기업들이 자사의 종자를 구매한 농장을 감시하고, 기술을 도용하는 것으로 의심되는 농장은 어떤 농장이든 재배하고 있는 종자를 테스트한다.

그러나 인도에서는, 시바의 도움으로 통과된, 2001년부터 발효된 농부의 권리법 덕분에 기업에 기술 사용료, 또는 '로열티'를 지불하기는 해야 하지만 농부들이 종자를 저장할 수 있다. 농부의 권리법에도 불구하고, 인도의 면화 재배 농부들은 새 종자를 사거나 기술 사용료를 지불하기 위해 빚을 지고, 그 종자를 기르는 데 필요한 농약과 비료를 사기 위해 또 빚을 지고, 그러다가 가뭄이 들거나 홍수가 나서 농사를 망치면 그다음 농사를 위해 또 빚을 지는 악순환 속에서 빠져나오지 못한 채 가난의 굴레에 허덕이고 있다. 시바 같은 사람들은 이런 고통스러운 시스템이 인도 농부들의 높은 자살률의 원인이라고 지적한다. 시바는 자신의 블로그에 이렇게 썼다. "자살은 GMO Bt 면화가 재배되기 시작한 후 더욱 빈번히 발생하고 있다…. 한 사람의 인간으로서, 인도에서 농사를 짓는 28만 4694명의 소영농인들을 깊이 걱정하지 않을 수 없다. 그들은 내가 아는 가장 낙천적이고 용감한 사람들이었는데, 최근 들어 그들에게 비싼 비료와 지속 불가능한 종자를 팔아 이익을 얻는 기업들과 이들이 주도하는 경제 시스템의 탐욕이 빚어낸 빚의 함정에 걸려 절망 속에서 스스로 목숨을 끊는 사람이 늘고 있다. 우리는 또한 종자 회사가 곧 생명공학 회사이며, 생명공학 회사가 곧 농약 회사라는 점을 잊어서는 안 된다." 저널리스트 마이클 스펙터Michael Spector는 2014년 〈뉴요커〉에 시바에 대한 기사와 인도의 현 상황에 대한 그녀의 평가(GMO에 대한 그녀의 전반적인 입장도 다루었지만, 그녀의 입장은 그에게 큰 무게를 갖지 못했던 것이 분명하다)를 다룬 기사를 기고했다. 인도를 여행한 후, 그는 이렇게 썼다. "Bt 면화가 자살을 '유행병'처럼 번지게 만들었다는 반다나 시바의 주장을 뒷받침할 만한 어떠한 것도 보거나 듣지 못했다."

Bt 면화가 자살의 원인이든 아니든, 분명한 것은 인도의 농부들 사이에서 거대 농산업체에 대한 저항이 점점 뚜렷해지고 있다는 점이다. 릭은 이런 상황에 대단히 분개했다. 그는 "인도 사람들이 '우리는 인력으로 농사를 짓기를 원합니다. 대규모 농업은 필요 없어요. 우리는 유전자 조작 농작물도 필요 없고, 농약도 필요 없고, 화학비료도 필요 없어요'라고 말한다고 칩시다. 인력으로 농사를 짓는 사람들을 보면, 십중팔구 가난합니다. 그 사람들이 자기 자식을 학교에 보낼 수 있는 건 오로지 정부가 보조금을 주기 때문이에요."*

그로부터 한 달 반 후, 양봉업 국제 컨퍼런스를 취재하기 위해

* 미국 정부는 농부들에게 보조금까지 주면서 미국인들이 소비할 수 있는 것보다 훨씬 많은 식량을 생산하게 한다. 산처럼 쌓이는 옥수수와 콩은 저장고에서 몇 년씩 묵거나 아예 한 톨도 쓰이지 못한다니, 여기서 비롯되는 낭비는 가히 상상을 초월한다. 동냥은 못 줄망정 쪽박까지 깨려는 격이다.

벨기에로 갔다. 호텔에서 점심을 먹으며 저녁 행사가 시작되기 전에 오전에 메모한 것들을 정리하려고 컨퍼런스 장소에서 호텔까지 택시를 탔다. 카보베르데Cape Verde[41] 출신이라는 택시 기사는 내가 무슨 일로 벨기에까지 왔는지 물었다. 내가 이 책을 쓰기 위해 만났던 다른 사람들처럼, 그 기사도 GMO에 대해 할 말이 있었다. 그는 아프리카 대륙 대부분의 나라에선 GMO를 반대한다고 했다. 그들이 반대하는 이유는 이러했다. "아프리카에 가면 밭마다 사람들이 줄을 지어 일을 합니다. 작물을 모두 농약과 트랙터를 필요로 하는 GMO 작물로 대체하면 밭에서 일하는 사람들이 필요 없어지겠죠. 농장 전체가 필요 없게 되지는 않더라도, 일꾼들은 죄다 갈 곳이 없어질 거예요."

택시 기사가 말하는 그런 분위기는 나에게 낯설지 않았다. 아프리카 국가들이 GMO를 반대하는 이유를 어느 정도는 알기 때문이었다. 부분적으로는 그 택시 기사가 말하는 것과 똑같은 이유에서였지만, 2002년 아프리카의 기아 문제가 큰 이슈가 되었을 때, 짐바브웨, 모잠비크, 잠비아는 미국의 식량 원조를 거절했다. 유전자 조작 옥수수가 자국의 영토 안으로 들어오는 것을 원치 않았기 때문이다. (잠비아의 대통령 음와나와사Mwanawasa는 이런 유명한 말을 남겼다. "내 나라 국민들이 굶주린다는 이유만으로 그들에게 독을 먹이는 것을 정당화할 수는 없다.") 피터 프링글은《식품주식회사》에 이렇게 썼다. "어쩌다가 GMO 식품에 대한 공포가 이렇게 비극적인 수준으로까지 커졌는가? … 생명공학 기업들은 미국 밖 국제 사회—아사 직전의 여러 아프리카 나라들까지도—를 향해 이 신종 곡물들이 인간이나 환경에 안전하다는 것을 설득하는 데 실패했다." 더 나아가 미국은 아프리카로 보낼 옥수수에 GM 옥수수가 전혀 섞여 있지 않다고 장담할 수 없었다. 역사적으로 미국의 곡물 재배 시스템은 GMO 옥수수와 GMO-free 옥수수를 분리해 본 적이 없기 때문이다. 결국 모잠비크와 짐바브웨는 자국의 작물에 영향을 끼칠 수 없는 옥수수 분말만 받아들였다. 짐바브웨 정부는 국민들을 기아의 위기에 처하게 하면서도 여전히 기존 입장을 고수하고 있다. 그들은 세계 여러 나라가 GMO-free 옥수수를 다수 재배하므로, 그런 옥수수를 구하면 된다고 믿었다. 짐바브웨 정부는 설령 식량 원조의 형태라도 GMO 옥수수가 국내로 들어오면 그 옥수수가 종자로 심어지는 경우를 완전히 배제할 수 없고, 결국 자국의 옥수수가 GMO 옥수수로부터 오염되지 않도록 보호할 수 없을 것이라고 판단했다. 그들은 GMO 옥수수는 미래에 국민들의 건강에 예기치 못한 문제를 가져올지도 모른다고 두려워했다. 뿐만 아니라 짐바브웨는 GMO-free 옥수수를 유럽 여러 나라로 수출하는 국가였다. 미국으로부터 받은 식량 원조가 그들에게 꼭 필요한 수출 효자 상품을 오염시킬 수 있다는 것은 큰 걱정거리였다. 생명공학 기업을 찬성하는 이익 단체든, 반대하는 이익 단체든 서로 이 사례를 자기들에게 유리하게 이용했다. 흥미로운 것은, 오늘날까지도 여전히 아프리카의 농민들이 GMO 작물이 아프리카 국가들을 위해 좋은 선택이라는 주장에 매우 회의적임에도 불구하고, 거대 농산업체들과 거대 다국적 기업들은 아프리카에 눈독을 들이며 이 대륙을 "세계의 식량 창고"라고 부르고 있다는 점이다. 현재는 GMO 바나나와 카사바cassava[42]가 아프리카에 유입되었고, 다른 작물들은 대규모 도입을 위한 테스트를 시행 중이다.

저녁 해가 기울기 시작하자 기다란 그림자가 찻집 밖의 울타리를 따라 긴 그림자를 만들었고, 나는 릭과 주고받는 이야기들이 네브래스카에서 한 농부가 어떤 곡물을 재배하여 세계를 굶주림에서 구하고 있는지에 대해선 아무런 진전도 없는, 산만한 논쟁에 불과하다는 것을 깨달았다. 나는 다시 본질적인 질문으로 돌아갔다. GMO는 우리를 병들게 할 수도 있을까요? 릭에 따르면, 몬산토 사는 인간에게 유해할 가능성이 있다고 하는 모든 주장에 대해 최선을 다해 조사했다고 한다. 게다가 몬산토 사는 이런 일에 유능하기까지 하다는 것이다. 그는 GMO가 인체에 유해하다고 주장하는 사람들이 얼마나 어리석고 그릇된 정보에 의존하고 있는지를 보여 주는 일례로 동물 실험을 들었다. "몬산토에서 일할 때 어떤 농부—아이오와 농부일 수도 있고 유럽이나 다른 지역의 농부일 수도 있는—가 말하기를, '기르던 돼지가 죽었는데, 아무래도 MON810 옥수수[몬산토 사가 생산하는 동물 사료 옥수수 중에서 가장 인기가 좋은 것으로, 세랄리니의 연구에 쓰였던 옥수수와 비슷한 종류다]를 먹였기 때문인 것 같아요'라고 했습니다." 릭은 여기서 웃음을 터뜨렸다. 그는 이 농부의 말이 어이가 없다고 생각했다. "자, 그래서 그는 영양학자를 찾아갑니다. 영양학자가 몬산토 사의 동물과학자든 아니면 USDA에서 나온 사람이든 그 돼지의 죽음에 대해서 조사를 합니다. 그리고 이렇게 말합니다. '돼지에게 뭘 먹이셨나요? 어쩌고저쩌고….' 만약 수의사가 그 동물을 조사했다면 이렇게 말할 겁니다. '철분이나 칼슘, 아니면 물을 안 주셨군요….' 늘 이런 식입니다. 또 어떤 사람들은 밭이나 정원에 농약을 뿌리고는 금방 가축들이 거기 가서 풀을 뜯어 먹게 놔둡니다. 그러면 당연히 그 동물은 죽겠죠…. 이제 아시겠어요? 농약을 뿌린 풀밭이나 정원에 가축들이 풀을 뜯도록 풀어 둬서는 안 되는 겁니다. 인도에서는 이런 일이 자주 일어납니다. 그 가축들의 죽음은 GM과 상관이 없어요. 상관이 있는 것은 그들의 잘못된 가축 사육 습관과 잘못된 영농 기술입니다. 아시겠어요?"

물론 그의 말도 옳다. 농부들이 정말 죽은 가축들에게 물을 주지 않았거나 방금 농약을 뿌린 풀밭에 가축들을 내놓은 그런 상황이라면 어떻게 GMO 식품이나 생명공학 기업들을 탓할 수 있겠는가? (나중에라도 '푸드 데모크라시 나우!'의 데이비드 머피가 이 말을 들었다면, 이런 논리는 아프리카나 인도의 어떤 농부들도 다 아는 낡은 꼼수에 불과하다고 말했을 것이다. 사료에 대해서 불만을 제기하면 언제나 어리숙한 농부들의 탓으로 돌리지만, 데이비드의 말에 따르면 진짜 어리숙한 농부는 매우 드물다.) 그러나 릭의 말을 잠깐만 더 생각해 보면 그의 사고방식에 약간 미심쩍은 부분이 있다. 시간이 흐를수록 농약은 빗물에 씻겨 내려가거나 일부는 바람에 날아가고 일부는 토양이 흡수하며 또 수분 매개체가 일부를 떼어가 버린다. 그러나 풀밭에 뿌렸을 때 그 풀을 뜯어 먹은 동물을 죽이는 화학물질이라면, 오랜 기간 그 농약 성분을 미량이라도 담고 있는 식품을 매일 꾸준히 먹음으로써 그 농약에 장기적으로 노출된 사람에게 유해한 영향을 끼치지 않으리라고 누가 보장할 수 있는가? 일리노이 대학교 환경학부 교수이자 의학박사인 새뮤얼 엡스타인Samuel Epstein은 기업의 부패를 다룬 〈기업의 숨겨진 진실*The Corporation*〉이라는 제목의 다큐멘터리에서 이렇게 설명했다. "내가 총을 쏘아 사람을 죽인다면 그건 범죄다. 만약 사람을 죽일 수도 있는 성분이라는 것을 알면서 내가 어떤 사람을 그 화학 물질에 노출시킨다면, 시간이 더 오래 걸린다는 차이가 있을 뿐 무엇이 다른가?"

릭은 자사의 상품에 세심하고 철저한 테스트를 거쳤다는 몬산토 측—그리고 더 확장하면 생명공학 기업들—의 주장을 옹호한다. 그는 자신이 몬산토에서 일할 때 문제를 일으킬 소지가 있는 상품을 시장에 내놓았던 일을 경험담으로 자주 이야기한다. (의도적으로 불분명하게 이야기하는 것 같은) 그 상품은 면역글로불린E와 결합하는 성향을 가지고 있었는데, 그 말은 이 상품에 삽입된 단백질이 알레르기 항원성을 갖고 있었고, 알레르기를 일으키는 것으로 알려진 어떤 식품과 비슷한 아미노산 서열을 갖고 있었다는 뜻이라고 했다(이 부분에 대해, 그 식품이 땅콩처럼 잘 알려진 분명한 알레르기성 식품은 아니었고 매우 드문 경우에만 알레르기를 일으킨다고 했지만, 릭은 그 식품이 무엇인지 확실하게 말하지 않았다). 릭의 말에 따르면, 몬산토 사는 상황을 정확하게 파악하려고 노력했다. "일반적으로 소비되고 관련된 알레르기 반응이 거의 없는" 식품이 어떻게 면역글로불린E 결합성을 갖게 되었는지 알아내고자 했다. 릭은 궁금했다. 왜 위산에도 녹지 않는지? 몬산토 사에서는 생각할 수 있는 모든 원인을 조사했지만 이 삽입 단백질의 면역글로불린E 반응성을 제거하거나 완화시킬 수 없었다. 결국 릭은 이 단백질이 탄수화물과 교차 반응을 일으킨 것이라고 판단했다. 그런 경우는 매우 드물었다. 그 원인이 실제로 무엇이었든, 그 시점에서 이미 수백만 달러를 투자한 상황이었지만, 몬산토 사는 이 상품을 포기하기로 결정했다(우리 같은 보통 사람들에게 수백만 달러라면 매우 큰돈이지만, 매년 600억 달러의 매출에 160억 달러의 수익을 내는 몬산토 같은 기업에게는 가슴을 칠 만큼 큰 손실은 아니다). 몬산토 사는 이 상품의 생산을 중단했다. 그러나 릭에게 이 일은 대형 생명공학 회사들이 상품의 시험과 평가 절차를 철저하게 거치지 않을지도 모른다는 우려를 불식시킬 좋은 사례였다. "이 사건은 우리에게 시사하는 바가 굉장히 크다고 생각합니다." 릭이 말했다.

릭(과 다른 사람들)은 또한 링컨 캠퍼스에서 활동하는 과학자이자 자신의 친구인 스티브 테일러Steve Talyor의 경험도 자주 이야기한다. 나는 릭과 직접 대화하기 전인 2012년 여름에 이미 스티브와 통화를 한 적이 있다. 스티브가 (테플론의 제조사로 가장 잘 알려진) 듀폰 사*의 종자 관련 사업체인 파이오니어 사를 위해 몇 가지 종류의 콩이 가진 알레르기 항원성에 대한 연구를 했기 때문에 나도 그의 이름을 들어 알고 있었다. 그때 나는 사이먼 호건의 완두콩 연구를 들여다보던 중이어서, 어쩌면 스티브의 도움으로 사이먼의 연구가 가진 중요성(또는 부족한 점)을 더 쉽게 이해할 수 있을지도 모른다고 생각했다.

스티브와 전화가 연결되자, 나는 사이먼의 연구가 일반적으로 모든 GMO 작물이, 삽입된 단백질이 그 자체로는 무해하더라도, 알레르기 항원성을 증가시킬 수 있다는 의미일 수 있냐고 물었다. 그는 말이 끝나자마자 버럭 화를 냈다. 그는 호건의 연구에 대해서는 언급하지 않고, 자신이 1992년에 수행했던 콩의 알레르기 항원

* 이 글을 쓰고 있을 때 듀폰 사는 다우 케미컬 사와 합병을 진행 중이었다. 이 두 회사의 합병으로 훨씬 더 큰, 생명공학업계의 거인이 탄생했다.

성에 대한 연구로 내 관심을 돌리려고 했다. 당시에 파이오니어 사는 알레르기성 식품이라는 데 이견이 없던 브라질너트로부터 추출된 유전자가 함유된 유전자 조작 콩 연구 때문에 테일러에게 접근하고 있었다. 테일러의 말에 따르면, 새로운 콩을 만드는 과정에서 어느 누구도 "브라질너트의 어떤 단백질이 알레르기 항원을 갖고 있는지 알아내려는" 수고를 하지 않았다. 그저 브라질너트의 단백질을 삽입하고는 아무 일도 없기를 바랐을 뿐이다. 그래서 스티브는 그 상품을 테스트하기 시작했고, 브라질너트 단백질의 알레르기 항원 부분이 이식되었음을 발견했다. "그 결과를 제출하자 회사에서는 그 프로젝트를 취소하고 내 논문의 출판을 허락했습니다. 그런 연구는 항상 있는 일입니다. 내 연구는 존재하는 위험을 밝혀냈습니다. [그 후로] 기업들은 상품의 위험성에 대해 매우 경계를 하게 되었어요. 어떤 상품이라도 인체에 해를 입힌다면 그 상품이 결국은 기업을 망하게 할 테니까요."

Bt에 대한 주제로 돌아가자 그는 이렇게 말했다. "[Bt 농약이] GMO 작물에서는 굉장히 낮은 수준으로 발현됩니다. 그러니까 거의 없는 거나 마찬가지입니다. 두 번째로, 소화관에서 소화가 됩니다. 그리고 Bt 농약은 알려진 알레르기 항원과 유사한 아미노산 서열을 갖고 있지 않습니다." 스티브를 더 강하게 압박하는 것은 바람직하지 않다고 생각됐지만, 나는 아무리 낮은 수준의 물질이라도 사람을 병들게 할 수 있다는 주장도 있다는 것과 지금까지 기업들이 실시한 삽입 살충 결정 단백질의 소화성 테스트는 위산과 유사한 산성 시험관 안에서 테스트한 것이 전부였다는 점을 지적했다. 이런 테스트로는 PPI Proton pump inhibitor, 즉 양성자 펌프 저해제

(넥시움Nexium이나 프릴로섹Prilosec같이 위궤양, 역류성 식도염, 헬리코박터 파일로리를 치료하는 데 쓰이는 약물)를 포함해 여러 가지 요인들의 영향을 두루 고려할 수 없다. 양성자는 위산의 분비나 pH에 영향을 줌으로써 외부에서 들어온 단백질이 항원이 되기 전에 제거하는 능력을 떨어뜨린다.* 나는 우리 위 속에서 "Bt가 소멸되지 않고 잔류하면서 알레르기 항원성을 유발할 수 있는 상황도 매우 많다"라고 했던 사이먼의 말을 언급했다. 그리고 또, 미국의 저명한 전인全人 의학 전문가이자 다양한 건강 관련 서적의 저자, 앤드루 웨일Andrew Weil 박사가 규명해 낸 '장 누수 증후군'에 대해 사이먼이 했던 말도 들려주었다. "장 누수 증후군은 기존의 의학계에서는 일반적으로 받아들여지지 않고 있으나 이것이 실제로 장벽 내부에 영향을 끼친다는 증거는 점점 쌓이고 있다. 장 누수 증후군(장 투과성 증가라고도 불린다)은 장 내벽이 손상되어 나타나는 증상으로, 장 내부 환경을 보호하고 필요한 영양소와 생물학적 물질들을 걸러 내는 능력이 떨어지는 결과를 초래한다. 그 결과, 여러 박테리아와 거기서 파생된 독성, 그리고 소화가 덜 된 단백질과 지방, 정상적으로 흡수되지 못한 찌꺼기들이 장 외부로 '누수'되어 혈류에 스며든다. 이 불청객들이 자가면역 반응을 일으켜 복부팽만증, 과도한 가스, 경련, 피로, 식품 민감성, 관절 통증, 피부 발진, 자가면역 질환 등을 일으킨다." 독성에서부터 항염증제 남용, 만성 염증, 만성적인 PPI 복용 등이 이런 증상을 일으킬 수 있다. (항생제 과다 복용도 마찬가지다. 항생제가 장내 미생물을 죽이기 때문이다.)

* 이 부분은 의학 지식이 없는 보통 사람들이 쉽게 이해하기 어려운 부분인데, 간단히 말하자면 PPI를 다량 복용하면 알레르기 항원성을 더 많이 가지게 된다는 소리다. 끝.

스티브는 사이먼의 주장에는 관심도 없었다. "PPI는 여기에 끌어들일 수 없습니다." 그는 미국인들 사이에서 알레르기가 '유행병처럼' 번진다는 나의 표현*을 물고 늘어졌다. "유행병처럼 번진다는 표현은 과한 것 같습니다." 사이먼 호건의 논문 같은 연구가 더 필요하다는 뜻인가요? 내가 물었다. 유해성이 없어 보이는 작은 DNA의 변화도 면역 시스템을 교란할 수 있다는 증거가 더 필요하다는 건가요? 스티브는 내 말을 막았다. "거기에 대해서는 답변하고 싶지 않습니다. 사소한 허물까지 다 쓸어 담는 광범위한 저인망식 조사로 우겨 대는 인터뷰에 더는 응하지 않겠어요." 그러고는 전화가 뚝 끊겼다.

사이먼의 연구가 GMO 찬성론자들을 흔들어 놓는 진짜 이유는 논쟁의 근원이 동물 실험이라는 점에서 세랄리니 논쟁과 다르지 않다는 점이 아니다. "어떤 동물 실험도 인간에게 일어날 일을 예측해 주지 않습니다." 스티브 테일러도 기본적으로 똑같은 발언을 했다. 사이먼 호건의 연구는 동물을 대상으로 한 실험이기 때문에 "모든 GMO 작물을 평가하는 믿을 만한 방법으로 간주할 수 없다"라는 것이었다. 나중에 사이먼 호건에게 이 이야기를 하자 그는 이런 논리로 반박했다. "그 사람들은 동물 실험은 정당하지 못하다고

* GMO가 진짜 사람들이 먹기에 안전한가를 알고 싶지만 보통 사람들은 과학에 대해 깊은 지식을 갖고 있지 않다. 우리 같은 그런 사람들을 분노케 하는 애매모호한 주장이 펼쳐지는 듯 보이던 그 혼란스러운 순간에 나는 릭과의 인터뷰가 떠올랐다. 릭: 사람들이 정말 터무니없는 실험을 하면서 엄청난 양의 Cry 1AB[Bt 단백질]를 쥐에게 먹였어요. 그리고 그 효과가 나타난 건 또 엄청난 양의 말록스(Maalox)를 쥐에게 먹인 다음이었어요. 케이틀린: 말록스요? 릭: 항염증제의 일종이죠. 케이틀린: 말록스와 살충 결정 단백질 사이에 무슨 관계가 있는데요? 릭: 소화를 방해하죠…. 케이틀린: 섭취한 모든 사료의 소화를 늦춘다는 건가요? 릭: 소화만 늦추는 게 아니죠. 항염증제를 과다 복용하면, 음식을 거의 소화시킬 수가 없어요. 사람을 대상으로 한 실험 데이터도 있는데, 많은 양의 항염증제를 복용하면 알레르기 반응을 보일 확률이 증가한다는 것을 보여 줍니다…. 케이틀린: 그러니까, Bt 단백질과 알레르기 반응 사이에는 직접적인 관련이 없다는 말씀이죠? 릭: 그렇죠. 관련이 없죠.

말하겠지요. 그럼 FDA의 의약품 실험은 어떻게 동물 실험을 근거로 하는 걸까요? GM 작물도 약물처럼 테스트를 했다면… 대중의 불안감을 크게 덜 수 있었을 거라고 생각합니다."* 그러나 동물 실험이 없으면 아무런 단서도 잡을 수 없다고 사이먼은 말한다. "제가 보기에 이건 너무나 좋은 사업인 것 같아요. 완전히 꼼짝달싹할 수 없는 증거가 없는 한, 아무도 해당 기업을 제재할 수가 없어요." 그러고 나서 사이먼은 탄식조로 이렇게 말했다. "**우리가** 궁극적인 동물 실험의 대상인 거죠."

동물 실험 외에도 릭은 사이먼의 연구에 대한 가장 큰 불만 중의 하나가 윤리적인 측면이라고 지적했다. 그는 빈곤으로 고통받는 사하라 이남의 농부들에게는 살충 성분을 가진 동부콩이 절실히 필요하다고 했다. 그 농부들은 콩이 든 자루를 침대 밑에 보관하는데, 그러다가 한두 마리의 콩바구미만 생겨도 자루 안의 콩을 다 망친다는 것이었다. 게다가 "그런 상황이 GM과 관련이 없었다면, 아무도 거기에 관심을 두지 않았을 겁니다. 〈농업 및 식품화학 저널〉에도 실리지 않았을 거고요. 살충 성분 동부콩을 만드는 회사는 대기업도 아닙니다. 이 작물은 정말 사하라 이남의 농부들이 해충의 피해로부터 벗어날 수 있도록 만들어진 겁니다…. 그런데 그런 가능성을 호건의 실험이 날려 버렸습니다"라고 덧붙였다.

거대 생명공학 기업들은 알레르겐이 사용된 것으로 알려진 상품은 시장에서 철수시킬 정도로 철저하다는 것이 당시 릭 굿맨과 스

* 메인주의 하원의원 첼리 핀그리(Chellie Pingree)는 2014년 가을 한 인터뷰에서 이런 실험이 부족하다는 것을 지적하며 다음과 같이 말했다. "의약품의 경우에는 '세상의 모든 쥐를 대상으로 해서라도 안전하다는 것을 증명하라'라고 하면서 환경에 유해한 대부분의 화학물질에 대해서는 그로 인해 내일 당장 누군가가 암으로 쓰러져 죽을 것이라는 확실한 증거를 갖다 대야 합니다."

티브 테일러의 주장이었다. 그러나 사이먼의 연구는 훨씬 더 미묘한 차이를 보이는 이론에 한발 더 다가간다. 이를테면 박테리아나 Bt로부터 추출된 알려지지 않은 알레르겐의 DNA를 식물에 삽입하면 어떻게 되는가? DNA를 삽입할 때마다 생성되는 합성 단백질은 어떤가? 식물병리학자 돈 후버에 따르면 한 번의 DNA 삽입으로 "원래 의도했던 단백질 말고도" 많게는 여덟 가지의 단백질이 만들어진다. 면역 시스템은 그런 단백질에 어떻게 반응하는가? 만약 그 단백질이 릭의 알레르기 데이터베이스 목록에 없다면, 우리는 그 단백질이 알레르기를 일으킬지 또는 그렇지 않을지 어떻게 알겠는가?

이 질문에 대해서 사이먼 호건은 단호히 말했다. "중지해야죠. 이 문제는 세밀히 밝히고 알아낼 필요가 있습니다." 그러나 알레르기 항원성을 다루는 다양한 컨퍼런스에 가 보면, 대학이나 연구소에서 나온 과학자들보다 기업에 소속된 과학자들이 훨씬 더 많은 경우가 종종 있다고 했다. GMO에 대한 몇 가지 기본적인 질문에 답하면서, 꽤 오랜 세월 동안 "고인 물에 갇힌" 느낌이었다고도 했다. (사이먼은 내게 이렇게 반문했다. "그런 모임의 경비를 대는 게 누구겠어요?" 경비의 대부분을 생명공학 회사들이 댄다는 암시였다. 내가 조사한 바로도 그런 경우가 상당수였다.) GMO에 대한 연구와 대화는 진전이 없었고, 같은 질문에 대해 기업에서 내놓은 같은 대답이 쳇바퀴 돌 듯 계속되었다고 그는 말했다. "그런 모임에 가서 이야기를 주고받다 보면, 전진도 후진도 없는 절대 중립의 늪에 빠지는 것 같았어요. GMO라는 이슈 전체가 거대한 늪에 빠져 있으니까요. 시간과 노력을 투자해서 '테스트의 기준은 이래야 합니다'라고 신중하게 말하는 사람은 아무도 없었어요." 나는 궁금했다. 그렇다면 그 기업들은, 그들은 브루스 채시가 말한 것처럼 자사의 상품에 대한 안전성이나 알레르기를 평가하고, 또는 적어도 그에 관한 테스트를 시행하지 않았을까? 호건은 딱 잘라서 말했다. "그런 문제들을 해결하기 위해 특별히 조치된 테스트나 절차가 있다고 믿지 않아요." 그리고 또 이렇게 덧붙였다. "사람들은 미국 정부나 EPA, FDA가 개별 과학자들에게 [연구 결과를] 배포하도록 요구하고 있을 거라고 믿고 있겠지만요."*

그렇다면, 우리는 우리 자신을 대상으로 임상 실험을 하는 수밖에 다른 방법이 없다는 뜻인가요? 기업과 학문의 신들이 돌리는 풍차 방아가 올바른 답을 곱게 갈아서 내놓을 때까지 기다려야 한다는 뜻인가요? 인간들이 환경뿐만 아니라 인간 스스로를 조작하는 속도는 이렇게 빠른데? 우리가 우리의 음식과 물, 그리고 지구에 무슨 짓을 하고 있는지 제대로 이해하는 속도는 우리에게 몰아치고 있는 변화의 속도에 비하면 너무나 느린 것 같다. 우리는 결코 그 속도를 따라잡지 못할 것이다. 레이철 카슨이 《침묵의 봄》에서 했던 경고가 나도 모르게 생각났다. "시간—1년 단위가 아니라 천 년 단위의 시간—이 주어지면 생명은 적응한다. 그리고 균형에 도달한다. 시간이 가장 근본적인 요소이기 때문이다. 그러나 현대 세계에는 시간이 없다. 자연의 신중한 속도에 비해 충동적이고 무분별한 인간의 속도가 급격한 변화와 새로운 상황을 만들어 낸다."

---

* 핀그리 의원에게 이 문제에 대해 묻자, 그녀는 워싱턴에서는 "연방 정부도 대학 연구소와 비슷합니다. 아마 EPA도 10년 전에 비해 규모가 3분의 2 정도로 줄었을 거예요. 인원은 줄고, 과학자도 줄고, 읽어 볼 엄두도 낼 수 없는 서류는 산더미처럼 쌓여 있고… 순수과학 분야에서 자기 연구를 할 인력조차 부족합니다. 과학의 커다란 부분을 차지하는 이 분야를 책임질 사람이 아무도 없어요…. 우리는 지금껏 큰 틀에서 상황을 볼 능력도 없는 규제의 창고만 짓고 있었던 거죠"라고 답했다.

사이먼의 말을 빌려 달리 표현하자면, "일단 승인의 절차를 거치고 나면, 식물은 거대한 야생의 세계로 들어가 다시는 돌아오지 않습니다."

"옥수수의 경우가 특히 더 그런 건가요?" 내가 물었다.

"옥수수든 완두콩이든 다르지 않아요. 물고기도 마찬가지고, 다른 어떤 것도 마찬가지입니다…. [정부의 승인을] 얻고 나면, 반환점은 없습니다. 실제로는 아무도 모르기 때문에, 그 단백질들이 무엇을 할 수 있는지 정확히 알지 못하기 때문에 말입니다." 그는 우리가 '미토콘드리아 스트레스mitochondrial stress' 또는 '비접힘 단백질 반응unfolded protein response', 즉 인체의 세포가 외부 요인, 예를 들면 특이 단백질(GMO 식물에 삽입된 단백질 같은)로 인해 스트레스를 받으면 세포 안에서 발생하는 염증 반응에 대해서는 이제 막 이해하기 시작했을 뿐이라고, 따라서 "우리는 이런 것을 규명하고, 이해해야 합니다"라고 말했다.

또한 인간의 후생 유전에서 나타날 수 있는 변화도 고려해야 한다. 이 문제는 신시내티에서 알게 되었는데, 인간의 DNA 맨 위에 아주 작게 쓰여 있는 암호에 관한 것으로, 이 암호가 DNA에게 어떤 정보를 켜고 어떤 정보를 끌 것인지 말해 준다. 과학자들이 연구한 바에 따르면, 후생 유전은 환경 독소에 의해 변화된다. 이 변화는 눈에 보이지도 않고 느껴지지도 않으며 알 수도 없지만, 나 자신의 세포의 건강에만 영향을 주는 게 아니라 내 후손의 세포의 건강에 영향을 미침으로써 그 영향이 내 혈통을 통해 영원히 대물림된다.

사이먼은 이 문제에 대해, 자신과 같은 과학자가 보다 자세한 연구를 위해서 필요한 연구비(심층적인 초기 연구비로 대략 50만 달러에서 100만 달러)를 국립 보건원 같은 커다란 재단으로부터 조달할 수 있었을 것이라고는 보지 않는다고 말했다. 내가 이 책을 쓰기 위해 조사 과정에서 만난 대부분의 과학자들도 같은 말을 했다. 그 많은 과학자들은 한결같이, GMO를 연구하기 위한 연구비는 없다고 했다. 타이론 헤이스는 사실 돈은 있지만, 기업을 통해서 받는 방법뿐이라고 했다. 그러나 기업들은 대개 어떤 저자나 과학자든 자사의 상품에 해가 되는 데이터를 공개하도록 두지 않는다. 어떤 과학자든 GMO를 둘러싼 진흙탕 싸움에 끼어들기를 주저하는 것도 충분히 이해할 수 있는 일이다. 특히나 자신의 평판을 보호하고자 하는 과학자라면 말할 것도 없다.

릭과 내가 대화를 이어 가는 동안, 우리가 차를 마시던 카페는 점점 비어 갔다. 가벼운 바람이 불면서 나뭇잎 바스락거리는 소리가 들렸고, 나는 코트 깃을 잡아당겨 여몄다. 〈엘르〉 기사가 나간 후에 내 약점을 잡겠다고 동분서주하던 남자와 얼굴을 맞대고 앉아 있다는 것이 갑자기 묘하게 느껴지기 시작했다. 그러나 나는 어쩌면 우리 사이에 서로 통할 수 있는 어떤 접점이 있을 거라는 희망을 여전히 버리지 못하고 있었다(이런 성향은 나의 약점이다). 이 남자를 진심으로 이해하기 어려운 이유는, 우리가 조심하지 않으면 GMO가 유익한 면보다 유해한 면이 훨씬 더 많다는 것을 보여 주는 수많은 증거에도 불구하고, 좋은 GMO가 할 수 있는 것에 대해 이 사람이 어떻게 그렇게 긍정적인 확신을 갖게 되었는지를 내가 모르기 때문이라는 생각이 퍼뜩 들었다. GMO에 대한 비난을 자신에 대한 비난으로 받아들이는 이유도 알고 싶었다. 궁극적으로 GMO는 그에게 무엇인지 물어보았다. 릭은 테이블에 몸을 기대며 내 얼굴을 정면으로 마주 보고 자신감 넘치는 미소를 흘렸다. "그건 일종의 종교와 같아요."

나는 이 말이 표면적으로는, 아주 특별한 고백이라고 생각했다. 릭은 이제 더 이상 어떤 생명공학 기업과도 직접 연결되어 있지 않기 때문이었다(물론 일부에서는 그가 과거에도 그랬던 것처럼 UNL의 우산 밑에서 생명공학 기업들의 지원을 받고 있다고 믿고 있지만). 그렇게 자랑스럽게 생각하며 일했던 회사를 왜 떠났는지 묻자 릭은 몬산토 사에서 자신이 개발한 GMO 밀 프로젝트가 취소될 무렵, 그가 이름을 밝힐 수 없는 과학자들이 찾아와 이 회사가 개발한 콩에 대해 우려를 표시하며 자신들이 이 콩의 잠재적인 불안 요소를 발견했다고 주장한 일이 있었다고 말했다. 이 과학자들은 그 데이터를 공개하겠다고 했다. 릭에 따르면, 그들의 연구는 "불량한 과학"이었다. "그들의 연구는 문제를 발견하기에 적절한 방법을 쓰지 않았습니다." 그렇게 해서 그는 새 연구를 이끄는 팀장이 되었는데, 이 팀의 목적은 위에서 말한 과학자들의 주장을 반박하는 것이었다. 그러는 사이 상대편 과학자들은 그동안 발견한 데이터들을 공개하지 않기로 하고, 대신 릭이 추진하던 연구에 공동 저자로 서명을 했다. GMO 밀 프로젝트가 취소되면서 이미 한 번 고배를 마신 릭은 이 연구를 하면서 자신을 통제하려던 상사와 충돌을 일으켰다. 그는 이 대목에서 마치 바퀴벌레를 눌러 죽이듯 엄지손가락으로 테이블을 눌러 비비는 시늉을 하며 말했다. "굉장히 큰 프로그램을 추진 중이었는데 갑자기 그 사람이 내 상사가 되어서는 모든 것을 자기 마음대로 주무르려고 했어요. 자기가 가진 정보는 나에게 하나도 넘기지 않으면서 내 정보[콩에 대한 안정성 연구 정보]는 한 조각도 남기지 않고 빼앗아 갔습니다." 릭은 자신이 힘들게 연구해서 발견한 것들의 공을 그 상사가 가로채려 한다고 의심했다. 더 참을 수 없었던 그는 2004년 몬산토 사를 떠났다. "나는 누가 내리 누른다고 눌린 채로 가만히 엎드려 있는 사람이 아니거든요."

그런데, 릭이 포기했던 GMO 밀은 어떻게 됐을까? 나는 알고 싶었다. 2013년 여름, GMO에 대한 의문의 답을 찾기 위한 기나긴 여정을 시작하기 전이었다. 그 밀과 똑같은 밀이 오리건에서 농사를 짓는 한 농부의 밭에 나타났고, 그래서 릭의 밀이 혹시 어디선가 계속 자라고 있는 것은 아닌지, 릭(과 몬산토 사)은 그 밀과 관련된 프로젝트를 완전히 중단했다고 했지만, 한 10년쯤 후 보통 밀과 섞이게 된 것은 아닌지 의문이 생겼기 때문이다. 나는, 일부에서는 그 밀의 미스터리가 몬산토 사에서 아직도 그 밀이 바깥에서 자라도록 방치해 놓고 언젠가 다시 시장에 내놓을 기회를 보고 있다는 증거로서 믿어지고 있다고 릭에게 말했다. 이 문제에 대해 몬산토 사의 입장은 그 밀이 어떻게 오리건주에 나타났는지 전혀 알 수 없으며, 추측건대 생명공학 기업에 반감을 가진 누군가가 "문제를 일으키기 위해 고의적으로" 그 농부의 밭에 노출시켰을 것으로 본다는 것이었다. 그러나 다른 사람들은 그 GMO 밀을 담은 자루가 계속 방치되어 있다가(한 10년쯤?) 일반 벼와 섞여서 오리건주의 어느 밭에 뿌려졌고 그 농부에게서 발견된 것이라는 시나리오를 더 신뢰했다. 어떤 사람들은 그 GMO 밀이 이미 우리가 소비하고 있는 일반 밀과 섞여 있지만 대중들이 모르고 있을 뿐이라고 주장한다. "그 밀이 어떻게 거기까지 갔는지 정말 귀신이 곡할 일입니다." 릭이 말했다.

나는 피곤하고 배도 고팠다. 게다가 날이 많이 어두워졌고 바람도 제법 강했다. 내 마음속에 커다란 허수아비 모습을 한 악당 같은 괴물 밀의 이미지와 그에 대한 우려를 표시하는 과학자들을 폄하하려는 몬산토 사의 연구에 담긴 비밀이 교차되며 맴돌았다. 그리고 어떤 이유에선지, 릭과 릭의 분노—나를 포함해 생명공학 기업을 거스르는 모든 사람들, 그리고 몬산토 사의 옛 상사를 향한—가 위험하게 느껴졌다. 그때 나는 내 가족과 내 집으로부터 멀리 떨어진 곳에 있었고, 그저 논쟁에 그치는 것이 아닌 가치 있는 정보를 얻기까지는 여전히 가야 할 길이 멀었다. 거기까지만 생각해도 피로가 몰려왔다.

릭에게 이제 그만 가야 할 것 같다고 말한 뒤 그를 따라 카페 밖으로 나와서 종이컵의 남은 커피를 버리고는 작별 인사를 했다. 차를 타기 전 쓰레기통 옆에 서서 잠시 이야기를 나누는 동안, 그는 몇 년 전에 내 몸이 왜 그토록 심하게 아팠는지 이유를 알지 못했다고 시인했다. 그리고 옥수수에 "무언가 다른 것"이 있었을지도 모른다고, 유전자 조작과 관련된 어떤 것이 아니라 나에게 맞지 않는 다른 것이 있었을지도 모른다고 말했다. "옥수수에 있는 무언가에 알레르기 반응을 보였을지도 모릅니다. 그러나 그게 반드시 [GM] 단백질이라고 보지는 않아요." 거기까지가 그가 인정할 수 있는 한계라는 것을 깨달았다. 내가 옥수수를 더는 먹지 않은 후에 문제가 해결되었다는 것까지는 몰라도 나에게 문제를 일으키는 뭔가가 옥수수에 있었음을 인정하는 것까지가 그가 할 수 있는 최대치였다. 그리고 내 마음 한편에서도 그의 생각이 절대적으로 옳은

지 의문이 생겼다. 조사를 하는 동안, 옥수수는 염증을 일으키는 식품이라는 것을 알 수 있었다. 또 저장고에서 옥수수에 곰팡이가 생길 수도 있는데, 어떤 사람들은 그 곰팡이에 예민하다는 것도 배웠다. 그 외에도 다른 가능성들이 있겠지만, 나도 거기까지는 생각하지 못했고 릭도 마찬가지였다.

옥수수와 옥수수의 무엇이 나를 병들게 했을까 하는 생각에 골몰하다가, 휴대 전화에 문자 메시지가 들어오는 소리를 듣고 정신이 들었다. 댄과 마스든의 굿 나잇 인사이겠거니 생각하며 메시지함을 열었다. 동부에서는 잘 시간이었다. 그 순간 릭이 한 말이 내게는 농담이라기에는 아주 단단히 뼈가 든 농담으로 들렸다. 아마도 내 남편이 내가 "납치되지 않았나" 걱정이 되어 연락을 했으리라는 것이었다. 갑자기 마음이 얼어붙는 것 같았다. 그의 얼굴에 한 줄기 미소가 담겨 있으리라는 바람으로 미소 띤 표정으로 그를 쳐다보았지만, 그의 얼굴에 미소 따위는 그림자도 없었다. 잠시 어색한 침묵이 흘렀다. 나는 그냥 고마웠다고 인사를 하고 나와 내 차로 향했다.

1마일쯤 가다가 컴버랜드 팜스에서 차에 기름을 넣기 위해 잠시 멈추었다. 기름을 넣고 차에 다시 타고 보니 휴대 전화에 메시지가 들어와 있었다. 릭이었다. "아까 그 카페로 다시 나왔는데, 작가님 차가 아직 여기 있네요. 무슨 일이 있는 건 아니죠?" 안 그래도 불안한 마당에, 그 메시지는 나를 더 혼란스럽게 만들었다. 릭이 내 행방을 체크한 이유가 뭘까? **이 프로젝트 때문에 예민해진 거야.** 나는 스스로를 타일렀다. 마음속에 부글거리며 끓어오르는 것 같은 두려움과 당황스러움을 잠시 가다듬으면서, 아이폰으로 얼른 인터넷을 뒤져 오마하에 있는 햄프턴 인을 찾아냈다. 동쪽으로 한 시간 거리였다. 몸은 피곤했지만, 쉬기 전에 몇 마일이라도 더 멀리 달아나고 싶었다.

어둠 속에서 트랙터 트레일러가 가득한 고속도로를 달려 오마하에 도착했다. 생각보다 크고 밀집된 도시였다. 커다란 회색조의 돌과 강철로 지은 오피스 빌딩들과 획일적인 호텔 건물들이 중서부의 밤의 어둠 속에서 불빛을 뿜어 냈고, 주변으로는 마치 한 줌의 스파게티를 뿌려 놓은 듯한 도로와 고속도로들이 도시를 향해, 또는 도시 밖으로 뻗어 있었다. 햄프턴 인에 도착하니 굉장히 늦은 시간이었고 몸은 너무나 피곤했다. 차를 세우고 체크인을 하러 갔더니, 호텔 직원이 수영장 문을 닫을 시간이지만, 원한다면 시간을 연장할 수 있는지 알아봐 주겠다고 했다. 객실로 들어가 가방을 풀고 수영복으로 갈아입는데 릭으로부터 새로운 메시지가 도착했다. "미안합니다. 작은 은색 차가 서 있길래 작가님 차인 줄 알았어요. 피아트 500이었네요. 오늘 대화 고마웠습니다. 안전한 여행 되세요." 진짜 내 안위가 걱정돼서 보낸 메시지였구나 싶어서 마음이 놓였다. 나는 답장을 보냈다. "걱정해 주셔서 감사합니다. 운전 중이어서 제때 답장을 못 했네요. 시간 내주셔서 감사했습니다. 앞으로 또 뵐 기회가 있기를 고대합니다. C." 한결 누그러진 마음으로 수영장으로 가서 링컨의 그 주유소에서 나를 옥죄던 불안감을 풀어놓으며 혼자 푸른 물속을 헤엄쳐 왕복했다. 잠자리에 든 나는 눈꺼풀이 내려앉을 때까지 이언 프레이저의 《그레이트플레인스》를 읽었다.

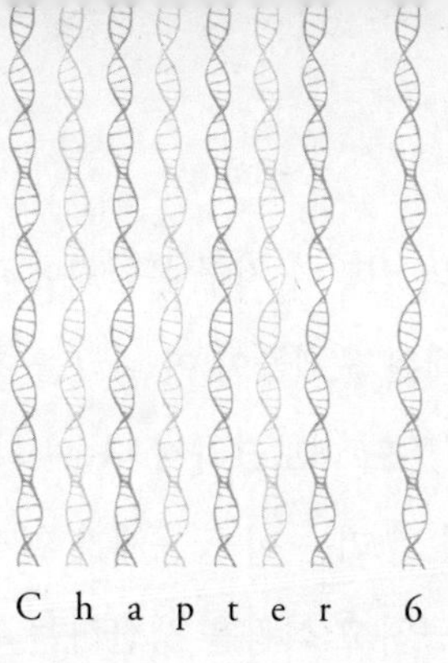

Chapter 6

오마하의 새벽은 눅눅한 잿빛이었다. 눈은 떴지만 머리는 멍하고 안개가 자욱한 기분이었다. 아래층의 커피 바에 내려가 녹차를 세 잔이나 타서 객실로 올라왔다. 이불이 어지럽게 구겨진 침대 위에 앉아 천천히, 명상을 하듯이 녹차를 마셨다. 잭과 릭을 만나 알게 된 일부터 덴버에서 오마하까지 달려오는 동안 보고 들은 모든 것들을 정리해 보려 애썼다.

리사 스토크와 데이브 머피가 사는 아이오와까지의 다음 여정을 위한 에너지도 끌어모았다. 그 두 사람은 활동가 단체인 '푸드 데모크라시 나우!' 재단의 설립자다. 재단 홈페이지에 따르면, 이 단체의 목적은 다음과 같은 이슈에 대한 대중의 관심을 불러 모으는 것이다. "아동 비만과 성인 비만의 증가에서부터 식품 안전, 공기와 수질 오염, 근로자의 권리와 지구 온난화에 이르기까지, 오늘날의 식량 시스템에 내재된 문제들이 이 나라를 지속 불가능한 미래로 이끌고 있습니다. '푸드 데모크라시 나우!'의 회원들은 다른 비전을 가지고 있습니다. 우리는 이 공동체가 건강한 식품에 평등하게 접근할 권리를 제공하고 식량을 생산하는 농부들의 존엄성을 존중하는 식량 시스템을 건설할 수 있다고 생각합니다." 2008년 설립된 이후로 '푸드 데모크라시 나우!'는 식품 관련 운동 단체들 중에서 가장 목소리가 크고 가장 영향력 있는 조직이라는 평을 듣고 있다. 일상적인 소셜 미디어와 온라인상에서의 활동뿐만 아니라 65만 명 이상의 회원 이메일 리스트 확보를 목표로 하고 있다. 최근에는 GMO와 GMO를 만드는 기업들을 쓰러뜨리는 데에만 집중하고 있다.

콘벨트를 돌아보는 여행을 준비하면서, 내 여행 일정에 리사와 데이브의 인터뷰를 추가했다. 그들이 실제로 무엇에 맞서고 있는지—거대 농산업체를 상대하면서 어떤 실체적인 목표를 가지고 있는지—알고 싶었고, 어떤 대의를 가지고 있는지도 궁금했다. 오마하에서 눈을 뜬 그날 아침, 두 사람에게 질문할 내용들을 준비해야 했지만, 침대에 앉아 차를 마시는 동안 내 머릿속에 떠오르는 것은 환경 운동의 어머니라 불리는 레이철 카슨이었다.

《침묵의 봄》을 쓰던 1960년에 카슨은 유방암 투병 중이었다. 치료 과정은 소모적이고 고통스러웠으며 사람을 쇠약하게 만들었다. 두 손은 계속 아팠다. 다리에는 고통스러운 정맥염이 찾아왔다. 시력을 잃은 순간도 있었다. 그러나 카슨은 계속 전진했고, 죽기 전에 《침묵의 봄》을 끝내겠다는 결연한 의지를 갖고 있었다. 1962년, 책은 출판되자마자 베스트셀러가 되었다. 병이 점점 악화되는 상황에도 불구하고, 카슨은 이 책에 대한 토론을 위해 여행을 다녔고, 농약에 대한 하원에서의 증언을 하기 전에 CBS 출연도 강행했다. 존 F. 케네디John F. Kennedy 대통령은 이 책에 감동을 받아 농약 사용에 대해 연구하도록 위원회를 구성하고 위원을 지명했다.

그러나 모든 사람이 이 책을 환영한 것은 아니었다. 화학 기업들은 공포를 조장하며 '자연'을 숭배하는 사이비 성향의 좌익이라 폄하하면서 카슨을 공격했다. 그리고 필요한 식량을 공급하며 세계의 기아와 전쟁을 벌이는 미국의 노력에 찬물을 끼얹고 있다고 불평했다. 그러나 1964년 그녀가 사망하자《침묵의 봄》이 몰고 온 반향은 현대 환경운동으로 이어졌다. 1970년에는 '지구의 날'이 처음으로 제정되었고, EPA가 설립되었다. 1972년에는 미국에서 DDT—카슨이 면밀한 연구 끝에 독약이라 비판한 살충제—사용이 금지되었다. 수질보호법Clean Water Act과 멸종위기종보호법Endangered Species Act이 연이어 통과되었다. 미국은 2차 세계대전 이후 30여 년 동안 미친 듯이 생산하고 환경 속으로 들이붓던 위험한 독성 화학물질을 제거하는 데 갑자기 발 벗고 앞장서는 것처럼 보였다. 세상은 레이철 카슨을 잃었지만, 그녀는 세상을 영원히 바꾸어 놓은 듯했다.

그러다가 상황이 바뀌었다. 대중의 지식은 늘었고,《침묵의 봄》을 통해 카슨이 섬뜩한 경고("세계 역사상 처음으로 모든 인간들이 태어나는 순간부터 죽는 순간까지 위험한 화학물질과 접촉하고 있다")를 했음에도 불구하고 화학물질의 생산량은 전례 없는 속도로 증가하고 있다. 장사꾼들은 항상 더 독한 물질들을 생산할 기업들을 만들어 냈다. 세월이 흐르면 언젠가는 독성 화학물질로부터 직접 만들어졌거나 독성 화학물질을 이용해 만들어진 상품들이 우리의 삶을 지배할 것이다. 자연과 상생할 길을 찾는 대신, 기업들은 오로지 하나의 목표를 세우고 경제적 가치가 있는 상품을 만들기 위해 자연으로부터 무자비한 약탈을 자행하는 한편, 인간들이 거추장스럽게 여기는 자연의 여러 부분들—잡초, 설치류, 곤충—을 제거할 새로운 방법들을 날마다 찾아내고 있다. 그러나 인간들은 자신들에게 거추장스러운 것을 제거함으로써 생태계에 대한 길고도 파괴적인 전쟁을 치르는 중이다. 우리가 미처 생각하지도 못했던 측면에서, 우리의 생존에 반드시 필요한 생명체들을 파괴하고 있는 것이다.

오늘날 우리 주변의 환경에는 어림잡아 수십 만 가지의 화학물질들이 있다. 그리고 그들 대부분은 테스트도 제대로 거치지 않았으며 규제도 받지 않고 있다. 《침묵의 봄》을 쓸 때, 카슨은 '미국인들의 실생활에 침투한 새로운 화학물질이 매년 500개씩' 증가한다고 말했다. "싫든 좋든 매년 500개의 신종 화학물질에 사람의 몸도 동물의 몸도 적응해야 하며, 화학물질들은 완전히 생물학적 경험의 세계 밖에 있다." 오늘날 그 수는 700개로 늘어나 있다. 그리고 현재 거의 8만 5000종의 화학물질이 여러 기업에서 상업적으로 사용되며, 매년 40억 톤의 독성 화학물질들이 공기, 수질, 토양 등 미국의 환경 속으로 흘러들고 있다. 40억 톤의 독성 화학물질 중 7200만 파운드는 발암물질로 알려져 있다. 그 화학물질 8만 5000종의 대부분은 치외법권 지역에 있다. 정부나 생산 기업에서 안전을 위한 테스트조차 실시할 의무가 없다는 뜻이다. 1976년에 발효된 독성물질관리법Toxic Substances Control Act에 따라, EPA는 어떤 물질이 위험하다는 충분한 증거를 확보하기 전까지는 해당 기업에 그 물질에 대한 테스트를 명령할 수 없다. 법 제도가 이러하므로, 기업들이 스스로를 규제하고 EPA는 8만 5000종의 화학물질 중에서 고작 200종에 대해서만 테스트를 할 수 있었고, 금지한 물질은 단 5종에 불과했다. 이것을 우리는 '위험 평가'라고 부른다. 반면에 EU는 '예방 법칙'에 따라 기업에 엄중한 책임을 묻는다. 미국에서는 소비자들이 자신의 생명을 위해 투쟁해야만 한다. 뉴욕의 마운트 시나이Mount Sinai 종합병원은 웹 사이트에 이렇게 진술하고 있다. "오늘날 아동들은 몇십 년 전만 해도 생각은커녕 상상조차 할 수 없었던 위험에 직면해 있습니다. 아동들은 수천 가지의 신종 합성 화학물질에 노출될 위험에 처해 있습니다. … 이런 화학물질의 상당수가 우리를 둘러싼 환경에 광범위하게 스며들어 있습니다. 어떤 물질은 환경 속에 수십 년, 길게는 수백 년까지 잔류할 것입니다. 이런 물질들 대부분이 원래는 자연에 존재하지 않던 것들입니다. 자연에 방출된 화학물질들 중에서 가장 비중이 큰 20종은 양으로 따지면 75퍼센트를 차지하는데, 이들 대부분이 인간의 뇌 발달에 악영향을 주는 독성 물질로 규명되었거나 의심되고 있습니다." 더욱 두려운 것은, 이런 독성 물질의 대부분이, 우리가 아이들을 살리기 위해서만이 아니라 잘 살게 하기 위해 내어주는 기본적인 의식주의 하나인, 음식물의 표면에 입혀져 있거나 안에 함유된 형태로 어른과 아이들의 식탁에 오른다는 것이다.

물 문제도 빼놓을 수 없다. 2007년, 그레이트플레인스에서 농약에 의한 지하수와 식용수 오염을 연구한 결과는 충격적이었다. 저

수지의 물은 최소한 27종의 제초제와 살충제로 오염되어 있었다. 21종의 제초제가 28개의 식용수 샘플에서 검출되었다. 샘플의 대부분은 살포되었다가 지하로 흘러든 농약에 의해서만 오염된 것이 아니라 강우와 강설에 의해서도 오염된 것으로 나타났다. 다시 말하자면, 농약은 **증발해서** 구름 속에 떠 있다가 다시 지구로 떨어진 것이다. 이 연구 결과를 접하기 전까지는 솔직히 하늘에서 떨어지는 빗방울이나 눈송이가 농약을 품고 있으리라고는 생각도 하지 못했다. 그러니 내가 아무리 유기농만 고집한다 한들, 과연 안전하다고 할 수 있을까? 숨을 곳이 어디일까? 구름 속이라고 안전할까? 타이론 헤이스의 말이 자꾸 떠올랐다. "이제 우리는 우리의 진화 속도보다 훨씬 빠른 속도로 신종 화학물질을 창조할 수 있습니다."

지금 와서 우리는 소름 끼치는 결과와 마주하고 있다. 우리가 사는 이 행성—물과 흙, 공기(그리고 인간들까지)—이 화학물질과 독극물로 포화 상태에 이른 것이다. 인간은 지구의 환경을 영원히 바꿔 놓았다. 몇 가지의 핵심적인 작물, 주로 콩, 옥수수, 면화 등을 단일 경작해서 더 많이, 더 빨리 생산하겠다는 맹목적인 목적으로 항로를 바꿨고, 그래서 우리는 이제 지구에 필요한 소중한 종의 다양성을 잃고 있다. 내 아들의 생애에, 수없이 많은 초원의 풀과 박주가리, 물푸레나무, 황제펭귄, 무스, 북극곰, 제왕나비, 꿀벌 등 많은 종들이 영원히 사라질지도 모른다. 이건 비극이다. 카슨도 이렇게 썼다. "이 모든 것들이 위험에 처해 있다. 도대체 무엇 때문에?"

이 여행을 시작하고서야 카슨의 그 질문이 얼마나 선견지명이었던가를 깨달았다. 반세기 전 카슨이 부르짖었던 그 질문의 더 큰 의미를 읽지 못한 것은 또 얼마나 한심한 일이었던가. 그동안 우리가 망가뜨려 놓은 것들을 복구시킬 수 있을 만큼 충분한 시간도 흘렀다. 이것이 만약 어떤 연극의 종결부라면, 2007년 메릴랜드 상원의원 벤저민 카딘Benjamin Cardin이 의회에 레이철 카슨의 탄생 100주년을 기념하는 결의안을 제출하려 했으나 (생명공학 기업과 모종의 연결이 있다고 알려진) 오클라호마 상원의원 톰 코번Tom Coburn의 반대로 무산되었던 일을 언급해야 할 것 같다. 코번 의원은 그보다 1년 전 이렇게 말한 바가 있다. "쓰레기 과학과 DDT—지구상에서 가장 값싸고 가장 효과적인 살충제—를 둘러싼 낙인이 드디어 폐기되었다."

오마하에서 눈을 떴던 날 아침, 머리가 차츰 맑아지면서 단순하면서도 절박한 딱 하나의 의문에 정신이 모아졌다. 어떻게 된 거지? 웬일인지, 그때 떠오른 이미지는 잭의 밭 가장자리에서 본 박주가리였다. 그 한 포기의 풀에는 용감하고 감동적인 어떤 것이 있었다. GMO 옥수수와 콩, 그리고 글리포세이트의 합동 공격에 박주가리는 씨가 말랐다고—미디어에서도 그렇게 전했다—생각했기 때문에, 거기서 그 풀을 본 것은 정말 의외였다. 그러나 그 작은 풀 한 포기가 바람결에 살랑살랑 춤을 추며, 아주 작은 기회라도 주어지기만 한다면 자연은 우리가 생각하는 것보다 훨씬 더 큰 회복력을 가지고 있음을 증언하고 있었다.

희망을 주는 듯한 이 풀 한 포기를 생각하니 힘이 솟았다. 짐을 챙겨 가방을 꾸린 다음, 체크아웃을 하고 다시 운전을 시작할 준비를 했다. 아침에 눈을 뜨면서 뿌연 안개처럼 드리웠던 피로와 절망감은 서서히 사라지기 시작했다. 여행 가방을 끌고 나가 주차장에 세워 둔 차를 찾았다. 왼쪽 타이어 밑에 초록색 막대기 같은 것이 언뜻 보였다. 저게 뭐지? 궁금증이 발동했다. 플라스틱인가? 바닥에 가방을 내려놓고 허리를 굽혀 들여다보았다. 마치 스톤헨지의 돌기둥 하나처럼, 커다란 사마귀가 버티고 있었다. 사마귀의 모양은 이랬다.

콘벨트 한복판에 난데없이 나타난 이 녀석이 뭘 하고 있는 걸까 궁금해서 아이폰으로 인터넷을 검색해 보니, 사마귀 알을 판매하는 사이트가 있었다. 사마귀 알을 사서 부화시킨 뒤 밭에 풀어놓고 농약 대신 해충을 제거하는 데 쓴다고 한다. (인터넷을 통해 살 수 있는 사마귀 중에 몸이 초록색인 것은 미국 토종이고, 갈색을 띠는 것은 중국산이다.) 중부 곡창 지대의 농부들 중에도 살충제 내성이 점점 강해지는 해충들 때문에 아예 이 사마귀를 부화시켜 풀어놓는다는 글도 있었다. 내가 만난 초록색의 다리 긴 친구의 사진을 찍어, 댄의 이메일을 통해 마스든에게 보냈다. 그러고 나서, 가시처럼 가늘고 깃털처럼 가벼운 다리 긴 친구를 집어 올려 주차장 가장자리로 옮겨 주었다.

하루의 일정을 소화할 힘을 얻기 위해, 호텔로 돌아가 큰 컵으로 커피 한 잔을 가득 타서 차에 올라탄 다음 동쪽을 향해 운전을 시작했다.

* * *

네브래스카와 아이오와를 가르는 주 경계선을 따라 달릴 때의 차창 밖 풍경은 마치 빙하가 흘러가며 구체적인 지시를 내린 것처럼 보였다. "너는 거기서 평평하게 눕고, 너는 여기에 언덕을 만들어!" 그러면 땅은 "알겠습니다!" 하는 이런 대화를 상상할 수 있었다. (사실은 미주리강을 따라 아이오와 쪽에 이어진 언덕들은 대부분이 바람에 날려 온 흙이 쌓여 생긴 것이다. 바로 그 지역에서 자란 내 친구 스티븐 호프는 이렇게 말한 적이 있다. "미주리강은 원래 깊이는 발목까지밖에 안 차고 넓이는 1마일이나 됐었어. 주로 서쪽에서 불어온 바람이 습한 공기를 만나면서 흙먼지를 땅에 떨어뜨려 언덕이 생긴 거야. 대단하지 않아?")

황량하게 텅 빈 초원을 지나자 아이오와의 땅은 목가적인 관능으로 넘실거렸다. 서쪽으로 몇 마일 떨어진 땅보다 덜 건조하고 덜 메말랐지만 초록빛은 덜했다. 대신 옥수수가 빽빽하게 심겨 있어서 아이오와에 비하면 네브래스카는 생물학적으로 훨씬 더 다양하게 보이기까지 했다! 마이클 폴란은 《잡식동물의 딜레마》에 이렇게 썼다. "넓고 넓은 옥수수 밭으로 이루어진 도시들이라고 생각하면 아이오와는 조금 달라 보이기 시작한다. 아이오와의 도시들도 나름대로 맨해튼과 똑같은 목적을 가진 밀집된 도시들이다. 그 목적은 바로 부동산의 가치를 극대화하는 것이다. 잘 닦인 도로는 잘

안 보일지도 모르지만, 절대로 시골 촌구석의 풍경은 아니다."

아이오와는 냄새도 네브래스카와 달랐다. 운전하는 내내 흙냄새와 수확의 냄새가 아니라 그보다 훨씬 강한 거름(돼지우리에서 나오거나 아니면 밀집 가축 사육장에서 나온?) 냄새가 났다. 넓고 넓은 평지에 큰 마을도 없이, 멀리 떨어진 농장들과 월마트가 중심점인 그런 마을들이 드문드문 나타나는 네브래스카와는 달리, 아이오와는 황금색 옥수수 밭 위로 《매디슨 카운티의 다리*Bridges of Madison County*》 스타일의 다리가 여기저기 등장하고 아이들 동화책에 나올 법한 소박한 하얀 집이 있는 작은 마을들이 많다. 이런 풍경들이 미국 농촌의 대표적인 풍경인, 아이오와를 아이오와답게 만드는 가족 농장의 마지막 흔적이다.

약 2500년 전, 유목민들이 아이오와 강변에 정착하기 시작해서 농경술을 배웠고, 그것이 아이오와주의 농경 전통의 시작이었다. 역사적으로 아이오와는 세계에서 가장 비옥한 땅 중 하나였고, 그래서 1833년 미국 정부가 이 지역에 정착민들이 거주할 수 있도록 허용한 이후 유럽에서 건너온 정착민들이 모여들었다. (아이오와주는 아이오와강의 이름에서 비롯됐으며, 아이오와강은 아이오웨이 인디언 부족의 이름에서 따온 것이다.) 그 정착민들은 옥수수, 귀리, 콩, 밀, 호박, 그리고 여러 종류의 과일을 재배했고, 가족 농장에서 젖소, 돼지, 닭 등을 길렀다. 비옥한 검은 흙과 농경에 이상적인 조건들 덕분에, 몇 년 지나지 않아 초원과 숲을 농토를 만들기 위한 땅으로 갈아엎게 되었다. 남북 전쟁을 치르는 동안, 시장에서 밀과 면화의 가격이 폭락했고 아이오와의 농부들은 옥수수로 눈을 돌렸다. 이것이 아이오와주가 '콘 스테이트corn state'로 불리게 된 시초다. 당시 농부들은 옥수수와 귀리를 교대로 재배해 토양의 힘을 키우고 작물의 병충해를 예방했다. 그러나 결국에는 옥수수를 돼지와 소의 사료로 먹이기 시작했고, 아이오와주는 생산되는 옥수수의 대부분을 사람이 먹는 음식이 아니라 동물에게 먹이는 사료로 돌리기 시작했다. 20세기가 시작되면서 옥수수는 아이오와주의 가장 중요한 농산물이 되었다. 옥수수가 곧 왕이었다.

처음에는 아이오와의 옥수수 도시들에 마치 홀린 듯이 빠져들었다는 사실을 인정해야겠다. 큰 키에 황금색으로 빛나는 옥수수의 타래처럼 흔들리는 수염과 갈색으로 변해 가는 길쭉한 이파리, 물방울(빗물이든 관개수든)을 만날 때마다 쭉쭉 크는 키는 마치 하늘에 닿을 듯 욕심을 부리는 것 같았다. 옥수수는 분명 순수하고 희망적이었다. 마치 자신만의 순진한 자아를 가지고 있는 듯했다. EPA는 GMO 옥수수를 식품이 아닌 '농약'으로 등록하고 있다는 사실에도 불구하고, 내 눈에 그 옥수수들은 너무나도 미국적이었다. 너른 들판에서 빽빽하게 자라나는 옥수수를 보는 것만으로도 누구나 추수감사절을 떠올리고, 새로운 성장과 비옥함, 옥수수 통구이, 옆집 소녀, 애플파이, 그리고 미국의 역사와 문물을 떠올리게 된다. 운전을 하면서 그레그 브라운Greg Brown의 〈아이오와 왈츠*The Iowa waltz*〉를 들었다. "옥수수 밭 한가운데 나의 집/ 미국의 한가운데/ 내가 태어난 곳/ 내가 살아갈 곳."

오래전 친정아버지가 댄에게 그림엽서책(엽서를 묶어서 책을 만든 것인데, 우표를 붙이는 자리도 그려져 있어서 낱장을 떼어 내 진짜 우편으로 보낼 수 있게 되어 있다)을 한 권 주신 적이 있다. 그림엽서에는 피트 웨터치Pete Wettach라는 아마추어 사진작가가 찍은 사진이 있었다. 웨터치는 취미로 사진을 찍으며 1930년대와 40년대에 농업안전국 소속으로 여러 카운티에서 일한 경력이 있다. 순시를 나갈 때마다 그는 12파운드짜리 그라플렉스Graflex 카메라를 메고 다니며 농부들, 그 가족들 그리고 그들의 농장을 사진으로 남겼다. 도로시아 랭Dorothea Lange과 워커 에번스Walker Evans가 남서쪽으로 조금 더 떨어진 곳에서 경제공황기와 더스트볼 시대의 절망을 사진으로 담은 반면, 웨터치는 아름답고 희망찬, 그리고 그 시대의 향수를 불러일으키는 사진을 남겼다. 그의 눈에 비친 것은 비참한 빈곤이 아니라 가족들이 어울려 함께 일하고 땅은 여전히 비옥하고 아낌없이 내주는, 그런 가족 농장이었다.

메인주 포틀랜드에서 비행기를 타고 콜로라도주 덴버로 향할 때, 약간은 감상적인 생각으로 이 그림엽서 책을 여행 가방 안에 집어넣었었다. 하지만 아이오와에 들어와서야 그 책이 생각났고, 화장실도 들르고 커피도 마실 겸 휴게소에 내려서 배낭을 뒤져 그 책을 찾았다. 회색의 콘크리트로 덮인 휴게소에 작은 빗방울들이 떨어지며 차창을 두들기고, 차 안을 채우는 은근한 커피 향기를 느끼면서 그림엽서 속으로 빠져들었다. 한 여자가 토끼풀이 가득 덮인 초원 한가운데 서 있다. 여자는 흰 원피스를 입고 그 위에 역시 흰 바탕에 무늬가 있는 카디건을 걸쳤다. 머리에는 반다나를 둘렀고, 맨살이 드러난 다리 옆에 커다란 금속 양동이가 놓여 있다. 여자의 주변에는 마치 하얀 웨딩드레스 자락처럼 병아리들이 떼를 지어 몰려들어 모이를 달라고 삐악거린다. 여자 뒤로 작은 헛간과 풍차, 그리고 몇 그루의 나무가 있고, 엉성한 울타리가 보인다. 그리고 아마 트랙터의 일부인 듯한 것도 보인다. 또 다른 엽서에는 두 남자가 밀로 보이는 작물을 탈곡하고 있다. 한 남자는 커다란 마차 위에 앉아 있는데, 마차에는 아직 탈곡하지 않은 농작물이 가득 실려 있고, 몸집 좋고 당당한 짙은 갈색 말 두 필이 참을성 있게 기다리고 있다. 또 한 남자는 탈곡기 위에 앉아 있다. 크기가 아주 큰, 나무로 만들어진 구조물이다. 탈곡기에서 커다란 파이프를 통해 배출된 밀짚이 그 옆에 건초더미처럼 쌓인다. 또 다른 사진. 두 남자가 페리선 만큼 큰 건초더미 위에 앉아 있다. 그 아래 땅은 넓고 길게 이어지다가 일렬로 줄지어 심긴 나무들을 만난다. 또 다른 사진. 수확한 옥수수를 건조하기 위해 여기저기 피라미드 모양으로 쌓아 놓은 옥수수 밭. 또 이런 사진도 있다. 공장식 사육장(오늘날이라면 이것도 오히려 '방목'이라 할 만하다)이 처음 도입되던 시기의 사진인데, 칠면조 4800마리가 아무것도 없는 들판에 널리 퍼져 있다. 그리고 마지막으로 내가 제일 좋아하는 사진은, 토마토가 가득 든 커다란 바구니를 지고 밭에서 걸어 나오는 농부와 아내, 그리고 옅은 황갈색 머리를 한 두 꼬마가 함께 등장하는 사진이다. 두 꼬마 중 딸아이는 호기심 가득한 눈빛으로 카메라를 응시하는데, 아들은 털북숭이 하얀 강아지를 토닥거리고 있다. 그 가족들 뒤로 낡았지만 충직한 트랙터가 서 있다.

이 사진들 중에서도 특히 말 두 필이 끄는 트랙터에서 파종기에 씨를 채우는 아버지를 진지한 얼굴로 바라보는 아들의 사진을 보니, 유기농 농장에서 옥수수를 주워 오려고 9월 초 메인주 북부 지역으로 여행 간 때가 기억났다. (밀레Millet의 〈이삭 줍는 여인들〉을 떠올려 보라. 수확이 끝난 밀밭에서 바닥에 떨어진 이삭을 줍고 있는 세 아낙네들. 내가 한 일이 딱 그거였다. 그런데 정말 힘들고 고된 일이었다.) 농부의 이름은 짐 게리첸Jim Gerritsen이었는데, 우드 프레리 팜에서 주로 품질 좋은 유기농 감자를 재배했다. 품종 이름이 선샤인, 허클베리 골드, 프레리 블러시, 크랜베리 레드, 이런 것들이었는데, 나는 거의 대부분 처음 들어 봤다. 짐이 기르는 감자는 주로 종자용이었다. 메인주의 모든 유기농 농가에 우편 판매 방식으로 감자 외에도 몇 종류의 채소 작물을 종자용으로 공급한다고 했다. 키 크고 각진 얼굴에 단발머리를 한 짐은, 메인주의 유기농 영농가들 중에서 생명공학 기업들을 상대로 가장 큰 반대의 목소리를 내는 사람으로 알려져 있다. 그의 목소리는 대륙 반대편까지 퍼진다. (짐은 폴란이 《욕망하는 식물》에서 늦은 밤 장시간 전화 인터뷰를 했다고 쓴 농부가 바로 자신이라고 했다. 폴란은 이렇게 썼다. "메인주의 한 유기농 영농가가 이렇게 말했다 '농업에 악의 근원이 있다면, 그 이름은 몬산토다.'")

GMO와 옥수수에 대해 짐과 여러 번 대화를 나눈 적이 있는데, 어느 날 그가 전화를 하더니 옥수수가 준비되었다고 했다. 혹시 자기 가족들과 수확하러 오지 않겠느냐고 물었다. 나는 좋다고 대답하고 1박 예정으로 카운티(메인주에서는 아루스툭 카운티Aroostook County를 그냥 카운티라고 부른다. 메인주 북쪽의 거의 대부분을 차지할 정도로 넓은 지역이기 때문이다)행 여행 짐을 꾸렸다. 밤에 포틀랜드를 출발해 도시와 부도심의 마지막 흔적을 뒤로하며 계속해서 북쪽으로 달렸다. 백스터 주립공원에 도착했을 즈음, 라디오에서 흘러나오는 U2의 노래로 졸음을 쫓으며, 분홍색에서 짙은 푸른색으로 점점 어두워지는 하늘 한가운데 황금색으로 떠오른 보름달의 달빛을 받아 은은한 빛으로 거대한 나무들 사이에 뚜렷한

띠를 만든 검은색 쇄석 도로를 달렸다. 아널드 로벨Arnold Lobel이 쓴 《집에 사는 올빼미*Owl at Home*》 중에서 마스든이 제일 좋아하는 동화, 〈올빼미와 달〉 속에 나오는 올빼미처럼 달이 나를 따라왔다.

짐은 운전하는 동안 자동차등을 상향등으로 켜고 수색 구조대 대원처럼 도로 양쪽을 잘 살펴야 한다고 했다. 이따금씩 길을 건너려고 무스가 뛰어들기 때문이었다. 나는 짐이 시키는 대로 했다. 다행히 무스는 출몰하지 않았지만, 자동차에 치여 죽은 야생 동물을 뜯어 먹고 있는 코요테를 보았다. 그날 밤, 캐나다 국경에서 6마일 밖에 떨어져 있지 않은 싸구려 모텔에서 잠을 자고 다음 날에는 아침 일찍 감자밭에서 짐과 가족들—두 딸 사라Sarah와 에이미Amy, 아들 케일럽Caleb, 그리고 아내 메건Megan(아들 피터Peter는 도망치듯 농장을 떠나 포틀랜드에서 목수로 살고 있다)—을 만났다. 아침 내내 우리는 알이 잘아서 굵은 래디시보다 약간 커 보이고 보라색을 띠는 카리브 테이터Caribe Tater종 감자를 캤다. 감자를 캐면서 짐과 이야기를 나누었다.

짐의 주요 관심사는 수만 년 동안 농사를 지은 농부들의 손에서 종자—즉 우리가 아는 지구상의 생명체들—의 운명을 빼앗을 때 나타날 장기적인 영향이었다. 여러 세대를 거치는 동안 종자를 받아 간수하고, 풍토와 지역에 더 잘 어울리는 좋은 종자를 가리는 일은 농부의 몫이었다. 그것은 당장의 세대가 먹을 식량뿐만 아니라 미래 세대의 식량까지 돌보는 일이었다. 그런데 지금은 종자 회사들이 해충, 농약, 가뭄 내성을 갖도록 실험실에서 교배한 유전자 조작 종자로 "생명을 특허 내고 있다"고 짐은 말했다. 애초에 불필요한 일이라면서 말이다. 또, 세계를 기아로부터 구해야 한다는 주장도 허풍이라고 했다. 짐은 로데일 연구소Rodale Institute가 30년간 진행한 연구로 유기농 작물의 생산량이 기업들이 내세우는 작물들의 생산량보다 훨씬 크다는 것이 증명되었다고 말했다. 게다가 가뭄이 들었을 때는 가뭄 내성을 갖도록 유전자를 조작한 GMO 작물보다 유기농 작물이 오히려 더 잘 견딘다는 것이 증명되었다. 유기농 작물이 수분을 더 오래 머금고 물 스트레스에 더 잘 적응하기 때문이다.*

"다 좋아, 하지만 유기농은 비싸잖아?"라고 냉소적으로 말하는 사람들을 위해 짐이 준비한 게 있다. 그는 유기농 농산품이 더 비쌀 수밖에 없는 이유 여섯 가지를 볼드체로 적어 내게 이메일을 보내왔다.

1. **품질의 가치**. 캐딜락이 폭스바겐보다 비싼 것은 누구나 인정한다.
2. **유기농이 곧 품질이다**. 영양분이 풍부한 유기농 인증 식품은 화학 성분의 도움을 받아 기른 식품에 비해 영양학적으로 월등할 뿐만 아니라 맛도 좋고 잔류 농약도 없다. 이런 품질을 위해 더 비싼 가격을 지불하는 것은 합리적이다.
3. **연방 보조금**. 연방 정부로부터 막대한 보조금을 받아 재배된 작물(유전자 조작 옥수수, 유전자 조작 콩, 유전자 조작 카놀라 등)을 원료로 한 가공 식품에는 식품을 재배하는 데 투입된 실제 비용이 반영되어 있지 않다.
4. **인적 손실**. 추가적으로, 화학 성분을 이용해 재배한 작물에 의해 발생하는 실제 비용의 대부분은 외부 요인들에 이전되어 왔

* 어떤 사람들은 농약을 치지 않은 토양이 수분을 더 잘 품는다고 말한다.

다. 예를 들면, 살충제 '세빈(카바릴)'을 사용하는 모든 농부들은 1984년에 인도에서 최소한 2259명의 목숨을 앗아 간 유니언 카바이드 사건[43]에 어느 정도는 도덕적인 책임(경제학자들은 이 책임도 통화 수치로 환산할 수 있다)을 느낀다.

5. 환경의 손실. 환경에 끼친 손실은 관행적으로 외부화된다. 자연은 법무팀을 거느리고 있지 않기 때문이다. 예를 들어, 토양으로부터 휘발된 탄소나 산업형 농경에 의해 지구 온난화를 일으키는 이산화탄소의 형태로 대기로 유입되어 발생하는, 자연에 차변借邊으로 기입된 환경의 손실은 점점 더 대규모화되는 비극적인 피해를 낳지만, 그 실제 비용은 계속 외부화되어 왔다.
6. 에너지 보조금. 보조금을 받으며 외부화되는, 기존의 화학적 농경에 크나큰 혜택이 되는 또 하나의 비용은 값싼 에너지이다. 수 세대에 걸쳐 우리는 값싼 석유로 기계화된 농기구들을 돌리고 비료를 생산하기 위해, 비싼 비용을 들여 전 세계에 군대를 파견해 왔다.

위에서 언급한 모든 이유들보다 더 우려되는 점은, 본질적으로 생명공학 기업들이 종자 산업에서 독점적인 지위를 구축하고 있고, 화학 농약 사업에 연계함으로써 결과적으로 농업을 지배해 버렸기 때문에, 짐 같은 농부들은 합법적으로 널리 퍼지는 오염의 공포에 시달리고 있다는 것이다. 그가 고민하는 문제는 "어떻게 하면 유전자 조작 작물에 오염되지 않은 순수한 종자를 지킬 수 있는가?"이다. "농부로서 내 관점은, 나한테는 내 농장에서 내가 원하는 방식으로 농사를 지을 권리가 있고, 몬산토는 내 농장을 오염시킬 권리가 없다는 거예요."

뉴잉글랜드와 미국 전역에서 연결된 73명의 농부들과 함께, 짐은 몬산토 사를 상대로 자신들의 작물이 오염되는 것을 예방하기 위한 소송Organic Seed Growers & Trade Association v. Monsanto을(대부분 패소했다) 제기했다. (OSGATA 소송에서 완전한 승소를 거두지는 못했지만, 법정에서 몬산토 사로부터 고의에 의한 것이 아닌, 1퍼센트 이하의 극소량 오염에 대해서는 특허권 침해로 고소하지 않겠다는 약속을 받아 냈다. 또한 이식 유전자 종자 중 일부가 허가 없이 그리고 고의성 없이 사용되는 것은 불가피하다는 주장에 대해 법원의 동의를 얻어 냈다.) 짐은 이 "옥수수와 카놀라가 주체할 수 없이 빠른 속도로 오염되고 있다는 사실"이 소송을 제기하게 된 이유였다고 설명했다. 옥수수나 카놀라 모두 풍매 수분으로 번식하기 때문에, 바람이나 꿀벌, 새가 왕래할 수 없을 정도의 먼 거리로 떼어 놓지 않는 한 유기농 작물과 비유기농 작물을 확실하게 분리하는 것은 지극히 어렵다. 여기서 '먼 거리'는 그냥 몇 마일 정도의 거리가 아니라 숲이나 산 같은 자연 장벽이 그 사이에 놓여 있는 아주 먼 거리를 말한다. 신시내티에서 사이먼 호건을 만났을 때 작물들 사이를 완전히 격리시킨다는 것은 불가능하다는 이야기를 들은 적이 있다. "네브래스카 83번 고속도로를 달리다 보면, 도로 양쪽에서 자라는 옥수수들의 풍매 작용을 볼 수 있을 거예요." 사이먼을 만나러 갔을 때는 아직 네브래스카에 가 보기 전이었기 때문에 풍매를 하는 옥수수를 내 눈으로 직접 본 적이 없었다. 그러나 직접 가서 보니 바람이 느껴졌고, 도로 양편에 담장 높이로 빽빽하게 자란 옥수수와 대기 중, 도로가, 내 차 안 등 어디든 뽀얗게 일어나는 수확철의 먼지도 보였다. 식물의 수분이 일어나는 시기의 풍경은 볼 만한 광경이라는 것도, 세상 어떤 것으로도 그것을 막을 수 없다는 것도 알고 있었다.

짐이 말했다. "USDA 모임에서 생명공학 기업 대표들이 나와 유기농 작물은 경제적으로 전혀 효율적이지 않다고 말하는 걸 들었을 때 정말 화가 났습니다. 그 사람들은 자기들이 우리 작물들의 [장기적인] 생명력을 파괴해 왔다는 걸 모르는 척하고 있어요. 유기농 종자 재배자로서 우리가 위험에 처한다면… 미국의 농부들이 GMO-free 작물을 기를 힘을 빼앗아 가는 겁니다. 그리고 시장에서 우리의 권리를 질식시키는 것이고요. 그래서 법정까지 간 것이죠. 그 회사들이 우리를 상대로 자기들 작물의 특허권을 침해했다고 소송을 걸어올 수도 있으니까 말입니다." 짐은 다소 서글픈 얼굴로, 우리 정부가 이 일을 좀 다르게, 조금 더 신중한 태도로 처리했어야 했다고 말했다. "USDA에게는 선택권이 있었어요. 몬산토 사에 블루 콘blue corn만 재배하도록 했어야 합니다. 그랬다면 다른 농부들이 기르는 옥수수와 확실히 구별할 수 있었을 거예요. 그것도 [오염을 막을 수 있는] 해결책의 하나였는데 말입니다. 또 다른 방법 중 하나는 몬산토 사가 번식이 불가능한 옥수수만 재배할 수 있게 하는 겁니다. 그런데 그렇게 하지 않고 있어요." 그렇기 때문에 이제 오염은 기정사실이 되었고, 짐은 몬산토 사가 여기서 멈춰야 한다고, 그렇지 않으면 작물의 종자를 지배할 것이고 결국은 식품 공급 시스템을 지배하게 될 것이라고 믿는다. 정말 소름 끼치는 그림이다. 농부들이 아니라 한 줌의 다국적 기업들이 우리의 밥상을 쥐락펴락하는 세상은 어떤 세상일까?

점심시간이 오기 전에 옥수수 밭에서 트랙터 뒤를 쫓아가며 떨어진 옥수수를 줍겠다고 따라나섰다. 하지만 낡은 구닥다리 트랙터—커다란 바퀴에 조그만 운전석이 달려 있는, 아이들 동화책에서나 볼 법한 옛날 트랙터—가 제대로 작동하지 않았다. 그래서 짐, 메건, 사라, 에이미와 함께 케일럽이 운전하는 트랙터 뒤를 따라 줄지어 걸으면서 진짜 말 그대로 손으로 옥수수를 주워서 트랙터 뒤에 달린 수레 안으로 던져 넣었다. 아이오와를 횡단하며 운전할 때를 돌이켜 보면서 '쿨럭쿨럭'하는 짐의 트랙터와 완벽한 컴퓨터 시스템이 갖추어진 잭의 트랙터가 얼마나 다른지 생각하니 웃음이 나오려고 했다. 가까스로 웃음을 멈출 수 있었던 것은 짐과 그의 가족들의 생활 방식 중에 땅과 완전하게 연결되지 않은 것이 없다는 것을 깨달았기 때문이다. 그들의 생활 방식에는 약간의 무모함과 위엄이 동시에 존재했다.

짐의 농장에서 나는 소출은 크지 않았다. 여름 내내 굉장히 습했기 때문에 특히 옥수수 수확이 좋지 않았다. 솔직히 트랙터가 필요하기는 했나 싶을 정도였다. 짐은, 수확된 옥수수는 거의 전부 종자를 위해 저장할 거라고 말했다. 옥수숫대를 집어들 때마다 그 옥수수가 살아 있음이 느껴졌고, 껍질을 벗기자 달콤한 풀잎 냄새, 그리고 젖 냄새가 느껴졌다. 오전 9시밖에 안 된 시간이었는데도 벌써 입가에 군침이 고였다. 갑자기 옥수수 버터구이가 못 견디게 먹고 싶어졌다. 하지만 그보다도 나와 내 가족이 먹을 음식들이 실수로라도 화학 성분이 가득한 GMO 작물들로 오염되지 않은 순수한 것들이라는 확신을 갖고 싶었다. 좋은 먹거리를 찾아내는 것도 복잡하고 어려워지다 보니, 한꺼번에 생각해야 할 변수들이 너무나 많다.

일이 끝난 후, 짐의 집으로 따라 들어갔다. 감자 저장고 위에 넓게 자리 잡은 2층짜리 집이었다. 주방 작은 테이블 위에는 브라우니가 팬에 담겨 있고, 싱크대에는 아침 식사 설거지가 그대로였고 주방 옆에 짐의 서재가 있었다. 짐은 바로 이 서재에서 자기 사업도 운영하고 반-몬산토 캠페인도 주도한다. 평평한 공간이 있는 곳마다 온갖 서류들이 널려 있거나 쌓여 있고, 언제부터 거기 있었는지도 모를 낡은 컴퓨터가 좁은 구석에 우그러지듯 놓여 있었다. 짐은 바로 그 컴퓨터로 오밤중에 반-GMO 선언문 같은 장문의 글도 쓰고, 이메일도 보낸다고 말했다. 2층에는 여러 개의 방이 있었다. 아이들의 침실이나 종자를 분류해 두는 사무실도 있었고, 메건과 함께 쓰는 부부 침실도 있었다. 서랍장 위에 그의 바지가 정리돼 있었는데, 모두 같은 종류의 황갈색 작업복으로, 마치 다림질을 해서 개어 놓은 것처럼 반듯하게 포개져 있었다. 그 옆에는 셔츠가 마치 옷가게에 진열된 것처럼 각을 딱딱 맞춰서 포개져 있었다. 거기가 바로 그의 작업복을 보관하는 장소였다.

나는 아래층으로 다시 내려와 짐과 작별 인사를 나눈 뒤, 차에 올라탔다. 긴 진입로를 따라 나가는데, 햇살은 뜨거웠고 물기에 젖은 감자밭에서 모락모락 수증기가 올라왔다. 짐은 내 차를 세우더니 유콘 골드종 감자를 몇 알 캐다가 저녁 때 먹어 보라고 권했다. 차를 세운 뒤 장바구니 대신 티셔츠 한 장을 들고 따라갔다. 기름진 옥토에 이제 막 트랙터가 뒤집어 놓은 탐스러운 노란 감자알들이 흩어져 있었다. 힘 한번 안 쓰고 완벽하게 아름다운 감자 여덟 알을 주웠다. 댄에게 전화를 걸어 저녁 식사 때 먹을 맛있는 걸 가져가겠다고 말했다. 댄은 톰Tom 삼촌과 샐리Sally 숙모가 왔는데, 두 분이 우리 집에서 멀지 않은 프리스 팜Frith Farm에 갔다고 했다. 프리스 팜은 웨슬리 대학교를 졸업한 농부인 대니얼Daniel이 곡물(모두 메인주에서 재배된 유기농 곡물이다)을 최대한 적게 먹이고 초원에 방목하는 방식으로 닭을 기르는 유기농 농장이다. 저녁 식사를 위해 갓 잡은 신선한 닭을 사 올 거라고 했다. 그날 저녁, 장시간 운전을 하고 집에 도착해서 버터와 메인주의 천일염으로 양념을 한 매시트포테이토와 올리브오일, 소금, 후추, 으깬 고수풀 양념을 발라 껍질이 바삭하게 갈라지도록 맛깔나게 구운 닭고기로 저녁 식사를 했다. 생전에 이렇게 달고 싱싱하고 부드럽고 혀끝에서 살살 녹는 느낌의 감자는 처음 먹어 본다고 가족 모두가 입을 모았다.

리사와 데이브를 만나기 위해 아이오와를 가로질러 가는 동안, 도로변에 서 있는 빌보드 광고판이 눈에 띄었다. "나는 유기농 농부입니다. 내 손으로 직접 잡초를 뽑습니다." 한 우리 안에 젖소와 라마가 함께 있는 농장도 보았다. 재밌고도 아름다운 장면이었다. 옥수수 밭 가장자리에 산더미처럼 쌓인 곡물을 금방이라도 실어 갈 준비가 되어 있다는 듯이 시동이 걸린 채로 서 있는 거대한 트랙터 트레일러도 보았다. 운전을 하면서, 옥수수에 대해 알고 있는 모든 사실들에도 불구하고 나는 잠시나마 안도감을 느꼈다. 이것이 우리의 먹거리, 여기가 우리의 곡창 지대로구나. 여기 이런 먹거리들이 있으니 우리는 굶주리지 않을 거야. 엄청나게 풍요롭고 넉넉하잖아!

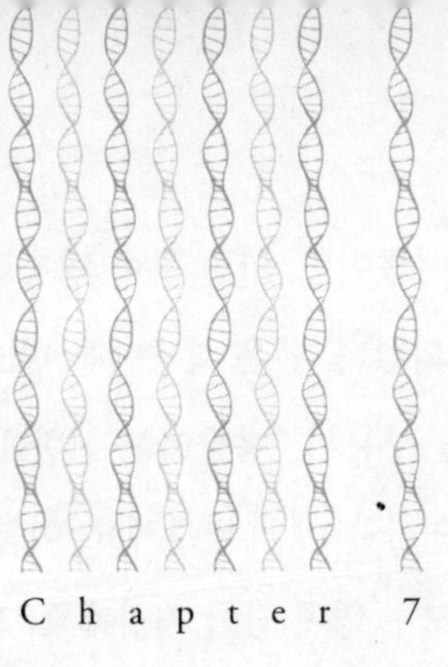

Chapter 7

디모인 외곽에서 클라크 호수를 향해 북쪽으로 가는 도중에 리사와 데이브가 사는 아이오와의 작은 마을이 있었다. 운전을 하면서 옥수수에 대해 살짝 지겨워지기 시작했다. 파블로 네루다Pablo Neruda는 〈어떤 지겨움*A Certain Weariness*〉이라는 시에서 이렇게 썼다. "나는 닭이 지겹다—우리는 닭이 무슨 생각을 하는지 절대로 알지 못하고, 닭들은 마치 우리가 중요하지 않다는 듯 메마른 눈으로 우리를 쳐다본다." 그레그 브라운은 〈더 라이브 원*The Live One*〉이라는 앨범의 수록곡인 〈통조림 식품*Canned Goods*〉에서 이 시를 인용했다. 〈통조림 식품〉은 우리 가족이 제일 좋아하는 노래 중 하나다. 노랫말은 그의 할머니가 여러 가지 채소와 과일을 병조림으로 만드는 것을 '약간의 여름을 병에 담아' 저장하는 것으로 비유한다. 해마다 여름이면, 미친 듯이 병조림을 만드는 것이 댄과 나의 주요 행사가 되었다. 댄은 복숭아를 반으로 가르고, 토마토를 끓이면서 이 노래를 부른다. "복숭아는 선반에, 감자는 깡통에, 모두 모두 준비됐나요. 여름을 살짝 맛보세요. 여름을 살짝 맛보세요. 우리 할머니는 모두 모두 병에 담아 저장해요." 그러다가 랩 파트에서 그레그는 네루다의 닭을 이야기한다. "정말이야. … 그들도 그렇고 … 우리도 그래. … 하지만 닭에게서 그걸(여름을) 뺏기는 힘들어."

운전을 하다가 문득, 자연 그대로의 땅은 남아 있지 않다는 걸 깨달았다. 정말, 하나도 없었다. 디모인에서 클리어 레이크까지 114마일을 달리는 동안, 단일 경작을 하고 있지 않은 손바닥만 한 땅뙈기가 옥수수 밭 사이에 딱 한 군데 있었다. 사방으로 금속 울타리가 쳐진 그 작은 땅에는 '습지 관개 지역'이라는 작은 간판이 달려 있었다. 면적은 약 1에이커 정도로 보였다. 수전 손택Susan Sontag이 1965년에 쓴 에세이 〈재앙의 상상*The Imagination of Disaster*〉에 이런 내용이 있다. "우리는 끊임없는 진부함과 상상조차 할 수 없는 테러라는 서로 상반된 것 같지만 똑같이 끔찍한 운명 아래 살고 있다." 운전을 하는 동안 자연이 그대로 보존된 땅은 점점 줄어들고 대신 옥수수 밭이 점점 더 많이 나타나는 것을 보면서 가슴이 묵직해짐과 동시에 GMO 이슈야말로 손택이 말한 끔찍한 운명의 절정에 달하는 게 아닐까 하는 생각이 들었다. 어쨌든 사방으로 뻗어 있는 땅에서 이루어지는 단일 경작은 끊임없는 진부함으로 다가왔다. 땅의 단일 경작은 우리 먹거리의 단일 경작이고, 우리 환경과 심지어는 우리 상상력까지 단일 경작을 하고 있을지도 모를 일이다. 그와 동시에, 우리는 모두 본능적인 내면의 깊은 곳으로부터 마지막 야생의 땅마저 소멸시키고 자연이 남긴 마지막 흔적마저 제거하면서 우리의 먹거리가 길러지는 과정으로부터 점점 소외되고 있다는 인간적인 불안감을 느끼고 있다는 생각이 들었다. 모든 것을 다시 되돌려 놓을 수 있을지는 아무도 모른다.

한참 후에야 "끊임없는 진부함"으로부터 마음을 돌리고 아이오와주 클리어 레이크로 가는 길에 접어들었다. 클리어 레이크는 가장 미국적인 소도시다. 도심에서 확산된 전형적인 교외 도시로, 중심에는 사방을 굽어보는 듯 높고 당당한 회색의 대형 곡물 엘리베이터—뉴잉글랜드 마을마다 공통적으로 들어서 있는 교회처럼, "이것이 바로 우리의 상징!"이라고 외치는 것 같았다—와 옥수수밭을 가르는 도로가 있었다. 리사가 알려 준 방향대로 따라가서 주택 단지의 막다른 골목에 있는 작은 집에 도착했다. 단지 뒤쪽으로는 마치 여러 집들의 뒷문처럼 옥수수가 자라고 있었다. 처음에는 약간 놀라서 그 집을 다시 쳐다보았다. 여기가 바로 몬산토 사를 쓰러뜨리겠다는 두 혁명가들이 사는 집인가? 밖에는 은색 메르세데스 SUV 두 대가 주차되어 있었다.*

교외에 가면 흔히 볼 수 있는, 차를 타고 달려오면서 저녁나절 도로변에서 보았던 나지막한 집들 중의 하나였다. 에드워드 호퍼 **Edward Hopper**[44]의 사실주의적인 회화가 살짝 보여 주는 것과 비슷한 그런 사생활이 엿보일 것 같지만, 밖에서 보는 것보다 훨씬 섬세하고 밝은 그런 집이었다. 안으로 들어가니 데이브가 다이닝 룸의 식탁 앞에 앉아 전화를 받는 중이었다. 그는 휴대 전화를 머리에서 살

* 가까운 중고 자동차 딜러에게서 산 중고차라는 이야기를 나중에 들었다.

짝 떼며 나에게 들어와 앉으라고 손짓을 하고는 스피커폰으로 통화를 계속했다. 상대방의 목소리는 나도 아는 목소리였다. 메인주의 카운티(아루스툭 카운티)에서 감자를 재배하는 농부, 짐 게리첸이었다. 함께 통화하는 사람들은 서너 명쯤 되는 것 같았고, 화제는 2013년에 워싱턴주에서 발의된 GMO 식품 표시법안 투표였다.

데이브는 (뒤통수 부분이 망사로 되어 있는) 검은색 존 디어 트러커 햇[45]을 쓰고, 청바지에 '당신에게는 알 권리가 있습니다'라고 쓰인 네이비블루 티셔츠, 그리고 그 위에 체크무늬 남방을 걸쳐 입고, 멋스러운 운동화를 신고 있었다. 나이는 40대로 보이는데, 굉장한 거구였다. 전직 프로 풋볼 선수로, 필립 엑스터 아카데미를 졸업하고 네브래스카 대학교, 아이오와 주립 대학교, 노스웨스턴 대학교, 그리고 아이비리그의 모든 학교에 스카우트되었는데, 최종적으로 다트머스 대학교를 선택했고 공격 태클을 전담하는 선수로 뛰었다. "난 꽤 괜찮은 선수였어요. 사람 들이받는 걸 좋아하거든요." 데이브가 말했다. 4학년 때는 아이비리그에 속한 프린스턴 대학교를 꺾었다. 그가 아주 자랑스럽게 생각하는 전적이다. 다트머스 대학교에서 〈다트머스 리뷰*The Dartmouth Review*〉의 편집장으로 활약했고, 남학생 사교 클럽인 알파 델타의 회원이기도 했다. 알파 델타에 가입한 이유는 "맥주가 거기 있어서"였다. 알파 델타의 회원 중에는 《애니멀 하우스*Anmial House*》의 공동 저자인 크리스 밀러Chris Miller도 있었다. 알파 델타에서 경험했던 일들을 단편 형식으로 묶어서 낸 책이었는데, 나중에는 영화로도 제작되었다. 다트머스 대학의 총장도 이 클럽의 멤버였지만, 최근에 입문식에서 있었던 "낙인찍기"가 문제가 되어 승인이 취소되었다. 데이브는 짧게 깎은 갈색 머리에 살짝 회색이 섞인 갈색 수염을 길렀고, 상념에 잠긴 듯 커다랗고 촉촉한 담갈색 눈동자로 상대방의 눈을 똑바로 마주 보는 담대하고 개방적인 사람이었다.

통화를 하면서 데이브는 잔을 꺼내 물을 따라 주고는 커피를 끓이기 시작했다. 그 사이에 나는 차에 가서 며칠 전 덴버에서 산 샐러드가 든 플라스틱 밀폐 용기와 집에서 만든 샐러드드레싱(귀찮기는 하지만 최대한 청정한 음식을 먹기 위해)을 들고 와 식탁에 앉아 먹기 시작했다. 샐러드를 먹으면서 통화 내용을 들으니 그는 기금을 모금하는 문제와 몇 표를 확보해야 이길 수 있는지를 궁리하는 것 같았다. 그들이 이겨야 할 상대는 몬산토를 비롯한 대형 생명공학 기업들, 식품 제조업 협회Grocery Manufacturers Association 또는 GMA라 불리는 조직 아래 똘똘 뭉친 기업들이었다. 생명공학 기업들이 GMO 표시법에 반대하는 이유는 식품 제조비를 상승시킨다는 것이었다. 유권자들에게 먹히는 논리였다. 세상에 비용이 많이 드는 것들은 지금도 많고, 가족을 먹여 살리는 것도 이미 충분히 어렵다. 그러나 이번 여행을 시작하기 전에 이런 논리에 대해서 몬산토 사의 변호사이자 메인주에서 로비스트로 일한 세버린 벨리보Severin Beliveau에게 들은 적이 있다. 세버린은 몬산토 사의 사업 방식이 마음에 들지 않아 그들과의 관계를 끊었고, MOFGAthe Maine Organic Farmers and Gardeners Association와 함께 몬산토 사에 맞서서 2014년 메인주에서 GMO 표시법을 통과시키기 위해 투쟁했다. 세버린에게 GMO 표시가 실시되면, 정말 식품의 가격이 올라가느냐고 물어보았다. "그건 새빨간 거짓말입니다. 소비자들을 고민하게 만드는 고전적인 논리인데, 완전 헛소리입니다. 비용이 더 들 이유가 없어요." 한발 더 나아가, 유럽의 모든 나라를 포함해 외국의 많은 나라들이 GMO 표시제를 실시하고 있다는 것을 알고 있기에, 소비자들은 왜 미국에서는 안 되는 건지 의아해하고 있다고 말했다.

데이브의 통화 내용을 듣다 보니, 누군가가 캘리포니아의 2012년 제안 37호에 대해서 말하는 듯했다. 캘리포니아의 제안 37호는 매우 유명한, 최초의 '알 권리' 캠페인으로, 소비자들이 구매하는 식품에 GMO가 들어 있는지를 알 권리가 있다는 내용이었다. 캘리포니아에서처럼, 워싱턴의 반대 세력—GMA와 생명공학 기업들—은 활동가들보다 훨씬 많은 비용을 뿌렸다. 통화 내용을 듣자하니, 생명공학 기업들이 총력을 기울이며 모으고 있는 자금에 비하면 이들의 자금은 그 근처에 가는 것조차 불가능했다. 따라서 문제는 어느 정도라도 심각한 상처를 입히는 데 필요한 최소한의 금액은 얼마인가 하는 것이었다. 데이브와 통화하고 있는 사람들이 일종의 리트머스 테스트로 꼽은 것이 제안 37호였다. 그들은 GMO에 대한 대중의 불안이 널리 퍼져 있음에도 불구하고 이 제안이 왜 실패했는지를 토론했다. 캘리포니아 제안 37호에 생명공학 기업들이 쏟아부은 돈은 충격적이었다. 몬산토 사는 800만 달러 이상, 듀폰은 500만 달러 이상, 펩시Pepsi는 200만 달러 이상, 바스프, 다우, 신젠타, 바이엘이 각각 200만 달러, 코카콜라Coca-Cola가 150만 달러를 썼다. 콘아그라 푸드ConAgra Foods와 네슬레Nestlé는 100만 달러 이상을 썼고, 모튼 솔트는 1만 5000달러 정도를 썼다.* 그러나 이번에는 각 회사들이 자사의 이름을 드러내지 않았다. 그

* 모튼 솔트(Morton Salt)? 소금이 GMO와 무슨 상관? 이렇게 의문을 가지는 사람들이 많을 것이다. 식염으로 쓰이는 일반적인 요오드화염에는 유도제로 덱스트로스(dextrose)가 들어 있는데, 이 덱스트로스가 옥수수에서 만들어진다.

들도 배운 게 있었다. 그들은 보호막을 쳤다.

세브린은 이것이 전략이라고 했다. "그들[몬산토]은 기업으로서 개별적으로 나타나지 않아요. 뒤에 숨어 있습니다. 업계 협회를 통해서 일을 합니다."

"GMA 같은 단체 말인가요?" 내가 물었다.

"네, 맞아요, GMA. 만약 청문회에 나가서 몬산토라고 스스로 밝히면… 곧장 위원회의 구성원들 절반으로부터 표를 잃습니다. 몬산토라는 이름 때문에요."

"왜 그런 거죠?"

"신뢰할 수 없다는 평판을 계속 쌓아 왔기 때문이죠."

"워싱턴 DC에서도 그렇다는 건가요, 아니면 각 주에서 모두 그렇다는 건가요?"

"제가 보기에는 그게 일반적인 것 같아요." 워싱턴주에서 몬산토사는 이번에는 이런 식으로 유권자들을 속여 넘길 수 없다는 걸 알고 있다고 세브린이 말했다. "GMA라는 이름에서 선한 의지를 떠올리는 사람은 아무도 없을걸요."

통화를 마친 데이브는 물컵을 하나 들고 헛기침을 몇 번 하며 식탁 앞에 앉았다. 피곤하고 이미 싸움에 지친 듯 보였다.

잠시 후, 침실에서 리사가 나왔다. 금발 머리에 키는 중간 정도 되는 전형적인 중서부 스타일의 꾸밈새 없는 40대 여성이었다. 푸른 눈동자를 쉴 새 없이 움직이고, 진솔함이 느껴지는 태도에, 실용적인 단발머리, 옷도 다분히 기능적이었다. 깨끗한 티셔츠와 청바지를 입고 운동화를 신은 리사는 따뜻하고 푸근해 보였다. 하지만 그 두 사람이 나를 어떻게 대해야 할지 약간은 난감해하고 있다는 걸 금방 느낄 수 있었다. 우리 집에 작가가 왔어. 뭘 어떻게 해야 하지?

어떤 사람과 그 사람의 삶에 대해 글을 쓸 때면, 언제나 그 사람이 신뢰감 속에서 하고 싶은 말을 할 수 있을 만큼 따뜻하고 친근한 사람이 되는 것과, 객관성을 확립하려는 노력 사이에 균형을 잘 잡아야 한다는 부담이 있다. 사실 이건 쉬운 일이 아니다. 때로는 잭이나 짐 같은 사람의 경우, 그냥 한 사람의 인간으로서 '함께 어울리고 싶은' 매력을 느끼기도 한다. 다행히 리사는 나를 만나는 첫날 저녁에 처음 만난 서먹함을 풀기 위해 한 가지 계획을 갖고 있었다. 리사와 나는 함께—데이브는 홍보물을 만들어야 했고, 열두 살 난 아들 샘Sam도 낯선 사람과 어울리기보다는 집에서 시간을 보내고 싶어 했기 때문에 우리 둘이서만 나가기로 했다—리사의 아들 게이브Gabe가 다니는 고등학교 풋볼 경기를 보러 가기로 했다. 전형적인 중서부 사람들과의 경험도 나누고, 여자들끼리 시간도 보낼 수 있으니 나로서도 그 집 가족들과 함께 시간을 보내기에 좋은 핑계였다.

리사의 은색 SUV를 타고 가는 도중에 하늘이 어두워지더니 비가 내렸다. 어디로 시선을 돌려도 눈에 들어오는 옥수수는 마치 안으로부터 불빛이 뿜어져 나오는 것처럼 어둠 속에서 빛이 났다. 리사에게 지금의 이 풍경—어딜 봐도 옥수수!—이 그녀가 기억하는 어린 시절의 풍경과 똑같은지 물었다. 리사는 어린 시절에도 사방에 옥수수가 넘실댔지만, 그때와 지금은 큰 차이가 있다고 했다. 그때는 옥수수가 아무리 많아도 군데군데 단일 경작이 끊어진 곳이 있었다고 한다. 그리고 농장에서 더러 가축도 길렀는데, 돼지와 말, 젖소와 닭을 흔히 볼 수 있었다는 것이다. 과일 나무도 많았고, 꽃밭이나 텃밭도 있었고, 사람이 실제로 사는 곳이었기 때문에 개도 한두 마리 밖에 나와 돌아다녔다고 한다. 리사는 농장과 농장 사이에는 넓은 풀밭도 있었다고 회상했다. 그리고 그때는 새나 나비도 지금보다 훨씬 많았다고 했다. "언젠가 데이브와 이야기를 하다가, 요즘에는 애벌레들이 통 보이지 않는다는 이야기도 했어요. 저 어렸을 때에는 늘 할머니네 농장에서 애벌레를 잡곤 했거든요." 지금은 그 많던 나무도, 꽃밭도, 농장에서 기르던 가축들도 사라지고 대신 아이오와에서는 농장마다 이 끝에서 저 끝까지 오로지 옥수수만 빽빽하게 자란다. 게다가 그 농장의 토지 자체도 거기서 농사를 짓는 농부의 소유가 아닌 경우가 많다. 모두 생명공학 기업이 소유하고 있다. (어쩌다 우연히 보았는데, 지난 가을에 내가 제일 좋아하던 영화 〈레인 맨*Rain Man*〉을 다시 보다가 1980년대 미국 중부 지역의 풍경에 깜짝 놀랐다. 톰 크루즈Tom Cruise와 더스틴 호프먼Dustin Hoffman이 차를 타고 여행을 하는, 영화의 대표적인 장면에서였다. 사방에 거대한 덩어리처럼 버티고 있는 GMO 옥수수 대신 카메라에 포착된 경작지는 다양한 생명체를 품고 있었다. 잡풀과 건초용 풀, 되새김질을 하는 젖소, 나무….)

운전을 하면서, 리사는 클리어 레이크에서 자란 어린 시절 이야기를 들려주었다. 보수적인 복음주의 교회 신도의 가정에서 태어난 리사는 늘 탈출을 꿈꾸는 소녀였다. (데이브와 리사는 모두 복음주의 교회라는 배경을 공통적으로 가지고 있는데, 일요일에 몸이 아파 주일 학교에 못 가는 날이면 똑같은 처방을 받아야 했다. '제리 폴웰Jerry Falwell 목사의 강론 방송을 보렴!') 리사는 클리어 레이크와 가까운 메이슨시티에 있는 브에나 비스타 대학교에 진학했는데, 얼마 후 첫아들 이선Ethan을 낳았다. 그 후로 아이 셋이 더 생겼다. 리디아Lydia, 게이브, 그리고 샘. 꿈은 컸지만 어쩌다 보니 영영 클리어 레이크를 벗어나지 못했다.

아이들이 생긴 후, 클리어 레이크에 사는 것이 못 견디게 답답해지기 시작했다고 한다. "여기 사는 건 미친 짓이라고 생각했던 이유 중의 하나였어요. 만약 차나 비행기나 다른 교통수단이 없었다면 여기서는 말 그대로 뭘 먹을 수도 없었을 거예요. 정말 아무것도 없어요, 정말. 여기서 반경 10마일, 20마일 안쪽으로는 유기농 식품을 생산하는 농부 한 명도 없어요. 가게도 상점도 없고, 식당 하나도 없고. 진짜 사막 한가운데 사는 거예요, 이건." 이선이 아기였을 때, 리사는 클리어 레이크(이 호수도 빗물에 녹아 흘러든 화학비료 성분 때문에 녹조에 뒤덮여 버렸다. 그 물을 먹을 수도, 거기서 헤엄을 칠 수도, 고기를 낚을 수도 없다) 근처의 작은 집에 세 들어 살았는데, 그때만 해도 그 집 뒷마당에 텃밭을 일구었다. "여러 가지 허브도 심고, 아마란스, 비트, 완두콩 이런 것들을 길렀어요." 이선에게 동생이 생기고 가족이 늘면서 리사는 아이들이 먹는 먹거리를 점점 더 의식하게 되었다. "각종 식품 속에 유전자 조작 성분과 갖가지 농약이 들어 있다는 걸 알고 나니, 그런 걸 내 아이들에게 먹인다는 게 양심상 마음이 편치 못했기" 때문이었다. 그래서 두 시간씩 차를 달려 미네소타주까지 가서 유기농 시장을 섭렵하기 시작했다. 그리고 자신이 사는 지역의 사람들에게도 식품에 대해 의식을 갖도록 하기 위해 다양한 대중 조직에서 일하기 시작했다. 니먼 랜치 포크Niman Ranch Pork의 설립자인 필리스 윌리스Phyllis Willis, 폴 윌리스Paul Willis와 함께 리사는 슬로푸드 그룹을 시작하며 리더가 되었다. 단체의 리더로서 그녀는 지역에서 생산되는 식품과 유기농 식품을 홍보하기 위한 오찬을 주최하기 시작했다. 처음에는 이런 일들이 만족스러웠다고 한다. 아이오와주의 한가운데서 자란 그녀는, 먹거리에 대한 패러다임에 맞서 싸우는 것이 유일한 선택인 것처럼 적극적으로 활동했다.

그러나 2002년부터 유기농 식품이 USDA의 규제를 받기 시작했다. "유기농이 사람들이 붙이는 라벨, 농부들이 붙이는 라벨에서 기업들이 붙이는 라벨이 되었고, 돈벌이의 기회가 된 거예요." 그녀가 말했다. (2009년, 오바마 정부 시절 USDA 파머스 마켓 운동의 표어는 '농부를 알고, 먹거리를 알자'였다.) USDA가 개입하자 갑자기 유기농 식품을 구입하는 것이 예전과는 달라져 버렸다. '유기농'이라는 말이 아주 여러 가지 의미를 갖게 되었다. '100퍼센트 유기농'은 모든 성분이 유기농이라는 뜻이었다. '95퍼센트 유기농'도 USDA로부터 '유기농' 인증 표시를 받지만, 성분 중 5퍼센트는 유기농이 아닐 수도 있다. 그리고 '유기농 성분으로 제조'된 식품은 전체 성분 중 최소한 70퍼센트가 유기농이어야 한다. 그리고 '유기농 70퍼센트 미만'은 '특정 유기농 성분'이 들어 있음을 의미하고, 그 성분들 중 최소한 세 종류가 라벨이 표시되어야 한다. '천연 성분All Natural'은 성분이 반드시 유기농 성분이어야 할 필요는 없기 때문에 아무런 의미가 없다. 어떤 것이 천연 성분이고 어떤 것이 유기농 성분인지를 구분해야 하는 이런 새로운 법규에 리사는 분노를 느꼈다. 이 법규가 생기면서 6개월 동안이나 슬럼프에 빠졌었다고 털어놓았다. "슬럼프에 빠져서 허우적거린 건 아니었지만, 혼란스러웠던 건 사실이에요." 청정 식품에 대한 갈망도 있었지만, 그 외에도 농약 범벅인 옥수수 밭 한가운데서 산다는 것을 생각하니 일이 손에 잡히지 않았다. "이것도 길러 볼 수 있고, 저것도 내 손으로 기를 수 있죠. 하지만 바람에 실려 오는 걸 어떻게 막겠어요. 바람 속에 떠다니는 걸." 결국 그녀는 멍치를 걷어차인 강아지가 된 기분이었다.

그런 느낌이 바로 '푸드 데모크라시 나우!'가 탄생하게 된 근원이었다. "어떻게 한다 해도, 절대로 내 아이들이나 나 자신을 완벽하게 보호할 수 없으리라는 느낌이었어요…." 리사는 아주 근본적인 수준에서부터 "이런 식품 시스템에서는 어떠한 민주주의도 없다는 걸, 나는 아무런 목소리도 낼 수 없다는 걸 깨달았죠." 리사와 데이브의 '푸드 데모크라시 나우!'는 그녀가 언제나 갈망하던 바로 그 목소리가 되었다.

이내 곳곳에서 기부가 들어오면서 리사와 데이브는 점점 더 산업화해 가는 식품 시스템 속에서 다른 사람들도 그런 목소리를 원하고 있다는 것을 확신했다. '푸드 데모크라시 나우!'가 얼마나 광범위한 이슈를 품을 수 있을 것인지, 얼마나 큰 영향력을 확보할 수 있을 것인지는 그들도 결코 예측할 수 없었다. 데이브는 '푸드 데모크라시 나우!'가 무시무시한 힘을 가지고 있다고 농담조로 말하곤 한다. "아이오와에 사는 두 사람이 랩톱 컴퓨터 한 대를 가지고 시작한 거예요. 미국에서 이런 운동이 이런 수준까지 올라오리라고는 아무도 생각조차 못 했죠. 26개 주에서 들불처럼 번졌으니까요. 이제 '푸드 데모크라시 나우!'는 미국 전역에서 커다란 화제가 되고 있어요…. 이 나라 정치 시스템의 근본을 흔들고 있는 중이죠."

리사와 내가 풋볼 경기장에 도착하자 날은 벌써 많이 어두웠고 빗방울이 후드득후드득 떨어졌다. 경기는 이미 진행 중이었다. 리사의 장남 이선은 훤칠한 키에 몸집이 날씬한, 금발의 청년이었다.

금속 벤치가 단을 이룬 관중석으로 가는 도중에 이선과 인사를 나누었다. 이선은 게이브가 출전 선수 중에는 들지 못했다고 알려 주었다. 머리가 희끗희끗하고 왜소한 체격인 리사의 아버지는 이미 관중석에 앉아 있었다. 우리는 리사의 아버지 곁으로 올라가 옆에 앉았다. 주변의 관중들은 빨갛고 하얗고 파란 그림이 그려진 종이 상자 속의 팝콘을 먹으며 응원에 열중이었고, 금요일 밤의 조명이 경기장을 환하게 비추고 있었다. 경기장 밖의 멀리까지 펼쳐진 평평한 옥수수 밭만 빼면 그날 저녁 미국의 어느 동네 풍경과도 다를 바가 없었다. 한참 인기리에 방영 중인 TV 드라마 시리즈에 나오는 카일 챈들러Kyle Chandler[46]와 그의 풋볼팀이 경기장의 선수들과 겹쳐 보이는 건 어쩔 수 없었다. 브루스 스프링스틴Bruce Springsteen의 배경 음악도 들리는 듯했다. "아들아 사방을 둘러보렴. 여기가 너의 고향이란다. 여기가 너의 고향이란다." **여기가 너의 심장 지대란다, 여기가 너의 심장 지대란다.** 나는 속으로 중얼거렸다.

경기를 보면서 리사는 캐나다에서 카놀라를 재배하는 농부, 퍼시 슈마이저Percy Schmeiser 이야기를 하고 싶어 했다. 슈마이저는 1030에이커의 밭에서 재래 방식으로 카놀라를 재배했는데, 1997년에 그의 밭이 라운드업 레디 카놀라에 오염되어 버렸다. 그 후 오염된 카놀라에서 씨앗을 받아 종자로 썼다는 혐의로 몬산토 사로부터 19만 5000달러의 손해 배상 청구 소송을 당했다. (슈마이저는 애초에 자기 밭을 오염시켰다는 이유로 맞소송을 제기했다!)

퍼시 슈마이저의 소송은 반-GMO 운동가들 사이에서 전설적인 이야기 중 하나가 되었다. 슈마이저의 이야기는 기본적으로 이런 내용이다. 슈마이저는 50년 동안 농사를 지으면서 매년 수확한 카놀라에서 씨앗을 받아 다음 해 농사를 위한 종자로 썼고, 한 번도 몬산토의 종자를 구매한 적이 없다. 그런데, 1990년대 말에 몬산토 사의 사람들이 그가 사는 지역에 와서 몇 번인가 저녁 모임을 주최했고, 소규모로 농부들을 불러 비밀 회동을 했다. 슈마이저는 한 번도 그런 모임에 초대를 받은 적이 없다. 슈마이저는, 이 모임의 목적이 농부들에게 라운드업 레디 카놀라 종자를 사라고 설득하는 것이었다고 주장했다. 라운드업 레디 카놀라를 심으면 라운드업을 뿌려도 카놀라가 죽지 않는다는 것이었다. 라운드업 내성 유전자를 가진 라운드업 레디 카놀라는 특허 등록이 되어 있는 작물이었다. 몬산토 사는 여기서 한발 더 나아갔다. 그 유전자 자체에 대해 특허를 낸 것이다. 그것은 GMO 식품의 특허에 이은 또 하나의 묘수였다. (바로 이 점 때문에 짐 게리첸은 몬산토 사가 '생명 그 자체를 특허 내려 한다'라고 했던 것이다.) 그러나 카놀라의 꽃가루는 바람을 타고 이동하거나 곤충에게 묻어 이동할 수도 있기 때문에, 슈마이저의 카놀라 밭이 이웃한 GMO 카놀라 밭으로부터 오염되었다는 추정도 가능하다. (과학자인 벨린다 마티노에 따르면, 겨자, 케일, 브로콜리 등과 같은 십자화과에 속하는 카놀라는 "잡초의 특성을 갖고 있어서 사방 어디에나 수분을 한다.") 또 한 가지 가능한 시나리오는 슈마이저가 주장한 것인데, GMO 카놀라를 수송하던 트럭에서 씨앗 몇 알이 새어 나와 슈마이저의 밭에 떨어졌고, 거기서 오염이 일어났으리라는 것이다. (슈마이저가 직접 조사한 바에 따르면, GMO 카놀라를 재배하는 이웃 농부가 슈마이저에게 말하기를, 트럭에 씨앗을 싣고 슈마이저의 농장에서 오염된 바로 그 부분을 지나갈 때 실제로 씨앗의 일부를 흘렸다고 한다. 씨앗을 수송할 당시 트럭을 덮었던 방수포의 한 부분이 찢겨 있었는데, 바람이 불면서 그 부분을 통해 씨앗이 날아갔다는 것이다.) 하지만 슈마이저도 완전히 결백하지는 않았던 것으로 드러났다. 직접 수확해서 이듬해 다시 심은 씨앗은 그가 라운드업을 뿌렸어도 살아남았던 카놀라에서 채취한 것으로, 라운드업 때문에 다른 카놀라는 죽고 오직 라운드업 레디 유전자를 가진 카놀라만을 수확할 수 있었던 것이다. 따라서 슈마이저가 자신이 재배하는 카놀라의 번식력을 증강시키는 데 몬산토 사의 기술을 이용할 의도가 있었다고 보는 것이 타당하다는 것이다. 어쨌든 몬산토 사는 자신의 밭에서 자란 라운드업 레디 카놀라를 수확하고 그 씨앗을 다시 심었다는 점을 근거 삼아 슈마이저를 상대로 특허권 침해 소송을 제기했다. 특허법은 자산 자체(여기서는 몬산토 사의 특허받은 세포와 유전자*)를 보호할 뿐 그 유전자가 그 자산에 유입된 경로까지 보호하지는 않으므로, 슈마이저는 캐나다 연방 법원에서 유죄 판결을 받았다. 그러나 그 후 캐나다 대법원에서는 몬산토 사의 종자를 다시 심었으므로 '유죄'는 인정되지만 슈마이저가 몬산토 사에 배상금을 지불할 의무는 없다고 판결했고(이 상황에서 슈마이저가 취한 실질적인 이득이 없고, 애초에 오염을 야기하지도 않았으므로), 슈마이저는 이 판결에 분노했다. 슈마이저는 대법원의 판결에 저항했고, 이 소송으로 일약 유명 인사가 되었다.

그러는 동안 유기농 카놀라 속에서 라운드업 레디 카놀라 유전자가 계속 발견되면서 오염은 피할 수 없는 것이 되었다. 캐나다와

* 일부 법원에서는 '고차 생명 형태'를 특허 대상으로 삼을 수 없다는 취지로 이러한 특허를 인정하지 않는다.

미국에서 유기농 카놀라를 재배하던 농부들은 자신이 생산한 카놀라가 청정한 유기농이라고 주장하기가 거의 불가능해졌다(이 책을 쓰는 과정에서 만난 거의 모든 농부들이 카놀라가 들어 있으면서 'non-GMO'라는 표시가 붙은 식품에 대해서는 코웃음을 쳤다. 농부들은 카놀라 오일은 전부가 GMO 카놀라에 오염되었다고 말했다). 리사와 데이브의 말에 따르면, 식재료를 쇼핑하고 요리를 하고 식사를 하고 그러면서도 큰 질곡을 겪지 않고 살고 싶어 하는 대부분의 사람들이 미처 인식하지 못할 수 있는 것 중 하나가, 옥수수든 콩이든 면화든 아니면 카놀라든 non-GMO 작물을 기르는 (잭 허니컷 못지않게 젊고 유능하고 똑똑하지만 플라이오버 컨트리 한중간에서 유기농 또는 non-GMO 작물을 기르겠다는 생각을 가질 만큼 대담한) 농부들이 종자 오염에 대한 배상으로 몬산토 사로부터 거액의 배상금을 물도록 강요당하고 있다는 사실이다. (농부들은 특허료를 지불하지 않고 씨앗을 재사용했다는 이유로 몬산토 사로부터 소송을 당하고 있고, 씨앗 청소부들seed cleaner—이듬해 농사를 지을 때 다시 심기 위한 용도로 남은 씨앗을 정제하도록 고용된 사람들—도 특허가 등록된 씨앗을 정제해 농사에 쓸 목적을 가진 농부들에게 넘겼다는 이유로 소송을 당하고 있다.) 나름 절충된 방법으로, 비교할 수 없을 정도의 자금력을 가진 대기업들과 싸우느니 아예 소송 없이 협상을 통해 기업이 원하는 배상금을 지불하고 끝내는 농부나 씨앗 청소부도 적지 않다.* 어디서든 오염 발생 여부를 감시하기 위해, 몬산토 사는 농부들이 이 회사의

* 모 파(Mo Parr)라는 씨앗 청소부는 씨앗을 재사용하려는 "농부를 돕고 부추겼다"라는 이유로 몬산토 사로부터 소송을 당했다. 몬산토 사가 승소했다.

특허 종자를 사용료 없이 사용하고 있다는 의심이 가는 이웃 농부를 직접 전화로 신고할 수 있도록 핫라인까지 구축했다. 실제 이야기라기보다는 꾸며 낸 헛소문이라는 느낌도 드는 이런 이야기들은 non-GMO 또는 유기농 농부들의 공분을 사고 있다. 몬산토 사의 행태가 농부들 사이에 분열을 조장하고 있다고 느끼기 때문이다. 소비자들은 GMO-free 식품을 요구하거나 더 확실한 성분 표시를 요구하고 있지만, 아무 잘못도 없이 자기 밭이 오염된 농부들은 GMO의 사슬에서 빠져나오지도 못하는 진퇴양난의 상황에 처하고 있다는 이야기도 들었다. 몬산토에서 로비스트로 활동한 세버린 벨리보는 이런 상황에 대해, "몬산토 사의 행태는 분노를 사기에 충분합니다. 그들이 농부들을 상대로 하고 있는 짓이나 소송, 이 모든 행태에 분노를 금할 수가 없습니다!" 잭 허니컷에게 그가 아는 다른 농부나 친구들에게 이런 일을 당한 사람이 있는지 물었다. 그는 없다고 했다. 그러나 그런 이야기는 들은 적이 있으며 그 이야기가 어디서 나왔는지 안다고 했다. "그런 경우가 극소수 있다는 건 의심하지 않아요. 사람들이 없는 일을 꾸며 냈다고 생각하지도 않아요. 하지만 이런 일이 만연해 있다거나 자주 일어난다고 생각하지는 않아요."

내가 슈마이저의 일을 대부분 알고 있다는 것을 깨닫고, 리사는 디테일한 부분은 건너뛰고 진짜 말하고 싶은 부분으로 화제를 돌렸다. 바로 슈마이저가 당한 협박이었다. 리사는 데이브와 자신이 슈마이저와 아주 잘 아는 사이이기 때문에, 그의 이야기는 굉장히 충격적이었다고 했다. 몬산토 사는 소송이 진행되는 동안 슈마이저를 스토킹했으며, 협박을 일삼았을 뿐만 아니라 요즘에도 그의 농장 앞 도로 건너편에 몬산토 사가 고용한 건달들이 탄 트럭이 늘 상 주차되어 있다고 했다(슈마이저는 몬산토 측 인사들이 그와 그의 아내를 직접 협박한 적이 있다고 공개적으로 이야기했다). 이런 이야기들이 자기가 하는 일 때문에 위험해질지도 모른다는 공포를 갖게 한다고 리사는 말했다. 몬산토 사가 보낸 감시자들이 사방팔방 구석구석 숨어 있는 게 아닌지 불안해지기 시작한다는 것이다. 리사는 최근에도 낯선 차 한 대가 자기 집 주차장 바로 앞에 서 있는 것을 보았는데, 십중팔구 몬산토 사에서 보낸 사람들이었을 거라고 주장했다. 또 자신과 데이브가 운전 도중에 위험에 빠지도록 하기 위해 누군가가 자기 차의 타이어 고정 너트를 헐겁게 해 놓고, 심지어는 타이 로드를 부러뜨렸다고 했다. (이 일에 대해 좀 더 자세히 조사해 보았는데, 솔직히 말해서 누군가가 리사의 차에서 타이 로드—스티어링 시스템, 스티어링 암, 휠의 피벗 포인트—를 부러뜨렸다면 차는 전혀 운전할 수 없는 상태가 되었을 것이다.) 그러나 리사의 공포를 순전히 헛된 망상이라고 치부하는 것도 논리적이지 않다. 내가 링컨에서 느꼈던 공포도 전혀 근거가 없는 것은 아니었으니까. 나도 리사가 주장하는 그런 이야기들을 들은 적이 있다. 2010년에 몬산토 사가 반-GMO 그룹 활동가들로부터 회사를 보호하기 위해 블랙워터 사Blackwater USA[47]를 고용했다는 기사가 〈네이션*The Nation*〉에 실렸고, 이 이야기는 인터넷에서 많은 루머를 만들었다. 따라서 현재로서는 실제로 어떤 일이 있었는지 확실히 말하기 힘들다. 이에 대해 몬산토 사는 〈네이션〉의 주장을 일축하면서, 자사의 웹 사이트에 다른 주장을 펼쳤다. "몬산토 사는 블랙워터를 고용한 적이 없으며, 〈네이션〉의 주장에 포함된 어떠한 활동가 그룹에도 인력을 침투시킨 적이 없다. 2008년, 2009년과 2010년에 토털 인텔리전스 솔루션Total Intelligence Solutions(TIS)이라는 회사가 우리 회사나 직원, 또는 해외 지사에 위험을 끼칠 가능성이 있는 활동가들이나 조직들에 대한 보고서를 경비 담당 부서에 제출한 바는 있다." 1년쯤 후, 리사는 '푸드 데모크라시 나우!'와 관련이 있는 사람들의 안전을 보장하기 위한 방법을 찾고 있다며 문자 메시지를 보내 왔다. 리사가 미 국가안보국 NSA의 감시 행위를 다룬 로라 포이트러스Laura Poitras 감독의 영화 〈시티즌포 *Citizenfour*〉를 보았다는 말을 듣고 이 영화에 대해 가벼운 이야기를 나누다가, 오래전 내가 뉴욕에서 잠깐 살았던 때에 포이트러스 감독의 개를 돌보는 아르바이트를 한 적이 있었다는 이야기를 했다. 리사가 이렇게 썼다. "지금 새 프로젝트를 추진하는 중인데, 내가 주고받는 모든 연락이며 메시지들이 감시를 당하고 있다면 이게 다 무슨 소용인가 싶어요. 기술자들이나 다른 활동가들은 이런 현실을 빨리 인식하지 못하는 듯해요. 아마 부정하겠죠. 도움이 필요해요." 리사는 혹시 포이트러스 감독에게 다리를 놓아 줄 수 있는지 알고 싶어 했다. 하지만 나에게는 그럴 힘이 없었다. 이미 너무 오래전 연락이 끊긴 상태라 연락할 수 있는 방법 자체가 없었다. (2013년 에드워드 스노든Edward Snowden[전직 NSA 계약직 요원으로, NSA의 상시적인 민간인 감시에 대해 고발한 인물]의 이야기를 하기 시작한 이후 포이트러스에게도 온갖 감시가 따라다니는 상황이다.)

그날 밤, 리사와 데이브의 집으로 돌아가는 길에 옥수수 밭은 벨벳같이 부드러운 어둠에 덮여 있었다. 골리앗(생명공학 기업)과의 이 싸움이 어쩌면 리사와 데이브가 함께 사는 이유일지도 모른다는 생각이 들었다. 전직 풋볼 공격수다운 신체적인 존재감에 정치적인 의지, 거기다가 민첩한 판단력과 반항적인 정신, 되로 받으면 말로 준다는 승부욕까지 가진 사람이니, 데이브가 곁에 있다는 건 어떤 괴물과도 맞설 수 있는 커다란 힘일 듯싶었다.

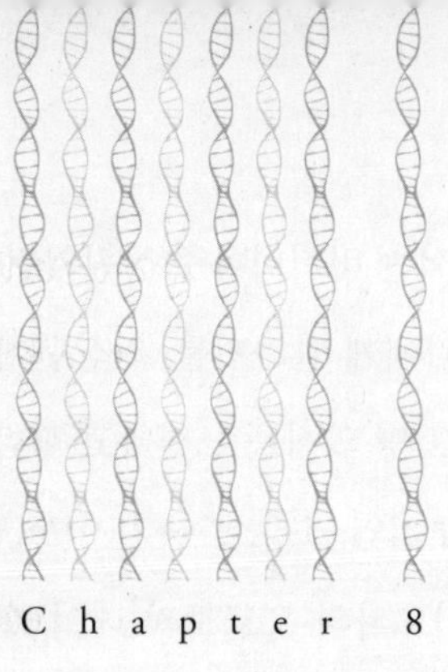

Chapter 8

리사를 처음 만났던 시기에 데이브는 워싱턴 DC의 정치계에서 일하고 있었다. 그보다 앞서, 다트머스 대학을 졸업하고 잠시 아이오와 시티에 있는 집에 와 소설 습작을 한다는 핑계로 거의 3년 가까이 술만 마시고 지내기도 했다. “그 당시에는, 물론 아이오와가 좋았지만 그건 열아홉 살 스무 살 감성으로 그랬다는 거고, 나는 작가가 되고 싶었어요.” 작가가 되겠다는 목표를 가지고 컬럼비아 대학 석사 과정에 입학했다. 거기서 퓰리처상 수상작《디 아워스*The Hours*》의 작가인 마이클 커닝햄**Michael Cunningham**의 가르침을 받았다. 많은 작가들이 선망하는 이러한 계보를 가지고 있음에도 불구하고, 데이브는 결국 작가의 길을 버리고 좌회전을 해 뉴욕 시티에서 워싱턴으로 거처를 옮긴 후 그곳에 자리를 잡았다. 워싱턴 DC에서는 버지니아주 상원의원인 짐 웹Jim Webb의 예비 선거를 도왔다. 나에게 말하기를, 워싱턴에서 일하면서 정치가 자신의 운명이라는 소명 의식을 느꼈다고 했다.

그런데 그 무렵, 누이인 크리스Chris가 어느 날 밤 전화를 걸어 와 도움을 청했다. 아이오와의 오코보지 레이크에 있는 부모님의 땅 근처에 사는 누이였다. "누이가 사는 곳 바로 옆의 땅이 공장식 가축 사육장이 될 위기에 처했다는 거예요. 정말 아름다운 땅이었거든요…. 사육장이 들어서는 그 땅의 경계 안에는 정말 사람들의 발길이 거의 닿지 않은 초지도 있었어요. 그렇게 처녀지 같은 초원은 정말 드물어요. 그 땅이 얼마나 아름다운지, 얼마나 더 아름다울 수 있는지를 아는 것만으로도 축복이라고 생각하고 싶은 그런 땅이에요. 그리고 우리 누나의 농장 가까이에 그런 사육장이 들어설 거라는 생각만으로도 화가 치밀었어요…. 정말 민감한 강 유역에 말이죠." 처음에는 누나에게 부탁을 들어줄 수 없다고 거절했다. "못 한다고 했어요. 아이오와에서 공장식 사육장과 싸운다고 누가 월급을 주겠어요?" 대학 학비를 위해 받았던 학자금 대출도 갚아야 했고, 무엇보다 아이오와의 집으로 돌아온다는 건 막다른 골목으로 걸어 들어가는 것이나 마찬가지라는 생각이 들었다.

게다가 가족 간의 불화도 있었다. 어린 시절, 복음주의 기독교 가정에서 자란 데이브에게 아버지는 늘상 '어리석은 자의 등짝에는 회초리가 제격'이라는 격언을 입에 달고 살았다. 어린 시절의 경험담을 털어놓으려고 하던 때에 데이브와 나는 다이닝 룸에 앉아 있었다. 일요일 오후였는데, 열려 있는 스크린 도어를 통해 시원한 바람이 불어 왔다. 미국의 한복판, 육지로만 둘러싸인 땅의 꽉 막힌 느낌을 기분 좋게 밀어내는 바람이었다. 리사는 클리어 레이크의 다운타운에 독립해 혼자 사는 이선을 데리러 나가서 마침 집에 없었다. 이선이 생선 튀김을 잘못 먹고 몸에 두드러기가 났다며, 베나드릴도 사 와야 한다고 했다. 아래층에는 어린 두 아이 게이브와 샘이 비디오 게임을 즐기고 있었다. 열일곱 살인 리디아는 친구와 시간을 보내는 중이었다. 조용한 오후였다. 모든 것이 정지된 토요일의 느낌처럼, 아주 편안하고 느긋하게 각자가 자기 삶의 다양한 부분들을 보살피고 있지만 곧 가족 모두가 다시 한자리에 모일 거라는 푸근한 믿음이 있는 그런 오후였다. 리사가 점심으로 단호박 크림수프를 보글보글 맛있게 끓여 놓고 갔지만, 우리는 그냥 그녀가 돌아오기를 기다렸다.

데이브는 긴장이 심하고 때로는 폭력적이었던, 어린 시절의 집안 분위기를 계속 설명해 주었다. 결국 집안에서 쌓인 분노와 어린 시절의 상처에서 온 좌절감을 풋볼로 쏟아 냈는데, 그것이 뜻밖의 성공을 거두었다. 그의 묘사대로 풋볼이 없었다면 아마 그런 성공—다트머스 대학에 진학하고 나중에는 강력한 비영리 단체까지 조직한—을 거두는 것은 불가능했을 거라는 생각이 들었다. 더욱 경이로운 것은, 그가 사랑과 연민이 넘치는 가족을, 그것도 자신의 피가 섞이지도 않은 아이들까지 가족으로 받아들이며 행복하게 살고 있다는 점이었다. 아직도 아픈 추억이 떠오르는 곳이지만, 아이오와는 그에게 언제나 성지 같은 장소일 것이다.

갑자기 말수가 확 줄더니, 누나 크리스의 이야기로 돌아갔다. 크리스는 울면서 공포에 떠는 목소리로 자주 전화를 해서, 인근에 공장식 가축 사육장을 짓고 싶어 하는 농부들이 그녀의 아이들까지

거론하며 협박을 한다고 말했다. "누나네 가족들은 내가 가까이 와 있기만 해도 그 사람들이 그렇게 만만히 보고 괴롭히지는 않을 거라고 느끼는 것 같았어요." 결국 데이브는 두 달 만에 고향에 돌아와서 지내며 상원의원의 선거를 돕기로 합의했다. 민주당 소속 멜 베리힐Mel Berryhill 의원을 돕기로 한 것은 누나가 겪고 있는 것 같은 문제를 해결하기에는 정치판이 가장 논리적인 장場이라고 믿었기 때문이다. 정치가들이 (지역 당국에 대해 정치적인 영향력을 행사함으로써) 이 문제에 대해 힘을 쓸 수 있을 것이라고 보았고—"당시 아이오와에서는 공장식 가축 사육장이 매우 '핫'한 이슈였으므로"—일이 원만히 해결되면 여자 친구가 기다리고 있는 워싱턴 DC로 돌아가 다시 자신의 삶을 되찾을 수 있을 것이라고 생각했다. 그러나 아이오와에 와 있는 동안 고향에서 벌어지는 여러 가지 일들에 점점 엮이게 되었고, 거대 농산업체에 맞서 싸우고자 하는 농부들과 연대하게 되었다. "사람들이 묻는 거예요. '여기 머물면서 의회 회기 동안 함께 일하면 안 되겠어요?' 처음에는 나도 잘 모르겠다고 했죠." 그러나 사람들과 진지하게 논의를 하고, 워싱턴 DC와 아이오와를 매주 왕복하기 시작했다. 그러면서 아이오와에서는 민주당이 득세하기 쉬우리라는 믿음이 더욱 굳어졌다. "민주당은 농촌에서 지역의 농부들을 지원하는 데 필요한 기반을 가지고 있었어요." 애초에 설정했던 목표를 이루면, 다시 워싱턴 DC로 돌아갈 생각이었다. 그러나 아쉽게도 상원의원 선거에서 패배했다. (그렇지만 데이브와 그의 가족들은 인근에 세워질 계획이었던 공장식 가축 사육장을 몰아내는 데 성공했다.) 이 일은 데이브가 식품 관련 정책에 생각보다 더 많은 관심이 필요하다는 것을 깨닫는 계기가 되었다.

결국 데이브는 2007년에 아이오와에서 '식품 및 가족 농장 대표자 회의'를 유치하고자 했던 농민 연맹Farmers Union에 고용되었다. 데이브라면 다가올 아이오와 코커스Iowa caucus[48]에서 가족 농장과 파머스 마켓을 지원하고, "궁극적으로는 공장식 가축 사육장에 대한 지원을 중단할" 후보를 선택하는 데 도움이 되리라고 판단했기 때문이다. 처음에는 이 일을 하면서도 부지런히 워싱턴 DC를 자주 왕복했다. 그곳에 남아 있는 사생활의 흔적을 유지하기 위해서였다. 그러던 2007년, 지구의 날에 '지속 가능한 슬로푸드 식탁' 행사에서 리사를 만났다. 그 행사의 주최자가 바로 리사였고, 데이브는 게스트였다.

그날 오후, 모든 것이 바뀌었다. 데이브는 워싱턴 DC로 돌아가 거기에 남아 있던 모든 짐을 꾸려서 아이오와로 돌아왔다. 리사와 함께 달성할 수 있는 목표가 소중한 만큼, 리사도 소중하게 다가왔다. "사실 워싱턴 DC에서 짐을 꾸려서 돌아오는 길에서야 리사와 깊은 이야기를 나누기 시작했어요. 그때 우리 둘이 운명이라는 걸 처음 느꼈어요. 우리가 원하는 것, 믿는 것이 이것라면 함께 변화시킬 수 있을 것만 같았거든요." 엄마로서 세상을 변화시키고자 하는 리사의 성실함과 열정은 데이브로 하여금 두 사람이 깊이 연결되어 있다고 믿게 만들었다. "이런 작은 마을에서 '나는 지금 이 시스템에 동참할 수 없다! 이 시스템은 나의 건강만이 아니라 내 아이들의 건강에도 해롭다'라고 말하려면, 진짜 큰 힘과 용기와 성실성이 필요합니다…. 이런 작은 동네에서 아이들을 기르는 싱글 맘으로서 그런 일을 해내기 위해 리사는 정말 많은 난관을 극복하고 장애를 넘어야 했어요. 아이를 어린이집에 맡겨 놓고, 그 어린이집을 책임지는 사람한테 '유기농 우유를 먹이지 않는 건 비양심적인 거예요!'라고 말한다고 상상해 보세요." 이 이야기를 할 때 데이브의 눈에는 눈물이 맺혔고 목소리는 살짝 떨렸다.

그 후로 몇 달 동안, 데이브는 농민 연맹에서 일하면서 한편으로는 리사와 함께 '푸드 데모크라시 나우!'를 조직하기 시작했다. '대표자 회의'를 준비하면서, 그는 정치가들의 보좌관들과 이야기를 하면 할수록 그 사람들이 "GMO가 무엇인지, 유전자 조작이 무엇인지"에 대해 정말 아무 지식도 생각도 없다는 것을 깨달았다. 그러다가 오바마 캠프를 이끄는 사람들 중 하나가 데이브에게 "어떻게 하면 농부들로부터 오바마에 대한 지지를 얻어 낼 수 있을까? 농부들이 오바마를 지지해 줄까?" 하고 물었다. "그래서 그 사람에게 몇 가지 아이디어를 설명했어요. 그리고 며칠 후 리사와 함께 '센트로'라는 식당에 그를 데리고 갔죠. 지역 농산물로 만든 음식을 내놓는 식당이었어요. 그런데 그[오바마 캠프 매니저]가 다른 스태프들 몇 명까지 데리고 와서, '오바마 캠프에서도 네거티브 광고를 해야 할까?' 하고 물었어요. 나는 '당연하죠. 네거티브 광고를 해야 한다고 생각해요'라고 답했어요. 그랬더니 '네거티브가 먹힐 거라고 생각하는 사람은 없는 것 같은데' 하더군요. 나는 이렇게 대꾸했죠. '그런 말을 한 사람은 아마 선거에서 이겨 본 적이 없을 거예요. 사람들은 네거티브 광고에 훨씬 더 잘 반응해요.' 아이오와에서도 참 깨끗하지 못한 선거전이 많아요. 사람들도 누구나 저런 네거티브 광고는 안 되는데, 라고 말은 해요. 그래도 어쨌든 힐러리를 이기는 게 중요하다고 말해 줬어요. 그랬더니 리사에게 이렇게 묻더군요. '당신은 어떻게 생각해요? 우리가 네거티브 광고를 해야 한다고 생각해요?' 리사가 답했어요. '네거티브를 하든 안 하든 난 관심 없어요. 내가 관심 있는 건 오직 하나, 당신의 후보자가 GMO에 대해 어떻게 생각하느냐예요.' 그러자 그 매니저가 이러더군요. 'GM… 뭐라고요?' 이런 사람이 민주당 상원 선거 위원회의 위원이었어요, 몇 년 동안이나…. GMO가 뭔지조차 모르는 사람이…. 리사와 나는 서로 마주 보며 고개를 절레절레 저었어요. 'GMO가 뭔지도 모르다니… 믿을 수가 없어….' 이런 표정으로 말이죠."

나중에 오바마가 행사에 왔을 때, 그의 캠프도 GMO가 관심을 기울여야 할 주제라는 걸 깨닫기 시작했다. 토론회에서 농부들이 논의하고 싶어 할 이슈 중 하나라는 걸 알았던 것이다. "대통령이 된다면 저는 이렇게 할 것입니다. 곧바로 미국을 원산지 표시 의무국으로 만들 것입니다. 미국인은 자신이 먹는 식품이 어디서 온 것인지 알 권리가 있습니다. 그리고 그 식품이 유전자 조작 식품인지 아닌지를 알게 할 것입니다. 미국인은 자신이 구매한 식품에 대해 알 권리가 있습니다." 이런 연설문 내용을 오바마의 연설에 잘 끼워 넣는 일이 데이브에게 맡겨졌다. 오바마가 이 약속을 충실히 지키지 않았다는 점에 대해 데이브는 이내 실망할 수밖에 없었다. 데이브가 보기에는 오바마도 기업들과 연관이 있었다. 희망과 기대에 차 있던 2007년에는 미처 예견하지 못했던 부분이다. 하버드 대학교 교수이자 '보건과 지구 환경 센터' 설립자인 에릭 치비언 박사도 데이브와 리사의 실망감을 똑같이 느꼈을 뿐만 아니라 거기서 한발 더 나아갔다. "몬산토 사를 비롯해 GM 작물과 화학비료, 농약을 생산하는 다른 기업들이 항상 가장 먼저 대통령 선거전을 시작하는 아이오와에서 매우 강력한 정치적 영향력을 행사한다는 것은 비밀도 아니다." 2009년에 오바마는 아이오와 주지사였던 톰 빌색Tom Vilsack(1999-2007년 재임)을 USDA의 수장으로 임명했다. 빌색은 반-GMO 활동가들로부터 몬산토 사의 대변인이자 '한통속'이라고 비난받던 인물이다.

리사는 집으로 돌아와 크림같이 부드러운 수프—방목 소의 우유로 만든 크림과 구워서 곱게 찧은 단호박, 소금, 후추와 파프리카를 넣고 끓인—를 내놓았고 우리는 식탁에 둘러앉았다. 나는 배가 고팠고, 데이브는 어쩌다가 애초에 원한 것처럼 직접 정치판에 끼어들지 않고 활동가로 활약하게 되었는지에 대해 잠시 이야기했다. 나는 GMO 문제가 왜 미국 정치계에서 피뢰침이 되었는지 설명해달라고 요구했다. 그는 이렇게 답했다. "미국의 일반 시민들은 이 문제가 커튼 뒤에서, 밀실에서 비밀리에 다뤄지고 있다고 보고 있어요. 민주주의가 그런 식으로 조작되고 있다는 점에서 공포를 느끼죠. 지난 10년 동안 부시가 전쟁을 일으키고 유지하기 위해 얼마나 많은 거짓말을 했는지 이제는 우리도 알고 있지 않습니까? 대량파괴 무기라는 둥, 월가의 붕괴라는 둥, 인터넷 버블이라는 둥…. 사람들은 이제 전문가라든가 선출된 관료에 대해 완전히 불신하게 되었어요…. 사람들도 이제는 '맞아, 저 사람들이나 우리가 우리 손으로 뽑은 관료들이 일을 하는 방식은 이런 거였어. 지구상에서 가장 악랄한 기업인 몬산토와 손을 잡고서 말이지….' 이렇게 생각합니다."

리사도 거들었다. "기본적으로 아이오와 주민들은 그렇게 단순하지 않아요. '농사가 이렇게 되길 원하는 건가? 우리 고향땅이 산업 농경으로 가기를 원하나? 이 땅이 한구석도 남김없이 단일 경작 시스템 앞에 무너지길 원하나? 생물학적 다양성 따위는 무시해도 좋다는 건가? 땅이 죽어 가도 좋다는 건가? 토양에서 미네랄 성분은 모두 빠져나가고, 결국은 내 입으로 들어가는 음식물에서도 미네랄은 흔적조차 없어도 좋다는 건가? 이 땅에서 더는 식량을 기르지 말자고?' 그냥 가축에게 먹일 사료, 자동차 연료 탱크에 들어갈 연료, 기업에서 원료로 쓸 고과당 콘 시럽이나 키우자고? 아이오와 사람들이 원하는 건 그런 게 아닙니다. 그런 건 생각조차 해 본 적이 없어요. 5년 전, 우리가 처음 이 일을 시작했을 때, GMO가 뭔지 아는 사람조차 별로 없었지만 지금은 온 나라가 다 깨닫고 있습니다. 모두 이런 굉장한 운동들 덕분이죠. 여기에 우리도 의미 있는 역할을 했다고 믿어요."

데이브가 가진 특별한 재능 중 하나가, 긍정적으로든 부정적으로든 사람들의 주목을 끄는 말솜씨이다. 가장 성공적인 예가 '몬산토 보호법'이다. 몬산토 보호법은 2013년 봄에 오바마 대통령에게 올라간 지출 예산안의 735절을 가리켜 데이브가 붙인 별칭이다. 이 예산안의 735절은 적어도 부분적으로는 미주리주 상원의원 로이 블런트Roy Blunt에 의해 작성되었는데, 블런트는 이 절의 부칙을 만들 때 몬산토 사와 함께 일한 것으로 알려져 있다. 기본적으로 735절은 GMO 종자가 위험하다고(또는 사람들에게 해를 끼친다고) 간주될 경우 몬산토 같은 생명공학 기업들을 소송으로부터 보호한다. 735절의 지지자들에 따르면, 그 목표는 단지 법정 시스템을 이용해 농부들에게 유전자 조작 작물들을 파괴하도록 강요할지도 모를 활동가들로부터 생명공학 기업들을 보호하는 것이었다.

다시 말해, 이 조항을 두고 생명공학 기업들은 농부들을 향해 "보시오! 우리는 농부들을 보호하고 있소!"라며 큰소리 칠 수 있었다. 이 735절에 오바마 대통령이 서명함으로써 법으로서의 효력이 발효될 것이라는 소문을 듣고 환경운동가들, 식품운동가들은 이 법안의 효력을 정지시키기 위한 노력을 개시했다. 데이브에 따르면, "식품 안전 센터를 비롯한 다른 비영리 단체들은 이 법안을 '생명공학 기업 특약', '몬산토 특약'이라고 불렀습니다. 리사와 나는 어리둥절한 얼굴로 서로를 마주 봤죠. '이건 말도 안 돼! 이게 무슨 보험이야? 생명공학 기업 특약이니 이런 말로는 이길 수 없어. 다 집어치우고, 이건 그냥 몬산토 보호법이야!' 이렇게 된 거죠." 그렇게 해서 그 별명이 그대로 굳어 버렸다. 그리고 그 별명은, 데이브에 따르면, 사람들의 분노를 일으켰고, 거대한 불기둥이 치솟기 시작했다. 백악관은 10만 통이 넘는 전화 공세에 시달려야 했고, '푸드 데모크라시 나우!'는 735절을 폐기하기 위한 발의안에 30만 명의 서명을 받았다. 이렇게 공세가 이어지자 백악관에서 전화가 왔다. "당신들이 짜 놓은 프레임에… 우리 어머니까지, 이 예산안에 서명한다면 오바마 대통령도 나쁜 사람이 아니라는 말을 믿을 수 없다고 하시는 상황입니다…." 데이브는 이렇게 대꾸했다. "오바마 대통령은 헌법 전문가입니다. 누군가가 사법 심사권judicial review[49]이나 삼권 분립에 잠재적인 위협 요소가 있다고 생각한다면, 대통령은 여기에 대해 뭔가 의견을 내놓아야 하는 겁니다." 결국 몬산토 보호법에 대통령은 서명했고, 그것은 법으로서 존재하게 되었다. 그러나 겨우 6개월 후, 적어도 한 명의 상원의원, 민주당 소속 메릴랜드주 상원의원인 바버라 미컬스키Barbara Mikulski는 이런 법이 존재한다는 것에 대해 공개적으로 사과했다. 〈폴리티코*Politico*〉지는 이 예산안에 대해 이렇게 평했다. "하원에서 전통적인 예산안 과정의 붕괴는 오로지 이익만 추구하는 압력 단체들—자금력뿐만 아니라 흔들림 없이 목표에 집중하는 기술까지 갖춘—의 힘을 더욱 확대시킬 가능성이 있다." 그러나 이 사건은 식품 관련 운동을 더욱 활발하게 만드는 계기가 되었으며, GMO 표시 캠페인에 더 큰 에너지를 불어넣었다. 이런 결과에는 데이브가 고른 언어가 큰 역할을 했다고 볼 수 있다.

GMO 표시법이나 식품운동 또는 유기농에 대해 오바마 대통령이 전혀 관심 없었다는 자신의 주장을 보여 주기 위해, 데이브는 오바마가 처음 당선되었다는 소식을 들었을 때 자신이 했던 이야기를 들려주었다. "대통령직 인수위 시절에 오바마 당선인에게 어떤 유명한 셰프가 사적인 자리에서 오리 요리를 내놓았어요. 셰프가 오바마에게 물었답니다. '유기농을 장려하기 위해 어떤 일을 하실 건가요? 유전자 조작 식품에 표시를 하도록 한다거나 농장을 관리한다거나….' 그러자 오바마 당선인이 답했답니다. '당신들의 능력을 먼저 보여 주세요.'" 데이브나 리사에게는 굉장히 실망스러운 에피소드였지만, 두 사람 모두 이때부터 행동의 필요성을 실감했다고 한다. "그때부터 우리는 조직적인 운동을 하고 있습니다. '푸드 데모크라시 나우!'도 그렇게 시작된 거죠."

하지만 그러는 동안 오바마 행정부가 집권한 워싱턴 DC는 두 사람에게서 매력을 잃어 갔다. "그러니까 결국, 아이오와 코커스에서 오바마가 당선되도록 도운 우리가 바보였던 거예요. 오바마를 지지하도록 농부들을 조직했으니 말이죠! 그 농부들은 이제 우리를 상대도 안 할 것이 뻔한 데다, 한술 더 떠서 우리를 전염병 환자 취급한단 말입니다. 아주 몹쓸 병에 걸린…. 오바마가 백악관에 앉아서, '오가닉 가든' 어쩌고저쩌고 하는 것이 저는 기가 막힙니다. 오바마 부인이 직접 뭘 심었다는 둥 어쨌다는 둥 하잖아요. 뭐, 그것만 해도 대단한 일이지만, 그건 그저 GMO 작물에 고무도장 한 번 꽝 찍어 주고 그 뒤에 올 수도 있는 모든 해악에 대해서는 눈 감는 행위죠…. 다가오는 재앙 앞에서 모래 속에 머리만 처박고 있는 거나 다름없어요." 미래를 생각할 때, 오바마가 백악관을 떠난 후에는 어떤 것을 기대하는지 물었다. 지금보다 더 나빠질까요? 그의 대답은 비관적이었다. "백악관에 누가 앉아 있든 그건 거의 상관이 없어요. 우리 정부를 지배하고 있는 건 기업이니까요. 깡패 자본주의라고 할 수 있죠." 그러고는 거기서 한발 더 나아갔다. "600개의 기업 로비스트들이 미국을 주무르고 있어요. 백악관에는 그런 사람(기대할 만한 사람) 아무도 없습니다."

그러나 비관주의도 이 문제에 대한 그의 열정과 공격력을 누그러뜨리지 못했다. 진심과 솔직함이 느껴지는 목소리로 그는 말했다. 그를 이끈 것은 자신의 고향을 지키겠다는 열정이었다. 데이브는 아이오와의 옥수수 밭이 묘한 최면의 힘을 갖고 있다고 했다. 오코보지 레이크 근처에서 자라던 어린 시절과 그때 아이오와가 자신에게 어떤 의미였는지를 늘 생각한다고도 했다. 그의 눈에 비친 요즘 아이오와의 변화된 모습—여기서 '요즘'은 50년 전부터 지금까지를 말한다—은 그저 가슴 아플 뿐이다. "아이오와는 지구상에 있는 어느 주보다도 많은 변화를 겪었습니다. 아이오와에 있는 땅의 93퍼센트는 농산물 생산에 쓰입니다. 사람의 손에 의해 계산된 변화라는 측면에서는 독보적입니다. 아이오와에 있는 농지 중 3100만 에이커가 넘는 땅이 인공적인 변화를 겪었어요. 처음에는 초원을 갈아엎고, 나무를 쓰러뜨리고, 다시 갈아엎고, 늪지의 물을 빼고…. 150년 동안, 인간은 99퍼센트 이상의 원시적인 초원을 싹 밀어 버렸습니다." 유전자공학 작물의 출현과 연방의 에탄올 규정 때문에 옥수수 생산량을 더 늘려야 한다는 욕심이 지난 30년 동안 아이오와의 자연 풍경을 더 심하게 바꿔 놓았다고 그는 말했다. 이제는 나비를 거의 볼 수 없다는 말을 하던 그날 오후, 데이브의 목소리에서는 아련한 슬픔이 느껴졌다. "오늘 아침에 제왕나비를 봤거든요." 그 순간 그는 리사를 돌아보았다. "아까 말이야… 당신이… 뭘 하고 있었더라…? 여하튼 정말 아름다웠습니다. 잘 들여다보면, 기업화된 영농과 종자 처리, 그리고 네오니코티노이드와 Bt [옥수수]는 생물학적 다양성에 정말 악영향을 끼치고 있다는 걸 알 수 있어요. 어쩌다가 나비를 보게 되면 이런 걱정이 듭니다. '얘들의 번식력이 이런 공격을 얼마나 더 견딜 수 있을까?'"

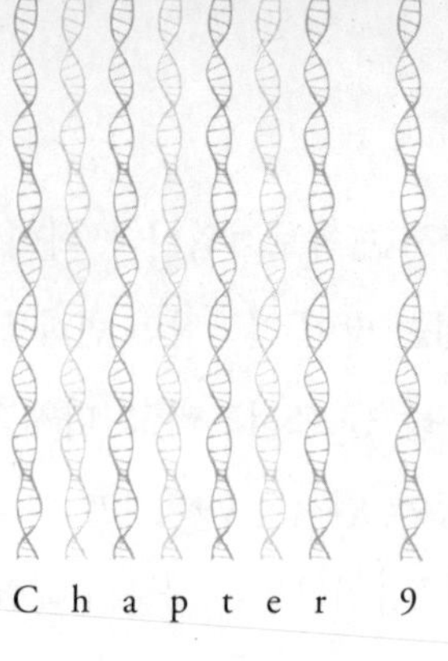

Chapter 9

리사, 데이브와 함께 보낸 마지막 날 저녁에는 내가 저녁 식사를 준비하겠다고 제안했다. 하릴없이 그 집에서 빈둥거리지 말고 뭔가 조금이라도 도움이 되는 일을 해야겠다는 생각도 있었지만, 그보다도 그 두 사람의 집에서 느껴지는 총체적인 피로감을 덜어 주고 싶었다. 일 얘기, 또 일 얘기. 그 두 사람은 잠시라도 일 얘기를 멈춰야 할 것 같았다.

미국의 중산층 이상 집들이 대부분 그렇듯이, 데이브와 리사의 집도 먹을 것으로 넘쳐났다. 모두 유기농이지만, 대부분이 반조리 식품이거나 이미 조리된 식품들이었다. 수납장에는 크래커와 스낵류가 쌓여 있었고, 냉장고는 치즈와 채소, 주스, 유기농 방목 우유와 크림이 하도 많아서 숨도 못 쉬고 헉헉대는 것 같았다. 양념통이 정리된 서랍은 웬만한 요리사들이라면 좋아할 모든 양념들로 터질 것 같았다. 말이 나온 김에 리사가 거들었다. 식품과 관련된 일에 몰두하느라 너무 긴 시간을 보내는 탓에 정작 집에서는 청소며 가족들의 식사를 제대로 챙길 시간조차 부족하다고. 그 아이러니를 리사도 절실히 느끼고 있었다. 최선을 다한다는 것이 2~3주에 한 번씩 한 시간을 달려 디모인에 있는 홀푸드 마켓에서 장을 보거나, 일 때문에 다른 도시로 비행기를 타고 여행을 갔다 오면서 장을 봐 오는 것이 고작이라고 했다. 최근에는 막내아들 샘의 건강에 문제가 있었기 때문에 글루텐-free 식품을 먹이면 좀 나아질까 하는 바람으로 전보다 더 신경을 쓰고 있다고 했다. 그런 식품들 중에도 옥수수가 들어 있는 것이 많다고 내가 지적했다. 리사는 깜짝 놀라더니 이내 지친 표정이 되었다. 성분 표시를 아무리 들여다봐도 확인할 수 없는 것들이 있다.

리사가 프랑스산 레드 와인 세 잔을 따랐고, 나는 냉장고와 수납장을 왔다 갔다 하며 저녁 식사 준비에 쓸 식재료를 챙겼다. 레드 퀴노아 한 병, 라키나토 케일 두 묶음, 타히니tahini[50] 한 병. 퀴노아를 올리브오일에 갈색이 나도록 볶다가 고소한 냄새가 나기 시작할 때 물을 부었다. 리사는 이따금씩 차라리 프랑스에 살았으면 좋겠다는 생각을 한다고 했다. 프랑스에서는 GMO에 대한 논의가 훨씬 더 공개적으로 이루어지는데, 유럽은 대체적으로 미국에 비해 기업의 영향력이 덜하기 때문이란다. 정말 그런가요? 그냥 남의 손의 떡이 더 커 보이기 때문 아닐까요? 기업의 영향력에 대해서라면 유럽이나 여기나 오십보백보일 것 같은데…. 내가 말했다. 리사가 응수했다. "이 와인을 보세요." 그녀는 와인의 라벨을 내게 들이 밀었다. 라벨에는 커다란 낫을 휘두르는 사람이 그려져 있었다. 그 와인이 'faucheurs volontaires', 즉 '수확 자원봉사자'들을 후원하기 위한 상품이라는 뜻이었다. 수확 자원봉사자는 6700명 정도의 활동가들로 조직된 그룹인데, 프랑스를 비롯한 유럽의 여러 나라 현장에서 시험 재배되고 있는 유전자 조작 곡물들을 뽑아 버리는 활동을 하고 있다고 리사가 설명했다. 지금까지 60명 이상의 자원봉사자들이 체포되었고, 2010년에는 프랑스에서 GMO 포도가 시험 재배되고 있는 밭을 망가뜨린 혐의로 벌금형까지 받았다. 리사는 "프랑스에서는 사람들이 모여 집회를 하고, 콘서트를 열고, 특제 맥주와 와인, 심지어는 포테이토칩까지 팔아 재판 비용과 벌금을 모금했어요. 필요한 돈을 모두 모금으로 충당할 수 있었답니다. 여기 미국하고는 사정이 아주 다르죠?"* 이런 이야기는 이미 들어 본 적이 있지만, 활동가들을 지원하는 공개적인 움직임이 광범위하게 이루어진다는 것은 정말 흥미로웠다. 유럽의 GMO 저항운동에 대해 더 알아봐야겠다고 마음먹었다.

퀴노아가 끓는 동안, 케일을 씻어서 잘게 다졌다. 그다음에는 타히니를 중간 크기의 볼에 몇 스푼 담고 물을 약간 섞어 희석한 후, 소금과 올리브오일, 그리고 메이플 시럽과 검은 후추, 파프리카, 찧은 마늘을 섞어 달콤하고 감칠맛 나는 참깨 소스를 만들었다. 퀴노아가 거의 익었을 무렵, 케일을 증기에 쪘다. 예쁜 접시들이 쌓여 있는 선반에서 도자기 접시와 볼, 앞접시를 꺼내다가 큰 접시의 한

* 우리가 잘 모르는 이야기 하나. 미국에서는 2003년에 GMO 이스트의 사용이 승인되었고, 그 후로 미국산 와인 제조에 사용돼 왔다. (나는 유기농 와인에 붙은 GMO-free 라벨을 볼 때마다, 진짜 그럴까 싶은 생각에 콧방귀가 나온다.) 미국에서 재배한 포도로 만든 와인에서는 글리포세이트의 흔적도 검출되었다!

쪽에는 레드 퀴노아를, 그리고 나머지 한쪽에는 케일을 담았다. 접시 전체에 참깨를 뿌리고, 그 옆에 소스 볼을 놓았다. 리사와 데이브, 그리고 나는 의자에 앉아 음식을 먹기 시작했다. 리사의 아이들은 제각기 자기 볼 일로 바빴다. 큰딸 리디아는 남자 친구를 만나러 갔고, 게이브는 풋볼 경기를 하러 나갔다. 샘은 일찍 저녁을 먹고 지하실에서 비디오 게임을 하고 있었다. 내가 만든 요리를 한 입 먹어 보더니, 데이브는 나를 보며 말했다. "진짜 맛있네요. 고마워요. 이렇게 깔끔하고 쉽게 요리가 만들어지다니, 신기하네요. 이런 요리를 매일 먹고 살 수 있었음 좋겠어요." 리사도 "맞아…" 하고 동의하며 먹느라 바빴다.

일요일인 다음 날 아침, 내가 머물던 홀리데이 인에서 오전에 수영을 할 수 있을 만큼 일찍 일어났다. 수영장에는 여러 가족과 아이들이 나와 첨벙거리며 물놀이를 즐기고 있었다. 나도 내 아이들을 사랑하지만, 일 때문에 다른 사람의 아이들이 소란을 피우고 말썽을 일으키는 상황과 마주칠 때 종종 웃기는 일을 경험한다. 그런 아이들을 상대하기 싫어지는 것이다. 손톱만큼도. 비행기에서도 우는 아이 옆에는 앉기 싫어하는 까다로운 사람이다. 수영장을 들락날락하며 물장구를 치고, 첨벙첨벙하는 아이들을 지켜보는 건 전혀 재미가 없었다. 그런데 정말 모순인 것은, 누가 **내** 아이에게 인상을 찡그리면 내 안에서 엄마 사자의 본능이 폭발한다는 것이다. 그날 아침, 수영장이 너무 소란스러워서 나는 그냥 내 방으로 돌아가 옷을 찾아 입고 가방을 꾸린 뒤, 데이브와 리사의 집으로 돌아가 공항으로 떠나기 전까지 잠깐 동안 산책을 했다.

우리 세 사람은 애완견 두 마리를 끌고 옥수수 밭 가장자리를 따라 걸었다. 두 사람은 이제 그들의 인생에서 새로운 장을 시작할 준비가 어느 정도 되었다고 말했다. 그들의 일은 힘들고, 무자비하고, 때로는 가혹하기까지 하다. 그 두 사람 사이의 관계도 긴장의 연속이었다. 리사와 데이브는 너무나 많은 시간을 집 안에서 컴퓨터를 들여다보며 지낸다. 위기를 수습하고, 데이브가 인터넷의 '초콜릿 상자'라고 부르는 것들을 처리한다. "세상에는 정말 많은 일들이 있어요. 하지만 뭘 요구해야 할지는 조심해서 정해야 합니다."

요즈음 시간이 좀 날 때면 리사는 약초 공부를 더 해 볼까 하는 꿈을 꾸고 있다. 약초는 리사가 배우고자 하는 열의를 가진 분야다. 그날 아침에 클리어 레이크를 산책하면서, 리사는 호숫가 풀밭에서 자라고 있는 여러 가지 야생 허브를 꺾어서 보여 주며 그 허브들이 어떤 효능이 있는지 하나하나 설명해 주었다. 줄기가 굵고 잎이 사람의 귀처럼 생긴 식물을 가리키며 리사가 말했다. "'질경이'는 염증을 가라앉히는 항염제일 뿐만 아니라 이뇨제로서도 아주 뛰어난 약초예요. 입속에 넣고 부드럽게 불려서 벌레에 쏘이거나 물린 상처에 올려놓기만 해도 효과가 있어요." 데이브는 아직도 작가가 되기를 희망했다. "저는 작가가 될 운명이에요. 이 일이 끝나면, 글쓰기 작업으로 돌아가 소설을 완성할 거예요…." 그러나 자신의 돌팔매 줄로 치명적인 돌팔매를 날려서 적을 쓰러뜨리는 데 성공해야만 여기서 떠날 수 있을 거라고 했다. "난 우리의 적을 무너뜨리고 싶어요. 내가 원하는 건 그겁니다."

"몬산토를 쓰러뜨리고 싶은 건가요?" 내가 물었다.

"다른 회사들도요. 몬산토는 우리의 적 중 하나일 뿐이에요. 나한테 1000만 달러만 있다면, 3년 안에 모두 쓰러뜨릴 수 있어요."

"1000만 달러만 있으면 되나요?"

"그리고 3년의 시간요…. 나한테 1000만 달러만 준다면, 내가 그들의 심장을 창으로 꿰뚫어 버리겠어요…. GMO 표시법은 그들에게는 끝의 시작입니다."

그날 오후, 내가 다시 차에 올라탔을 때 해는 옥수수 밭 위로 황금빛을 뿌리며 높이 떠 있었고, 바람은 싱그럽고 순수했다. 클리어레이크에서 공항이 있는 디모인으로 곧장 달렸다. 디모인에서 비행기를 타고 애틀랜타로, 그리고 거기서 비행기를 갈아타고 메인주로 가는 여정이었다. 일요일이었지만, 농부들이 밭에 나와 거대한 초록색 콤바인과 트랙터로 옥수수를 수확하고 있었다. 부릉거리는 컨테이너 트럭 안으로 옥수수가 마치 황금 동전처럼 쏟아져 들어갔다. 트럭 운전석에는 야구 모자를 쓴 남자들이 앉아 있었다. 운전을 하는 도중에는 새 한 마리 짐승 한 마리 보지 못했다. 오로지 옥수수, 또 옥수수, 그리고 가끔씩 콩밭이 보일 뿐이었다.

공항에 도착해서, 모든 가능성들을 탐색해 본 후에 술 달린 옥수숫대 모양의 열쇠고리와 'I♥IOWA' 스티커, 그리고 마스든에게 줄 네이비블루 컬러의 존 디어 모자를 산 뒤 게이트 앞에 가서 앉았다. 비행기를 기다리면서, 클리어 레이크에 도착했던 첫날 밤을 회상하기 시작했다. 홀리데이 인 익스프레스에 체크인했을 때 로비에 가짜 벽난로가 있었고, 그 벽난로를 빙 둘러 나이든 부부 세 쌍이 앉아 옛이야기라도 하는지 대화를 나누고 있었다. 데스크 뒤의 남자 직원은 많아야 스물셋 정도 되어 보였는데, 찰스 부코스키 Charles Bukowski의 시집을 읽고 있었다. 책갈피 곳곳에 붙여 둔 포스트잇이 보였다. 왜 그걸 붙여 놓았느냐고 물었더니, 도서관에서 빌린 책이라 차후에 좋아하는 시를 복사하기 위해서였다는 답변이 돌아왔다. 글쓰기를 좋아하느냐고 물었더니 그렇다고 했다. 나 자신을 잘 노출하지 않는 편인데, 그때는 그 청년에게 나도 작가라고 말했다. 그는 내가 어떤 책을 쓰고 있는지 궁금해했고, 나는 GMO에 대한 책을 쓰는 중이라고 답했다. "몬산토 같은 회사 말씀이군요?" 호텔 뒤의 옥수수 밭을 가리키는 제스처를 하며 청년이 물었다.

"그렇다고 할 수 있죠. 이건 비밀이에요." 나는 윙크를 보냈다.

"전 아무것도 못 들었습니다." 청년이 답했다.

게이트 앞에 앉아서, 평범한 대화에서조차 입에 올리기 두려운 대상이 되어 버린 전설적인 괴물 기업이 문화적으로는 어떤 의미를 갖는 걸까 고민했다. 그런 희미한 공포는 사람의 행동을 어떻게 제어하는 걸까? 농부는? 우리의 먹거리는?

그날 늦은 오후 비행기가 이륙할 때, 해는 저 아래 농토를 비스듬히 비추며 황금색으로 물들이고 있었다. 밭과 밭을 가르며 그 사이로 난 도로에서는 먼지가 뽀얗게 일었고, 넓디넓은 황금색 곡식의 물결은 잡초나 방해꾼들 없이 깔끔히 정돈되어 있었다. 농부들의 손길이 직접 닿은 곳은 어디였을까 싶을 정도였다. 농부의 실질적인 노동력 투입을 최소화하면서 농약과 농기계, 그리고 기업들이 이렇게 농사를 지었다면, 과연 농부의 존재가 필요한 걸까? 기체가 동쪽으로 방향을 틀어 선회하는 동안 비행기 창문을 통해 밖을 내다보다가, 나도 모르게 이 복잡한 지역을 떠난다는 게 슬퍼졌다. 깔끔하게 정돈된 초원과 거대한 콤바인들, 곧게 선 키 큰 옥수수나무들, 농사를 둘러싼 복잡한 문제들, 농약, 식품, 권력, 그리고 미국인이라는 것 자체도 그리울 것 같았다.

내 발치에 놓인 두 개의 가방에는 각각 집으로 가져가는 부적이 들어 있었다. 하나에는 네브래스카의 잭에게서 가져온 말린 GMO 콩꼬투리와 옥수수 속대가, 그리고 나머지 하나에는 콜로라도 동부에서 가져온 말린 쑥 한 묶음과 그날 아침 리사, 데이브와 함께 산책을 하다가 발견한 보라색 콘플라워 한 송이, 리사와 클리어 레이크 호숫가를 걷다가 버크아이 나무 아래서 주워 온 열매가 들어 있었다. 그 부적들은 변화하는 이 세상이 만들어 낸 새로운 유형의 산물이었다. 가방 하나에는 임박해 있는 우리의 미래가 담겨 있었고, 다른 하나에는 끈질기게 현상을 유지하려고 바둥대는 자연 세계의 다양성이 들어 있었다.

점점 어두워지는 유리창을 통해 아이오와의 모습을 마지막으로 내다보았다. 저 아래, 내 눈이 닿는 끝까지, 밭 사이로 기나긴 늪지대가 사슬처럼 연결되며 이어져 있었다. 늪은 다이아몬드처럼 반짝이며 서쪽을 향해 가다가 희미한 빛 속으로 사라졌다.

"그른 것을 물리치고 옳은 것을 선택할 만큼의 지혜를 가진다면, 그는 꿀과 꿀을 먹을 것이다." – 이사야 7장 15절

"지구상에서 벌이 사라진다면, 사람은 4년 이상 버티지 못할 것이다."
– 알베르트 아인슈타인이 했다고 알려진 말*

---

* 1994년 브뤼셀에서 있었던 양봉업자들의 시위에서 누군가가 아인슈타인(Albert Einstein)의 말이라고 인용했지만 사실 아인슈타인과는 아무런 상관이 없을 것으로 추측되는 이 말을 여기서 인용하는 이유는, 벌이 사라졌을 때 인간이 직면할지도 모르는 절망적인 상황을 강조하기 위해서다. 중요한 것은 언어학자도 아니고 식물학자도 아니었던 아인슈타인이 이 말을 실제로 했느냐 안 했느냐가 아니라 이 문장을 읽고서 우리가 느끼는 것이 무엇이냐 하는 것이다.

PART 2

꿀 : 대서양 건너편

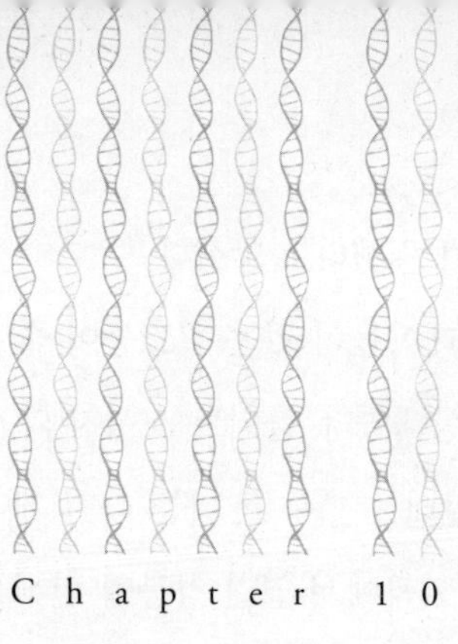

Chapter 10

3주 후, 나는 독일 쾰른의 기차선로 옆에 서 있었다. 날은 이미 어두워진 후였다. 사흘간 나와 동행해 준, 파란 눈에 희끗희끗한 머리칼, 그리고 키가 큰 독일인 양봉업자 발터 하페커Walter Haefeker가 내 옆에 서 있었다. 초록색과 노란색 조명이 반짝거리는 거대한 빌보드 광고판이 우리 머리 위에서 '4711'이라는 숫자를 만들고 있었다. 4711은 싱그러운 라임향에 살짝 방부제 냄새가 느껴지는 향수였다.* 내가 광고판을 올려다보는 것을 보고, 발터는 어린 시절에 할머니를 뵈러 쾰른에 올 때마다 바로 그 자리

* 나도 이 향수를 잘 알기 때문에, 그 광고판을 보는 것만으로도 그 향기가 느껴지는 것 같았다. 어린 시절에 잠시 스페인에서 지냈던 친정 엄마가 이 향수를 즐겨 쓰셨다. 엄마가 사는 집에 가면 언제나 화장실 한구석에 이 향수병이 놓여 있었다. 이 향수를 쓰시기 때문이라기보다 어린 시절의 향수(鄕愁)를 위해서였다.

에서 그 광고판을 보곤 했다고 말했다.

우리는 긴 나무 테이블이 있는 길모퉁이 술집에서 술을 마셨기 때문에 약간 취한 상태였다. 블러드 소시지[1]와 애플소스, 매시트포테이토를 안주로 발터는 맥주를, 나는 라인 계곡에서 생산된 와인을 마셨다. 브뤼셀 외곽에서 열린 양봉업 컨벤션부터 시작해서 나흘 동안, 나는 전형적인 다큐멘터리 작가의 방식으로 발터를 졸졸 따라다녔다. 말 그대로 물귀신처럼 찰싹 달라붙어 한순간도 놓치지 않고 그의 주변을 맴돌았다. 컨벤션이 끝난 뒤에는 EU의 심장부인 브뤼셀로 갔다. 발터는 그곳에 있는 EU 의회와 유럽 위원회European Commission에 참석해야 할 회의가 있었다. 회의가 끝난 후, 우리는 통근 열차를 타고 쾰른으로 와서 발터의 친구 볼프강Wolfgang을 만났다. 볼프강은 2000년대 초에 독일 정부의 GMO 표시제를 감독하는 일을 했다. 이제 곧 야간열차를 타고 뮌헨으로 가서, 양봉업자인 카를 하인츠 바블로크Karl Heinz Bablok를 만날 예정이었다. 바블로크는 자신이 생산한 꿀이 GMO 꽃가루에 오염되었다고 해서 파장을 일으킨 인물이다.

잠시 후, 우리를 싣고 갈 철마가 요란한 금속성 소음과 함께 역 안으로 들어왔다. 여행 가방을 끌고, 발터와 나는 기차에 올라타 검은 머리에 이글거리는 눈을 가진 근육질의 역무원에게 표를 보여 주었다. 남자는《안나 카레니나》의 브론스키Vronsky 백작을 연상시켰다. 발터를 그의 침대칸으로 안내한 후, 브론스키 백작은 내 침대칸을 안내하고 가방을 짐칸에 넣어 주었다. 브론스키가 침대칸의 문을 열어 주자 나는 내부를 살짝 들여다보았다. 브론스키 백작은 내부의 조명을 켜고 끄는 방법을 보여 주고는 아침 식사를 위해 몇

시에 깨워 주기를 원하는지, 아침에는 차를 마실지 커피를 마실지 물어보았다. 아직도 러시아의 소설 속에서 완전히 빠져나오지 못하고 있던 나는 순간적으로 말을 더듬으며, "차…"라고 겨우 답했다. 그러자 그는 눈을 반짝이며 우아한 동작으로 문을 닫았다. 작은 상자 같은 침대칸에 남겨진 나는 어떻게 세수를 하고 양치를 해야 하나 궁리했다.

깜짝 놀랄 정도로 부드럽고 편안한 침대와 깨끗한 면 커버를 빳빳하게 다려서 씌우고 단추로 잠근 두툼한 양모 담요 사이에 들어가 어둠 속에 누워 있자니 덜컹덜컹, 기차의 움직임이 느껴졌다. 담요를 잡아당겨 덮고 아늑함을 느끼며 안전 수칙이 적힌 안내 카드를 읽었다. 터널 속이나 다리 위에서 기차로부터 탈출하려면 어떻게 해야 하는지, 검은 눈의 영웅이 나를 구하러 달려올 수 없을 경우에는 어떤 경보음이 울리는지 적혀 있었다.

카드를 다 읽은 다음에는 휴대 전화의 플래시라이트를 켜고 이언 프레이저의《그레이트플레인스》마지막 몇 페이지를 읽었다. 재미있는 책을 아끼며 읽을 때 그러하듯이, 독서의 시간을 며칠 밤이라도 더 연장할 수 있도록, 이 기차 여행을 위해 남겨 둔 부분이었다. 책의 마지막 장을 덮고 플래시라이트를 끄자 갑자기 거대하고 복잡한 땅, 내가 모국이라고 부르는 나라가 그리웠다. 불과 한 달 전에 서 있었던 네브래스카의 초원이 그리웠다. 그 드넓은 풍경이 그리웠다. 내가 지그재그를 그리며 중앙 유럽을 돌아다니는 동안, 이탈리아에서 나를 기다리는 댄과 마스든도 그리웠다.

좁은 매트리스에 안락하게 누워 천장을 쳐다보며, 처음 이 여행을 시작할 때에는 마치 공중에서 수직낙하를 하듯이 내 마음이 불편하고 불안했다는 것을 깨달았다. 2010년 가을의 어느 화요일 아침이 떠올랐다. 댄과 나는 포틀랜드의 우리 아파트를 출발해 스카보로에 있는 메인 메디컬 센터를 향해 달리고 있었다. 그 병원의 영상의학 센터에서 뇌 스캔이 예약되어 있었다. 그 무렵, 나는 꼬박 3년을 거의 하루도 예외 없이 앓고 있었다. 댄과 나는 두려웠다. 다발성 경화증이나 뇌종양일 가능성도 배제할 수 없었다. 검사 결과는 그다음 주, 보스턴의 매사추세츠 종합병원에 있는 나의 신경과 주치의에게 전송될 예정이었다.

그 화요일 아침은 맑은 날씨였고, 색색으로 물든 가로수의 이파리마다 햇살이 떨어졌다. 마스든을 떼어 놓고 우리 둘만 어디론가 떠난다는 사실 자체는 마치 무슨 모험을 찾아 떠나는 것처럼 설렌다. 하지만 그날의 여행은 내가 원하는 그런 여행이 아니었다. 댄과 나에게 힘든 여행은 이미 충분했다. 신혼 시절에, 젖과 꿀이 흐르는 땅 캘리포니아를 향해 서쪽으로 떠났었고, 이후 경제 불황이 찾아오면서 친정 엄마와 합가하기 위해 메인주로 다시 돌아왔다. 내가 논문을 쓰고, 댄은 대학원에서의 첫해라는 여정을 통과한 직후였고, 마스든의 부모가 되기 위한 여행을 시작한 참이었다.

20분 후, 나는 침대에 묶인 채 누워서 MRI 기계가 돌아가는 소리를 들으며 천천히 튜브 안으로 들어갔다. 내 시선은 발치에 서 있던 댄을 향했다. 이윽고 시야에서 댄이 사라졌지만, 내 발을 만지고 있는 따뜻한 손을 느낄 수 있었고, 내 얼굴 위로 보이는 거울로 그의 눈이 보였다. 댄은 내가 어디 있든지 나를 똑바로 바라보고 있었다. 마지막으로 나를 그렇게 바라보았던 때는, 캘리포니아 샌타모니카에서 마스든을 출산하던 때였다.

금속성의 기계음이 들리고, 기계가 다음 번 자세를 위해 내 몸을 돌려놓는데, 영상 기사인 마시Marcy의 목소리가 이어폰을 통해 들려왔다. "괜찮으세요?"

나는 최대한 솔직하게 대답했다. "내가 어쩌다가 여기 있게 되었는지 모르겠어요."

마시는 한동안 대꾸를 하지 못했다. "유감이에요…." 그러더니 힘들게 대답할 말을 생각해 낸 듯 속삭이는 목소리로 말했다. "저도 환자분들이 어쩌다가 여기까지 오시는지 잘 모르겠어요."

뇌 스캔으로도 정답은 발견되지 않았고, 2010년 크리스마스 무렵의 내 상태는 더욱 나빠져 있었다. 몸이 너무나 허약해져서 거의 온종일 침대에서 보내야 했다. 아들과 남편은 나를 두고 밖에 나가 스노슈잉snowshoeing도 하고 쇼핑도 하고 파티와 휴일을 즐겼다. 그 해 크리스마스에 댄과 마스든은 아픈 발목 밑에 베개를 받쳐 다리를 높인 채 소파에 누운 내 옆에서 우울한 하루를 보냈다.

집에서 수만 킬로미터 떨어져, 독일의 중심부를 향해 총알 같은 속도로 질주하는 열차 안에서, 그런 날들이 이제 아주 오래전 이야기라는 것에, 드디어 내 몸이 좋아졌다는 것에, 그리고 그 원인이 무엇이었든 모든 징후가 다시는 그 병이 재발하지 않을 거라고 말하고 있다는 것에 안도감을 느꼈다. 이런 생각에 위안을 느끼며, 그리고 딜런 토머스Dylan Thomas의 말을 빌리자면 "폐쇄적이고 성스러운 어두움" 속에서 결국 잠이 들었다.

다음 날 아침, 브론스키가 내 문을 두드리더니 뜨거운 차 한 잔을 건넸다. "서두르세요. 곧 뮌헨입니다." 나는 세 모금에 찻잔을 비우고 세수를 한 다음 열차가 멈추기 직전에 옷을 다 갈아입었다. 사람들이 객실에서 나와 열차에서 내리는 소리가 들렸다.

객실 밖으로 나가니 발터가 다림질까지 한 깔끔한 옷을 입고서 기다리고 있었다. 나와 같은 열차가 아니라 혼자 어디 5성급 호텔에서 밤을 보내고 온 듯했다. 발터가 나를 보더니 웃으며 말했다. "문을 얼마나 두드렸는지 모른대요. 하도 안 일어나셔서…." 지독히 피곤했던가 보다. 이번 여행은 신체적으로나 감정적으로나 매우 피곤했다. 반면에 열차는 비록 몇 시간이었지만, 어머니의 자궁 속처럼 아늑하고 편안했다. 멋쩍은 미소를 지으며 그의 뒤를 따라 열차에서 내려 뮌헨의 혼잡함 속으로 들어갔다.

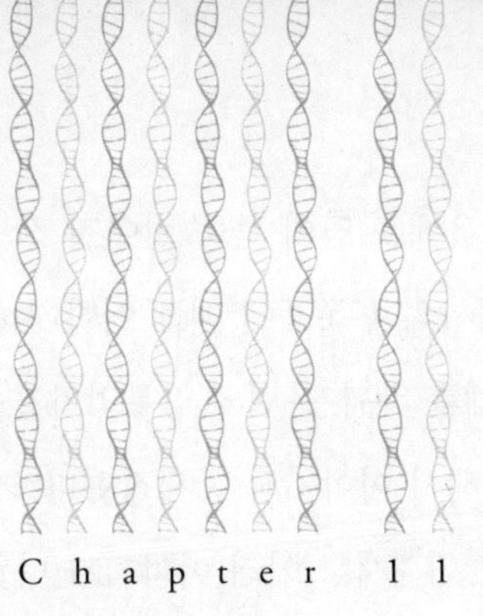

Chapter 11

애초에 발터와 나를 연결해 준 사람은 캘리포니아 대학교 버클리 캠퍼스의 과학자 이그나시오 차펠라Ignacio Chapela였다. 이그나시오는 같은 학교에서 개구리와 아스트라진을 연구하던 파충류학자 타이론 헤이스의 소개로 알게 되었다. 타이론은 이그나시오가 〈네이처*Nature*〉에 미국의 GMO 옥수수가 멕시코의 랜드레이스landrace 옥수수를 오염시킨다는 논문을 냈다가 소송, 협박 등 혹독한 시련을 겪었다고 말해 주었다. 이그나시오와 관련된 이야기에 관심이 있었기 때문에, 처음 소개받은 후, 몇 번에 걸쳐서 그를 인터뷰했다.

9월 중순의 어느 날, 진짜 인디언 서머처럼 아주 더운 날씨에, 이그나시오와 전화 인터뷰를 진행했다. 2층 서재에서 선풍기를 최대

속도로 틀어 놓았음에도 땀이 뚝뚝 떨어질 정도였다. 이그나시오와 나는 〈엘르〉 기사의 후폭풍에 대해 이야기하고 있었다. 갑자기 이그나시오가 화제를 바꿔, 유럽의 양봉업자들을 위해 만든 GMO 테스트 장비에 대해서 이야기하기 시작했다. 거기서 발터라는 이름이 나왔고, 꿀에 대해서도 여러 이야기가 나왔다. 이그나시오가 갑자기 벌꿀에 대해서 이야기를 시작했을 때, 열심히 메모를 하면서도 **왜 갑자기 이런 얘기를 하지? 이 사람 정말 엉뚱하네!** 이런 생각을 했던 기억이 난다.

하지만 나는 아주 훌륭한 리포터처럼 응대했다. "네… 네…. 좀 더 얘기해 주세요."

이그나시오는 양봉업자들과 벌꿀 수입업자들이 벌꿀을 시장에 내놓기 전에 저렴하고 효율적으로 GMO 꽃가루나 GMO 작물의 잔유물이 있는지 검사할 수 있었으면 좋겠다는 필요에 따라서 GMO 테스트 장비를 만들게 된 것이라 이야기했다. 독일은 GMO에 대해 특히나 더 예민해지고 있다고 했다. 벌꿀에 GMO 꽃가루가 없기를 바라지만, 만약 피할 수 없다면 GMO 꽃가루의 함유 여부라도 표시되기를 원했다.

나를 바보라 불러도 좋다. 이 이야기는 나를 새로운 세계로 안내했다. 벌꿀을 사면서 꽃가루는 전혀 생각해 본 적이 없었다(더 정확하게 콕 집어서 말하자면, 나는 벌꿀 속에 꽃가루가 **들어 있다**는 사실조차 까맣게 몰랐다). 꽃가루도 이건 좋고 저건 싫다고 가려 본 적도 없었고, 내가 산 꿀을 모아 온 벌들이 어디서 꿀을 땄는지도 생각해 보지 않았다. 사실 벌 자체에 대해서 별로 생각해 보지 않았다. 나에게 벌꿀이란 그저 뜨거운 물에 타서 레몬즙을 뿌려 마시거나, 찬물에 타서 마시거나, 아침 식사로 시리얼이나 요구르트에 뿌려 먹는 것이었고, 어렸을 때 엄마가 내가 먹는 간식에 설탕보다 '건강에 좋다'는 이유로 설탕 대신 뿌려 주던 거였다. 마스든에게《곰돌이 푸 *Winnie-the-Pooh*》를 읽어 줄 때, 봄이 오고 개미들이 꿀단지까지 길고 끈적끈적한 행진을 하느라 토스터 밑에 바글바글 모여 있을 때, 그럴 때나 꿀에 대해 생각하는 정도였다. 잡지 〈마사 스튜어트 리빙 *Martha Stewart Living*〉에 나온 진저 허니 캐럿을 요리할 때도 꿀을 쓰곤 했다. 진저 허니 캐럿을 만들려면 당근을 잘게 다져서 생강과 꿀, 소금과 버터를 넣고 볶아야 한다. 추수감사절이면 칠면조 요리와 함께 이 요리를 만들었다. 내 친구 조디Jodi도 꿀을 정말 좋아하는데, 얼마 전부터 포틀랜드에 있는 집 뒷마당에 벌통을 놓고 직접 벌을 기르기 시작했다. 가을이면 황금색의 진한 꿀을 한 병씩 가져다주기도 했다. 조디가 꿀을 갖다 주면, 나는 건포도와 꿀, 밀가루와 버터 크러스트로 시나몬 타르트를 만든다. 하지만 솔직히 말해 이그나시오가 벌꿀에 대해 걱정과 불만이 섞인 이야기를 하기 전까지는 꿀이 무엇인지, 어떻게 생산되는지에 대해서 거의 생각해 본 적이 없었다.

이그나시오는 더 자세히 설명했다. 그의 말에 따르면 독일 사람들은 꿀을 굉장히 좋아한다고 했다. 유럽에서는 기원전 7000년경부터 식품으로 이용되었다. 로마인들은 신에게 꿀을 바쳤고, 나폴레옹은 세 마리의 꿀벌이 그려진 깃발—엘바섬의 깃발—을 앞세웠을 뿐만 아니라 자신의 예복에도 벌을 수놓았다. 꿀벌은 17세기 이후에야 미국에 들어왔는데, 그 무렵 유럽인들은 벌꿀을 다양하게 이용하고 있었다. 특히 독일에서는 전국 어디서나 빵과 꿀이 전통적인 아침 식사였으며, 뮤즐리와 요구르트, 과일과 꿀을 함께 냈다. 프랑스의 어린아이들이 학교에 다녀오면 버터 바른 바게트나 다크 초콜릿이 든 바게트를 간식으로 먹는 것처럼, 독일의 어린이들은 오후 간식으로 꿀을 먹는다. 이그나시오는, 대부분의 독일인들에게 꿀은 약용으로도 쓰인다고 말해 주었다. 사실 최근 몇 년 동안은 너무나 큰 벌꿀의 수요 때문에, 또 세계적인 꿀벌 개체수의 급감까지 겹쳐서 독일은 급기야 브라질, 아프리카, 캐나다, 아르헨티나, 인도, 그리고 때로는 중국에서까지 벌꿀을 수입하고 있다. 벌꿀은 커다란 드럼에 담긴 채 수입되는데, 드럼 하나에 수백 개의 벌통에서 나온 꿀들이 들어가기 때문에, 여러 곳에서 꿀을 모으는 서로 다른 벌꿀 군집의 꿀이 섞이게 된다. 채집된 벌집이 원래의 산지로부터 멀리 떨어진 곳에서 중개상에게 전달되고, 또 여러 중개상들이 사들인 벌집으로부터 추출된 벌꿀이 하나의 드럼에 담겨 독일로 온 다음, 독일에서 병입과 라벨링 과정이 진행된다.

이그나시오는 독일의 한 벌꿀 수입업자가 수입 과정에서 겪은 일을 들려주었다. 이 수입업자는 자신이 수입한 벌꿀이 GMO-free라는 것을 확인하기 위해 (GMO DNA를 테스트하는) 고가의 PCR 테스팅 장치로 수입된 꿀들을 검사했다. 그런데 그가 수입한 드럼 속의 꿀들이 오염되어 있는 경우가 종종 드러났다. 수입업자는 이그나시오에게 단 한 사람의 양봉업자가 채취한 벌집만 GMO DNA에 오염되어 있어도 그 꿀이 들어 있는 드럼 전체가 오염되는 거라고 했다. 그리고 그 수입업자가 꿀을 테스트할 시점에는 이미 막대한 돈과 시간이 투자된 후였다. 이그나시오가 그 업자에게 물었다. "그럼 GMO DNA에 오염된 꿀은 어떻게 하나요? 바다에 버리나요?" 그러자 그 수입업자가 대답했다. "아니죠! 그냥 미국으로 보냅니다. 미국 사람들은 GMO에 신경 쓰지 않으니까요."

그 무더웠던 날, 메모장에 기록했던 내용이 기억이 난다. "어이쿠! 미국 사람들은 신경 쓰지 않는다고? 진짜 그런가? 사람들이 아직 잘 몰라서 그런 게 아닐까? 꿀, 벌, 독일, GMO 표시법에 대해서 더 알아볼 것." 통화를 끝내기 전에 이그나시오에게 혹시 꿀과 관련된 상황에 대해 잘 설명해 줄 독일인을 소개할 수 있느냐고 물었다. "얼마든지요. 메일로 보내 드리죠."

전화를 끊고 나서, 이그나시오의 이메일만 기다릴 것이 아니라 꿀에 대해서 예비 조사를 먼저 해야겠다는 생각이 들었다. 공부할 것이 너무나 많았다.

알고 보니, 꿀은 꿀벌의 입장에서는 엄청난 노동의 결과물이었다. 벌 한 마리가 좋은 꿀이 있는 자리를 찾기 위해서는 4마일(상황이 좋지 않은 경우에는 7마일까지)을 날아가고, 그 과정에서 수십만 종류의 식물(벌 군집 하나에 속한 벌들이 수분을 하는 꽃은 하루 3억 송이에 이른다)에게 수분을 한다. 그래서 벌을 '농사를 위한 천사'라고 부르기도 한다. 벌이 없다면 지구상에 존재하는 작물의 3분의 1이 사라질 것이라고 하니, 그럴 만도 하다. 몸속에 담아 온 꿀을 토해 내고, 수분을 증발시키고(날갯짓으로 바람을 일으켜 수분을 날려 보낸다), 벌집에 저장해서 최종적으로 완성된 결과물을 사람이 낚아채서 즐기는 것이다. (그나마 다행인 것은, 벌들은 자신의 생존을 위한 양보다 훨씬 많은 양의 꿀을 모은다. 그러므로 그들의 고된 노동의 대가를 가로채는 것에 대해 일말의 양심의 가책이라도 느낀다면, 꿀은 빼어가더라도 벌집만은 망가뜨리지 말지어다.)

꿀벌 한 마리의 수명은 여름 한철 중 단 6주에 불과하고, 그 짧은 생애 동안 인간이 수천 년 전부터 열광해 온 오묘하고 복잡한 단맛을 만들어 낸다는 것을 알게 되었다. 야생벌로부터 꿀을 채집하는 사람들의 그림이 기원전 1500년경의 동굴 벽화에 남아 있는 것으로 보아, 꿀은 인간이 맛본 최초의 단맛이었을 것이다. (옛날 독일의 꿀 채집꾼들은 석궁을 가지고 다니면서 키 큰 나무의 가지에 밧줄 달린 화살을 쏘아 그 밧줄을 가지에 감아서 타고 올라가 야생벌집으로부터 꿀을 채취했다. 지금은 벌을 길들여 나무 상자 벌집에서 키우지만, 옛날에는 야생에서 꿀을 채취했다. 독일에서는 꿀 채집이 성스러운 직업으로 간주되었기 때문에, 포이히트 같은 도시에서는 꿀 채집꾼의 이미지를 시의 기장旗章에 사용한다.)

밀랍, 프로폴리스(벌이 솔방울과 소나무 수액에서 뽑아낸 송진 혼합물), 그리고 벌집에서 채취한 꽃가루도 쓰임새가 많다. 프로폴리스는 면역력 증강제로 쓰이고, 입술 주변의 헤르페스, 상처, 화상 등의 치료약으로도 쓰인다. 벌이 묻혀 오는 꽃가루는 계절성 알레르기, 무력감, 습진 등에 효험이 있는 자연 약물로 인기가 높다. 2차 세계대전 때에는 밀랍을 텐트나 벨트, 탄피의 방수재로 썼다. 최근에는 군대에서 지뢰를 탐색하는 데 개와 함께 꿀벌을 이용하려는 시도를 하고 있다. 벌은 개 못지않게 후각이 발달해 있기 때문이다.

하지만 꿀이라고 다 똑같이 만들어지는 것은 아니다. 로컬 파머스 마켓에서는 순도가 아주 높은 벌꿀을 살 수 있다. 안목이 있는 소비자라면, '무항생제, 무첨가물' 벌꿀을 살 수 있다.* 반면에 중국으

* 꿀을 파는 양봉업자에게 벌집을 어디에 두고 벌을 키우는지 물어보자. (이를테면 유기농 농장 근처에서 키우는지 아니면 고속도로 근처에서 키우는지를 물어보는 것도 좋은 방법이다. 날개가 달려서 제 맘대로 날아다니는 벌을 통제하기란 매우 어려운 일이고, 그렇기 때문에 벌과 벌꿀이 온갖 화학물질에 노출될 확률이 매우 높다. 따라서 필자는 정말로 '순수하고 깨끗한' 꿀을 얻는 것이 가능할까 하는 의구심을 가지고 있다.)

로부터 불법적으로 수입된 꿀이 있다. 고속도로 휴게소나 간이식당, 또는 미국 전역의 패스트푸드 레스토랑에서 파는, 곰돌이 모양의 플라스틱 병에 담긴 꿀이 바로 그런 꿀이다. 이 꿀은 커다란 드럼통에 담겨서 수입되는데, 그 통에 담긴 꿀은 100퍼센트 진짜 꿀이 아니다. 꿀에 고과당 콘 시럽이나 라이스 시럽, 그것도 아니면 꿀이 아닌 다른 감미료를 희석한 것인데, 여기에는 클로람페니콜chloramphenicol이라는 항생제가 들어 있을 수 있다. 클로람페니콜은 독성이 매우 강해서, 미국에서는 식용 가축의 사료에 쓸 수 없는데, 어쩐 일인지 식품 검사 과정에서 걸러지지 않는 경우가 종종 있다. 많은 경우는 아니지만, 클로람페니콜은 치명적일 수도 있다. (더욱 놀라운 것은, 불순물이 섞인 꿀이라는 것을 알아볼 수 없도록, 의도적으로 원산지를 허위 표시하는 경우도 종종 있다는 것이다. 2013년 〈블룸버그 비즈니스위크*Bloomberg Businessweek*〉지는 꿀 수입업자들이 고의적으로 원산지 표시를 '세탁'하거나 바꿔서, 실제로는 중국산인 꿀을 인도로 보내 거기서 원산지 표시를 바꾼 후 수입한다는 탐사 기사를 실었다. 그 꿀들은 어디서나 볼 수 있다.

나는 금방 꿀에 대해 강한 흥미와 우려를 동시에 느꼈다. 이 놀라운 물질이 문화적으로나 농업에 있어서 심대한 의미를 가지며 많은 사람들에게 있어서 단순히 식도락을 위한 것이 아닌 훨씬 더 복잡한 의미를 지녔음이 분명하다는 생각이 들었다.

몇 분 만에 컴퓨터에서 울린 이메일 알림음 덕분에 나는 꿀에 대한 공상에서 깨어났다. 발터를 소개하는 이그나시오의 메일이었다.

케이틀린과 발터 보세요

발터에게 케이틀린은 사려 깊고 세심하며 뚝심 있는 저널리스트이자 매우 실력 있는 작가라고 설명하는 것으로 두 사람의 소개를 마무리하려고 합니다. 케이틀린은 아무리 심한 비난과 비판이 빗발쳐도 자신이 쓴 것으로부터 결코 물러서지 않을 사람입니다. 〈엘르〉에 매우 신중하고 훌륭한 글을 썼는데, 이 글 때문에 존 엔타인이 이끄는 피 냄새를 맡은 맹수 같은 사람들의 공격에 노출되었습니다. 그리고 거기서부터 찻잔 속의 태풍이 시작되었습니다.

케이틀린은 책을 쓰기 위한 과정의 하나로 몇 달 전부터 저와 대화를 나눴습니다…. 멋진 이야기를 써낼 거라고 생각하는데, 특히 발터 같은 사람과 의견을 주고받을 수 있다면 더욱더 그러하겠지요.

두 분이 서로 연락하여 일이 잘 진행되기를 바랍니다.

이그나시오로부터

(과한 칭찬이 가득한) 소개 글을 받은 후, 발터와 여러 통의 이메

일을 주고받다가 드디어 전화 통화를 했다. 이야기가 너무 멀리까지 진행되기 전에, 발터 본인에 대해 더 자세히 알고 싶을 뿐만 아니라, 꿀이 GMO와 깊은 관련이 있다고 믿어야 할 이유가 무엇인지에 대해서 먼저 알아야 할 것 같다고 말했다.

발터 하페커는 지적으로나 문화적으로 생동감이 넘치는 도시인 뮌헨에서 대학 교수인 부모의 두 아들 중 첫째로 자랐다고 한다. 고등학생 때 집에서 나와 혼자 아파트에서 살기 시작했는데 "권위를 인정하지 않는" 성격 때문이었단다. 그의 외할아버지는 2차 세계대전 당시 독일 국방군 소속 장교로 독일이 점령한 프랑스 북서부 브르타뉴에 주둔했는데, 프랑스 파르티잔의 기습 공격으로 사망했다. 발터의 어머니는 어린 시절에 들은 아버지의 이야기에 대해 전혀 의심하지 않았다. 그래서 아버지를 전쟁 영웅으로 철석같이 믿었다. 전후 세대인 발터는 어머니의 믿음에 분노했다. 그가 보기에 외할아버지는 비록 나치는 아닐지라도 "나치를 위한 쓸모 있는 도구"였다. 훗날 나에게 보낸 이메일 중 한 통에서 이렇게 말했다. "내 생각에 우리 외할아버지는 스스로 나치의 전쟁 기계가 된 사람이었고, 승리하고 있는 팀에 속해 있다는 것에 굉장히 큰 자부심을 가지고 있었다고 봐요." 그러나 발터가 생각하는 영웅의 삶은 외할아버지의 삶과 전혀 달랐다. "진짜 영웅은 대중이 진실을 볼 수 있도록 정보를 노출시키는 사람이라고 생각합니다. 나라면 그런 사람을 영웅으로 생각했을 거예요. 어머니는 자신의 부모를 전쟁 영웅으로 믿으면서 그들의 임무가 적법한 것이었는지는 전혀 따지지 않는 미국의 군인 가족들과 아주 비슷합니다."

발터는 일찌감치 뮌헨 대학교로부터 입학 허가를 받았는데, 거기서 애초에 전공하기로 했던 기계공학을 포기하고 철학을 공부함으로써 부모를 더욱 분노케 했다. 그들에게 철학이란 아무짝에도 쓸모없는 잡학이었다. 결국엔 아들의 학비 지원을 끊어 버렸다.

그런데 발터는 공학을 공부하던 때에 최초의 퍼스널 컴퓨터가 갖고 있던 수학적인 문제를 해결하는 데 매달렸다. 그 컴퓨터는 비디오 지니Video Genie라고 불리던 것으로, Z80 프로세서가 들어 있는 라디오 섀크Radio Shack 사의 TRS-80 복제품이었다. 모양은 이러했다.

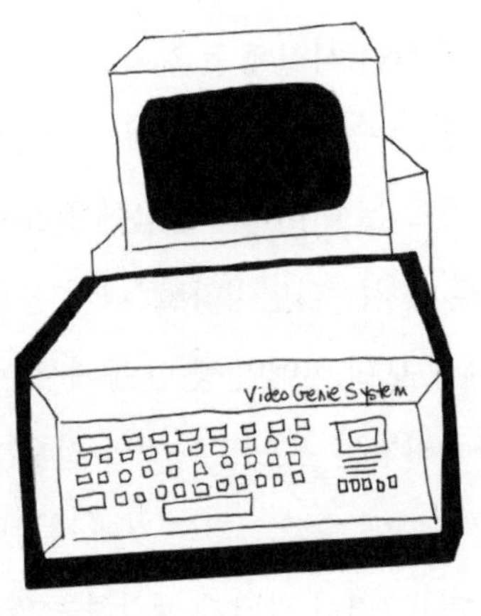

요즘 우리가 컴퓨터라고 알고 있는 것보다는 오히려 타자기와 닮은 모습이다.

발터는 이 비디오 지니 컴퓨터에 푹 빠져들었다. 이내 공학 학위 과정을 포기하고는 남는 시간에 독학으로 프로그래밍을 공부했다.

얼마 지나지 않아 직접 '머클 마이크로컴퓨터Merkle Microcomputer'라는 회사를 차려서 의사들이 사용하는 소프트웨어를 개발하며 공부를 병행했다. 발터의 말을 빌리자면, 이 회사에서 번 돈으로 "철학을 공부했다." 한동안은 그렇게 지낼 수 있었다. 그러나 소프트웨어 회사는 "점점 커졌고", 철학을 공부할 시간은 "점점 줄어들었다."

단기간에 그의 회사는 의료 분야의 컴퓨터 어플리케이션을 구축하는 거대한 다국적 기업 지멘스와의 경쟁에서도 성공을 거둘 정도로 성장했다. 발터와 그의 회사를 주시하던 지멘스는 그가 "도저히 거절할 수 없는" 제안을 했다. 아직 20대 초반이던 발터는 학업을 완전히 포기하고 지멘스의 일원이 되어 빠른 속도로 성장하기 시작했다. "장님 나라에서는 애꾸가 왕이라잖아요." 전혀 새로운 신산업 분야에서의 초고속 승진을 두고 발터는 그렇게 표현했다. 지멘스는 발터를 캘리포니아로 보내 실리콘 밸리 지사를 총괄하도록 하고 싶어 했다. 발터는 대학 시절부터 사귀던 여자 친구 안젤리카Angelika와 서둘러 결혼한 후 짐을 꾸려 샌프란시스코로 떠났다. 거기서 두 사람은 두 아들의 부모가 되었고, 발터는 얼마 지나지 않아 지멘스에 싫증을 느끼고 퇴사했다.

하지만 그때 이미 그는 창업병에 걸려 있었다. 이 회사를 설립했다가 또 다른 회사를 설립하기를 반복했다. "어릴 때부터 나는 어떤 일에 흥미를 잃으면 그때부터는 그 일을 잘 해내지 못하는 경향이 있다는 걸 깨달았어요. 뭐든 흥미 있는 일에 매달려야 했죠. 안 그러면 망하는 거예요. 내 좌우명은 '최대한 빨리 퇴물이 되자. 그리고 다른 걸 세우고, 적합한 사람을 찾아서 적합한 계획을 세우고 거기서 빠져나와서 다른 걸 할 자유를 얻자'입니다." 그가 말했다. 결국 발터는 '미디어플렉스Mediaplex'라는 회사의 COOChief Operating Officer[2]가 되었다. 미디어플렉스는 인터넷 광고 기술 기업으로, 기업들이 자사의 웹 사이트에 광고 배너를 띄울 수 있게 도와주는 회사다. (예를 들어 'Tickets.com'이라는 회사가 제이슨 이스벨Jason Isbell의 콘서트 티켓을 판다고 하자. 미디어플렉스는 'Tickets.com'에 남아 있는 티켓 수와 각 티켓의 가격을 보여 주는 배너 제작을 돕고, 이 배너의 정보를 계속 업데이트해 준다.) 미디어플렉스는 놀라운 성공을 거두었고, 리먼 브라더스 사를 통해 주식을 공개했다. 미디어플렉스의 주식이 공개된 바로 그날, 발터는 겨우 40대 초반의 나이임에도 불구하고 은퇴하기에 충분한 돈을 벌었다. 진정한 자수성가형 아메리칸 드림을 실현한 표본이었고, 어디서든 무엇이나 할 수 있었다. 하지만 그는 미국에 대한 흥미를 잃고 있었다. 2001년 초에 조지 W. 부시George W. Bush가 대통령에 당선되는 것을 보면서 새로운 대통령이 "황당하게 어리석은 선택을 할 것"이라고 예상했다.

그래서 발터와 안젤리카는 이제 "모든 것을 팔고 빠질 때"라는 결정을 내렸다. 아내와 두 아들을 비행기에 태워 독일로 보내고, 그 해 5월 발터는 샌프란시스코만에 묶어 두었던 요트를 타고 유럽을 향해 출발했다. 그 항해에서 그는 성조기를 내리고, 대신 몰타의 국기를 올렸다. "이 작은 나라에 불만을 가진 사람은 없을 테니까요."

독일로 돌아온 발터와 안젤리카는 뮌헨 근교, 슈타른베르크 호숫가의 한적한 상류층 동네인 제스하우프트에 고풍스러운 집을 샀다. 두 사람은 장식과 우드 펠릿wood pellet으로 효율적인 난방을 할 수 있도록 이 집을 리모델링했다. (나중에 발터는 우드 펠릿을 태우는 자동 난방 장치를 설치했는데, 이 장치를 위해 작동을 제어하고 모니터하는 소프트웨어를 직접 만들기도 했다.) 난방에 쓸 충분한 장작을 확보하기 위해 집 근처에 큰 숲을 사들이고, 나무를 집까지 실어오기 위해 낡은 농장용 트랙터까지 들였다. 트랙터는 옛날 농기구에 대한 발터의 호기심을 불러일으켰고, 덕분에 그는 이베이를 자주 검색하곤 했다. 이베이의 경매에 올라온 여러 아이템 중에서, 그는 재래식 벌통 두 개를 낙찰받았다. 벌통은 소똥으로 밀봉된 상태로 도착했다. 온갖 장비들과 함께 벌통이 집에 배달되자, 그것들을 '박물관 전시품'으로 만들어서는 안 되겠다는 생각이 들었다. 그래서 그 벌통을 정원에 들여놓았다. 그러고는 나가서 인공적으로 분봉한 벌 두 통을 샀다. 벌을 가지고 집으로 돌아온 발터는 두 아들 마크Marc와 토미Tommy를 정원으로 데리고 나가 그것을 보여 주었다. 그러자 당시 여섯 살이던 작은아들 토미가 집으로 뛰어가더니, 꽃병에 꽂힌 해바라기를 들고 나와 벌들의 먹이라며 벌통 앞에 놓아 주었다. 아들들이 벌을 보자마자 자연스럽게 빠져드는 것을 보고 발터의 마음속에서도 뭔가가 꿈틀거렸다. "어떤 사람들은 '사람이 벌을 선택하는 것이 아니라 벌이 사람을 선택한다. 그 선택이 일어나는 순간 그 자리에 있던 사람이 바로 그 벌을 키우는 사람이 된다'라고 말합니다." 발터에게는 그때가 바로 그 선택이 일어난 순간이었다.

발터와 가족들은 옛날에 그가 여러 사업체들을 창업하던 때와 똑같은 에너지를 가지고 양봉 사업에 뛰어들었다. 발터는 열심히 양봉을 공부했다. 양봉 전문가가 되고 싶었기 때문이다. 처음에 두 개였던 벌통은 이내 백 개가 넘어 버렸다. 그런데 얼마 안 가서 토미와 안젤리카가 벌침에 심한 알레르기 반응을 보이기 시작했다. 가족 모두가 양봉과 벌에 대해 점점 빠져들고 있었기 때문에 두 사람의 벌침 알레르기는 매우 안타까운 일이었다. 게다가 안젤리카는 본에서 호박벌 사육 교육을 갓 마친 참이었는데 갑자기 모든 걸 포기해야 할지도 모르는 상황에 처해 버렸다. 발터와 안젤리카는 토미를 가까운 대학병원의 탈감각 프로그램에 등록시키고, 아무런 알레르기도 없던 발터는 혼자서 양봉 작업을 꾸려 나갔다. 혼자서 벌통을 집에서 가족 소유의 산속으로 옮겼다. 이제 벌을 돌보는 일은 온전히 그의 몫이었다. 하지만 벌꿀의 상표 디자인이라든가, 명절 장터에서 꿀을 판매하기 위한 마케팅 전략 같은 것들을 함께 의논하면서 양봉과 관계된 일들을 공유했다. 명절 장터에서는 어린이들과 함께 밀랍 양초 만들기 체험 부스도 운영했다. 벌꿀 브랜드를 성장시키고 꿀과 벌에 대해 사람들을 교육시키는 일에 가족 모두가 함께 참여하고 투자했다. 기술적인 능력이 여전히 녹슬지 않았던 발터는 아이퀸iQueen이라는 아이폰 어플을 개발했다. 벌을 키우는 사람이 여왕벌의 번식 주기를 계획할 수 있도록 도와주는 어플이었다. 양봉 사업은 노동 강도가 매우 높은 일이었지만, 전원생활의 멋도 있고 실리콘 밸리에서의 삶 이후 몇 년은 아주 매혹적인 생활이었다. 그러나 발터의 지칠 줄 모르는 에너지와 더 큰 성공을 향한 욕심을 완벽하게 만족시키지는 못했다. 발터는 지역 양봉업자 협회에 가입해 활동하기 시작했고, 유럽 양봉업 협회 독일 지부의 신참 멤버이던 2003년, "아무도 시간을 낼 수 없었던 새로운 문제", 즉 GMO에 대한 일을 맡았다.

당시만 해도 캐나다나 미국처럼, 결국은 유럽에서도 GMO를 그대로 받아들이게 되리라는 추측이 지배적이었다. 그것이 양봉업자들에게는 어떤 의미를 갖는지 조사하는 임무가 발터에게 주어졌다. "양봉은 완전히 개방된 시스템에서 이루어지는 것이니까요. 헛간 안에서 이루어지는 게 아니잖아요? 양봉업자들은 벌에게 뭘 먹여 기를지 결정할 수가 없어요. 농업 환경에서 일어나는 아주 작은 변화도 벌에게는 큰 여파를 미칩니다."

처음에는 이 임무가 아주 흥미로운 프로젝트라고 생각했지만, 그의 삶을 통째로 바꿔 놓을 줄은 꿈에도 몰랐다. "나는 금방이라도 싸움판을 벌일 준비가 되어 있는 반-GMO 투사가 아니었어요. 반-GMO 활동 중에서도 벌과 관련된 부분에 흥미를 느꼈을 뿐이죠." 그러나 어쨌든 발터는 그 싸움판에 끼어들게 되었다. "동료들 몇 사람과 함께 작물의 재산권이라든가 법적인 상황 같은 것들을 파악한 결과, 이 문제가 양봉업자들도 매우 심각하게 받아들여야 할 상황이라는 것을 금방 알 수 있었습니다…. [또한 EU 차원에서는] GMO의 충격으로부터 우리가 생산하는 꿀이나 벌을 보호하려는 어떠한 시도도 없었습니다." 과학에서부터 정치적인 분위기까지, 발터는GMO에 대해서 자신이 알아낼 수 있는 모든 것과 벌에게 끼칠 수 있는 영향들을 이해하기 위해 매진했다. 앞으로 맞닥뜨리게 될 상황이 벌과 양봉업자 모두에게 "재앙"이 될 것임을 알게 된 발터는 크나큰 두려움을 느꼈다. 좀 더 멀리 내다본다면, '만약 벌의 건강에 해로운 것이라면 사람의 건강에는 어떤 영향을 주겠는가?' 였다.

그러던 중, 마치 운명처럼 카를 하인츠 바블로크를 만났다. 발터는 바블로크를 이 이야기의 "영웅"이라고 말했다. 바블로크는 양봉업자로, 자신의 꿀이 GMO 꽃가루에 오염된 것이 틀림없다고 믿고 있었다. 그를 만나면서 발터는 자신이 운명의 갈림길에 섰다는 것을 깨달았다. 갑자기 꿀벌과 양봉, 꿀, 그리고 양봉을 둘러싼 농업 정책이 그의 존재 이유가 되어 버렸다.

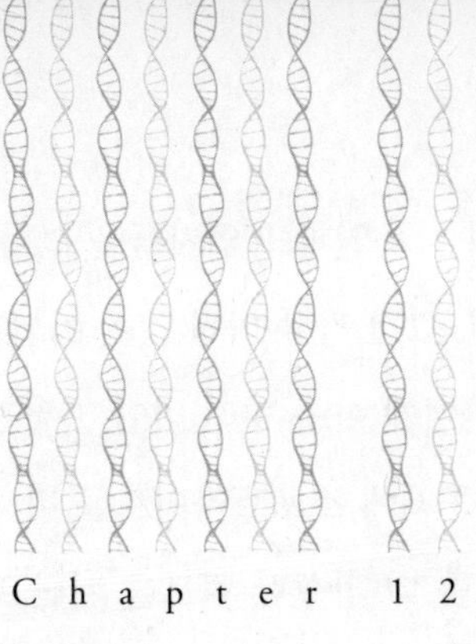

Chapter 12

나도 낚여 버렸다. 우리 앞에 (논쟁의 여지는 있지만, 지구상에서 가장 순수하고 가장 상징성이 큰 식품인) 꿀과 영웅, 미스터리에 둘러싸인 GMO 오염, GMO 표시 문제를 붙들고 씨름하는 유럽, (미국은 물론 유럽에서도 매우 뜨거운 관심을 받고 있음이 분명하지만, 나로서는 아직 정확하게 이해하지 못한) 벌의 운명이 놓여 있었다. 그리고 나에게는 완벽하게 두 나라의 언어를 구사하는 투어 가이드가 있었다. 게다가 그는 이렇게 말했다. "꿀에 대해서 더 알고 싶고, 카를 하인츠 바블로크도 만나고 싶다면, 11월에 브뤼셀에서 컨퍼런스가 열립니다. 거기 오시면 만날 수 있어요."

그날 밤 마스든을 재워 놓고, 만약 내가 자신의 꿀이 GMO에 오염되었다고 의심하는 독일 양봉업자들을 만나기 위해 멀고 먼 유럽까지 날아간다면, 그건 정말 미친 짓이 아닐까 댄에게 물어보았다. 어떻게 보면, 나에게 아주 멋진 짐이 지워진 거라는 느낌이 들기도 했다. GMO 문제에 스포트라이트를 비추고, 미국에서 일어나고 있는 논쟁이 좀 더 확실한 정보를 기반으로 더 나은 방향으로 나아갈 수 있도록 방향을 제시하고, GMO를 둘러싼 이 모든 논쟁들이 무엇을 의미하는지 전혀 모르고 있는(나도 잘 몰랐으니까) 많은 부모들에게 기초 지식이 될 만한 글을 쓰고, 그와 동시에 이 문제에 대한 명백하게 잘못된 주장에 동조하지 않도록 하는 것, 이런 것들이 나에게 지워진 멋진 짐이었다. 발터와의 첫 통화에서부터 꿀이 유럽의 GMO 정책을 들여다볼 수 있는 가장 완벽한 렌즈라고 믿게 된 과정, 그리고 유럽이 미국과 어떻게 다른지를 파악할 수 있는 훌륭한 기회라는 것까지 댄에게 이야기했다.

댄에게, 돈만 많이 들고 계획은 엉성한 여행을 간다는 느낌을 주지 않으려고, 많은 것을 생각했다. 그중 하나가 대서양 반대편에서 벌어지고 있는 GMO 논쟁이었다. 미국에서 내가 이러이러한 책을 쓰고 있다는 이야기를 누군가에게 할 때마다 들은 소리는, "그 문제라면 유럽 사람들이 훨씬 더 잘하고 있어"였다. 그 한 문장은 마치 어떠한 논쟁의 여지도 없는 명제인 듯 내게 전달됐다. 나는 알고 싶었다. 유럽 사람들은 정말 더 잘하고 있을까? 여기 미국과 어떤 차이가 있는 걸까? 그걸 알기 위해서 정말 먼 길을 날아 유럽에 가야 할까?

《식품주식회사》의 작가 피터 프링글에 따르면, 1980년대 말과 90년대 초, GMO가 미국 땅에서 처음 개발되었을 때 레이건-부시

행정부는 새로운 상품을 비판적이고 과학적인 시선으로 바라보지 않고 '미국의 기업들이 부담스러운 규제의 방해를 받지 않고 새로운 기술을 이용할 수 있는 기회를 주려는' 쪽이었다고 한다. 몬산토 사의 엄청난 로비 덕이었다. 프링글의 이야기를 계속 들어 보자. "생명공학은 기존 번식 기술의 연장 그 이상이라는 과학계의 설득력 있는 주장과 더불어, 미국의 식품 안전 관련법들이 아직 새로운 과학을 감당할 준비가 되어 있지 않았다는 현실에도 불구하고 레이건-부시 행정부는 새로운 식품을 기존의 식품과 똑같이 취급하기로 결정했다. 그들에게는 상품 자체가 중요할 뿐, 그 과정은 중요하지 않았다." 1990년에 FDA 국장에 데이비드 케슬러David Kessler가 임명됨으로써 이러한 입장은 더욱 공고해졌다. 프링글에 따르면 케슬러는 "레이건-부시의 스탠스를 전적으로 지지했으며, 유전공학이 식물과 더 나아가 사람들에게도 예상치 못한 위험을 초래할 수 있다고 경고하는 과학자들의 주장을 묵살했다." FDA가 일방적으로 업계의 편에 서 있다는 논란에 따라 소집된 공개 청문회를 내용으로, 1999년 메리언 뷰로스Marian Burros가 〈뉴욕 타임스〉에 쓴 기사에 따르면, FDA의 생명공학 코디네이터 제임스 메리언스키 James Maryanski 박사는 FDA의 연구원 린다 칼Linda Kahl 박사와 FDA의 미생물학자 루이스 프리빌Louis Pribyl로부터 유전공학 식품에는 의도치 않은 부작용이 있을 수도 있으며, 유전공학 식품이 "안전하다"는 "그들(기업)의 주장을 뒷받침할 데이터는 없다"라는 이야기를 들었다. 그러나 뷰로스에 따르면, 메리언스키 박사는 "이 식품의 개발사들이 FDA의 가이드라인을 준수하고, 필수적인 조건은 아니지만 권장되는 테스트를 실시하는 한, 유전공학 식품은 '시장에 나와 있는 다른 식품들 못지않게' 안전하다"라는 입장을 견지했다. 기업들을 더욱더 적극적으로 지원하기 위해, 댄 퀘일Dan Quayle 부통령은 미국이 "생명공학 분야의 세계적인 리더"이며 정부는 "그러한 상태가 지속되기를" 바란다고 말했다.

만약 일반적인 미국의 식품 구매자들이 워싱턴에서 진행 중이던 이런 서커스에 조금이라도 관심을 가졌다면—유감스럽게도 그런 소비자는 거의 없었지만—미국의 규제 당국은 신중하게 접근해야 한다는 어떠한 경고도 효과적으로 피해 다닌 반면에 유럽의 활동가들과 소비자들은 GMO를 분명하게 거부하고 있다는 것을 희미하게나마 눈치챌 수 있었을 것이다. 뷰로스는 "지금은 영국의 많은 슈퍼마켓들이 유전자 조작 식품의 표시를 요구한다"라고 썼다. 그때가 1999년, 최초의 GMO 식품인 플레이버 세이버Flavr Savr 토마토가 미국 슈퍼마켓 진열대에 등장한 지 5년이 지난 시점이자 GMO 작물들이 실내가 아닌 실외에서 재배되면서 수분을 통해 가까이에 있는 다른 작물들을 오염시키거나 동물들, 심지어는 실수로 인간까지 오염시키기 시작한 지 15년이 흐른 뒤였다.

꽤 오래전 신문 기사를 읽어 보면, 1999년 당시는, GMO에 대한 저항이 시작되고 미국에서도 많은 사람들이 자신의 먹거리를 지키기 위한 나름의 투쟁에 눈을 뜨기 시작했지만, 큰 변혁은 일어나지 않았다. 우려는 점점 더 커짐에도 불구하고, 프링글에 따르면, 언론과 정부, 그리고 기업은 하나로 뭉쳐서 뒤로 물러앉아 "새로운 식품은 기존의 식품과 '본질적으로 동일'하며 '본질적으로 안전'하다"라는 부시 행정부의 1992년 주장에 편안하게 기대었다. 캐나다 사람들도 두 팔 벌려 신기술을 맞이하러 달려갔지만, 프링글에 따르면 캐나다 왕립 협회의 보고서는 "새로운 식품이 '본질적으로 동일하다'라고 말하는 것은 '표면적으로' 동일하다고 말하는 것과 같다(예를 들어 '오리처럼 생긴 것이 오리처럼 꽥꽥거린다면, 그것은 오리이다'라고 말하는 것과 같다). 새로운 식품이 '표면적으로' 동일한 것으로 보이므로, 그러한 가정을 확실한 것으로 받아들이는 데 따르는 위험을 완벽하게 평가하는 절차를 거치도록 할 필요는 없다는 것이다"라고 꼬집음으로써 '본질적인 동일성'이라는 주장을 비웃었다.

꿀에 대한 문제가 제기되기 시작한 것은 GMO 표시법의 고려 대상에서 꿀이 제외된 데 대해 양봉업자들이 우려하기 시작하면서였다. 꿀은 '동물성 제품'으로 분류되었고, 동물로부터 기원한 식품은 그 동물 자체의 유전자가 조작된 경우에만 GMO 식품으로 간주되었다. 지구상에서 GMO에 가장 직접적으로 노출된 식품이 있다면 그게 바로 꿀이라는 사실을 전혀 고려하지 않은 분류법이었다. 양봉업자들과 꿀 유통업자들은 GMO 작물 경작지 근처에서 생산된 유럽산 꿀이나 다른 나라에서 수입된 꿀이나 모두 GMO 꽃가루나 꿀에 오염될 수 있다는 것을 경험으로 알고 있었다. 그런 꿀을 어떻게 표시할 것인가? 독일의 몇몇 양봉업자들의 질문에서 출발한 문제가 유럽 전역에서 커다란 쟁점으로 발전했다. 결국은 이 문제가 법정으로까지 가게 되었다고 발터가 말했다.

댄은 내가 텃밭에서 길러 건조시킨 상쾌한 민트차를 끓이며 길고 긴 내 이야기를 들었다. 그러고는 언제나 나의 치어리더였던 그가 이렇게 말했다. "가 봐! 정말 구미가 당기는 이야긴데? 그리고 삼촌과 숙모도 아직 이탈리아에 사시잖아? 우리 가족 모두 같이 가면 어때?"

그렇게 해서 마스든과 댄, 그리고 나는 호퍼와 고양이 헤밍웨이에게 작별 인사를 하고, 자동차 트렁크에 더플백 여러 개를 실은 뒤, 로마로 가는 비행기를 타기 위해 포틀랜드에서 보스턴까지 달려갔다. 마스든에게는 첫 비행 여행인지라 우리 모두 잔뜩 설레는 마음이었다.

우리 비행기는 여러 차례 이륙이 연기된 끝에 한밤중에야 보스턴 공항에 이륙할 수 있었다. 비행기 안은 온통 이탈리아 사람들뿐이었다. 엄마가 열다섯 살 때 가족과 함께 뉴욕을 떠나 스페인 마요르카로 갈 때의 상황과 너무나 비슷한지라, 그 여행담이 기억나지 않을 수 없었다. 외가 식구들이 마요르카까지 가야 했던 이유는, 그곳에서 위대한 미국 소설을 쓰겠다는 외할아버지의 결심 때문이었다(이 이야기는 따로 풀어놓아야 할 만큼 길다). 외가 식구들이 탄 배는 불카니아Vulcania라는 대형 벌목선이었는데, 모든 예술가들은 3등 선실로 여행했다는 외할아버지 고집 때문에 가족 모두가 3등 선실을 이용해야 했다. 엄마는 3등 선실에 들어가 보니 "죄다 죽을 날 받아 놓고 고국으로 돌아가는 스페인 사람들뿐이더라"라고 했다.

우리 역시, 비행기에 타는 순간 이미 타국이었다. 영어를 모국어로 쓰는 사람은 단 한 사람도 없었다. 결국 나도 저녁 식사를 주문하기 위해 이탈리아-프랑스-스페인어를 뒤범벅으로 섞어 가며 버벅대야 했다. 저녁 식사를 마치고 나니 우리 시간으로 새벽 1시, 기내의 모든 조명이 꺼졌다. 그런데 그때부터 우리 좌석에서 복도 건너편에 앉은 이탈리아 남자 한 명이 무슨 종교적인 기도문 같은 내용을 잠결에도 열정적으로 기도하듯 중얼거리기 시작했다. 그러다가 잠깐 깨서는 무슨 아베 마리아 어쩌고 하더니 다시 곯아떨어졌다. 마치 크나큰 아픔을 겪고 있는 사람 같았다. 그 사람이 소리칠 때마다 나는 깜짝 놀라 눈을 번쩍 떠야만 했다. 댄 옆에 앉은 여자는 코 고는 소리도 엄청 요란했는데, 입을 벌리고 자느라 침이 목덜미까지 흘렀다.

그날 밤에는 그 비행기에 탄 승객들 모두가 한 차례 이상 기내 화장실을 이용하는 것 같았는데, 하필이면 우리 자리가 바로 화장실 옆이었다. 화장실 사용자가 바뀔 때마다 문 여는 소리, 문 닫는 소리, 그리고 시원하게 볼일 보는 소리, 심지어는 냄새까지 문 밑으로 쉴 새 없이 흘러나왔다. 결국 댄에게 귓속말로 투덜거렸다. "어떻게 이 비행기 안에 탄 사람들 중에서 이 밤중에 똥 안 싸는 사람이 단 한 명도 없을 수가 있지?" 새벽 2시가 한참 넘은 시각, 사람들의 배변이 시작될 즈음, 영화가 수십 편이 준비되어 있어도 네 살짜리 아들에게 절대로 영화를 보여 주지 않겠노라 공언한 나였지만(여러 게임과 동화책, 크레용 등 나름대로 준비를 한 데다가, 나는 마스든이 곤히 잠들 거라는 터무니없는 기대까지 하고 있었다), 그런 공언 따위는 일찌감치 창밖으로 던져 버리고 찰리 브라운 애니메이션을 틀어 주었다. 찰리 브라운은 버릇없고 성가신 아이라는 것이 나의 평소 생각이었지만, 어쩔 수 없었다.

백 시간 같은 일곱 시간의 비행이 끝난 뒤, 우리 가족은 김이 모락모락 피어오르는 활주로에 내려 향기로운 로마의 가을 날씨 속으로 들어갔다. 댄과 나는 최단 경로를 찾아 공항의 에스프레소 바로 달려가서 커피를 마신 다음, MIT에서 최단기 속성 공학박사 코스라도 딸 기세로 이탈리아산 카시트를 렌터카 뒷좌석에 고정시켰다. 드디어 세 사람이 모두 승차한 뒤 토스카나를 향해 달리기 시작했다. 차를 타고 가는 길에, 갈색의 비옥한 토양에서 이제 막 싱싱하게 초록물이 오르는 겨울 밀밭을 지났다. 케일, 브로콜리, 펜넬, 토마토, 올리브, 양상추, 근대를 기르는 밭들이 알록달록 펼쳐져 있었다. 이탈리아도 청년층들이 더 큰돈을 벌 수 있는 기회를 찾아 대학 진학을 선호하는 분위기를 타고 신조들이 애써 가꾸어 놓은 고향을 떠나면서 대형 농산업 기업들이 농촌의 풍경을 점점 바꿔 놓고 있지만, 그래도 시골은 여전히 미국에서는 이미 수십 년 전에 자취를 감춘 소박하고 전인적인 농촌의 모습을 간직하고 있었다. 알록달록 색색의 작물들을 스쳐 지나가면서, **이곳의 풍경과 아이오와의 옥수수 장벽은 얼마나 대조적인가** 하는 생각이 들었다. 드디어 거무스름한 돌로 지은 건물들이 늘어선 구불구불한 도로를 지나 호숫가에 있는 삼촌과 숙모의 빨간 지붕집에 도착했다.

다음 날 아침, 댄과 마스든이 삼촌과 올리브오일을 만들 올리브를 수확하러 나간 사이에 나는 안에서 발터를 만나러 비콤Beecome(양봉업 컨퍼런스)이 열리는 브뤼셀로 갈 준비를 했다. 여행 계획은 발터가 미리 세워 놨다. 비콤에서 사흘을 보내고, 기차로 쾰른으로 이동해, 볼프강 쾰러Wolfgang Koehler(독일 정부의 식품 안전 및 농업 소비자 보호부에서 일하며 2000년대 초 GMO 표시법 시행을 감독한 변호사)를 만나기로 했다. 그다음에는 쾰른에서 야간 기차를 타고 발터의 고향 도시인 뮌헨으로 이동해 카를 하인츠 바블로크를 만날 계획이었다. 내가 이렇게 여러 차례 기차와 비행기를 갈아타며 다닐 수 있을까, 이 여행이 과연 성과가 있을까 반신반의하는 마음이었지만, 겉으로는 진지한 표정을 지으며 머릿속으로 여행 계획을 그려 넣었다.

그날 밤, 나는 잠깐 달리기로 몸을 풀기 위해 밖으로 나갔고, 해는 금방 저물었다. 어둠 속에서 올리브 밭과 포도밭 사이로 난 좁은 길을 달리며 초콜릿 색깔의 비옥한 향기가 나는 농장들을 지나갔다. 어느덧 앙증맞은 손톱처럼 생긴 초승달이 목걸이에 달린 예쁜 장식처럼 검은 하늘 위에 나타났다. 아름드리 밤나무 밑을 지나려는데, 놀란 올빼미가 푸드덕 날아올랐다. 돌아오는 길에도 똑같은 올빼미가 또 한 번 놀라며 날아올랐다. 내 생각이지만, 아마도 내가 한번 가면 다시 안 올 불청객인 줄 알았던 모양이다. 어둠 속을 달리며, 길 양옆에 선 올리브 나무들이 숨을 쉬고 있다는 생각을 했던 기억이 난다. 올리브 나무의 숨소리가 들릴 정도로 고요함을 느껴본 적이 없어서 그전에는 그런 생각도 해 본 적이 없다.

다음 날, 시차를 겨우겨우 극복하고 몇 번이나 알람이 울린 끝에야 잠이 깬 우리 가족은 재빨리 과일과 삶은 계란으로 아침 식사를 했다. 그리고 다시 차에 올라타 구불구불한 이탈리아의 시골 도로를 고속으로 달리기 시작했다. 결국 멀미를 이기지 못한 마스든이 아침으로 먹은 달걀을 죄다 토하고 말았다. 기차를 타야 할 오르비에토에 도착하기는 했는데, 문제는 기차역이 어딘지 알 수가 없다는 거였다. 철로가 어디 있는지는 보이는데 기차역의 위치는 미스터리였다. 차를 타고 동네를 몇 바퀴나 돈 후에야 가까스로 기차역을 발견하고는, 커피를 너무 많이 마셔 부산스러워진 미국인들처럼 이상한 사람들이 찾아왔네, 하는 얼굴을 한 역무원에게서 열차표를 끊은 뒤 허둥지둥 플랫폼으로 향했다. 댄과 마스든에게 작별 인사를 한 뒤 혼자서 로마행 열차를 탔다. 기차는 초록이 무성한

테베레 강가를 따라 달렸다. 로마에서 다시 기차를 갈아타고 브뤼셀행 비행기가 기다리는 공항으로 이동했다. 브뤼셀행 비행기에서는 난생처음 겪는 난기류로 고생을 했다. 비행기 안에서 이리 흔들리고 저리 부딪히면서도 공항에서 산 〈뉴욕 타임스〉를 읽으며 며칠 듣지 못한 고향 소식을 읽었다. 워싱턴주에서 데이브와 리사가 준비한 GMO 표시법 발의가 실패했다는 기사를 읽었다. 이번에도 어마어마한 자금력을 가진 거대 생명공학 기업들이 이겼고, 워싱턴주에서는 당분간 GMO 표시법이 실현될 가망이 없었다. 브뤼셀 공항에 내린 후 기차를 탔지만, 엉뚱한 기차역에서 내리는 바람에 쏟아지는 폭우 속에서 택시를 타고 호텔로 가야 했다. 드디어 도착한 호텔은 마치 약속의 땅 같았다. 스테이크 프리츠와 레드 와인을 커다란 잔으로 한 잔 시켜서 저녁을 먹으며 댄에게 전화를 걸었다. 정신없는 여행길을 겪고 무사히 호텔에 도착했다는 사실에 우리 두 사람은 안도했다. 식사가 끝난 후 객실로 올라가 샤워를 하고, 발터와 문자 메시지를 통해 다음 날 아침 호텔 로비에서 만나기로 약속을 했다.

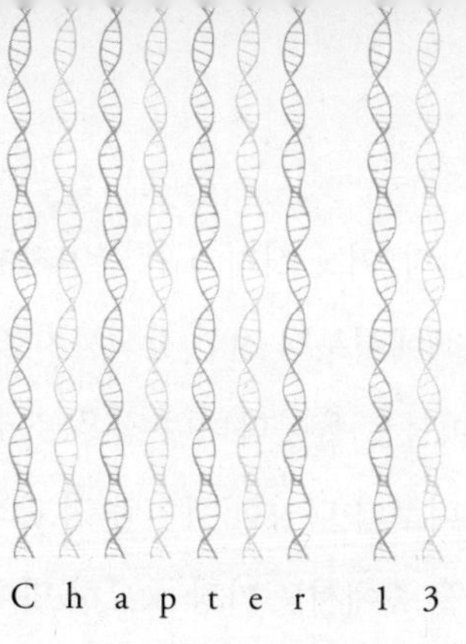

Chapter 13

아침은 빨리 찾아왔다. 춥고, 비가 내렸다. 색이 바랜 청바지에 깃을 세운 셔츠, 그리고 (칼라 없이 반짝이는 단추가 달린 핸섬한 스타일의) 국방색 바바리안 재킷을 입은 발터는 로비에서 나를 기다리고, 같은 양봉업자이자 그의 친구인 카를 라이너Karl Reiner는 시동을 건 미니밴 안에서 우리를 기다리고 있었다. 발터와 나는 비를 맞으며 서둘러 차 안으로 달려갔다. 우리는 회색의 나지막한 건물들이 들어선 루뱅 가톨릭 대학교로 향했다. 컨벤션 장소에 도착한 뒤, 미니밴에서 내려 빗속을 뚫고 실내로 들어갔다.

3개 층에 걸쳐서 유럽 전역으로부터 온 판매자들이 각자 긴 테이블을 설치해 놓고 각지에서 생산된 각양각색의 꿀을 내놓았다.

어떤 꽃에서 딴 꿀인지, 어느 시기에 딴 꿀인지에 따라 저마다 달랐다. 아주 연한 노란색에서부터 진한 갈색까지 색깔도 다양했다. 이 테이블에서 저 테이블로 돌아다니며 작은 스푼으로 제각기 다른 꿀의 맛을 보는데, 너무나 다양한 향미와 점도의 차이가 놀라울 정도였다. 내가 맛본 꿀 중에서도 가장 오묘한 맛이 난 것은 헝가리에서 온 고수 꿀이었다. 처음에는 고추처럼 알싸한 맛이 느껴졌는데, 이내 아주 강한 단맛과 함께 레몬향이 나는 고수 잎의 맛이 감돌았다. (그때 그 자리에서 그 꿀을 사지 않았던 것을 지금까지 후회하고 있다. 아직 시간이 많다고 생각하고 여러 곳을 돌아다닌 뒤 다시 그 자리로 갔지만 꿀은 모두 팔린 후였다. 대신 캐모마일 꿀을 사는 것으로 만족해야 했다.)

벌이나 양봉에 흥미를 가진 사람들을 위한 장비나 소품—꿀벌이 그려진 머그컵, 접시(나도 호박벌이 그려진 머그컵과 마스든을 위한 에그컵[3]을 샀다), 벌 봉제인형, 벌이 수놓아진 깃발, 휘장, 단추, 책, 기타 여러 가지 기호품들—에서부터 벌통, 스테인리스제 꿀 추출기, 안전복, 장갑, 모자, 훈연기, 여왕벌 사육 키트, 꿀단지 등 전문적인 양봉업자들의 필수품까지 나와 있었다. 내가 마치 이상한 나라에 온 앨리스가 된 기분, 아니면 어쩌다 나도 모르게 평행우주에 빠져든 것 같은 기분이었다.

(나로서는 그런 것이 있는지조차 몰랐던) 엄청나게 많은 꿀 상품의 가짓수에 놀란 데다 소란스러운 분위기 때문에 피로가 짙은 안개처럼 몰려오기 시작했다. 나는 그저 발터가 가는 곳마다 이리저리 쫓아다니며 한 걸음 뒤로 물러서서 그가 면식이 있는 사람을 만나면 인사를 나누거나 대화하는 것을 듣기만 했다. 예를 들면, 옥

수수를 원료로 한 바이오디젤을 대체할 개념으로 발터가 새롭게 내세운, 농부들이 땅의 기운을 돋우기 위해 간작間作하는 '벌친화적 bee-friendly' 꽃으로 만드는 디젤인 '화력花力'이라는 개념을 설명하는 동안, 나는 주변에 있는 사람들과 가벼운 인사를 주고받았다. 회색 슈트를 입은 백발의 아일랜드 신사와 잠시 이야기를 나누기도 했다.

발터와 온전히 하루를 보내면서 하나의 그림이 그려지기 시작했다. 발터는 대화의 주제가 무엇이든, 이를테면 벌이든 바이오디젤이든, 아니면 전 세계적으로 GMO 옥수수 밭이 확대되는 것에 대해서든, 또는 식품에 대해서든, 모든 대화에서 환경에 관한 자신의 어젠다를 조금씩 밀고 나갔고, 대부분의 환경 어젠다에 어두운 구름처럼 드리운 문제에 대한 답을 찾고 있었다. 많은 환경론자들이 공포를 바탕으로 한 메시지를 던지는 것과는 달리, 발터는 항상 의기양양하고 원기 왕성했으며 에너지가 충만했다. 환경에 대한 숙명론을 결코 받아들이지 않았다.* 저녁 무렵, 거대한 원형 극장 같은 곳에서 벌을 주제로 양봉업자, 정치가, 유럽 고위 인사들의 연설을 들었다. 집회의 분위기가 GMO 문제로 완전히 집중된 시간이었다. 양봉에 대한 사소하거나 과대 포장된 이야기들은 완전히 뒷전이었다.

양봉업자들의 연설은 특히나 불꽃이 튀었다. (발터를 포함해서) 전 세계에서 찾아온 양봉업자들은 EU가 벌들을 걱정하는 척하면서 생명공학 기업들에게 뒷문을 열고 있다고 성토했다. 스페인에서 왔다는 마누엘 이즈키에르도 가르시아Manuel Izquierdo García는 스

---

* 이 책을 거의 마무리할 무렵, 발터로부터 이메일을 받았다. "화학적인 식물 보호"를 대체한 "디지털 식물 보호" 개념을 개발하고 있다는 이야기였다. 그는 "이건 어떤 대상을 향한 투쟁이 아니라 대안을 만들어 내려는 탐색입니다"라고 썼다.

페인에서 가장 큰 농민 단체인 COAG 소속으로, 스페인에서 급속도로 확산되고 있는 GMO 작물 재배와 그것이 벌에게 미치는 영향(벌의 몰살을 가져오는 벌 군집 붕괴Colony Collapse Disorder, 즉 CCD가 일어나는 비율을 보면, 스페인은 유럽의 어느 나라보다 이 비율이 높다. 스페인과 포르투갈 정부는 유럽의 다른 나라들과는 다르게 생명공학을 저항 없이 받아들였고 GMO 작물의 경작이 계속되고 있다)을 고발하는 인상적인 연설을 했다.

EU 위원회 소속 식품안전국 국장인 프랑스 출신의 에릭 푸들레Eric Poudelet*가 연단에 올라서자 극장 안을 메운 500명 이상의 관중들이 일제히 야유를 보냈다. 야유 속에서도 푸들레는 본질적으로는 자신도 "양봉업자들의 이익을 최우선시하고 있다"라며 관중을 설득하려고 애썼다. 기업들의 제안서를 검토할 때에도 자신에게 있어서 최우선 관심사는 벌이라고 말했다. 다시 한 번 고막을 찢을 듯한 야유가 쏟아져 나왔다. 그럼에도 불구하고 푸들레는 꿋꿋하게 자신의 연설을 마쳤다. 과연 그의 연설을 귀담아 들은 사람이 있을지 의심스러웠다.

다음 연사는 의회 의원인 유럽 인민당 소속 마리야 가브리엘Mariya Gabriel이었다. 가브리엘은 양봉업자들이 GMO의 앞길을 방해하고 있다고 주장했다. GMO는 100퍼센트 안전하며 그 안전성은 이미 입증되었는데, 양봉업자들은 왜 이런 불필요한 고난을 감수하느냐는 것이었다. 더 큰 야유가 쏟아졌다.

마지막으로 그날의 마지막 마무리 발언을 할 발터가 연단에 올

---

* 푸들레는 현재 공직에서 은퇴했으며, 들리는 말로는 프랑스의 시골에서 양봉업에 종사하고 있다고 한다.

라가 마르쿠스 안토니우스Marcus Antonius의 유명한 연설문을 인용하며 연설을 시작했다. "나는 카이사르를 묻으러 왔지 찬양하러 온 것이 아니다." 그리고 진부한 것 같지만 다소 조롱이 섞인 듯한, 푸들레에 대한 사과의 말로 이어 갔다. "푸들레 씨에게 심심한 사과를 표하고 싶습니다. 푸들레 씨는 기업들의 편에 서 있다는 억울한 비난을 들었습니다. 이것은 전적으로 우리의 잘못입니다. 우리는 그분의 사무실에 그렇게 자주 가 보지 않았습니다. 사무실에서 기업 측의 이야기를 듣는 데 많은 시간을 쓸 수 있도록 했고 그래서 이제는 그들의 말이 진실이라고 믿게 내버려 둔 것은 우리의 잘못입니다." 사방에서 웃음이 터져 나왔다. 발터는 푸들레가 상황의 심각성을 전혀 이해하지 못하고 있다고 지적하면서, 벌이 사라진 지구가 (작물의 다양성 저하, 식량 부족 등) 어떤 난관에 직면하게 될지 열거했다. 나는 맨 앞줄에 앉아 있던 푸들레가 불편한 기색을 보이거나 적어도 마음이 흔들리는 기색을 보일 거라고 기대했는데, 그는 즐겁게 웃더니 연설이 끝나자 자리에서 일어나 주변의 사람들과 농담을 주고받고, 심지어는 몇몇 양봉업자들과 범상치 않은 동료애를 보여 주기까지 했다. 프레젠테이션이 끝나자, 발터는 지금까지 늘 연사들과 청중들 모두 간단한 연회에 초대되곤 했다면서 그렇게 하기 위해 약간의 로비를 해야 했다고 말했다.

발터를 따라 가니 대형 연회장에, 어떤 방식으로든 꿀이 들어간 여러 종류의 카나페와 벌꿀 맥주가 준비되어 있었다. 사람들이 삼삼오오 모여서 꿀과 벌에 대해 열띤 토론을 벌였다. 컨퍼런스의 분위기가 어떻게 그렇게 친화적일 수 있는지 물었더니, 유럽의 양봉업자들은 이런 컨퍼런스에서 매년 만나기 때문에 서로 잘 아는 사이라고 했다. 아침에 처음 만났을 때보다 나 역시 발터와 많이 친해져 있었기 때문에, 발터는 연회장 안을 이리저리 돌아다니면서 나를 동료들에게 소개했다.

잠시 후, 발터가 짙은 빨강 머리의 여성 과학자에게 나를 소개했다. 나이는 아마 40대 후반이나 50대 초반쯤 되어 보였다. 그리스에서 온 파니 핫지나Fani Hatjina 박사였다. 미소를 지으면 마치 후광이 찬란하게 비치는 듯한 파니는 그리스와 영국에서 공부했고, 어려서부터 벌을 연구하겠다고 마음먹고는 단 한 번도 다른 생각을 해 보지 않았다. 파니의 이력은 정말 화려했다. 여러 권의 책과 논문을 출판했고, 세계 곳곳의 대학과 과학 컨퍼런스에서 강연했으며 양봉과 관계된 여러 전문지와 시상 심사에서 심사위원으로 활동해 왔다. 벌 병리학, 벌에 대한 위험 평가, 생물학적 다양성(이 경우에는 단일 경작)이 벌에게 끼치는 영향 등에 대한 연구로 유명하다. 최근에는 벌에 대한 농약과 꽃가루의 영향에 보다 집중하고 있다.

파니는 오랜 세월 동안 벌에 대한 위험을 평가하기 위해 브뤼셀에 있는 몬산토 사의 유럽 지사*로부터 살충 결정 단백질을 입수하려고—그녀가 요구한 것은 10마이크로그램이었다—노력했지만, 거절당했다고 했다. 바이엘 크롭사이언스Bayer CropScience(아스피린을 제조하는 제약업체 바이엘의 생명공학 자회사)의 대표들이 파니의 연구실에 찾아와 그들이 직접 진행한 연구의 결과를 건네주겠다고 했다고 한다. 파니에게 함께 일하자고 제안했지만, 그들의

---

* 몬산토 사의 본사는 미주리주의 세인트루이스에 있지만, 전 세계 66개국에 지사를 두고 있다. 몬산토 사의 웹 사이트에는 이렇게 설명되어 있다. "다양한 행정 조직과 영업 조직, 생산 공장, 종자 생산 시설, 리서치 센터, 러닝 센터 등 우리 회사의 모든 부서들은 농업과 농부들을 지원하는 데 주안점을 두고 있다."

조건에 따라서 연구해야 하며, 연구 결과는 그들이 동의하는 경우에만 발표할 수 있을 것이라고 했다. 파니는 그들과 함께 일할 수는 없을 것 같다고 정중히 거절했다.

남자들이 압도적으로 많은 연회장에서 단둘이 이야기하는 동안, 파니는 자신뿐만 아니라 많은 과학자들이 "[GMO 작물을 집중적으로 경작하는 지역에서 사용되는 농약과 그것이 벌에 미치는 영향에 대한 연구가 이미 여러 차례 진행되었고, GMO의 위험성과 농약이 벌에 미치는 영향에 대해서는] 이미 많은 증거를 가지고 있지만, 아직도 더 많은 증거가 필요합니다"라고 했다. 파니는 GMO와 농약이 "직접적으로 꿀벌을 죽이는 것은 아니지만" 벌의 면역능력을 저하시킨다고 믿으며 "GMO는 종종 스스로 살충 성분을 생산하도록 유전자가 조직되었다"고 믿는다고 했다. "GMO 작물이 만드는 단백질은 곤충에게는 독성을 갖습니다. 따라서 그들도 '살충제'라는 '커다란' 카테고리에 똑같이 속하는 거죠." 파니는 자신과 같은 과학자들은 언제나 비장의 카드를 찾으려고 노력하는데, 이 연구의 경우에는 생명공학 기업의 힘이 미치는 한계에 대적해 판세를 뒤집을 수 있을 만한 카드를 찾을 수 있을 것 같지 않다고 했다. "생명공학계에서도 굉장히 많은 연구가 있어요. 여기에 엄청난 돈을 투자하고 있으니까요." 그러나 문제는 여전히 남아 있다. 생명공학 기업들은 자체적으로 연구를 하고 있다. 그러나 그들의 연구가 정확할까? 지금은 우리도 알게 되었듯이, 그들이 독립적이지 못한 것은 분명하다.

파니의 말을 듣다가, 전화 통화 중에 리사 스토크가 했던 말이 떠올랐다. "우리 쪽—활동가들—은 제대로 일하지 못하고 있어요. 그들[생명공학 기업들]이 과학계를 장악하고 있거나, 아니면 훨씬 더 구체적으로 과학적인 연구를 진행하고 있으니까요." 노동부의 직업 안전 및 보건 담당 차관보였던 데이비드 마이클스David Michaels는 2008년 출판된 자신의 저서 《청부과학*Doubt Is Their Product*》에서, 담배 회사의 전례에서 힌트를 얻은 생명공학 기업들은 이제 그들이 '과학'이라고 부르는 것을 두 배로 이용하고 있다고 썼다. "기업들은 **과학**을 두고 논쟁을 벌이는 것이 **정책**을 두고 논쟁을 벌이는 것보다 훨씬 더 효율적이라는 것을 배웠다. 규제를 지지하는 듯한 결론에는 분야와 시기를 가리지 않고 늘 논쟁을 일으켰다. 동물 데이터는 부적절한 것으로 치부하고, 인간 관련 데이터는 대표성이 없다고 지적하고, 노출 데이터는 신뢰성이 떨어진다고 주장한다."

이 문제를 사이먼 호건에게 이야기하자 그는 크게 고개를 끄덕였다. 그는 GMO 찬성론자들이 "충분한 과학적 자료를 가지고 있죠. 그 점에 있어서는 세계 일류급이죠. 하지만 GMO 작물들 자체의 영향에 대해서라면 그들이 가지고 있는 것은 엄청난 양의 추정 데이터입니다. 결국 우리를 그 데이터에 익사시키려는 거예요. 그것이 바로 그들이 이 논쟁에서 우위에 있는 이유입니다. 우리는 [여기서 그들을] 깨뜨리려고 사력을 다해야 하죠." 더 나아가 "GMO가 사람의 건강에 부정적인 영향을 끼친다는 보다 확실한 증거를 확보하지 못한다면, 그들과의 논쟁에서 긍정적인 결과를 내기는 대단히 어려울 겁니다…. 그 증거는 아마 있을 겁니다. 다만 우리가 그것을 찾아낼 수 있어야 한다는 거죠"라고 했다. 그러므로 과학자들이여, 눈을 부릅뜨고 구두끈을 조여라. 이 게임은 쉽지 않을 것이니! (그런데, 정말 그럴까? 생명공학 기업들은 막강한 영향력과 거대 자금이라는 매우 유용한 도구를 가졌지만, 우리에게는 실력 좋은 과학자들이 있다. 그들은 송곳 같은 질문을 던지며 자신들이 품은 의문을 증명하거나 반증하기 위해 노력한다. 너무 늦기 전에, GMO 관련 질문들의 답이 아주 효과적으로, 그리고 명확하게 얻어질 수 있는 것은 그들의 덕분이다.)

연회장 안을 이리저리 돌아다니다 보니 발터의 표정이 심하게 굳어 있다는 느낌이 들었다. 에릭 푸들레가 나타났는데, 사람들에 둘러싸인 채였다. 발터는 푸들레를 코너에 몰아넣으려고 기회를 엿보고 있었다. 나는 옆으로 비켜선 채 지나가다 눈이 마주치는 모든 이들에게 눈으로 인사를 건넸다. 갑자기 프랑스에서 왔다는 에티엔Étienne이라는 양봉업자가 다가왔다. 눈매가 교활해 보이고 겉늙은 펑크족처럼 머리를 텁수룩하게 기르고 스키니 진과 꽉 끼는 회색 재킷을 입고 있었다. "미국에서 오셨다는 작가분 아니세요? 제가 기자용 출입증 만들어 드렸던…." 나는 리셉션 데스크에서 봉투에 든 출입증을 받았기 때문에 그 출입증이 어떻게 만들어졌는지는 몰랐다고 말했지만, 어쨌든 내 소개를 하고 나를 위해 애써 줘서 고맙다고 인사했다. "잠깐 계세요. 푸들레 씨가 작가님을 만나고 싶어 합니다." 그가 말했다.

푸들레는 약간 조소를 머금은 듯한 얼굴로 내게 다가왔다. 나는 연회를 한껏 즐기고 있는 척하면서 양봉업자들로부터 야유를 받은 소감이 어떤지 물었다. 푸들레는 에티엔과 눈짓을 주고받으며 껄껄 웃더니 자신은 양봉업자들의 친구라고 믿고 싶다고 말했다. 자신도 유럽 위원회에 있는 자기 사무실 바깥 발코니에 벌통을 놓고 벌을 기르고 있다고 했다. (나중에 발터에게 물어보니, 푸들레는 그 벌통으로 양봉업자들로부터 어느 정도 신뢰를 얻는 데 성공했다고 한다. "그 사람이 우리와 어울리려고 애를 쓰고 있기는 하지요." 발터는 경멸조로 말했다.) 푸들레는 GMO가 유해하다는 주장을 믿을 수 없다고 했다. 그 주장을 믿을 만한 "증거가 없다"라는 것이다. 그런 주장보다는 조직 전체에 해를 끼치는 농약인 네오니코티노이드를 2년간 금지하려는 자신의 노력에 더 관심을 기울여 달라고 했다. 그가 말한 네오니코티노이드 2년 금지 법안은 내가 그를 만났던 때로부터 몇 달이 지난 2014년 봄부터 발효되었다. (이 금지법은 유럽에서 진행된 수많은 네오니코티노이드에 대한 연구의 결과였다. 이 농약이 벌의 면역 체계를 교란한다는 이탈리아 연구진의 연구 결과도 있었다.)

네오니코티노이드, 또는 네오닉이라 불리는 이 농약은 '조직 전체에 영향을 끼친다'라는 말처럼 식물의 모든 세포, 즉 잎이나 꽃가루, 꽃, 열매, 일액 방울*, 씨앗에까지 스며든다. 네오니코티노이드는 니코틴으로부터 만들어지며, GMO 작물은 물론 non-GMO 작물에도(우리가 묘목 가게에서 사는 관목이나 꽃나무를 처리하기 위해 살포하는 진드기·모기 예방 스프레이에 쓰이는 것은 물론 흰개미나 개미 처치, 개와 고양이의 벼룩과 진드기 처치, 장수말벌 퇴치 스프레이에도) 쓰인다. 파리를 죽이는 데 쓰이는 것보다 쥐를 죽이는 데 쓰이는 네오니코티노이드의 양이 훨씬 적다는 사실은 흥미로우면서 두렵기도 한데, 이 농약이 포유류에 어떤 영향을 끼치는지 우려 섞인 의문을 제기하기에 충분한 근거가 된다. 어쨌든 네오

* guttation drop. 식물의 잎 끝이나 가장자리에 맺히는 작은 물방울로, 벌들이 이 물을 마신다. (2009년 〈환경독물학 저널*Ecotoxicology Journal*〉에 실린 논문을 보면, 네오닉이 섞인 일액 방울을 모방한 수용액을 먹은 벌이 독에 중독되어 죽는다는 것이 밝혀졌다.)

닉은, 현재까지는 유럽에서 가장 확실하게 꿀벌 개체수를 급격하게 감소시킨 원인으로 지목되고 있다. 전 세계에서 동시에 일어나고 있는 벌 군집 붕괴, 즉 CCD라 알려진 현상과 함께 꿀벌의 개체수는 재앙에 가까운 수준으로 급감하고 있다.

'벌 군집 붕괴'라는 용어는 2006년 미국에서* 만들어졌다. (우연의 일치인지, 2005년부터 네오닉의 사용이 폭발적으로 급증하고, 자체적으로 살충 성분을 가진 GMO 작물이 9000만 에이커 이상의 농지 또는 옥수수 밭을 차지하며 확산되던 때와 맞아떨어진다.) 북아메리카에서 엄청난 숫자의 벌 군집들이 한꺼번에 사라진 후에 붙여진 이름이었다. CCD는 군집 전체의 벌들이 한꺼번에 사라지고 벌집만 남는 것이 특징이다. 때로는 꿀이 가득한 벌집과 아직 유충을 품고 있는 알도 그대로 있고, 일벌들의 보살핌을 받지 못한 여왕벌이 말라 죽기도 한다. 가장 놀라운 것은, 어떠한 병원균이나 진드기도 발견되지 않은, 버려진 벌집에 남겨진 꿀을 가로채거나 약탈해 가는 벌 또는 소충나방, 벌집딱정벌레 같은 해충이 없다는 점이다. 이런 약탈자들은 왜 꿀이 가득한 벌집을 건드리지 않는 걸까? 연구자들은 의문을 품었다. 한 가지 추측은, 병에 걸린 벌들이 방향 감각을 잃어 집을 찾지 못했거나 아니면 자신을 희생시켜서 벌집을 구하겠다는 마음으로 다른 벌들에게 병을 옮기지 않도록 벌집으로부터 멀리 떠났기 때문이라는 것이다. 문제는, 병에 걸린 벌은 모두가 (여왕벌만 빼고) 어디론가 사라져 버린다는 사실

* 영국에서는 애초에 이 현상을 1872년 뉴욕항을 떠났다가 아조레스 제도 동쪽 400마일 해상에서 다른 배에 의해 발견된 상선 메리 셀레스트호의 이름을 따 '메리 셀레스트 신드롬'이라고 불렀다. 메리 셀레스트호를 발견한 다른 배의 선원들이 이 배에 올랐을 때 배 안은 텅 비어 있었다고 한다. 다만 선장도, 선장의 부인과 딸도, 선원들도 흔적 없이 사라졌지만, 음식과 식수, 그리고 화물은 그대로 있었다고 한다.

이다. 연구자들은 아직도 이 현상의 원인을 규명하기 위해 노력하는 중이다. 벌의 사체를 해부하거나 테스트하지 못했기 때문에(벌집은 텅 비었고 죽은 벌들은 허공 속으로 사라졌으므로) 원인은 아직도 규명되지 못했다. 가장 가능성 있는 추론 방향은 3p—농약pesticide, 병원균pathogen, 기생충parasite—이다. 이 세 개의 p 중에서 많은 연구자들이 가장 초점을 두고 있는 것은 세계적으로 급증한 농약의 사용량이다. 병원균과 기생충은 태곳적부터 늘상 존재했던 것이기 때문이다. 연구자들은 CCD의 피해를 입은 꿀, 꽃가루, 밀랍에서 150종류 이상의 화학물질 잔유물을 발견했고, 많은 사람들이 살충제, 제초제, 살균제의 독성 혼합물에서 나타날 수도 있는 시너지 효과에 주목하고 있다. 매사추세츠의 연구자들은 CCD의 피해를 입은 모든 벌집에서 네오니코티노이드 잔유물을 발견했다. 꿀을 보약이자 치료제로 생각한 나로서는 큰 충격이었다. 현대 세계가 네오니코티노이드로 꿀을 독약으로 만들어 버린 것이다. 그러나 다국적 화학 기업의 반대편에 서기를 꺼리는 미국에서는 오늘까지도 유럽처럼 네오닉을 제한하거나 금지시키려는 노력에 적극적으로 나서지 않고 있다. EPA는 증거가 더 필요하다고 주장한다.*

더 많은 증거를 기다리는 동안, 북미 대륙에서 철 따라 이동하는 벌 군집—작물의 수분을 위해 여러 지역을 돌아다니는 벌(우리는 벌을 이주 노동자라고 생각하지 않지만, 벌은 인간 이주 노동자처

* 2015년 11월, EPA는 다우 케미컬 사가 생산하는 네오니코티노이드의 하위 물질 설폭사플로르(sulfoxaflor)의 인증을 취소했다. PAN(Pesticide Action Network), 식품 안전 센터, 비욘드 페스티사이드(Beyond Pesticede)가 청원을 내고 미국 꿀 생산자 협회(American Honey Producers Association)와 미국 양봉업 협회(American Beekeeping Association)가 소송을 낸 지 6년 만의 결정이다. 캘리포니아 농약 규제국에 냈던 애초의 청원에는 이런 내용이 있었다. "모든 네오니코티노이드는 중추 신경계를 교란하여 경련과 마비를 일으킴으로써 곤충을 죽인다."

럼 권리도 주장하지 않으면서 인간의 식량 경제에 결정적인 역할을 한다)—들이 CCD로 인한 막대한 피해를 보고 있다.* 해마다 거대한 트럭에 실린 이주 벌통들이 캘리포니아에 도착해 아몬드 꽃의 수분을 해 주고 다코타주나 그레이트플레인스로 이동했다가 중서부로, 그다음에는 내 고향 메인주로 와서 블루베리의 수분을 해 주고 다시 남쪽으로 갔다가 캘리포니아로 돌아가기 전에 다시 중서부에 도착한다. 수분이 필요한 작물의 성장 주기에 맞춰 계속 이동하는 것이다. 경우에 따라 호주 같은 나라에서 미국까지 수분을 위해 747 여객기에 실려 오는 벌통도 있다. 하나의 거대 사업인 셈이다. 전 세계 농작물의 3분의 1 이상이 번식을 위해 수분이 필요하기 때문에 농부들에게도 절실하지만, 야생화의 90퍼센트 이상도 생존과 번식을 위해 수분이 필요하다. 전적으로 벌에게 의존하는 미국의 가장 큰 산업 중 하나가 캘리포니아의 아몬드 산업이다. 캘리포니아의 아몬드 산업은 미국 아몬드 농장의 90퍼센트(그리고 세계 아몬드 무역에 있어서 공급량의 거의 90퍼센트)를 차지하는 수십 억 달러 규모의 산업이다.**

어떤 사람들은 벌이 사라진 세상에서는 사람도 살 수 없을 거라고 말하는데, 아마도 맞는 말일 거라고 생각한다. 정말 벌이 사라진

---

* 벌통이 트럭에 실려 다른 주로 이동하는 인터넷 동영상을 보면 나도 모르게 속이 뜨끔하다. 트럭에 실린 채 알 수 없는 곳으로 이동하고 있는 제 벌집 주변을 필사적으로, 그리고 혼란스럽게 윙윙 날아다니는 벌의 모습에서 뭐라고 말할 수 없는 안쓰러움이 느껴진다. 때로는 뒤처지는 벌도 있다. 양봉업을 하는 내 친구 조디는, 벌이 모두 잠든 밤에 벌통을 옮기는 것이 최선책이라고 한다. 그러나 항상 그럴 수는 없다고 한다. 정해진 기한을 맞춰야 하고, 작물의 개화기에도 맞춰야 하고, 예산상의 문제도 있고, 관련된 사람들의 일정도 있기 때문에 벌을 위해 많은 시간을 기다릴 수는 없다는 것이다.

** 본론에서 벗어난 이야기지만, 이 문제에 대한 조사를 하면서 나는 앞으로 다시는 내 아이나 나를 포함한 가족에게 비유기농 아몬드를 먹이지 않겠다고 다짐했다. 아몬드 숲은 네오니코티노이드로 코팅이 되어 있다시피 한다. 이 농약이 벌의 면역 체계에 문제를 일으킨다면, 아무리 적은 양이라도 사람의 몸에 들어갔을 때 사람의 면역 체계도 망가뜨리지 않을 거라고 믿을 수는 없다.

다면, 그래서 인간이 직접 작물을 수분할 방법을 찾으려면 천문학적인 비용이 들 것이다. 벌이 완전히 사라진 중국의 어느 지방에서는 사람들이 아주 작은 면봉이나 붓을 들고 밭에 들어가 벌이 하던 일을 하고 있다. 이 노동자들이 작물을 수분시키는 데 있어서는 벌처럼 유능하지 않지만, 희망을 버릴 단계는 아니다. 하버드 대학교 연구진이 로보비RoboBee라는 로봇을 만들고 있으니 말이다. 하버드의 연구진은 벌이 하던 일을 로봇에게 대신 시키고자 노력하는 반면, 독일의 한 대학에서는 과학자들이 유전자 조작 벌을 만드는 데 전력을 다하고 있다.

네오닉 금지에 대한 자신의 역할을 늘어놓는 푸들레와의 대화 도중에 신중한 표정의 양봉업자 한 사람—프랑스 남부 사람인 듯한 억양이었다—이 다가와 푸들레에게 벌을 위해 더 열심히 일해 달라고 부탁하듯 말했다. 푸들레는 그저 듣는 척만 하는 것 같았다. 그 남자의 간절한 부탁이 푸들레와 에티엔에게는 재밋거리인 듯, 두 사람은 낄낄거리며 눈짓을 주고받았다. 그렇게 노골적으로 상대방에 대한 존중 같은 것은 아랑곳하지 않는 푸들레에게 그 남자는 자기가 기르는 벌이 어떤 곤경에 처해 있는지를 설명하면서 아울러 GMO와 화학비료, 농약 등에 대한 우려를 표했다. 비웃는 푸들레의 모습을 보는 것이 나로서는 고역에 가까웠다. 푸들레가 의도적으로 무례한 태도를 보였던 건지는 사실 나도 잘 모르겠다. 하지만 노골적으로 비웃는 모습을 보는 것은 나로서는 힘들었다. 어쩌면 어색함에서 비롯된 웃음이었는지도 모를 일이다. 푸들레와 에티엔의 관계를 나는 확실히 알지 못했고, 특히 에티엔은 벌을 위해 일하는 사람인 줄 알고 있었으니까. 하지만 아무리 좋게 말해도 참 민망한 상황이었다. 푸들레는 조롱 섞인 목소리로 말했다. "당신네들 문제는 도대체 조직적이지 못하다는 거예요! 일을 좀 조직적으로 하세요!" 그의 지적은, 만약 양봉업자들이 GMO에 대항하여 조직적으로 움직인다면 산이라도 움직일 것이라고 말하는 듯했다. 푸들레는 "양봉업자들은 유럽 위원회로부터 유럽의 다른 어떤 농부들보다 큰 동정을 받고 있습니다!"라는 말로 그 양봉업자와의 대화를 끝냈다. "당신들은 우리에게 200만 명의 서명을 받아서 제출했잖아요! 200만 명!" 푸들레는 마치 강조라도 하려는 듯 손가락 두 개를 세워 보이며 소리쳤다. 양봉업자들이 네오니코티노이드에 대한 투표 발의안에 200만 명의 서명을 받아 유럽 위원회에 제출한 것을 두고 한 말이었다. (발터는 두 번째 청원을 위한 서명 작업이 진행 중이라고 했다. 따라서 유럽 위원회는 네오닉과 관련해서 600만 명 이상의 서명을 받은 셈이다.*) 프랑스 양봉업자를 시원하게 따돌린 푸들레는 만면에 미소를 띠며 나를 다시 돌아보았다.

주변 사람들 머리 위로 눈을 번득이고 있는 발터의 모습이 보였다. 발터는 푸들레와 만나고 싶었는데, 자기가 데리고 온 작가 나부랭이에게 발목이 잡혀 있었으니! 잠시 후, 푸들레는 다른 쪽으로 옮겨 갔고, 나는 가까이에 있던 한 양봉업자와 이야기를 나누며 서 있었다. 그날 저녁 내내, 발터는 푸들레가 가는 곳마다 따라다니며 그의 관심을 끌려고 안간힘을 썼다. 연회가 끝날 즈음에야 발터는 본격적인 행동에 돌입할 수 있었다. 목소리를 낮춰 은밀하게—고개를 숙이고, 아이폰을 꺼내고, 뭔가를 확인하고—대화를 나누던

* 신종 2,4-D 내성 작물과 다우 케미컬 사의 새 농약 인리스트 듀오의 승인을 기각시키기 위해 USDA의 공개 온라인 포럼에서 추진한 서명 운동에 동참한 사람은 50만 명이었다. 이 두 가지는 승인을 받은 상태다.

두 사람은 다음 날 아침 브뤼셀에서 만나기로 약속을 정했다. 그제야 발터는 다소 마음이 풀린 듯, 이제 그만 가자고 했다.

카를의 밴을 타고 가는 동안, 발터는 내가 푸들레와 일대일로 이야기를 나눌 시간을 가졌던 것에 대해서 크게 화를 냈다. 푸들레가 내 비위를 맞추고 아첨을 하면서 자기가 하려던 일을 더 어렵게 만들어 놓았다는 주장까지 했다. 발터의 분노가 한바탕 회오리치고 지나간 뒤, 우리는 차갑고 냉랭한 침묵 속에서 호텔로 돌아왔다. 나는 앞으로 어떻게 행동해야 할지 갑자기 막막해졌다.

호텔에서 저녁 식사를 하면서, 나는 억지로 미소를 지으며 맛있는 해산물 스튜를 주문했다. 토마토, 양파, 마늘과 와인으로 졸인 육수에 생선과 홍합, 조개를 넣어 끓인 스튜였다. 셰프가 재료의 단순한 맛을 자랑스럽게 설명하는 동안, 발터는 프렌치프라이와 맥주를 곁들인 버거만 열심히 먹어 댔다. 혈당이 어느 정도 회복되자 모두들 기분이 좋아진 듯했다. 발터는 식사를 하면서 다음 날 아침을 위한 계획을 이야기했다. 발터는 푸들레를 만난 후 녹색당을 방문하고, 그다음에는 의회에서 의원들을 만날 계획이었다. 하지만 컨퍼런스 리셉션에서 나의 존재가 푸들레에게 얼마나 큰 영향을 끼쳤는지를 보았다면서, 미국인이자 작가인 나의 영향력에 경계심을 표현했다. 그는 장황한 말을 늘어놓았다. "의도적이냐 아니냐의 문제가 아니라… 당신이 원하든 원하지 않든, 일의 방향을 바꿔 놓는다니까요."

얼굴에 피로와 짜증이 역력한 카를을 무시하고 잠시 생각한 후, 결국 발터는 내가 녹색당에는 동행해도 좋다고 타협안을 제시했다. "녹색당은 우리와 같은 입장이라는 것이 공식적인 입장이니까요." 그러나 다른 자리—푸들레나 다른 의원들과의 만남 자리—에는 혼자 나가겠다고 했다. 나는 고개를 끄덕였다. 적당한 핑계를 대서 디저트 주문을 취소한 뒤 호텔 객실로 돌아왔다.

깔끔하고 아담한 나만의 공간으로 돌아온 뒤, 댄에게 전화를 걸어 속내를 털어놓았다. "정말 짜증 나! 진짜 오만불손, 자기 멋대로, 특권 의식 그 자체, 거기다 **돈까지 많아!**" 마지막 두 마디는 왜 튀어나왔는지 나도 모를 일이었다. "여기까지 그 먼 길을 날아왔는데, 이제 완전히 꿔다 놓은 보릿자루 신세야. 그런데도 난 이 남자하고 계속 잘 지내고 싶다는 거지. 뭔가 중요한 일을 하는 것 같거든. 하지만 도저히 잘 지낼 수가 없을 것 같아. 완전 **독불장군**이야!" 나는 눈물까지 찔끔거렸다. 갑자기 네브래스카에 있는 잭의 트랙터로 돌아가고 싶어졌다. 아니면 라이언 애덤스의 노래를 들으며 아이오와의 옥수수 밭 사이를 달리거나.

"케이틀린, 인터뷰 대상이라고 해서 꼭 잘 지내야 하는 건 아니야. 그 사람 말에 귀를 기울이고, 그 사람이 하는 말과 그 사람이 막고자 하거나 관철하고자 하는 일에 대해 쓰기만 하면 되지." 댄이 위로했다.

"그건 그래." 나는 코를 훌쩍거렸다. 그저 조금 위로가 될 뿐이었다. 통화가 끝난 뒤, 그날 오후 컨퍼런스에 나왔던 헝가리 출신의 양봉업자 부부에게서 산 꿀병을 꺼내 불빛에 대고 비춰 보았다. 맑고 투명한 노란색, 캐모마일 꽃의 황금색 꽃봉오리 같았다. 객실 안에 비치되어 있던 커피포트에 물을 끓여 캐모마일-라벤더 차(밤마다 마시는 차인데, 지난여름 마스든과 함께 기른 캐모마일과 라벤더 꽃을 따고 직접 말려서 만든 차였다)를 만들고 달콤한 꿀을 한 스푼 듬뿍 떠 넣었다. 차를 맛보기 전에 꿀을 한 스푼 더 듬뿍 떠서 입안에 넣었다. 입 속에 꽃향기가 퍼지는 것을 느끼면서, 대서양을 건너 여기까지 와서 겨우 GMO와 꿀벌, 꿀, GMO 표시법, 농약 그리고 이 모든 것들을 둘러싼 정치적인 역학 관계의 일부분을 구경만 하고 있구나 하는 씁쓸한 생각이 들었다. 이 주제에 대해 더 깊이 파고들면 파고들수록, 여러 개의 조각들이 서서히 맞춰지기 시작했으나 여전히 모르는 게 더 많았고, 이해할 수 없는 것은 줄어들지 않았다. 하루하루가 새로운 문제, 힘든 일의 연속이었다.

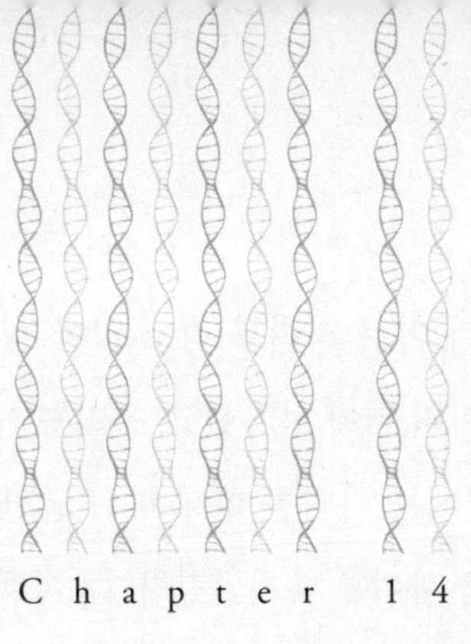

Chapter 14

다음 날 아침, 자리에서 일어나 발터와 함께 브뤼셀을 거쳐 독일로 향할 준비를 했다. 이른 출발과 아직 걷히지 않은 어둠, 희붐한 아침 공기 덕분인지 발터와 나의 사이는 전날보다 많이 가까워진 느낌이었다. 어둠 속에서 급작스럽게 비가 내리기 시작했고, 택시를 잡아탄 우리는 가벼운 이야기를 주고받으며 기차역을 향해 벨기에의 거리를 달렸다. 부산하고 바쁘게 돌아가는 기차역 안에서 기차표를 산 뒤, 아침 일찍 브뤼셀까지 통근하는 사람들로 가득한 기차에 올라탔다. 멋진 청바지를 입고 하이힐을 신은 한 여자가 선 채로 책을 읽고 있었다. 묵직한 배낭을 메고 워커를 신은, 대학생인 듯 보이는 청년들은 눈을 감고 짧은 잠을 청하고 있었다. 거의 모든 이들이 귀에 이어폰을 꽂고 자신만의 작은 우주에 빠져 있었다.

발터와 나는 각자 따로 자리를 잡고 앉아 생각에 잠겼다. 잠시 후, 기차는 브뤼셀미디 역에 정차했고, 우리는 기차에서 내렸다. 길을 잘 알고 있는 발터는 라커를 향해 바퀴 달린 여행 가방을 밀며 어렵지 않게 사람들 사이를 빠져나갔다. 내 여행 가방을 끌고 따라가면서 발터의 가방은 날씬하고 간단한 데 비해 내 가방은 실용성과는 거리가 멀 정도로 둔하다는 것을 깨달았다. 잠시 후, 우리는 지하철을 타고 EU 정부의 최상위 기구인 유럽 위원회로 향했다.

지하철 안에서 발터는 우리가 이동하고 있는 그 시간에 의회에서는 위원회(그리고 푸들레)가 제안한 GMO 표시법 투표를 고려하고 있을 것인데, 만약 투표에 부쳐진다면 양봉업자들에게 직접적인 영향을 미칠 거라고 말했다. 이 법이, 꿀도 GMO 테스트를 해야 하며 만약 GMO가 함유되어 있다면 GMO 표시를 부착해야 한다는(캘리포니아의 과학자 이그나시오 차펠라가 성능 좋고 저렴한 테스트 기구를 만든 것도 바로 이 때문이었다) 2011년 EU 법정의 결정을 되돌려 놓을 수도 있기 때문이었다. 위원회의 기본적인 입장은, 꿀은 독자적인 실체를 가지고 있는 물질로, GMO 표시를 붙일 수 있는 성분이거나 동물성 상품도 아니므로 반드시 표시를 붙여야 할 필요는 없다는 것이었다. 만약 이들의 입장이 그대로 관철된다면, 발터가 수년간 공들인 탑이 무너질 수 있는 상황이었다.

발터는 이 과정 전체가 일종의 데자뷔처럼 다가온다고 털어놓았다. 2003년에 GMO 표시 문제를 처음 언급했을 때, 발터는 독일 연방의 식품 안전, 농업 및 소비자 보호부에서 볼프강 쾰러를 만났다. 발터의 소개로 나도 볼프강을 만날 기회를 잡을 수 있을까 해서 브뤼셀에서 몇 번 통화를 했었다. 볼프강은 EU가 GMO를 함유하고 있는 식품의 표시를 요구하는 법을 입안하기 시작할 때 발터가 꿀에 대해서도 GMO 표시를 검토해 달라는 요청을 했었다고 말했다. 볼프강은, 꿀은 동물성 상품이나 GMO 성분으로 제조된 상품에 대한 규제 기준(EU와 미국 사이의 거래의 결과로 이 기준은 동물에게 GMO 사료를 먹이는 것을 허용하고 있다)에 부합하지 않는다고 말했다. 벌은 사방을 날아다니며 GMO 꽃가루뿐만 아니라 GMO가 섞인 꿀까지 모아들이고 있음에도 불구하고 꿀은 GMO 작물의 경작과 어떤 연관이 있다고 간주되지 않았다. 또한 이 규제 조치의 입법 과정에서 "양봉업자들은 무시"되었다고 그는 말했다. 그러나 발터가 그를 찾아와 벌과 양봉업자들을 GMO와 표시법으로부터 보호하기 위해 정부는 어떤 조치를 취할 것인지 묻기 시작하자 볼프강은 시끄러운 소동이 일어나리라는 것을 직감했다. 처음에는 발터에게 "입을 다물어요. 당신은 GMO와는 아무 상관이 없어요. 그러니 잠자는 개들을 깨우지 맙시다"라고 말했다. 그러나 발터는 입을 다물고 있을 사람이 아니었다. "그게 바로 발터의 문제예요. 도대체 조용히 있을 줄을 몰라요."

그리하여 이 스산한 회색빛 하늘의 브뤼셀에서 얼음처럼 차가운 빗방울이 떨어지는 가운데 발터는 의회가, 8년이란 긴 세월 동안 그가 싸워서 얻어 낸 유럽 법원의 결정을 뒤집고 꿀을 다른 동물성 상품으로 분류할지도 모른다는 걱정을 하게 된 것이었다. 이런 이유로 그는 자신의 이야기에 귀를 기울일 만한 여러 의원들을 만나려고 약속을 잡았다.

그날 아침 첫 약속은 푸들레와의 만남이었다. 그 만남에서 발터가 할 일은 두 가지였다. 첫째, 푸들레에게 파이오니어 사에서 만든 TC1507—EU에서 광범위한 경작을 승인할 것을 고려하고 있던 GMO 옥수수의 일종—의 경작을 허용한다면 일찌기 EU 회원국 다수로 하여금 GMO 작물의 경작을 금지하는 법을 이끌어 냈던 전쟁이 다시 시작될 것이 뻔하므로, 승인을 막아야 한다고 경고하려는 것이었다. 두 번째는, 무엇보다도 GMO로부터 꿀을 보호하기 위해 애쓰는 양봉업자들을 도와 달라고 호소하는 것이었다. 발터에 따르면, 푸들레는 유럽 위원회 내부에서 "합법적인 책략"을 동원해 법원의 결정을 무력화하려는 그룹을 지휘하고 있었다. 발터는 "유럽 위원회의 책략의 최종 결론은, 어떤 GMO 꽃가루가 꿀에 들어가든—어떤 마법의 힘에 의해서인지는 몰라도—꿀은 천연 식품이라는 겁니다"라고 말했다. 발터가 푸들레와의 만남에서 소망하는 것은 투박하고 촌스러운 양봉업자의 전형을 깨고 양봉업자 대 양봉업자로서 푸들레와 대화하는 것이었다.

발터는 푸들레의 사무실이 있는 유럽 위원회 건물 옆의 커피숍에 나를 남겨 두고 푸들레를 만나러 갔다. 한 시간쯤 후, 재스민 그린티를 곁들인 예스러운 유리병에 잠긴 프렌치 요구르트를 먹으며 지나가는 사람들을 구경하고 있는데 발터가 다시 나타났다. 여러 나라의 언어로 떠들며 그 커피숍에 들어와 커피를 마시거나 점심을 먹고 있는 사람들의 삶을 상상하던 중이었다. 발터는 의자에 푹 주저앉았다. 피곤한 얼굴이었다. 그를 만난 후 처음으로, 왠지 그가 나약하게 보였다. 푸들레와의 대화는 어떻게 끝났는지 물었다. 발터는, 적어도 푸들레가 농부들이 어떠한 곤경—GMO 표시법 없이는 이 농부들의 제품이 안전하다는 것을 소비자들에게 설득시킬 수 없다—에 처해 있는지를 이해시켜야겠다는 목표는 달성한 것 같다고 말했다.

커피숍을 나선 우리는 지하철을 타러 갔다. 지하철로 몇 정거장을 이동한 후 하차해서 중요한 공공 기관으로 보이는 건물들을 지나 작은 식당에 도착했다. 발터와 녹색당에서 나온 사람과 점심 약속이 있었다. 식당이라고는 하지만 반은 식당이고 반은 골동품 가게여서, 펑키한 스타일의 독특한 핸드백이며 특이한 장난감, 그리고 옷감 같은 것들도 팔고 있었다. 스커트와 스웨터 차림에 긴 머리를 등 뒤로 땋아 내리고 귀염성 있는 얼굴을 한 여자가 주인이었다. 우리는 테이블을 차지하고 앉아 레몬차를 주문하고 젖은 코트를 벽에 걸었다.

따뜻한 차를 몇 모금 마시고 나서, 발터는 내게 새로운 정보를 더 알려 주었다. 정확하고도 과학적인 발터의 정신세계가 빛을 발하기 시작한 순간이었다. 간단히 말해서, GMO에 관련된 문제들을 간결히 분해해서 이해하기 쉽게 설명하는 그의 능력은 정말 누구도 흉내 낼 수 없는 것이었다. 발터는 한츠 힌리히 카츠Hanz Hinrich Kaatz라는 독일 과학자가 2001년부터 2004년 사이에 예나 대학교에서 진행했던 과학 연구에 대해 자신이 이해한 내용으로 화제를 옮겨 갔다. 발터의 이야기에 의하면, 카츠는 Bt(GMO 옥수수, 콩, 비트, 감자, 알팔파, 면화에 들어 있는 농약)가 꿀벌에 끼치는 영향을 평가했다고 한다. Bt 살충제(카츠는 일부 과학자들이 보통의 벌이 접촉한다고 여기는 평균적인 양의 열 배로 농축시킨 Bt를 사용했다)를 먹인 꿀벌은 노세마병에 더 잘 걸릴 거라고 추측했다. 노세마병은 벌에게서 흔히 나타나는 질병으로, 노세마 아피스Nosema apis라는 진균에 의해 발병한다. 이 병에 걸린 벌은 대부분 죽는다. 그러나 항생제로 미리 예방 처리를 하면, 벌들도 노세마병을 이겨내고 살아남는다. 카츠는 Bt 독성이 벌의 내장 표면을 약화시켜 진균이 쉽게 장을 뚫고 침입하게 만드는 것으로 생각되지만, 아니면 거꾸로 벌의 몸에 침입한 진균이 Bt 독성을 강화시켜 벌의 내장 표면을 약하게 만드는 것일 수도 있다고 추측했다.* 카츠는 연구를 계속하고 싶었으나 연구에 필요한 기금을 더 확보할 수 없었다고 말했다. 결국 카츠가 내린 결론은, 소량의 Bt는 건강한 벌이라면 큰 문제가 없으리라는 것이었다. 그러나 발터는 노세마 포자는 거의 모든 벌집에서, 심지어는 건강한 벌들의 벌집에서도 발견된다고 설명했다. 그는 건강한 벌들은 노세마병에 걸렸어도 아무런 증상을 겪지 않는다고 말했다. 그러나 여기에 Bt가 개입되면, 이미 노세마병에 걸린 벌에게서 더 큰 독성이 나타나는 것으로 보인다고 추측했다.

이러한 추론을 이해시키기 위해, 발터는 Bt가 GMO 안에서 어떻게 작용하는지를 설명했다. 예를 들어 GMO 옥수수 속에 든 Bt는 조명충나방의 장벽腸壁을 뚫고 박테리아를 장내로 침투하게 만든다. 항생제로 미리 처치하면, Bt는 장벽을 뚫지만 박테리아로 인한 패혈증은 일어나지 않는다. 이게 다 무슨 뜻인가요? 나는 여전히 알 듯 모를 듯했다.

발터의 말을 빌리자면, 카츠의 연구는 Bt가 벌의 장을 손상시킴

* 카츠의 결론은 USDA의 두 과학자 조너선 룬드그렌(Jonathan Lundgren)과 제프리 페티스(Jeffrey Pettis)가 최근에 내놓은 연구 결과와도 유사하다. 이 두 과학자의 연구는 농약이 벌의 면역 체계를 약화시켜서 질병에 더 잘 걸리게 만든다는 것을 보여 준다. 페티스와 룬드그렌은 이러한 결론 때문에 USDA로부터 집중 포화를 당했고, 룬드그렌은 USDA가 농약과 관련된 부분에 대해 자신의 입을 막으려 했다는 이유로 내부 고발자 소송을 제기했다.

으로써 면역 체계에 이상이 오고, 따라서 GMO가 나타나기 전에는 정상적으로 이겨 낼 수 있었던 병에도 취약해진다는 것을 보여주었다. 발터가 궁금해하는 것은, 이러한 결과가 Bt와 곤충, 그리고 Bt의 작용 방식에 대해 우리에게 시사하는 바가 무엇이냐 하는 것이었다. 그는 양봉업자들의 항생제 사용이 합법인 미국(EU에서는 불법이다. 항생제 잔유물이 꿀에 남기 때문이다)에서는 종종 예방적 조치로 벌에게 항생제를 처치한다고 지적했다. 덕분에 일부의 경우에는, 항생제를 처치하지 않았을 때보다 벌이 Bt 작물을 더 오래 견디게 해 줄 것이라고 했다. (대규모 양봉, 특히 철 따라 이동하며 벌을 기르는 경우에는 항생제가 일상적으로 쓰인다. 따라서 유기농 꿀이 아닌 이상, 대부분의 꿀에서 항생제 잔유물이 발견된다.)

물론 항생제를 사용하는 것이 장기적으로 농약과 진균, 병원균의 공격으로부터 벌이 자신들의 면역 체계를 지켜 내는 데 도움을 주는지, 아니면 다양한 환경 요소들의 공격과 더불어 항생제에 장기간 노출되고 나면, 결국은 면역 체계가 더 약해져서 CCD 같은 증상까지 불러오는 것은 아닌지 우리는 아직 모른다. 이 모든 의문들이 아직은 미스터리다.

발터는 2006년 위스콘신 대학교에서 실시한, '바실루스 투린지엔시스의 살충 작용에 필요한 중장中腸 박테리아 연구'에 대해서도 설명했다. 이 연구의 연구진들은 Bt가 매미나방 유충에 작용하기 위해서는 유충이 생득적으로 갖고 있는 중장 박테리아의 존재가 필수적이라는 것을 증명할 수 있었다. 카츠의 연구가 보여 주듯이, 곤충에 항생제를 처치할 경우, Bt는 그렇지 않을 경우와 똑같은 방식으로 작용하지는 않는다. 박테리아가 항생제에 의해 파괴되기 때문이다. 발터는 이런 작용 원리를 이렇게 설명했다. "중세의 성을 포위하고 공격해서 성벽에 구멍을 냈어요. 그런데 성벽 안으로 진입할 군사가 없으면 성벽에 구멍을 낸들 무슨 소용이겠습니까?"

발터의 설명은 매우 흥미로웠다. 다른 사람들처럼 나도 항생제 과용과 중요한 체내 미생물 부족에 대한 연구 결과들을 믿고 있었다. 그런 연구들에 따르면, 항생제와 체내 미생물이 위장의 건강에 영향을 주기 때문에 항생제를 과용하거나 미생물이 부족하면 염증성 질병에 더 잘 걸릴 수 있다고 한다. 그래서 나도 오래전부터 초기 감기 증상만 보여도 늘 복용했던 항생제의 부작용을 씻어 내기 위해 프로바이오틱스를 열심히 먹었다. 발터가 이야기하는 동안 나는 궁금해지기 시작했다. 만약에 자체적인 농약 성분, 또는 Bt를 갖도록 유전자가 조작된 GMO 식품을 섭취한 사람이 가질 수 있는 문제는 어쩌면 체내의 미생물, 그동안 복용한 항생제의 양, 인체의 항생제 내성, 그리고 요즘 들어 많은 사람들이 이야기하고 있는 '장 누수gut leakiness' 증상과도 관련이 있지 않을까 하는 의문이었다. (장 누수 증상은 장벽에 작은 구멍 또는 천공이 생겨 독성 성분과 단백질이 혈류로 스며들면서 알레르기와 염증성 질병을 일으키는 증상을 말한다.) 여기에 마록스maalox(소화성 궤양위염 치료용 내복약)와 넥시움(위산 분비를 감소시킴으로써 위산 분비 과다로 인한 각종 소화기 증상을 개선하는 약) 같은 제산제와 PPI 과용으로 인한 장내 산성도의 변화까지 더한다면, Bt나 몬산토 사가 실험실에서 테스트했을 뿐 동물을 대상으로는 실험하지 않았던(몬산토 사는 동물 대상 실험을 '타당하지 않다'는 이유로 거부해 왔다) 다른 단백질이 우리의 장을 통과하면서 우리의 몸을 아프게 만든 것은 아닐까 하는 의구심이 들었다. 장내에 필요한 미생물이 없거나 산성도가 지나치게 알칼리 쪽으로 치우쳤을 것이기 때문이다. 그러나 엄밀히 말하면 내 생각은 비과학적이기도 하고, 지금 당장 고민해야 할 과제는 벌과 벌의 내장이지 인간이 아니었다. 그래도 궁금한 것은 어쩔 수 없었다.

미국으로 돌아온 뒤 몇 달이 지나서도 나는 여전히 그 의문을 털어 내지 못하고 있었다. 의사도 아니고 과학자도 아니었기 때문에, 장내 미생물과 Bt 단백질에 대한 많은 조각들을 어떻게 일관적인 하나의 그림으로 완성할지 알지 못했다. 그래서 책을 쓰기 위해 이 부분을 정리할 때, 인간 미생물군 유전체 프로그램Human Microbiome Program 디렉터이자 뉴욕 대학교 의과대학 미생물학 교수인 마틴 J. 블레이저Martin J. Blaser 교수에게 전화를 걸었다. 블레이저 박사는 현대 전염병[4]의 주요 원인인 항생제 과용과 우리의 내장이 질병과 싸우고 건강 상태를 유지하는 데 필요한 유익한 박테리아인 장내 미생물군 유전체의 교란이 어떻게 '1형 당뇨, 천식, 건선, 피부 감염 같은 염증성 질환을 일으키는가를 다룬《인간은 왜 세균과 공존해야 하는가*Missing Microbes*》의 저자이다.

블레이저 박사는 Bt에 대해서는 구체적인 답을 갖고 있지 않다고 말했다. 그러나 GMO 안에 있는 것이 살충제나 농약이라면, "살충제와 농약은 대개 항박테리아 기능을 가지고 있으므로, 중요한 문제가 된다"라고 말했다. 박사는 "그럴 수 있다고 생각합니다"라고 했다. 박사는 현재 사람이 농약을 섭취하면 어떻게 되는지를 이해하기 위한 연구를 진행 중이다. 농약이 인체 내의 미생물군 유전체에 어떤 영향을 주는지 그는 궁금해하고 있다. 농약이 문제의 원인 중 일부일 수 있을까? 그 답을 찾기 위한 노력에 있어서, 동물 실험이 그 답을 찾는 출발점이 될 수 있다고 믿느냐고 물었다. "당연하죠." 그는 아주 명쾌히 대답했다. "포유동물들은 서로 굉장히 비슷하기 때문에, 한 종류의 포유류에서 농약과의 어떤 관계가 발견된다면, 다른 종류의 포유류에서도 그 관계가 성립할 확률이 매우 높습니다." 그렇다면 벌의 연구 결과를 인간에게까지 확장 적용할 수 있을까? 그는 그렇게 생각한다고 답했다. 이 질문에 대해서는 그도 매우 조심스러워했다. "인간으로부터 계통관계가 멀수록 정보의 확장 적용이 힘들 거예요. 하지만 과일초파리나 벌레로부터 인간의 유전자나 생리학에 대해 많은 것을 밝힐 수 있었습니다. 미생물과 그들의 동물 숙주 사이의 상호관계는 아주 오래전부터 유지되어 왔죠. 따라서 미생물 군체에 교란이 생겼을 때 다른 생명 형태에서 일어나는 변화를 연구하는 것은 상당한 의미가 있습니다."*

브뤼셀에서의 그날로 다시 돌아가 보자. 잠시 본질에서 벗어나 미생물에 대한 생각에 빠져 있던 나를 코리나 제르거Corinna Zerger가 깨워 주었다. 코리나는 녹색당(유럽에서는 녹색당/유럽 자유 동맹 그룹Greens/European Free Alliance Group이라는 이름으로 불린다) 소속으로, 우리와 점심 식사를 같이하기로 되어 있었다. 창백한 피부에 금발머리를 가진 코리나는 녹색당에서 식품 품질 및 안전과 관련된 일을 하고 있었다. 코리나가 자리에 앉자마자 우리는 식사를 주문

---

* 블레이저 박사와 연결된 김에 이메일로 만성적인 라임병에 대해서 물어보기로 했다. 나는 라임병 때문에 다량의 항생제를 복용해야 했고, 그 때문에 나의 상태는 더욱 나빠졌다. 아마도 내 몸속의 미생물군 유전체 역시 큰 손상을 입었으리라고 추측할 수 있었다. 블레이저 박사는 이런 답장을 보내왔다. "그 문제는 훨씬 복잡하고 까다로운 주제입니다. 하지만 간단히 말하자면, 아마 본인도 잘 알겠지만, 환자에게 유해한 조언을 남발하는 부도덕한 의료계 종사자들에게 세뇌당하고 피해자가 돼버린 환자들이 정말 많습니다."

했다. 나는 그린 샐러드를, 발터와 코리나는 군침 도는 타르트를 선택했다. 식사를 하면서 두 사람은 전략을 논의했다(두 사람 모두 독일인임에도 불구하고 내가 그 대화를 알아들을 수 있도록 영어로 이야기했다).

전략을 논의하는 데 있어서 발터의 역할은 유럽의 양봉업자들에게 GMO가 어떻게 문제가 되는지를 코리나에게 설명하는 것으로 보였다. 발터는 녹색당이 유럽 의회에서 번지고 있는 GMO 표시 법안의 투표 제안에 어떤 논리로 맞서야 할지를 코리나에게 설명하고, 나올 수 있는 모든 논점들에 대해 준비를 시켰다. 의회 내에서 누가 어떤 생각을 갖고 있는지, 그들의 약점은 무엇인지, 왜 이 법안을 찬성하거나 반대하는지, 녹생당이 왜, 어떻게, 무슨 정보를 누구에게 줘야 하는지 설명했다. 발터는 여러 번 반복해서 자신이 가장 주안점으로 생각하는 논점으로 대화를 이끌었다. "우리가 요구하는 것은 꿀도 다른 식품들과 동등하게 취급되어야 한다는 [또한 GMO 테스트와 표시법까지 적용되어야 한다는] 것입니다." (덧붙이자면 발터는 벌에 대해 연설을 하거나 대화할 때면 항상 노랫말을 개사한 노래로 핵심을 찔렀다. "우리가 원하는 건 벌에게도 기회를 주라는 것뿐이야!")

* * *

점심 식사가 끝난 후, 우리는 널찍한 의회 건물로 들어섰다. 금속 탐지기를 지나, 코리나를 따라서 카펫이 깔린 복도를 지나갔다. 천장에서는 상들리에가 반짝였고, 삼삼오오 모여 선 사람들이 서로 얼굴을 맞대고 목소리는 낮으나 뭔가 열띤 토론을 하는 듯했고,

이따금씩 크게 고개를 끄덕이기도 했다. 나는 공간이 꽤 넓은 카페로 들어갔다. 푹신한 벨벳 의자와 작은 테이블이 놓인 카페 안은 오후의 커피나 차를 마시러 오는 보좌관과 정치인들로 붐볐다. 바람이 새어 드는 창가 자리에 앉아서 발터가 나오기를 기다리기로 했다. 발터는 빅 리그에서 로비를 시작하기 위해 배를 든든히 채우고 차도 충분히 마신 터라 카페에는 들어오지 않았다. 본인이 자신 있는 분야에서 영향력을 최적화할 수 있다고 생각하는 장소에 진입했다는 사실이 그를 한껏 고양시킨 것 같았다.

그 건물 안에서 이루어지고 있는 어떤 모임이나 회의에도 초대받지 못한 신세라 생각하니 약간 기분이 우울했다. 창틈으로 스며드는 바람을 막아 보려고 코트를 걸쳤다. 빗속에 빨간부리까마귀 한 마리가 홀로 앉아 있었다. 비에 젖은 까만 깃털에 윤기가 흘렀다. 내가 잘 있는지 보려고 나온 코리나와 잠시 이야기를 나누었다. 따뜻한 커피를 마시면서 GMO에 대한 녹색당의 입장이 어떤 것인지 물어보았다. 코리나는 GMO를 유럽에서 몰아내는 것이 녹색당의 한결같은 입장이라고 딱 잘라 말했다. 그러나 그게 간단하지는 않다고 덧붙였다. 동물 사료만 예를 들어도 그랬다. 유럽에서도 미국과 캐나다, 브라질, 아르헨티나 등에서 동물 사료를 수입하기 때문에, 동물 사료에는 GMO가 허용되고 있었다. 유럽은 동물 사료용 작물을 재배하지 않으니 어쩔 수 없는 일이었다. 여기에 식생활의 변화까지 겹쳐서("유럽 사람들도 [미국인들처럼] 고기를 점점 더 많이 먹고 식품의 생산은 점점 더 이윤을 추구하고 있으니…") 동물 사료의 수요는 점점 더 증가하고 있다. 미국에서와 마찬가지로 "사료를 먹이면 목초가 자랄 넓은 땅이 없어도 수천 마리의 돼지와 가금류를 기를 수 있으니까요." 세계무역기구WTO에 의해서 체결된 무역 협정 덕분에 곡류는 미국, 캐나다, 남아메리카에서 저렴한 가격으로 수입한다고 코리나가 말했다.

코리나가 WTO에 대해서 말하자, WTO가 독일산 자동차와 프랑스산 치즈, 이탈리아산 프로슈토prosciutto[5] 등에 '징벌적 관세'를 매기겠다는 협박으로 EU가 GMO 동물 사료를 수입하게 만든 것이나 마찬가지라던 발터의 이야기가 생각났다.

나중에 미국으로 돌아온 후, 맑은 가을날에 포틀랜드 항구가 내려다보이는 사무실에서 메인주 하원의원 첼리 핀그리를 만났다. "저는 현재의 무역 협정에 반대합니다. 막후에서 이루어지는 주고받기식 거래도 싫고, '우리 GMO 사료를 사지 않으면 협정에 서명하지 않겠다'라고 압박을 하는 것도 마음에 들지 않아요…. 무역 협정의 문제는 이권을 노리는 사람들은 압력을 행사하고, 협정 뒤에 감춰진 깊고 어두운 비밀에 대해서는 아무도 말해 주지 않는다는 겁니다."

발터는 한발 더 나아가, WTO의 압력은 유럽이 동물 사료를 포함한 모든 GMO 식품에 대해 완전히 반-GMO 기조로 돌아서고 있다는 사실에 위기감을 느끼기 시작한 다국적 화학 기업들—이 회사들이 워싱턴 DC에서 행사하는 영향력은 "막강"*하다고 첼리 핀그리 의원이 말했다—이 개입된 거래의 결과라고 주장했다. "GMO에 대한 EU의 규제는 민주적인 절차의 결과물이 아닙니다. 사람들이 원하는 것과 WTO가 EU의 목을 비틀며 강요한 것, 두

* 세버린 벨리보는 이 문제를 이렇게 표현했다. "돈은 정치의 모유이다. 그들[몬산토]은 워싱턴에서 여야를 막론하고 어마어마한 영향력을 가지고 있다."

가지를 절충한 것이죠." 발터가 말했다.

발터가 다양한 의회 인사들을 만나 벌과 꿀의 GMO 표시법에 대해 논의하고 있는 방 어디에도 들어가지 못한 채 의회 건물의 무풍지대에 앉아서, 나는 코리나에게 유럽에 도착한 후 계속 궁금했던 것을 물어보았다. 그녀도 유럽의 가축들에게도 GMO 사료를 먹인다는 사실이 GMO 표시 법안에 대한 유럽의 입장을 후퇴시킨다고 (또는 아예 무력화시킨다고) 믿는지? 굳이 이런 질문을 던진 이유는 며칠 전 이탈리아에 있을 때 어떤 식료품 가게에서 '포지티브 라벨positive label'이 붙은 치킨을 보았기 때문이다. 'No OGM'(유럽에선 GMO를 'Organisms Genetically Modified'라고 부른다)이라는 표시였다. 미국에서는 이런 라벨이 점점 확산되고 있다(Non-GMO 프로젝트*를 생각해 보라). 포지티브 라벨 캠페인은 근본적으로 주민발안제에 호소하고자 하는 여러 단체들이 당면한 문제, 즉 몬산토, 다우, 파이오니어, 펩시, 코카콜라, 모튼 솔트 등의 기업들이 압도적인 자금력을 앞세워 (버몬트주를 제외한) 어떤 주에서도 효과적인 GMO 표시 법안이 통과되는 것을 불가능하게 하고 있는 상황을 우회한 것이다. 따라서 다국적 화학 기업들이 가진 자금의 횡포를 피하면서 어느 정도 효과를 기대할 수 있는 유일한 대안은 자사의 식품이 'GMO-free'라는 것을 홍보하고 싶어 하는 기

* 데이브 머피에게 Non-GMO 프로젝트가 정확히 무엇인지를 설명해 달라고 하자 그는 이렇게 답했다. "Non-GMO 프로젝트는 오염을 우려한 유기농 회사에서 시작되었습니다. 이 라벨은 훌륭한 과도기적 라벨이죠. 그러나 진짜 문제는 이 라벨이 오히려 유기농을 잠식한다는 데 있습니다. [non-GMO 식품에도] 여전히 농약과 제초제, 조직 전체에 영향을 미치는 화학물질 등이 쓰이고 있습니다. non-GMO 식품을 섭취한다고 해서 대부분의 비유기농 작물에 쓰인 농약의 영향을 피할 수 있다는 뜻은 아닙니다." 달리 말하자면, GMO를 피하는 유일한 길은—'GMO-free'라는 표지는 누구나 자기 상품에 붙일 수 있으므로—유기농 식품을 선택하는 것이다(2015년 11월에 발표된 가이드라인 초안에 드러났듯이, FDA가 'GMO-free'라는 포지티브 라벨링 대신 더 길고 복잡한 내용의 라벨을 붙이도록 요구할 수 있게 된다면 유기농 식품을 선택해야 할 필요성은 더욱더 절실해진다).

업들이 자기 비용으로 직접 선택하고 실시할 뿐, 어떠한 정부 기관에게도 어떤 것도 요구하지 않는 '포지티브 라벨링 캠페인'이었다.

이탈리아에서 몇몇 사람들에게 GMO에 대해 어떻게 생각하는지 물었더니 당연하다는 듯이 유럽에는 GMO가 없다고 대답하더라는 이야기를 코리나에게 들려주었다. 그렇게 대답했던 이탈리아 사람에게 한발 더 나아간 질문을 던졌다. "정말, 전혀 없나요? 가축 사료에도?" 돌아온 대답은, 자기네 나라 이탈리아는 반-GMO 지역이고 유럽 대부분이 비슷하다는 것이었다.

코리나는 잠깐 동안 아무 말도 없이, 착잡하다는 듯한 표정으로 나를 쳐다보았다. 그러더니 천천히 입을 열었다. "많은 유럽 사람들이, 자기가 먹을 고기에 대해 그야말로 아무것도 모른다고 생각해요. 그 고기가 유기농 육류인지, GMO 사료를 먹고 자란 소의 고기인지…. 그래서 더욱더 GMO 표시가 필요한 겁니다. GMO 사료를 먹여 기른 소의 우유라고 라벨을 붙이면, 그러면 사람들도 다른 우유를 사겠죠…. 물론 'GMO-free' 라벨이, 다른 EU 회원국에서도 점점 더 확산되고 있기는 해요. 하지만 그렇더라도 그건 차선의 선택이죠."

코리나의 말은 더욱 흥미로웠다. 그녀의 이야기를 들으면서, 미국에서는 대부분의 사람들이 유럽 사람들도 GMO에 대해 모르는 것 없이 다 알고 있다고 생각하고 있지만, 사실은 그렇지 않다는 것을 깨달았기 때문이다. 유럽에서도 사정이 복잡하기는 마찬가지였다. (그레그 브라운의 노래 〈어둠 속에 그대와*In the Dark with You*〉의 노랫말에 적당한 표현이 있다. "여기도 이상하지만, 저기도 이상해!")

브뤼셀에서 그날 오후에 궁금해지기 시작한 것은, 대부분의 식품에 라벨을 반드시 부착해야 한다는 법안의 투표에서 승리했을 때 유럽 사람들도 속은 것이었을까? 눈꼽만 한 글씨로 채워진 그 라벨의 내용을 속속들이 자세하게 들여다본 사람이 있었을까? 하는 것이었다. "대부분의 경우, [무역 협정에 대한 투표는] 너무 빨리 진행되고, 의원들 모두가 그 투표와는 상관없는 일들로부터 엄청난 압박을 받고 있어요. 누구에게는 제화 산업이 중요하고, 누구에게는 철강이 중요하고, 각기 자기 지역구에 중요한 사업이 우선인 거예요. 그러다가 갑자기 투표장에 가서 결정을 내리죠. 그래 놓고는 '오, 하느님! 저는 저 사람들이 내 집 마당에 독성 화학물질을 마구 갖다 버리고 있다는 걸 몰랐습니다. 아무도 나한테 얘기해 주지 않았으니까요' 이런 소리나 하는 겁니다."

곧 코리나도 일어나야 할 시간이었다. 코리나는 발터가 어느 밀실에서 논의하고 있는 GMO 표시 법안 발의와 관련된 일을 하고 있었다. 하지만 그녀가 자리를 뜨기 전 물어보고 싶은 질문이 하나 더 있었다. 유럽 사람들은 식품의 GMO 테스트를 훨씬 엄격하게 할 뿐만 아니라, FDA가 요구하는 것보다 훨씬 많은 테스트를 한다고 들었다. 그래서 더욱 궁금했던 것은, 만약 그들이 정말 그렇게 다양하고 엄격하게 테스트를 한다면, 그런 테스트들이 왜 어느 쪽의 편에서든 결정적인 역할을 하지 못하고 있는가 하는 것이었다. 다시 말하면, 유럽 사람들은, (a) GMO를 명백한 불법으로 규정하거나, (b) 유럽에서 GMO를 안전하다고 판단했다면, 미국의 활동가들이 왜 GMO를 받아들이도록 설득하지 못했느냐는 것이다.

"유럽에서는 식품이 시장에 진입하기 전 엄격하게 테스트하나요?" 내가 물었다.

코리나는 내 질문에 허를 찔린 듯한 모습이었다. "엄격한 테스트는 아니고요. 그러니까, 유럽 식품안전청 EFSA는 각 기업에서 제출한 자료에만 의존합니다."*

이 말을 끝으로 코리나는 가방을 들고 가 버렸다. 왠지 너무나 낯익은 말이었다….

* EFSA는 미국에 비하면 식품 테스트에 훨씬 더 적극적으로 개입하고 있으며 기업에서 제출한 자료에 허점이 있을 경우에는 독자적인 조사를 진행한다고 주장하고 있다.

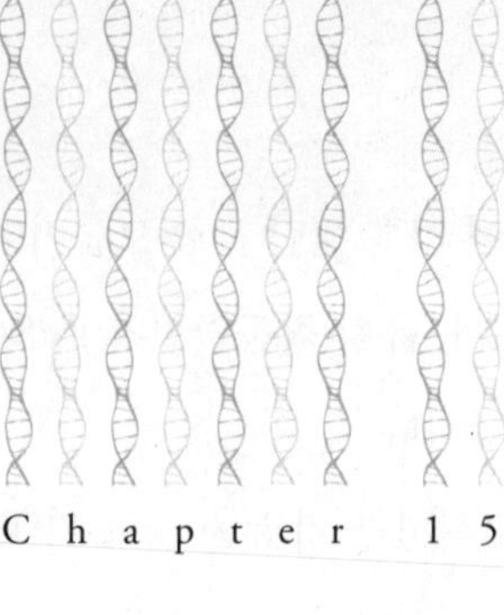

Chapter 15

날이 어두워진 후에야 발터로부터 회의가 끝났으니 밖에서 만나자는 문자 메시지가 왔다. 카페테리아 안에서, 밖에서 홀로 비를 맞던 붉은부리까마귀처럼, 카페테리아를 드나드는 유럽의 정치 지도자들은 무시한 채 코트로 몸을 감싸고 잠깐 잠이 들었었다.

특별히 할 일도 없이 그냥 조용히 앉아 잠깐 눈을 붙인 것으로 기운을 되찾은 나는 서둘러 소지품을 챙기고 밝은 조명이 켜진 계단을 내려갔다. 오후 6시가 넘은 시간이었지만 아직도 많은 사람들이 가로세로로 옷감을 짜듯이 오가고 있었다. 거리 모퉁이의 가로수 아래서 발터를 만나 지하철을 타기 위해 지하철역으로 향했다. 지하철역에서 기차역으로, 그리고 마지막 목적지는 쾰른이었다.

나와 만난 이후 처음으로 발터는 천천히 걸었다. 마치 이제 막 경기를 끝낸 마라톤 선수 같았다. 오늘의 회의는 긍정적이었고, 많은 사람들을 만나 의미 있는 이야기를 나누었다고는 했지만, 트위드 재킷과 레인코트 안에 감춰진 그의 팔다리는 왠지 모르게 축 늘어져 보였다. 새총과 기지만 가지고 한바탕 전투를 치르고 온 사람을 보는 느낌이었다. "이런 날에는, 내가 브뤼셀에 더 자주 올 수만 있다면 훨씬 더 많은 일을 할 수 있을 텐데 하는 생각이 들어요. 거기에 따르는 고통과 고난을 감수할 의지만 있다면 말이죠." 발터가 계속 이야기했다. "내가 여기서 신뢰를 얻을 수 있는 이유 중 하나는, 내가 경제적으로는 한 푼도 얻어 가지 않는다는 거예요. 이 일로 월급을 받거나 하는 사람이 아니니까요. 만약 누가 나타나서 이건 정말 아무 필요 없는 하찮은 일이라고 나를 설득하기만 한다면, 난 그냥 아주 행복하게 요트나 타러 갈 거예요." 미국의 양봉업자들도 발터와 같은 생각과 의지를 갖고 있을까 문득 궁금해졌다. "그래도 우리가 이해하고 넘어가야 할 것은, 10년 전만 하더라도 여기까지 올 수 없었을 거라는 사실입니다. 이만큼 큰 관심을 얻을 수 없었을 거라는 거죠. 10년 전이었다면 정말 큰 문제를 일으켰어야 했을 겁니다. 유럽 위원회와 몬산토 사를 상대로 한 GMO 소송에서 우리가 이겼잖아요?" 그날 저녁, 그의 활동과 행동, CEO로서의 경험, 벌을 위한 투쟁에서 아낌없이 발휘되는 그의 막강한 힘을 보면서 그가 상당한 로비력을 가진 사람이라는 것을 인정하지 않을 수 없었다. 그리고 그가 가진 돈은 꿀과 같았다.

기차역에서 발터와 나는 초콜릿(내가 제일 좋아하는 것!)과 생수를 산 뒤 우중충한 대합실의 플라스틱 의자에 앉았다. 나란히 앉아 각자 사 온 물을 마시고 초콜릿을 먹으며 우리는 웃고 떠들었다. 이번 여행의 가장 큰 고비를 잘 넘겼고, 발터와 나는 비로소 한 개인과 개인으로서 교류할 수 있었다. 함께 여행을 시작한 후 처음으로, 발터가 나에게 마음을 여는 것이 느껴졌다. 그리고 그가 마음을 연다고 생각하니 나도 그에게 마음을 열 수 있었다. 길었던 하루 내내 옆에서 지켜보니 정말 존경스러웠다. 그는 자신이 마음먹은 일을 완수하기 전에는 어떤 이유로도 하던 일을 중단하지 않을 사람이었다. 이른 아침부터 수많은 사람과 다양한 환경을 만나면서도 시종일관 침착함을 잃지 않았다. 피로감이 얼굴에 역력히 드러나 있을 때에도 그랬다.

기차 안에서 발터는 나보다 한 칸 앞자리에 앉았다. 나는 파리에서 첼로를 수리해 오는 중이라는 독일의 첼리스트와 나란히 앉았다. 기차는 만원이었다. 모두가 조용히 뭔가 일을 하거나, 소곤소곤 대화를 나누거나 책과 신문을 읽고 있었다. 기차가 출발하자마자, 이탈리아에서부터 가방에 넣어 가지고 다닌 맛있는 시칠리아산 오렌지를 까먹기 시작했다. 덜컹거리는 기차의 움직임에 따라 몸을 흔들면서 오렌지 껍질을 까자 향긋하고 새콤한 향기가 코끝을 스쳤다. 집으로부터 멀리 떨어진 유럽의 기차 안에서, 동화책 속의 크리스마스 밤 이야기를 펼쳐 든 기분이었다.

복도 건너편 좌석에는 위스콘신에서 왔다는 미국인 남자 두 명이 앉아 있었다. 키도 몸집도 큰 한 남자는 금발 머리에 카키색 바지와 셔츠를 입었고, 다른 한 남자는 검은 머리에 안경을 쓰고 있었는데, 존 디어 같은 농기계 회사 직원으로, 콤바인 부품을 파는 사람들이었다. 정말 묘한 우연이라는 생각이 들었다. 네브래스카와 아이오와를 가로질러 유럽까지 왔는데, 여기서 또 미국의 농기계 회사 직원들을 만나다니! 기차 안의 무선 인터넷을 이용해 이메일도 보내고 페이스북에도 글을 올리고 있었는데, 갑자기 기차가 금속성 마찰음을 내며 멈춰 섰다. 스피커를 통해 안내 방송이 들렸는데, 알아들을 수 없는 독일어 방송이었다.

옆자리에 앉은 친구, 첼리스트—오렌지 껍질을 넣으려고 할 때마다 두 좌석 사이에 있는 조그만 쓰레기 바구니가 자꾸 넘어지자 이 첼리스트는 내가 오렌지를 다 먹을 때까지 쓰레기 바구니를 조심스럽게 잡아 주었다—를 돌아다보며, 스피커에서 뭐라고 하는 거냐고 물었다.

"장애물 충돌 경고였어요."

아, 장애물 충돌 경고…. 고속으로 달리던 열차를 정지하게 만든 장애물이 도대체 뭘까 상상해 보았다. 이메일을 마저 보내고, 페이스북에 친구들이 올린 글을 읽으며 '좋아요'를 누르면서도 계속 이어지던 나의 상상은 급기야 열차를 가로막은 장애물이 킬리만자로만큼 거대한 어떤 것일지도 모른다고 생각하기에 이르렀다. 상큼한 오렌지와 신나는 인터넷 서핑으로 기분이 살짝 좋아진 나는 발터의 자리로 가서 기차가 빨리 다시 출발하지 않으면 볼프강을 못 만날 수도 있겠다고 농담 섞인 불평을 늘어놓았다.

발터는 아무 감정도 없이 대답했다. "그럴지도 모르죠. 폭탄이 있을지도 모르는데. 기차가 언제 다시 출발할지는 아무도 몰라요."

"폭탄요?" 나는 깜짝 놀라 소리를 지르며 첼리스트를 돌아보았다. "충돌 경고라면서요! 난 선로에 엄청 큰 장애물이 나타난 줄 알았단 말이에요!"

주변에 있던 사람들이 모두 큰 소리로 웃었다. 초자연적인 현상들을 두려워하고 걱정을 사서 하는 성격이기는 하지만, 밖에 있을지도 모를 폭탄의 두려움보다 사람들의 웃음소리가 나를 더 주눅들게 했다. 다행히 '장애물'이 금방 제거되어서 열차는 다시 움직이기 시작했다.

얼마 지나지 않아 발터와 나는 에스컬레이터를 타고 기차역을 빠져나왔다. 가방을 끌며 쾰른 중앙 광장에 도착하니 쾰른 돔이라는 고딕풍의 거대한 성당이 우리 앞에 우뚝 서 있었다. 발터는 배가 고팠고 볼프강도 기다리고 있었기 때문에, 우리는 서둘러 가펠 암돔Gaffel Am Dom이라는 펍을 찾아갔다. 밝은 조명이 켜진 너른 공간에 긴 나무 탁자가 들어차 있었다. 맥주를 마시면서 독일 사람들을 따라서 애플소스가 곁들여 나오는 블러드 소시지와 매시트포테이토를 시켰다. 발터는 쾰른에 올 때마다 이 펍에 들른다고 했다. (블러드 소시지라는 이름 때문에 비위에 맞지 않을까 봐 걱정했지만, 신기할 정도로 부드럽고 애플소스의 달콤한 맛과도 정말 잘 어울렸다. 부드러운 매시트포테이토와도 찰떡궁합이었다. 발터가 추천한 대로 한 끼 식사로 더할 나위 없이 만족스러웠다.)

시간을 지체할 겨를도 없이 우리는 주문한 음식이 나오자마자 먹느라고 바빴다. 그러면서 볼프강으로부터 발터와 양봉업자들을 만나게 된 연유와 GMO를 둘러싼 독일의 법적 문제들에 있어서 그의 역할 등에 대한 이야기를 들었다.

볼프강은 원래 변호사였는데, 여러 가지 일을 거쳐서 지금은 스스로 독일 총리의 "정치적 매니지먼트"라 부르는 일을 하고 있다고 했다. 1990년대 말에는 "먹기를 좋아한다는 것만 빼고 농업과는 전혀 상관없는 삶을 살아왔음에도 불구하고" 독일 연방의 식품 안전, 농업 및 소비자 보호부 장관에 임명되기도 했다. 2년의 재직 기간 중 볼프강이 한 일은 식품 표기에 쓰이는, 알레르겐, 성분, 보존제 등의 법적 용어들을 정비하는 것이었다. 그다음에는 "GMO 유닛"이 그에게 맡겨졌다. 생명공학과 유전공학 분야를 다루는 일이었고, 때는 2003년 무렵이었다. GMO에 대해 아는 것이라고는 "굉장히 시끄럽고 사방에서 논쟁이 일고 있는 분야"라는 것뿐이었기 때문에 그는 이 일을 해야 할지 확신이 서지 않았다. 게다가 독일은 EU 내부에서 상당한 영향력을 가지고 있었기 때문에, 자신이 하는 일이 정치적으로나 보건 정책에 있어서나 어쩌면 더 큰 분열을 야기할지도 모른다고 생각했다. "독일의 투표는 GMO 정책에 있어서 굉장히 중요한 의미가 있었습니다. 만약 독일이 '예스'라고 한다면, GMO의 승인이 아주 쉬워졌겠죠. 하지만 독일이 '노'라고 해도 그 '노'가 먹히지 않을 수도 있었습니다." 그는 위원회에 GMO 유닛을 맡는 문제에 대해서는 더 생각해 보겠다고 답했다. 책임이 무겁고 대단히 복잡한 일이라고 생각했으므로, 자신이 그 일을 하고 싶은 마음이 있는지도 확실히 알 수 없었다. "그런데 30분 만에 [농무부] 장관으로부터 전화가 왔어요. 임명을 축하한다고." 이 말을 하고 볼프강은 웃으며 맥주를 들이켰다.

임명된 후, 볼프강은 GMO 논쟁과 GMO 자체에 대해 입수할 수 있는 모든 자료를 연구했다. 그는 GMO 이슈가 매우 복합하게 얽혀 있는 사안이고, 동물 사료, 육류, 유제품, 가공식품, 알코올, 그리고 꿀까지, 모든 GMO를 한꺼번에 담을 수 있는 일관된 프레임이 없다는 것을 금세 깨달았다.

처음에는 식료품점에서 판매하는 아이템에 대한 GMO 표시 문제를 해결할 생각이었다. 동물성 상품은 사료를 고려해야 했으므로 복잡한 문제였고 당시만 해도 꿀은 그의 레이더에 포착돼 있지도 않았다. 그런데 발터와 그의 동료들이 찾아오기 시작했다. 볼프강은 법적으로 보았을 때, 꿀은 GMO 논쟁에서 자리를 차지할 수 없을 것으로 보인다고 그들에게 말했다. 발터를 처음 만났을 때 그가 느꼈던 것은, 꿀을 시발점으로 삼아 유럽 전체에서 GMO를 몰아내는 것이 발터의 전략이라는 것이었다. 볼프강은 발터의 전략에 끌려 들어가고 싶지 않았다. 한술 더 떠서 그는 발터와 동료들에게 이렇게 말했다. "꿀은 GMO 표시가 필요 없습니다. 꿀은 동물성 상품이 아니기 때문에 GMO 이슈에 포함되지 않습니다. 꿀은… 특이한 상품인 거예요." 꿀은 벌의 대사산물이 아니므로, 다른 동물성 상품처럼 GMO 표시가 필요하지 않고, 또한 기술적으로 보았을 때 다른 가공식품처럼 GMO를 '성분'으로 함유하고 있지 않다는 것이 볼프강의 주장이었다. 볼프강의 말에 따르면, 이미 규제는 이루어지고 있으며 유제품이나 육류 분야에서 아무도 저항하지 않고 있으니, 자신의 법적인 견해로는 발터는 집으로 돌아가 조용히 있어야 한다는 것이었다. 그러나 개인적인 견해를 말한다면, 발터와 마찬가지로 볼프강도 꿀이 어쩌면 중요한 이슈가 될지도 모른다는 의구심이 들기 시작했다. "GMO 이슈에 있어서는 거대한 검은 커튼이 드리워져 있었어요." 표시법에 대한 논의가 시작되었을 때, 의원들이 유제품과 육류 제품에 GMO 표시를 의무화해야 한다는 의견을 내놓자 식품업계가 그러한 논의를 무력화하고자 나섰다는 것을 발터는 이미 알고 있었다. GMO 표시법 이슈는 매우 복잡한 문제였다고 그는 말했다. GMO 사료로 기른 가축의 우유와 육류에서 Bt DNA 파편과 라운드업의 잔유물이 발견된다는 사실은 이미 널리 알려져 있음에도 불구하고, 그런 것들이 소비자들에게는 전혀 해가 되지 않는다고 믿는 것이 일반적인 인식이라고도 했다. "GMO 콩을 먹여 기른 돼지의 고기라 하더라도 다 똑같은 고기다…. 이 주장이 사실인지 저는 확신할 수 없어요. 그런 주장은 [육류, 난류, 유제품을] GMO 이슈에서 제외하려는 변명일 뿐입니다." 이 부분은 볼프강 같은 사람들이 일반 대중은 깨닫지 못할 수도 있다고 생각하는 허점 중의 하나다.*

볼프강도 유럽 사람들이 "유럽에는 GMO가 없다고" 믿는다는 건 감쪽같이 속고 있는 것이라고 생각하는지 무척 궁금했다. 음식을 먹는 중간중간에 이따금씩 왁자한 펍 안을 둘러보면서 볼프강에게 물었다. 이 펍 안의 사람들도 자신이 먹는 동물성 식품(그 순간에 내가 먹고 있던 블러드 소시지도 포함해서) 대부분이 GMO 사료를 먹고 자란 가축에서 생산되었다는 것을 진짜 모르고 있을까요?

볼프강은 그 펍 안에 있는 사람들은 거의 모두가 GMO에 대해 아무것도 모르고 있을 거라고 답했다. 자신들이 먹는 모든 것이 GMO와는 아무 상관이 없다고 믿고 있을 거라고 말이다. 볼프강은 법을 이런 식으로 만드는 건 정치적인 실수라고 생각한다고, 나중에 가서는 EU 의원들의 목을 죄는 빌미가 될 거라고 했다. 소비자들도 "GMO에 대해서 모든 것을 알고 나면 매우 큰 불만을 갖게

* Bt가 인간 임산부의 제대혈에서 발견될 수 있다면, 쇠고기와 우유에서도 얼마든지 발견될 수 있다. 스웨덴의 연구진은 '우유 속 Bt의 존재'를 증명했다. 2014년에는 독일의 연구진이 우유에서 글리포세이트—라운드업—를 발견했다.

될 것"이라고 했다. "만약 유럽 전체에서 GMO 표시 시스템이 발동된다면, 동물성 식품에 라벨을 붙이는 데 성공한다면, 유럽에서 GMO 문제는 해결될 것이 분명합니다. 'GMO 유래 육류 상품'이라는 표시가 붙은 스테이크를 사 먹을 사람은 아무도 없을 테니까요. GM 상품에게는 사형 선고죠. 아주 가혹한 사형 선고."

그 순간 내가 모르고 있었던 두 가지를 한꺼번에 분명히 깨달았다. 첫째, 동물 사료와 동물성 상품에 GMO 표시법이 실시되면 (적어도 유럽에서는) GMO 산업이 사멸하는 결과를 가져오리라는 것. 둘째, 유럽 사람들 대부분은 정부가 국민들을 위해 GMO 문제를 잘 해결하고 있다고 믿고 있기 때문에 슈퍼마켓에서도 아무 걱정 없이 행복한 마음으로 육류와 유제품을 사 간다는 것. 자신의 장바구니에 든 먹거리들은 GMO와 아무런 상관이 없다고 믿고 있으므로. 라벨링에 대한 시끄럽고 요란한 분쟁을 겪고 있는 미국인의 관점에서 보자면, 그것은 굉장히 놀라운 깨달음이었다. 미국인들은 유럽에 대해 열광하지만, 사실은 소비자에게 정보를 완전히 투명하게 공개하지 않는 곳이 미국만은 아니었던 것이다.

마지막 맥주잔을 비우고 나서, 발터는 이제 그만 가야 할 시간이라고 말했다. 뮌헨으로 가는 밤기차의 출발 시간이 촉박했다. 우리는 서둘러 소지품을 챙긴 뒤 볼프강과 작별 인사를 나눴다. 볼프강도 어둠 속으로 총총히 사라졌다. 이 책을 쓰기 위해 만났던 사람들 대부분이 그랬듯이, 또 한 명의 낯선 사람이 만난 지 단 몇 시간 만에 친숙한 관계가 되어 헤어졌다.

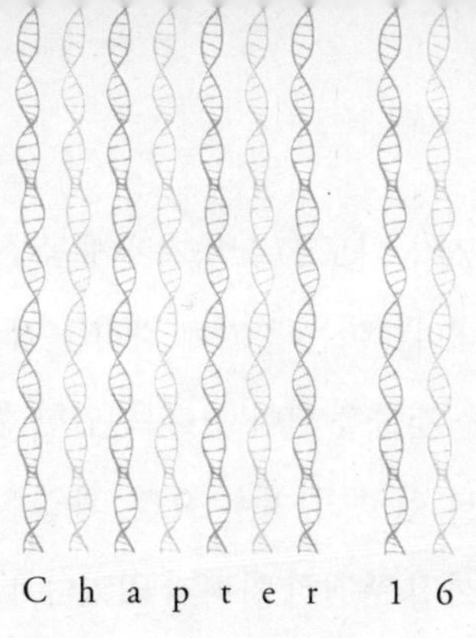

Chapter 16

뮌헨의 아침은 눈부셨다. 발터와 나는 브론스키의 철마에서 내려 말끔한 금속으로 마감된 뮌헨역 승객용 통로를 빠져나왔다. 햇살을 가득 품은 아트리움을 지나 빨간 글씨의 코카콜라 로고가 그려진 거대한 유리문 앞에 섰다. 아침 햇살에 눈을 깜빡이며, 인터시티 호텔을 향해 당당하게 발걸음을 옮기는 발터를 따라갔다. 발터는 기차에서 밤을 보낸 대신 그 호텔에서 아침 식사를 하고 싶어 했다. 가는 길에 발터는 역 앞에서 서성이는 한 노숙자 앞에 멈춰 서더니, 우리가 기차에서 내릴 때 브론스키가 전해 준 봉투를 넘겨줬다. 기차에서 제공하는 아침 식사가 들어 있는 봉투였다. 그때까지 역시 그 봉투를 들고 있었다는 사실조차 깨닫지 못했던 나는, 봉투를 열고 안을 슬쩍 들여다보았다. 꿀이 담긴 작은 파우치 하나,

롤빵 하나, 치즈 한 조각. 나도 그 노숙자에게 봉투를 넘겨줬다.

우리는 밖이 잘 내다보이는 창가에 자리를 잡은 후, 뷔페가 차려진 곳으로 가서 먹을 것들을 담아 왔다. 웬만한 종류의 달걀 요리는 다 있었고, 요구르트, 뮤즐리, 육류 요리, 과일, 치즈, 꿀, 레드베리잼, 두툼한 갈색 빵까지 푸짐히 차려져 있었다. 나는 접시에 과일과 완숙 달걀 두 개를 담고 꿀을 뿌린 요구르트 한 그릇을 가지고 자리로 돌아와 앉았다. 발터와 나는 조용히, 그러나 오랜만에 만난 옛 친구들처럼 기분 좋게 음식을 먹었다. 책과 영화, 그리고 음악에 대해서 이야기를 나누었다.

편한 마음, 그리고 충만한 에너지를 갖고 전날 볼프강이 발터를 처음 만났을 때 꿀을 무기로 GMO 전쟁에서 이길 방법을 찾고 있는 사람인 줄 알았다고 했던 말을 끄집어냈다. 정말 그런 의도를 갖고 있었느냐고, 꿀이나 벌은 일종의 미끼였느냐고 물었다. "우리가 애초에 의도한 것은 그저 로드킬이나 당하지 말자는 거였어요." 발터는 자신이 볼프강에게 가장 먼저 제안했던 것은 생명공학 기업들에 분석 비용을 부담하게 해서 양봉업자들이 오염 문제를 밝힐 수 있게 함으로써 양봉업자들 개개인이 어떻게 대처할지를 결정할 수 있게 하자는 것이었다. 발터는 생명공학 기업들에게 분석 비용은 '껌 값'일 뿐이었다고 했다. 그러나 생명공학 기업들은 그 제안을 거절했다. "양봉업자들의 우려를 묵살함으로써 그들은 우리가 [GMO에 반대하는] 움직임에 동참하게 만드는 결과를 초래했습니다." 발터가 훗날 GMO와 꿀이라는 이슈에서 대표적인 인물이 될 만한 사람을 조직적으로 찾기 시작한 것은 생명공학 기업들이 그의 제안을 거절한 다음부터였다. 그렇게 해서 발견한 사람이 자신의 꿀이 GMO에 오염되었다고 주장하는 (그래서 GMO에 대해 부정적인 생각을 갖게 된) 카를 하인츠 바블로크였다. 그날 오후 카를을 만나기로 약속이 돼 있었다. 카를을 중심으로, 양봉업자들은 생명공학 기업을 찌르는 작고 성가신 가시에서 합법적인 노상 장애물로 급속하게 조직화되었다.

아침 식사를 끝낸 뒤, 우리는 오후에 뮌헨 중앙에 있는 마리엔플라츠Marienplatz, 즉 '마리아의 광장'에서 다시 만나기로 했다. 카를도 거기서 만나기로 돼 있었다. 발터는 통역을 맡기로 했다.

날이 너무나 화창하고 맑아서, 나는 한참 동안이나 그대로 앉아 있다가 내가 묵을 호텔을 찾아 나섰다. 나는 독일 여행이 처음이었다. 고등학교를 졸업하고 대학에 입학하기까지 1년 동안 파리에서 보낸 이후 처음으로 유럽을 다시 발견하고픈 마음이었다. 그 옛날에는 세상 모든 것이 너무나 순수하고 가능성으로 충만한 것 같았다.

손에 지도 한 장을 들고, 바퀴 달린 여행 가방을 끌며 바이에르스트라세를 지나 반호프플라츠를 향해 걸었다. 회색 석조 건물들이 양쪽으로 늘어선 좁은 이면 도로를 걸으며 두꺼운 호밀빵과 향긋한 프레첼, 먹음직스러운 케이크와 쿠키가 진열된 여러 개의 빵집을 지났다. 드디어 방을 예약한 작은 호텔이 나타났다. 작지만 객실은 흠잡을 데 없이 깔끔하고 쾌적했다. 샤워를 한 뒤, 기록을 해두기 위해 침대 위에 노트를 펼쳤다. 따뜻한 이불과 담요 사이에 들어가니 나도 모르게 스르르 눈이 감겼다.

눈을 떠 보니 벌써 한낮이 기울어 가는 오후였다. 발터와 카를을 만나기로 한 시간이 30분밖에 남아 있지 않았다. 허겁지겁 옷을 차려입고 거리로 나섰다. 마리엔플라츠로 가는 뮌헨 거리의 공기는 기분 좋게 시원했다. 동네 커피숍을 찾아 두리번거렸지만, 결국 눈에 띄는 것은 스타벅스뿐이었다. 거기서 톨 사이즈 다크 로스트 커피를 산 뒤 가던 길을 재촉했다. 카를은 광장의 중앙 기둥 밑에서 나를 기다리겠다고 했다. 그 기둥 꼭대기에는 초승달 위에 선 성모 마리아 조각상이 있었다. (1638년에 스웨덴의 통치가 종식된 것을 기념하여 독일 사람들이 세운 조각상이라고 카를이 설명했다.)

스타벅스 커피를 손에 든 채 두리번거리다가, 약속대로 나를 기다리고 있는 카를 하인츠 바블로크를 발견했다. 중키에 머리가 희끗희끗한, 안경을 쓴 남자였다. 가죽 재킷과 청바지를 입고 있었는데, 수줍은 듯 조용히 악수를 청했다. 왠지 왜소해 보이는 인상이라, 유럽의 GMO 논쟁 한가운데서 가장 핵심적인 인물이라고는 믿기지 않았다.

발터까지 합류한 뒤, 카를은 우리를 뮌헨 시청 지하에 있는 라츠켈러라는 선술집으로 안내했다. 바바리아의 와인과 맥주를 파는 곳이었다. 라츠켈러의 벽과 천장은 아름다운 프레스코화와 유화로 장식돼 있었고, 격자 모양을 그리며 노출된 들보가 마치 교회에 들어선 것 같은 느낌을 풍겼다.

자리를 잡고서, 남자들은 맥주를 주문하고 나는 바바리안 레드 와인을 시켰다. 와인은 작은 유리병에 담겨 나왔다. 술과 함께 치즈와 빵, 그리고 어린잎 채소 위에 메밀 난알을 튀겨서 토핑으로 뿌린 샐러드를 주문했는데 바삭바삭하고 싱싱한 맛이 일품이었다.* 정

* 이 샐러드는 우리 집에서 가장 인기 있는 샐러드가 되었다. 댄이 하루 전날 저녁에 메밀을 물과 소금으로 미리 끓여서 익혀 놓았다가 기름에 튀기고, 이것을 여러 초록 야채와 섞어 샐러드를 만든다. 때로는 고트 치즈와 설탕에 졸인 양파를 함께 쓰기도 한다. 이 샐러드에 애플사이다 식초, 올리브오일, 꿀을 드레싱으로 뿌려서 먹는다.

말 맛있게 먹었다. 이탈리아를 떠난 후 브뤼셀 외곽의 호텔에서 먹었던 해산물 스튜가 가장 맛있었고, 이 샐러드가 다음으로 맛있는 음식이었다. 웬만큼 허기를 달랜 후 우리는 이야기를 시작했다. 카를에게 그의 꿀과 그 자신에게 있었던 일을 먼저 물었다. 어쩌다가 GMO와의 전쟁에서 양봉업자들을 대표하는 얼굴이 되었는지, 그 역할을 어떻게 받아들이는지 궁금했다.

카를은 자신이 태어난 곳으로부터 10킬로미터쯤 떨어진, 뮌헨으로부터 한 시간 거리의 작은 마을에 살고 있었다. 스스로를 '블루칼라 노동자' 또는 '노동자'라고 말하는 그는, 뮌헨의 BMW 공장에서 40년을 일했다. 그는 "항상 인공조명인 네온 불빛 아래서 일했죠"라고 말했다. 어느 해 여름이었다. 아이들이 한창 자라던 25년 전이었는데, 뮌헨에서 집으로 돌아가다가 도로변에서 밀을 수확하는 농부들을 보았다. 그 장면은 마치 계시 같았다.* "자연을 경험하기 위해서 뭐라도 해야 한다고 생각하고 있었어요." 정원의 식물, 곤충, 현미경으로나 관찰할 수 있는 작은 것들에 늘 관심이 많았기 때문에 벌에 관심을 가져 보는 것이 좋겠다 싶었다. 그가 벌에 관심을 갖게 된 이유는 아름답고 전통적인 양봉장—벌집이 많이 달려 있는 작은 창고—덕분이었다. 새아버지가 그의 집에서 멀지 않은 곳에 지어서 소유하고 있던 양봉장이었다. 어느 날, 의붓아들이 벌을 기르고 싶어 한다는 이야기를 들은 새아버지는 카를에게 벌집 두 개를 나누어 줬다. 카를은 새아버지의 선물이 결코 작은 것이 아님

* 《안나 카레니나》에 나오는 농지 개혁 이상주의자 콘스탄틴 레빈(Konstantin Levin)에 빗대어 설명하자면, 봄철 농토의 아름다움과 생명력을 사랑했던 레빈이 '양봉장'을 방문하는 장면을 톨스토이(L. N. Tolstoy)는 이렇게 묘사했다. "벌들이 똑같은 장소를 붕붕거리며 떼 지어 날아다니는 모습을 보며 그의 눈이 빛났다. 일벌들은 부지런히 날아서 들락거렸다. 항상 똑같은 방향으로, 꽃이 핀 라임 나무가 들어선 숲으로 갔다가 정확히 자기 벌집으로 돌아왔다."

을 잘 알았다. 새아버지에게 있어서 벌집을 떼어 주는 것은 "심장의 일부를 떼어 주는 것"이나 다름없었기 때문이다. 카를은 벌집을 받아다가 정원에서 벌을 기르기 시작했다.

벌을 집에 들이자마자 그는 금세 마음이 평온해지는 것을 느꼈다.* 그러나 그를 가장 감동시킨 것은 벌의 '전체성holistic'이었다. 벌은 결코 한 마리만 존재하지 않았다. 벌집 전체가 강력한 공동체, 협업체를 이룬다. 일벌은 꿀과 꽃가루를 채집하러 날아다니고, 벌집을 깨끗이 청소한다. 수펄은 여왕벌과 짝짓기를 한다. 그리고 여왕벌은 알을 낳는다. 모든 벌들이 각기 임무를 지니고 있지만, 그들이 공통적으로 가진 목표는 똑같았다. 여왕벌을 보호하고, 알을 길러 유충이 나오도록 돌보고, 자신들 세대와 그다음 세대의 벌들이 먹을 것뿐만 아니라 여왕벌과 여왕벌을 돌볼 소수의 일벌이 겨울을 나는 데 부족함이 없을 만큼, 그리하여 종의 생존을 유지할 수 있을 만큼의 꿀을 모아들이는 것이 바로 그들의 목표였다.

카를 하인츠는 결국 스스로 벌통을 만들고 벌들이 좋아하는 여러 종류의 꽃들을 연구해서 직접 심고 가꾸기까지 했다. 그리고 벌에게 위협이 될 만한 것들은 무엇인지도 공부했다. 그러는 동안 벌통은 두 개에서 네 개로, 여섯 개로, 서른 개로, 결국은 그 이상으로 늘어나서 그는 백만 마리의 벌을 기르는 양봉업자가 되었다. 꿀 외에 밀랍에서 나오는 것들도 지역의 시장에서 판매하기 시작했다.

---

* 벌—조심하지 않으면 그 침에 쏘일 수도 있는 곤충—을 기르는 일을 설명하면서 카를이 "평온하다"라는 표현을 쓴 것은 대단히 흥미로웠다. 하지만 벌이나 양봉과 관련해서 '평온'이라는 표현을 쓴 사람은 카를 하인츠가 처음이 아니었다. 발터의 친구인 카를 라이너는 브뤼셀에서 발터와 내가 이동할 때마다 운전기사 역할을 했는데, 치과 의사로 스트레스가 많은 생활을 하다가 벌을 기르면서 평온과 마음의 휴식을 얻었다며 자신도 아버지를 따라 양봉업자가 되었노라고 말했다. 발터의 경우에는, 벌은 뭐라고 콕 집어서 설명할 수 없는 의미를 가진 것 같다고 했다. "언제나 뭔가를 품고 제 집으로 돌아오는 벌을 보며" 항상 감탄에 감탄을 거듭하고 있다는 것만은 분명하다고 했다.

체르노빌 원전 사고로 중앙 유럽까지 방사능 낙진이 바람에 실려 왔고, 카를과 아내는 환경과 자녀들에게 미칠 영향을 걱정하기 시작했다. 그러나 벌을 기르면서 그 걱정 많던 시기를 잘 넘길 수 있었고 평온을 되찾을 수 있었다. 그 시기는 아주 특별한 시간이었다.

그러나 2000년에 카를의 평온은 갑자기 끝나 버렸다. 바이에른주의 수상 에드문트 슈토이버Edmund Stoiber(전통과 기술을 결합시킨 바이에른의 독특한 분위기를 '랩톱과 가죽 바지'라고 표현한 정치가)가 바이에른주에서 "위대한 신기술"—GMO—을 연구하겠다면서 카를이 벌을 이용해 수분을 돕고 있던 카놀라 밭 옆의 한 농장을 연구 시설로 지정했던 것이다. 그때까지도 카놀라 농장과 원만한 관계를 유지하던 카를은 그 농장 옆에 작은 면적의 땅을 사서 그곳에 양봉장을 지은 참이었다. 거기서 약간의 채소도 기르고 있었다.

처음에는 연구 농장에서도 몬산토 사의 GMO 옥수수인 MON810을 약 1제곱미터 넓이의 작은 땅에서 재배하는 것으로 시작했다. 2003년에 이르자 "그 경작 면적이 1000제곱미터에 이르렀습니다." 카를이 자신의 꿀에서 GMO 꽃가루를 발견하게 된 배경을 설명하며 발터가 말했다. "거기서부터 카를과 바이에른주의 충돌이 시작되었던 거죠." 카를은 GMO 꽃가루에 대한 우려를 연구 농장에 알렸지만, 농장과 제휴하고 있던 전문가들은 "벌은 옥수수에서 꽃가루를 모으지 않기 때문에 꿀이 오염될 위험은 없다"라면서 옥수수 경작이 벌에는 어떠한 영향도 줄 리가 없다는 논리로 카를의 주장을 묵살했다. (벨기에에서 인터뷰한 푸들레도 똑같은 이야기를 했었다. 벌은 옥수수에서 꽃가루를 모으지 않는다는 것이었다. 이러한 주장에 대해 발터는 이렇게 말했다. "실상은 농업 지대에서 벌이 가장 많이 모아들이는 꽃가루가 바로 옥수수 꽃가루입니다.")

그러나 카를은 옥수수 밭에서 꽃가루를 모으는 벌들을 직접 목격하고 있었다. 문제를 직접 해결할 생각으로, 그는 벌집 두 개를 연구 농장 가까이에 두고 꽃가루 트랩을 설치했다. (꽃가루 트랩은 촘촘한 격자 그물로 만든 좁은 통로인데, 꽃가루를 모아온 벌이 벌집으로 들어가려면 이 통로를 통과해야만 되게끔 설치한다. 벌이 이 통로를 기어서 들어가면서 벌의 다리에 묻어 있던 꽃가루가 떨어지고, 그 꽃가루는 별도의 통에 모이게 된다. 양봉업자들 중에는 이렇게 모은 꽃가루를 영양 보조 식품으로 판매하기도 한다. 요구르트나 시리얼에 뿌리면 아주 독특한 고소한 향미를 즐길 수 있다.) 카를은 자신의 두 눈으로 실제로 목격한 것을 증명하고 싶었다. "내가 하고 있는 일의 더 큰 의미를 그때는 몰랐습니다." 그가 말했다.

카를은 꽃가루를 충분히 모은 후, GMO DNA를 분석하기 위해 연구소로 보냈다. 300유로에 이르는 비용도 직접 지출했다. 애초에 그가 원한 것은 '전문가들이 틀렸음'을 증명하는 것이었다. 그러나 그렇게 끝낼 일이 아니었다. GMO에 대한 자료를 읽어 보고 나서야 그는 깨달았다. "나는 기술자입니다. 기술적인 훈련을 받은 사람이라는 거죠. 뭐든 자세히 들여다보고 이해하도록 훈련받았습니다. [GMO를 만드는] 기술을 이해하고 나니, 그걸 만드는 사람들도 자신들이 하는 일을 완벽하게 통제할 수 없다는 걸 분명히 알 수 있었어요. GMO 식물은 뿌리부터 잎 끝까지 전체가 독이었습니다. 그러니 나에게는 물론 벌에게도 좋을 리가 없었어요." 그 과정에서 카를은 연구 농장의 구역 설정과 법적 경계선을 알아보았는데, 연구 농장의 부지 중 일부가 자연보호 지구로 보호되고 있는 동식물 서식지와 겹치고 있었다. 카를에게는 하늘이 내린 선물 같은 정보였다.

카를은 자신이 생각해 낼 수 있는 여러 권력자들에게 편지를 쓰기 시작했다. "자연보호 구역에 이런 작물을 심게 하다니, 온당치 않습니다." 그러나 돌아오는 답은 한결같았다. "문제 될 것은 없습니다. … 걱정할 것도 없습니다. 귀하의 벌에게도 무해합니다. 사람이 먹을 수 있는 작물입니다." 이 작물들이 무해하다는 주장은 믿을 수 없었으므로, 그들의 태도에 카를은 분노했다. 체르노빌 사고로부터 배운 것이 있다면, 인간은 진보라는 미명하에 위험한 것들을 얼마든지 환경에 들여놓을 수 있는 존재라는 것이었다.

카를은 연구 농장의 DNA 분석을 위한 견적서와 GMO 꽃가루가 벌에게 묻어서 그의 벌집에 들어왔음을 보여 주는 결과를 동봉해서 다시 편지를 보냈다. 벌을 점점 더 복잡하고 소란스러워지는 세상으로부터의 도피처로 여기고 있던 카를에게 이런 상황은 그의 꿈을 뒤흔들어 놓는 사건이었다. "독일에는 이런 말이 있습니다. 성 플로리안[6]에게 기도할 때는 '내 집은 보호해 주시고 다른 집을 태우세요'라고 하라는 말이요…. 남들이 어디서 무엇을 하든 내가 하는 일을 방해하지만 않으면 나는 상관없다…, 이런 거죠."

어느 날, 독일 양봉업 협회의 조직 책임자인 토마스 라데츠키 Thomas Radetzki가 카를에 대한 소문을 듣고 접촉해 왔다. 그는 카를에게 GMO와 싸우고 있는 양봉업자들의 얼굴이 돼 주지 않겠느냐고 물었다. 발터가 말했다. "카를 하인츠 바블로크라는 한 개인의 투쟁이 양봉업계 전체의 투쟁과 연결된 것이죠."

소송은 전국적으로 언론의 스포트라이트를 받았고 카를은 EU의 법정에 서서 꿀의 오염을 호소하게 되었다. 애초에 카를과 그의 변호사는 바이에른주에서만 소송을 진행할 의도였다. 그러나 그때 몬산토 사가 소송에 개입했다. 몬산토 사는 자사의 주장(메인주에서는 정치적 이익을 위해 이용된 불의한 "눈속임" 과학이라고 부른다)을 증명하기 위하여 막강한 변호사들과 과학자들을 투입했다. 카를은 법정 안을 한번 둘러보고 금방 깨달았다. "법정 안에는 권력을 쥔 힘 있는 자들이 가득했고, 그들을 상대할 사람은 나와 두 명의 변호사뿐이었습니다." 그는 곧 물에 빠져 죽을 신세로구나, 싶었다.

그 법정 안에서 소감이 어땠는지 묻자 그는 이렇게 대답했다. "유쾌하지는 않았죠." 그럼 두려웠느냐고 물었다. "아뇨. 겁이 나지는 않았어요." 그는 전쟁 중에, 즉 2차 세계대전 중에 태어났고, 전쟁이 끝나자 그와 가족은 난민 신세였다. 법정에 앉아서 소송을 지켜보면서 자신이 이길 가능성은 없다고 판단했다. 카를이 꿀의 오염을 증명했음에도 불구하고 카를과 반대편에 선 과학자들은 그의 꿀이 오염되었을 리가 없다고 주장했다. 그런데, 정말 믿기 어렵게도 법원은 MON810을 재배하는 연구를 중단해야 한다는 판결을 내렸다. 카를은 거대한 성공의 한복판에 섰고, 일약 유명인사가 됐다. 결국 GMO 재배 실험을 했던 연구 농장은 유기농 농장으로 전환되어 유기농 허브만을 기르게 되었다. "그 농장은 완전히 바뀌었습니다. 마치 오아시스 같은 존재가 되었어요."

나는 카를에게 그 소송이 그에게 정말 가치 있는 일이었느냐고 물었다. 오늘날에도 그는 여전히 언론의 주목을 받으며, 유럽에서 모든 GMO 작물을 몰아내려는 양봉업자들이 주관하는 법적인 청문회에 출석하고 있다. 싸움은 아직 끝나지 않았다. 카를을 만나기 전날, 발터는 카를의 소송 결과를 뒤집으려는 시도에 맞서 의회에서 로비를 벌였다.

카를은 자신의 삶이 완전히 바뀌었음은 의심할 바 없다고 했다. 그해 여름날 오후, 집으로 가는 길에 그가 얻고자 했던 평화는 사실상 잃은 것이나 다름없게 되었다. 그러나 그는 여전히 낙천적이다. "[삶의] 모든 목표를 다 이룰 수는 없지요." 그럼에도 불구하고 벌통을 열 때마다 그는 마술 같은 순간을 경험한다. "벌집에서 나는 냄새, 특히 꿀을 만들 때 나는 냄새는 정말 특별해요…. 그리고 알을 품고 있는 여왕벌을 볼 때면…." 하지만 그보다 중요한 것은 "벌침처럼 작은 것이긴 하나" 지구를 더 안전하고 푸른 땅으로 만드는 데 있어서 자신이 의미 있는 공헌을 했다는 점이라고 그는 말했다.

라츠켈러에서 나와 마리엔플라츠로 돌아갈 무렵 날이 어두워지기 시작했다. 발터는 아내를 만나기 위해 엿새 만에 그녀가 있는 곳으로 달려갔고, 카를과 나는 성모 마리아의 조각상 아래서 작별의 악수를 했다. 나는 진열장 너머로 옷들을 구경하며 센드링거 스트라세를 걸었다. 한참 만에 아프가니스탄 레스토랑을 발견하고 안으로 들어갔다. 내가 이른 저녁 식사의 첫 손님인 듯했다. 쿠션이 깔린 창가 자리에 앉아, 쓸데없는 말로 손님을 귀찮게 하지 않고 편안히 대해 주던 젊은 웨이터에게 차를 주문했다. 따뜻하고 달콤한 차가 키 큰 유리 머그잔에 담겨 나왔다. 야채를 곁들인 치킨 카레라이스를 주문하고 기다렸다. 뜨겁고 알싸한 요리가 나왔다. 그 요리에 쓰인 야채나 치킨이 유기농이거나 GMO-free일 가능성은 극히 낮다는 것을 알면서도 맛있게 먹었다. 외국 여행을 하면서 집에서 먹는 것처럼 먹기는 어렵다는 것, 때로는 거의 불가능하다는 것은 피할 수 없는 현실이었다. 여행을 시작한 지 꽤 오랜 시간이 흐르고 보니, 며칠 동안 내 몸이 100퍼센트 완전한 상태가 아니라는 것을 느낄 수 있었다. 점점 피곤해졌고 배도 자주 아팠다. 피부에는 희미하게 발진이 올라오기 시작했다. 하지만 모두 일시적인 증상이라는 걸 이제는 알고 있었다. 집에 돌아가면 곧 다시 균형을 되찾고 회복할 수 있었다.

아프가니스탄 식당에 앉아 있으니 마음이 고요해졌다. 다음 날은 마스든과 댄이 기다리는 이탈리아로 돌아가는 날이었다. 저녁을 먹은 후, 어두워진 언덕을 올라 셔터가 내려진 상점들을 지나 묵고 있는 작은 호텔에 도착했다. 호텔에서 빌린 주전자로 뜨거운 캐모마일 차를 끓여 캐모마일 꿀을 타서 마신 후 잠자리에 들었다.

다음 날은 일찍 눈을 떴다. 기차를 타고 뮌헨을 출발해 회색빛 하늘 아래 노란색 겨자꽃이 활짝 핀 들판을 지나 파리행 비행기가 기다리는 공항에 도착했다. 비행기 안에서 생각보다 맛있는 커피를 마시며 조간 〈르몽드*Le Monde*〉를 읽었다. 파이오니어 사의 TC1507 옥수수가 EU에서 승인을 얻었다는 기사가 실렸다. 상황은 그렇게 빠르게 진행되고 있었다. 발터의 영향력도 점점 더 거세지는 GMO의 물결을 막아 내기에는 역부족이었던가 보다.

파리에서 이탈리아행 비행기로 갈아타고, 피렌체에서 마스든과 댄을 만났다. 우리 가족은 차를 타고 시에나로 가서 테누타 디 스파노키아Tenuta di Spannocchia라는 농장(농장이라기보다는 성이라고 하는 게 더 어울릴 듯했다!)에서 며칠간 머물기로 했다. 스파노키아의 역사는 12세기로 거슬러 올라가는데, 잘 보존된 1200에이커의 땅에서 작물을 재배해 거의 대부분의 식품을 자급자족하고 있었다. 우리는 그곳에서 GMO를 피해서 농사를 짓는 방법을 배울 수 있었다. 그 농장에서는 가축 사료용으로 검은콩과 밀을 직접 길러서(옥수수는 전혀 사용하지 않는다) 동물을 기르고, 다른 먹거리들도 거의 모두 그 땅, 숲이 우거진 언덕에 자리 잡은 외딴 곳에서 수확했다. 저녁이면 농장의 요리사인 그라치엘라Graciela가 신선한 육류와 치즈, 문밖의 올리브 나무로부터 얻은 올리브오일을 뿌린 샐러드와 밭에서 난 채소를 큼지막하게 썰어 넣어 끓인 수프로 푸짐한 식탁을 차렸다. 모든 요리에 그 농장에서 만든 와인을 곁들여 먹었다. 지금도 우리 가족이 자주 얘기하는 특별한 디저트가 있는데, 거품 낸 크림과 날달걀, 리코타, 달콤 쌉쌀한 초콜릿, 설탕으로 만든 리코타 초콜릿 무스였다. 정말 환상적인 맛이었다.* 농장에서 보낸 마지막 밤에, 마스든이 잠든 뒤 댄과 나는 창문을 열고 언덕 위의 삼나무 숲을 은은히 비추는 달을 바라보았다. 밤공기는 시원했고 우리가 내쉬는 숨은 어두운 밤을 향해 흩어졌다. "여기가 천국이구나." 나는 큰 소리로 외쳤다.

---

* 그라치엘라는 마스든을 정말 예뻐했다. 차려 놓은 식사가 어른 입맛에는 맞아도 아이 입맛에는 맞지 않는다고 생각하거나, 식사 시간은 아니어도 마스든이 허기를 느낄 때면 언제든 마스든을 주방으로 데리고 가서 치즈 오믈렛이나 파스타를 만들어 줬다. 집에서도 마스든에게 초콜릿 리코타 무스를 만들어 줄 수 있도록 레시피를 써 주었다. 그 여행 이후로 초콜릿 리코타 무스는 마스든의 생일 파티에서 스파게티와 미트볼을 먹은 후에 맛보는 특별한 디저트가 되었다. 항상 우리가 먹을 수 있는 것보다 많은 분량을 만들기 때문에—그라치엘라가 써 준 레시피대로 하면 집 안 가득 모인 손님상을 차리고도 남을 정도다!—남은 무스는 스푼으로 떠서 쿠키 트레이에 담아 얼려 놓았다가 아이스크림에 토핑으로 얹어서 먹곤 한다.

며칠 후, 로마에서 카라바조Caravaggio와 베르니니G. L. Bernini의 작품들을 구경한 뒤 우리 가족은 알이탈리아 항공편으로 우리가 '집'이라고 부르는 복잡한 나라로 돌아왔다. 가끔씩 또 다른 천국을 발견하기도 하겠지만, 진정한 나의 천국은 거대 농산업체와 GMO, 그리고 시끄러운 다툼이 있는 이 나라뿐이라는 것을 뼛속 깊이 느꼈다.

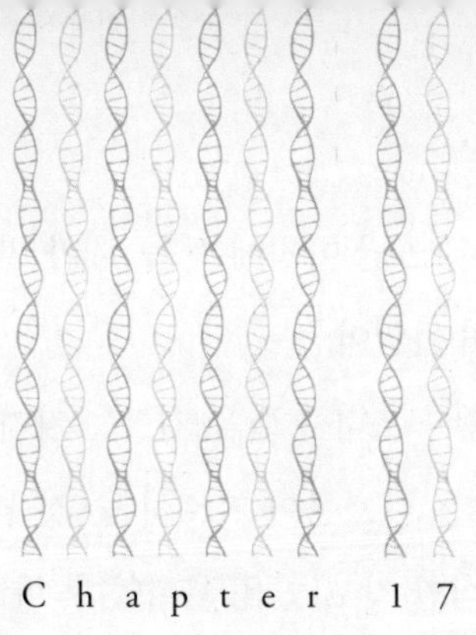

Chapter 17

7개월쯤 후, 봄에서 한여름으로 계절이 바뀌던 6월의 어느 목요일 아침, 내 친구 조디에게 전화를 걸었다. 조디는 남편 글렌Glen, 딸 퓨셔Fuchsia와 포틀랜드의 주택가에 산다. 스스로 '초보 양봉가'라 말하지만, 실은 도심 양봉가로 6년의 경력이 있고, 다른 사람들에게 양봉 기술을 가르치기도 하는 친구다. 조디는 그래도 아직 배울 게 너무나 많다고 한다.

"너희 벌 좀 구경하러 가도 되겠니?" 내가 물었다.

"되고말고!" 일주일 동안 잉글랜드 여행을 갈 예정이었던 터라, 조디도 벌통을 직접 들여다봐야 할 필요가 있었다.

"고마워. 내 책에서 꿀과 꿀을 둘러싼 유럽의 정책에 대한 부분을 쓰고 있어. 그래서 벌과 농약, 그리고 CCD에 대한 여러 자료를 읽었거든. 그런데 어느 날 아침에 문득, 내가 벌에 대해서 아는 게 너무 없다는 생각이 들었어."

조디의 도시 농장—조디는 벌을 기르는 자기 집을 그렇게 불렀다—에 놀러 갔다 온 마스든이 가르쳐 준 것을 빼면 벌의 일생에 대해 어렴풋한 지식만 갖고 있을 뿐이었다. 마스든은 조디한테서 배워 온 간단한 정보들을 늘어놓곤 했다. 이를테면 "여왕 호박벌은 커!", "벌은 사람을 쏘고 나면 죽어!" 이런 식이었고, 벌은 일정한 종류의 꽃, 예를 들면 이른 봄의 민들레나 토끼풀을 좋아하는데, 그 이유는 이 꽃들이 벌이 화밀花蜜과 꽃가루, 꿀을 모으기 시작하는 데 도움을 주기 때문이라는 것도 마스든은 알고 있었다. 그리고 라즈베리 덤불에서는 벌들이 도저히 그냥 지나칠 수 없는 달콤하고 짜릿한 향이 난다는 것도 알았다. 나는 이런 정보 외에 다른 것들은 뚜렷이 기억나는 것이 없었다.

조디에게 솔직히 이런 이야기를 하자 조디는 호호, 웃었다. "내일 와. 오기 전에 바나나는 먹지 말고. 그리고 벌이 네 옷에다가 똥을 쌀지도 모르니까 너무 좋은 옷을 입지는 마. 꼭 긴 바지, 긴소매 옷을 입어야 해. 장갑도 준비해야 하고, 발은 완전히 보이지 않게 덮어야 해."

금요일 아침, 조디가 일러 준 대로 일찍 일어났다. 바나나도 먹지 않았다. 바깥 기온이 섭씨 27도를 넘었지만, 긴 청바지와 긴소매 셔츠, 운동화, 양말, 장갑을 가방에 챙겨 넣었다(심각한 벌침 알레르기가 나타날지도 모른다는 가능성을 무시할 만큼 어리석지는 않았다). 가벼운 원피스 차림으로 차를 몰고 조디네 집의 커다란 철 대문을 통과해 바닥보다 돋우어 만든 꽃밭 사이를 지나 현관 앞에 이르렀다. 조디는 차가운 물 한 잔을 들고 기다리고 있었다. 나는 그 물을 받아 시원하게 들이켠 후 말했다. "얼른 들어가서 옷부터 갈아입고 나올게!"

밖으로 나와 보니 조디는 벌써 그물망 모자를 단단히 여미고 있었다. 내게도 모자를 씌워 준 후, 정원 옆쪽으로 나를 안내했다. 닭장 옆에 옅은 보라색, 파란색, 분홍색이 밝게 칠해진 상자들이 포개져 있었는데, 벌집은 바로 그 상자 안에 있었다.

조디는 태극권을 할 때 필요한 명상을 하듯이 움직여야 한다고 했다. 글쎄, 태극권은 배운 적이 없지만 무슨 뜻인지는 알 것 같았다. 수백 마리의 벌한테 한꺼번에 쏘이고 싶지 않으면 천천히, 신중하게 움직이라는 뜻이겠지. (《초원의 집》에서 로라와 메리의 집에 사촌 찰리가 놀러 왔던 장면이 생각났다. 찰리는 자기 아빠와 로라의 아빠를 도와 일을 하라고 데려온 것이었는데, 오히려 말썽만 부렸다. 결국 잘못된 행동에 대한 벌을 받았는지 벌 떼에게 쏘이고 만다. 어찌나 심하게 쏘였는지, 로라의 가족들은 찰리를 붕대로 칭칭 감아 미라처럼 만들어야 했다.)

뜨거운 햇빛을 받으며, 조디는 스트레칭 운동을 할 때 쓰는 요가 밴드처럼 생긴 벨트로 묶여 있던 여러 개의 벌통을 풀었다. 벌통을 차곡차곡 포개서 이렇게 묶어 두는 이유는, 곰(포틀랜드에서는 보기 어렵겠지만)이나 야생 너구리, 아니면 어린아이들이 뛰어놀다가 실수로 벌통을 쓰러뜨리는 불상사를 막기 위해서였다. 조디는 차곡차곡 쌓여 있던 벌통들을 한 통씩 내려서 주변에 둥그렇게 늘어놓고, 그 앞에 쭈그리고 앉았다. 그러고는 천천히, 그리고 신중하게 각각의 상자 안에 수직으로 끼워진 두툼한 쟁반 같은 벌집 틀을 꺼냈다. 벌집 틀은 철사로 짜인 바탕 위에 밀랍이 칠해져 있었다. 조디는 벌들이 이 틀 위에 밀랍으로 벌집을 짓는 거라고 설명해 주었다. 벌집은 반짝거리는 호박색의 꿀을 저장하는 장소일 뿐만 아니라 벌의 먹이가 되는 화밀과 꽃가루를 저장하고, 알을 낳아 품어서 부화까지 시키는 곳이라고 했다.

조디는 벌들이 몸을 둘러싸고 붕붕거리며 날아다니는데도, 맨손으로 벌집 틀을 하나하나 꺼내서 앞뒤로 뒤집어 가며 양면에 만들어진 벌집—벌집 틀의 양면에 각각 수백 칸의 벌집이 들어 있다—의 칸칸을 세심하게 살피고, 벌집 안에 들어 있는 알(작고 하얀 피튜니아 씨앗처럼 생긴)과 유충, 번데기(내 눈에는 흐늘흐늘한 쌀가루 마카로니처럼 보였다), 여왕벌(벌집 틀 하나에 각각 한 마리씩 있는데 등에 빨간색 점으로 표시가 되어 있었다), 그리고 꿀을 가리키며 보여 주었다. 벌 몇 마리가 손등을 타고 기어올랐지만 조디는 꿈쩍도 하지 않았다.

조용하고 침착한 목소리로 조디는 벌에 대한 세세한 것들을 설명했다. 여왕벌의 처녀비행, 또는 짝짓기 비행 때는 여왕벌이 하늘로 날아오르면 수백 마리의 수펄들이 한꺼번에 와서 여왕벌이 공중에 떠 있는 동안 짝짓기를 하면서 그 여왕벌이 평생 낳을 알을 잉태시킬 정자로 여왕벌의 몸을 채운다. 여왕벌이 (알을 더 낳지 못하거나 심각한 부상을 당해서) 더는 자신의 역할을 하지 못하게 되면 벌들이 여왕의 몸을 겹겹이 둘러싸 거대하고 단단한 공처럼 만들고 점점 조여서 질식시킴으로써 죽음에 이르게 한다.

"일벌도 볼래?" 조디가 물었다.

"좋아!" 솔방울과 솔잎을 태우는 훈연기의 연기 속으로 한 발 다가서며 대답했다. 연기가 벌을 진정시킨다는 것은 오랜 옛날부터 알려져 있다. 아직 과학적으로 명확하게 규명되지는 않았지만, 한 가지 가설은 연기가 위험을 감지할 때 분비되는 경보 페로몬의 냄새를 가려 주고, 침입자의 냄새도 가려 주기 때문이라는 것이다. 또 한 가지 가설은 약간 안쓰러운 이야기이기는 한데, 벌들이 벌집에 불이 난 것으로 오해하고 탈출에 필요한 준비 활동으로 바쁘게 먹이를 먹기 때문이라는 것이다. 먹이를 먹는 데 바쁜 나머지 침입자를 침으로 쏠 여유가 없어진다는 것이다. 벌들이 먹이를 먹기 시작하면 배 부분이 구부러지면서 벌침을 쏘기 어려워지기 때문이라고 말하는 사람들도 있다.

조디는 일벌 중 한 마리를 가리키며 "여왕벌의 딸"이라고 했다. 그 일벌은 엉덩이를 하늘로 치켜든 채 벌집에서 비어 있는 칸을 완전히 깨끗해질 때까지 구석구석 청소했다. 일벌들은 청소 단계를 거쳐 나중에는 일생의 반을 채집 벌—화밀을 채집하는 일이 주어지는 것은 훌륭한 일벌로 살았던 데 대한 보상이기도 하다—로 살다가 죽는다. 허벅지 윗부분의 먹이 주머니에 밝은 노란색의 꽃가루를 가득 채운 채 때맞춰 돌아온 채집 벌은 "흔들흔들 엉덩이춤"을 춘다. 원을 그리며 엉덩이춤을 추는 것으로 다른 벌들에게 맛있는 꽃가루를 발견한 장소를 정확히 알리는 것이다. (자매들에게 꽃가루가 있는 장소를 정확하게—멀게는 6킬로미터 밖에 있는 곳까지—설명하고, 다른 일벌들은 그 설명에 따라 정확하게 그 장소로 가서 꽃가루를 모아 오는 벌들의 소통술은 그간 널리 연구되었다.) 여러 마리의 벌들이 새로 나타났는데, 저마다 노란 빛깔의 꽃가루를 모아들이고 있었다. 짙은 오렌지색에서부터 먹물색, 또는 아주 옅은 크림색에 이르기까지 다양한 색깔의 꽃가루였다.*

* * *

벌집에서는 코끝을 아릿하게 하는 냄새가 났다. 조디가 벌집 틀 바깥쪽의 밀랍을 긁어내자 꿀이 흘러나오면서 달콤한 사향 냄새가 났다. 벌집 틀의 가장자리를 따라 끈적끈적한 프로폴리스가 덮여 있었다. 프로폴리스는 송진에서 만들어지는데, 면역력을 높여 주는 건강 보조제로 알려져 있다. 프로폴리스에서는 티트리 향과 시나몬 향이 섞인 냄새가 났다. 그리고 흙냄새 비슷한, 벌집 자체의 냄새도 있었다. 그 냄새 아래로 조디의 등 뒤에 있는 훈연기의 캠프파이어 냄새가 벌의 냄새와 섞여 있었다.

어느 순간, 벌 한 마리가 내 그물망 모자에 앉아 나를 빤히 내려다보고 있었다. 나는 잔뜩 주눅 든 목소리로 어떻게 해야 하느냐고 물었다. 조디는 대답 대신 나를 이끌고 벌통으로부터 걸어 나와 그물망 모자를 벗겨 주었다.

"벌이 왜 거기에 기어 올라왔을까?" 내가 물었다.

"그냥 호기심 때문이었을 거야." 마치 벌들도 탐험 정신을 가지고 있다는 듯 조디가 대꾸했다. 벌에게 쏘이지 않은 것이 다행이었다. (나의 완벽한 명상 자세 덕분이었다고 생각한다.)

---

* 이듬해 봄에 통화를 하던 중에 조디가 말했다. "요즘 벌들이 무슨 색깔의 꽃가루를 모아 오는지 아니?" 조디의 목소리가 얼마나 의욕이 넘치는지, 나까지 덩달아 신이 났다. 모르겠다고 하자 조디가 말했다. "파란색이야." 파란색 꽃가루는 이른 봄에 피는 시베리아 무릇이라는 꽃에서 나온 것이었다. 조디는 "아이섀도의 회청색하고 비슷한 색이야"라고 말하면서, 영국의 유명한 화가 시슬리 메리 바커(Cicely Mary Barker)가 그린 〈꽃의 요정〉이라는 그림에 대해서도 묘사했다. 시베리아 무릇을 그린 이 그림에는 푸른 옷을 입은 꼬마 요정이 두 송이의 시베리아 무릇 사이에 서서 약간 어리둥절한 표정으로 손가락을 빨고 있다. 나도 어렸을 때 《여름 꽃의 요정*Flower Fairies of the Summer*》이라는 책을 좋아했던 기억이 났다. 지금은 마스든이 그 책을 물려받았다.

시간이 지나면서 햇살이 점점 따가워지자 벌을 다루는 조디의 몸놀림은 마치 춤을 추는 것 같았다. 조디는 벌이 지배하는 세상 속에 있었다.

딱 한 번, 벌이 조디의 발에 밟혔다. 위아래 가릴 것 없이 사방에서 벌들이 붕붕대는 상황이었던지라, 아무리 성인군자라 하더라도 벌 몇 마리쯤 발에 밟히는 것은 얼마든지 그럴 수 있는 일이라고 생각할 수 있는 상황이었지만 조디는 극도로 조심했다. 조디는 벌이 거대한 집단적 유기체—벌집 전체가 무사히 겨울을 나게 해야 한다는 하나의 목표를 가지고 움직이는—이면서 또한 개별적인 유기체인 것 같다고 했다. 어쩌다 실수로 벌을 밟기라도 하면 무척 가슴 아프다고 했다. (또 다른 양봉가 한 사람은 벌이 발에 밟혀 몸이 툭, 터지는 소리는 세상의 어떤 소리와도 다르다고 말했다.) 마지막 벌집 틀을 꺼낸 조디는 나를 불렀다. "와서 이것 좀 봐. 아기 벌이 지금 막 나오고 있어!" 나지막하고 경건한 목소리였다.

조디 옆에 다가가 금속과 나무로 만든 틀 안의 벌집을 들여다보았다. 작은 벌 한 마리가 얇은 밀랍 막을 뚫고 알, 유충, 번데기 시절을 보낸 육각형의 방으로부터 솜털이 보송보송한 머리를 내밀고 있었다. 오후 내내 긴 낮잠을 자다 깨서 사방 분간을 못하고 어리둥절해 있는 어린아이와 너무도 닮은 모습이었다. 솜털 보송보송한 머리에 세상을 향해 눈을 커다랗게 뜨고 있었다. 벌은 좁은 방에서 몸을 빼내느라 안간힘을 썼다. 앞다리를 내밀어 버둥거리다가 다시 방 안으로 떨어지기를 반복했다. 주변에 있던 일벌들은 버둥거리는 아기 벌에게는 도통 관심이 없는지 아무도 도와주러 오지 않았다. 빈 방을 청소하고 새 아기를 받아들일 준비를 하느라 각기 제일에 바쁠 뿐이었다. 세상에 나온다는 것은 결국 외로운 혼자만의 여행임을 깨달으면서 벌들도 정말 화가 났겠다는 생각이 문득 들었다. 드디어 제 방에서 빠져나온 우리의 작은 영웅은 아직 몸 색깔도 창백했지만 일할 준비는 이미 마친 듯했다. 녀석은 제 몸을 한 번 세차게 흔들더니, 세상 밖으로 나온 지 1분도 안 되어 익숙한 일벌처럼 행동했다.

벌집 틀을 전부 살펴본 조디와 나는 꺼냈던 벌집 틀을 모두 벌통에 다시 넣은 뒤, 벌통을 쌓아서 서로 묶었다. 벌들은 다시 질서를 회복했고 일상으로 돌아갔다. 어떤 녀석들은 꽃가루를 잔뜩 묻힌 채 돌아왔고, 또 어떤 녀석들은 꽃가루를 찾아 나갔다. 우리는 조디가 갖고 나갔던 도구와 장비들을 챙겨 들고 현관 앞으로 돌아와 우리를 기다리고 있던 시원한 물을 들이켰다.

현관을 향해 걸어오면서, 조디는 벌통에서 긁어낸 벌집 몇 조각을 건네주었다. 끈적끈적한 노란색 꿀이 가득 들어 있었다. 그 자리에 선 채 그 달콤한 꿀을 마음껏 빨아 먹었다. 화밀을 모아 그 꿀을 만든 벌들이 GMO 식물 사이를 누비고 다녔는지, 네오니코티노이드의 흔적이 남아 있는 꽃가루를 모아 오지는 않았는지, 화학비료가 남아 있는 화밀을 따 오지는 않았는지, 진드기약이나 모기약 성분, 아니면 살충제 성분이 남아 있는 꽃가루를 묻혀 오지는 않았는지 그런 건 알 수 없었다. 내가 알 수 있는 건 그저 달콤하다는 것뿐이었다.

꿀을 빨아 먹고, 남은 벌집을 입에 넣어 씹고 있는데, 조디가 벌집의 방들이 꿀로 가득 찬 것을 보니 기분이 좋다고 말했다 "올해는 우리뿐만 아니라 벌들에게도 풍년인 것 같아."

"겨울에 벌들은 그 꿀을 어디에 쓰는데?" 내가 물었다.

"여름 내내 벌들은 화밀로 벌집을 가득 채웠다가 그걸로 꿀을 만들어서 겨우내 자기들도 먹고 여왕벌에게도 먹이지. 초봄에 태어나는 아기 벌에게 먹일 꿀도 충분히 만들어 두는 거야." 조디의 말을 들으면서 나는 씹고 있던 벌집을 뱉어 냈다. "벌들의 목표는 자기 군집, 그러니까 가족의 생존을 확보하는 거야. 벌들은 항상 미래를 생각하거든." 조디가 말했다.

집으로 돌아오면서, 그날 아침 내가 목격한 것들은 삶의 모순들로 이루어진 놀라운 별자리 같다는 생각이 들었다. 달콤한 화밀과 밀랍, 발밑에 밟힌 일벌과 모든 가능성을 품고 있는 하얀 쌀알 같은 알, 좋은 꽃가루를 찾은 일벌의 엉덩이춤과 일벌들의 단조롭고 반복적인 탄생과 죽음, 제 식구들을 먹이기 위한 자유롭고도 순수한 꽃가루 사냥과, 우리 집까지 침투해서 우리 아이들을 감염시키고, 우리 삶을 바꿔 놓고, 때로는 우리의 삶을 파괴하기까지 하는 환경 속 화학물질들이 야기한 심각한 문제들에 맞서서 어린 자식들을 걱정하는 우리의 마음. 이런 모든 것들에도 불구하고 우리는 여전히 꿀을 동경한다. 꿀은 우리의 DNA까지, 구석기 시대 이전까지 거슬러 올라가 달콤함과 순수함의 전설로 우리를 유혹한다.

"옛날에, 나라 전체가 서쪽을 바라보았다." – 이언 프레이저, 《그레이트플레인스》

"어떤 피조물도 이런 방식으로 지구상의 생명을 바꿔 놓은 적이 없다."
– 엘리자베스 콜버트, 《여섯 번째 대멸종》

PART
3

/

에덴의 서쪽

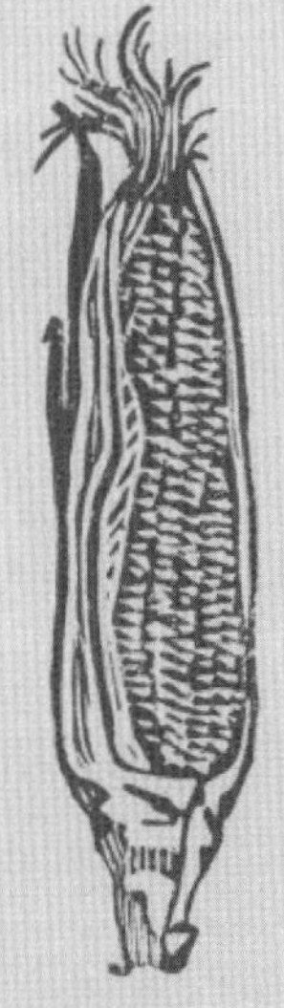

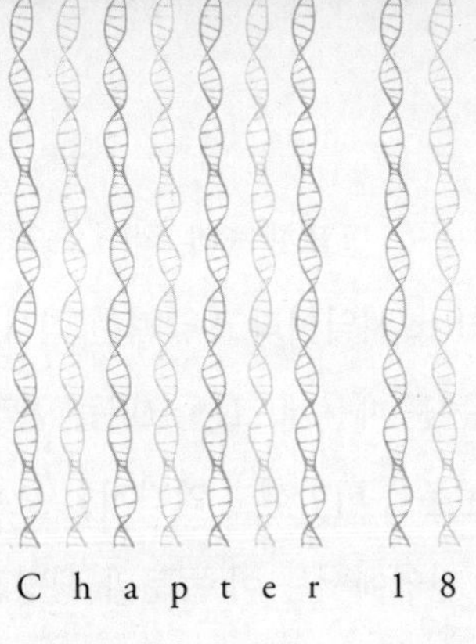

Chapter 18

2002년 초, 캘리포니아 버클리에 살던 이그나시오 차펠라는 자기 집 마당의 땅을 파고 있었다. 딸 이네스Inés가 곤히 잠든 "새벽 4시에 땅을 파서 흙을 옮겼어요." 집의 규모가 작았던 덕분에 그는 결심했다. "우리 집의 물이 이상했어요. 땅속 좁은 공간에 물이 모여 있는 것 같았어요. 그래서 땅고르기 작업을 해 보자고 마음먹었죠. 흙을 파서 다른 쪽으로 옮기면서 지면을 고르게 작업한 거죠."

흙을 파서 옮기는 중노동을 하던 그 무렵, 이그나시오에게는 견디기 힘든 악재가 줄줄이 닥쳤다. 가장 최근의 일로, 유수의 과학 전문지 〈네이처〉에 미국의 GMO 옥수수가 재래종, 또는 멕시코 오악사카 고원 지대에서 1만 년 이상 재배되어 온 크리오요 옥수수를 오염시키고 있다는 논문을 발표했는데, 적어도 작물 재배에 있어서는 공식적으로 GMO-free 지역이라고 알려진 멕시코로서는 날벼락 같은 이야기였다. 이 논문 때문에 그는 크나큰 곤경에 빠졌다. 생명공학 기업들은 그의 논문을 비방했고 인격적인 모욕도 서슴지 않았다. (그러나 반-GMO 진영에서는 이 논문과 생명공학 기업들의 공격이 그를 하룻밤 사이에 유명인사로 만들어 놓았다.) 버클리에서 아트라진을 연구하던 파충류 학자 타이론 헤이스(나에게 이그나시오를 소개한)는, "[이그나시오는] 공격을 받았고, 그의 경력은 심각한 위기에 처했어요. 연구 프로젝트며 종신 교수직까지 위험해졌죠. 소송도 이어졌고. 이그나시오를 방해하려는 강력한 로비가 있었습니다"*라고 말했다. 왜 그런 반응들이 나왔던 거죠? 내가 물었다. "GM과 농약 뒤에는 거대한 자금이 있습니다. 종자 회사의 90퍼센트는 화학 기업을 배경으로 하고 있어요. 그렇다 보니, 그들 중 한 회사만 건드려도 다른 회사들까지 모두 상대해야 하게 되는 겁니다."

이런 소용돌이의 와중에, 이그나시오는 바젤에 본부가 있는 스위스의 생명공학 회사 노바티스Novartis(나중에 신젠타로 사명이 바뀌었다. 여섯 개의 가장 강력한 생명공학 기업인 '빅 식스' 중 하나이며 타이론 헤이스의 적이기도 하다)와 5년짜리 계약을 한 UC 버클리와 전쟁을 치러야 했다. GMO 분야에서 새로운 히트를 칠 만한 것을 찾고 있던 노바티스는 식물학과의 연구에 접근할 수 있는 권리를 가져가는 대가로 이 대학에 거액(2500만 달러에서 5000만 달러 사이로 추측되는데, 말하는 사람마다 액수가 다르다)을 기

* 사실 소송은 한 건뿐이었다. 그런데 이 소송이 워낙 오래 이어지다 보니 여러 건의 소송이 연이어 벌어진 것처럼 보였다.

부했다. 이그나시오는 이 계약에 노골적으로 반대 의사를 표했다. 이 거래가 대학의 순수성을 훼손한다고 판단했기 때문이다. 노바티스와의 전쟁을 치르는 동안 대학에서는 이그나시오의 종신 재직권을 거부하는 절차—개인적으로는 더 끔찍한 일이었다—에 착수했다. 이그나시오는 변호사를 고용해서 대학의 결정에 맞섰다.

이런 불행만으로는 부족했던지, 이 모든 일들이 벌어지고 있던 와중에 고등학교 시절부터 연인이었고, 멕시코에서 미국으로 함께 이민을 와서 결혼한 아내 로라Laura와의 결혼 생활이 파탄에 이르고 말았다. 이그나시오는 여덟 살 난 딸 이네스에게 최고의 아빠가 되기 위해 고군분투 중이었다. 사방에서 전쟁을 치르던 그는, 어느 날 밤 혼자서 마당의 흙을 온통 파서 뒤집고 옮기는 중노동을 자청해서 하고 있었다. 도저히 잠을 잘 수가 없어서 극단적으로 고된 육체노동을 택했던 것이다. 그런데 이상하게도, 그토록 힘든 고달픈 역경 속에서도 그는 터널의 끝을 알리는 한 줄기 빛을 느꼈다. "너무도 길고 고통스러운, 그전부터 진짜 힘들었던 것들로부터의 해방의 과정이었어요." 이그나시오가 말했다.

2012년 여름, 내가 〈엘르〉 기사를 위해 자료를 조사하고 있을 때 그와 통화를 하게 된 것도, 어쩌다 그가 사방에서 포탄이 떨어지는 전쟁을 치르는 것과 다름없는 상황에서 한밤중에 땅을 파게 되었는지 알게 되었기 때문이다. 그러나 그가 검은색 스바루 승용차 뒷좌석에 앉아 생명의 위협을 느끼고 있다고 한 말을 듣고서 나는 그를 직접 만나야겠다고 생각했다. 약 1년 후, 이 책을 쓰고 있던 춥고 어두운 3월의 어느 아침에 눈발 날리는 추운 동부 연안을 떠나 햇살 좋고 따뜻한 버클리로 향했다.

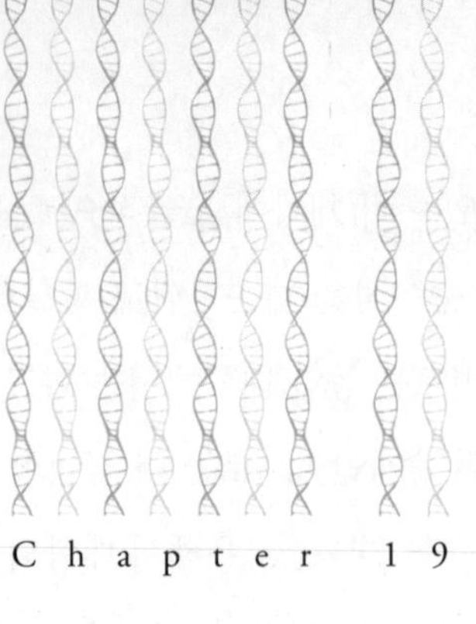

Chapter 19

그때 우리 가족이 살고 있던 작은 임대 주택에서 새벽 4시에 눈을 떴다. 댄이 자란 웨스트브룩의 공장 지대에 위치한 포틀랜드 철로 건너편, 프리섬프스콧강의 아늑한 모래 색깔 곶 위에 자리 잡은 집이었다. 다섯 살이던 마스든은 심한 감기에 걸려서 아직 자고 있었다. 나는 잠을 잘 자지 못했다. 나는 늘 여행을 떠나기 직전에 짐을 싸는 버릇이 있어서, 그때까지도 짐을 다 싸지 못했기 때문에 떠날 시간이 코앞에 닥쳐서야 바쁘게 허둥대고 있었다.

댄이 택시를 불렀는데, 막상 택시가 도착하니 마스든이 잠에서 깼다. 마스든은 나를 배웅하러 공항까지 갈 수 없다는 걸 눈치채고는 눈물을 흘렸다. 감기가 그렇게 심해질 줄 모르고, 공항까지 같이 가겠다고 미리 약속을 한 게 화근이었다. 댄은 대기하던 택시 기사에게 계획이 바뀌었다고 설명했고, 택시는 빈 차로 어둠 속에서 되돌아갔다. 우리는 모두 우리 차에 올라탔다. 그리고 흙이 섞여 회색으로 변한 질퍽한 눈길을 달려 공항으로 향했다.

공항에 도착하니 보안 검색대 앞에 사람들이 길게 늘어서 있었다. 헤어져야 하는 마지막 순간까지 우리는 함께 있었다. 보안 검색대 바로 뒤에서 내 아이에게 손을 흔들 때마다, 비행기에 탈 때마다 이게 혹시 내 아이 얼굴을 보는 마지막 순간이 아닐까 하는 생각이 들곤 한다. 아마도 9·11 테러가 일어났을 때 맨해튼에 살았고, 그래서 그때의 공포가 아직도 남아 있기 때문인 것 같다. 어쩌면 세계화되어 버린 고통과 분노 속에 살고 있는 우리가 이 멋진 신세계에서 너 나 할 것 없이 느끼고 있는 불안인지도 모르겠다. 아니면 세상에 일어날 수 없는 일이 없다는 것을 알아 버린 부모라서 그런지도 모른다. 그리고 삶을 송두리째 뒤흔들 재난과 재앙도 사실 딱 한 치 앞에 있을지도 모른다.

샌프란시스코에서 버클리까지 BART Bay Area Rapid Transit[1]를 타고 가서 캐리어를 끌며 언덕을 올라갔다. 버클리 시티 클럽에 도착할 때까지 캘리포니아의 날씨는 놀라울 정도로 뜨겁고 햇살이 강했다. 더위와 갈증을 달래 주는 오아시스같이 시원한 그곳에 들어서자 온몸이 안도의 한숨을 내쉬는 느낌이었다. 버클리 시티 클럽은 파리 에콜 데 보자르 건축학과 최초의 여학생이었던 줄리아 모건 Julia Morgan이 1929년에 무어 양식과 고딕 양식을 절충해 남성적이면서도 동시에 매우 여성적인 아름다움을 느낄 수 있도록 설계한 호텔이다.

투숙객 누구나 무료로 먹을 수 있도록 반짝반짝 윤이 나는 사과가 낮은 테이블 위에 놓여 있었다. 사과 옆에는 카노바Antonio Canova[2]가 폴린 보나파르트Pauline Bonaparte[3]를 모델로 제작한 대리석 조각상의 축소 복제품이 놓여 있었다. 원작을 바로 몇 달 전 로마에서 본 일이 있었다. 콘크리트 부벽과 중세풍의 조명 아래로는 호텔의 내벽 모두에 이탈리아 미술 작품이 걸려 있었다. 호텔 직원이 수영장 출입문 열쇠와 수영모를 전해 주며 5층의 객실로 안내했다. 포스터E. M. Forster[4]의 소설 속에 나오는 묘사를 연상시키는 고풍스러운 객실의 문을 열고 들어서니 연한 파란색과 짙은 노란색의 벽이 보였고, 꽃 그림 커튼이 드리워진 창문 너머로는 샌프란시스코만이 한눈에 들어왔다. 침대 위로 햇살이 쏟아졌고, 벽에는 진품 회화들이 걸려 있었다. 목재 서가에는 여러 권의 책—내가 제일 좋아하는《밤은 부드러워*Tender Is the Night*》도 있었다—이 꽂혀 있었다. 아담한 욕실에는 옅은 베이지색 타일이 깔렸고, 벽은 크림화이트였다. 전형적인 호텔 객실이었다.

이그나시오에게 내가 도착했음을 전화로 알리고, 다음 날 저녁 만날 약속을 잡았다. 그러고는 수영복을 꺼내 입고 아래층에 있는 수영장으로 내려갔다. 페인트가 칠해진 반원형의 콘크리트 천장을 올려다보았다. 수영장 가장자리의 벽은 전체가 유리여서 수영장의 푸른 물 위로 햇살이 커다란 수련 잎이 떠 있는 것처럼 아른거렸다. 바닥과 벽이 만나는 모서리는 파란색과 노란색 타일이 악센트처럼 돋보였다. 간단히 말해서, 내가 가 본 수영장 중 가장 멋진 곳이었다. 그도 그럴 것이, 수영장 설계는 줄리아 모건의 전문 분야였다. (모건이 미디어계의 거물 윌리엄 랜돌프 허스트William Randolph Hearst의 집인 허스트 캐슬Hearst Castle을 위해 설계한 '넵튠 풀Neptune

Pool'은 인터넷에서 검색해 볼 만한 가치가 있다. 푸른색과 아름다움을 여실히 보여 주는 걸작이다.) 물속에 뛰어들어 여행의 피로를 털어 내고 곧 시작해야 할 일을 준비했다. 다시 객실로 올라가 타월로 몸을 감싼 채 늦은 오후의 햇살 속에 드러누우니 햇살을 즐기는 고양이의 나른함이 느껴졌다. 따뜻한 온기 속에서 일어나야 할 시간이 될 때까지 빈둥댔다.

이그나시오가 자기 딸의 애견 루나를 데리고 언덕 위로 산책을 가자고 제안했었다. 약속된 시간에 맞춰 호텔에서 나와 여전히 따뜻한 오후의 햇살을 느끼며 캠퍼닐Campanile(피렌체의 캠퍼닐에서 따온 이름으로, UC 버클리 캠퍼스의 한가운데에 있는 종탑)을 향해 걸었다. 약속 시간보다 조금 이르게 도착해 계단에 앉아서 멋진 캠퍼스의 풍경을 감상했다. 관록과 지성, 재정적 안정성, 그리고 복잡한 세상에 대한 답이 거기에 있을 것만 같은 느낌이 들었다.

몇 분 후, 이그나시오가 이른 저녁 바람에 머리칼을 휘날리며 나타났다. 장미색 버튼다운 셔츠, 청바지에 편안해 보이는 갈색 구두를 신고 있었다. 자전거를 끌고 걸어왔는데, 헬멧이 핸들에 대롱대롱 매달려 있었다. 피부가 탄력 있고 부드러워 보여서, 마치 크림을 잔뜩 넣은 커피 같았다. 단추를 두어 개 풀어 벌어진 깃 사이로 검은 점 몇 개가 살짝살짝 보였다. 붙임성이 좋은 사람 같았고, 가까이 다가서서 보니 눈동자가 아몬드 색이었다. 한눈에 보기에도 즉흥적으로 자기 생각을 드러내는 타입은 아니라는 생각이 들었다. 환경미생물학자답게, 자신이 이야기하고 있는 화제의 큰 그림보다는 사소하고 작은 것에 집중했다.

싱싱하게 초록물이 오른 캠퍼스를 함께 걸으면서, 이그나시오는 한창 꽃망울을 터뜨리고 있는 꽃송이들을 보며 감탄사를 연발했다. 동백꽃과 진달래를 손가락으로 가리키며 말했다. "저 진달래 좀 보세요! 얼마 전까지도 꽃이 피지 않았었는데!" 그는 맑고 깨끗한 새 안경으로 주변 세상을 새롭게 인식하는 사람 같았다.

우리는 피비 애퍼슨 허스트Phoebe Apperson Hearst(1842-1919. 미국의 인류학자이자 여성 참정권 운동가. 윌리엄 랜돌프 허스트의 어머니)에게 헌정된 아치 길을 걸었다. 나무 사이의 아치 길을 걸어 나오면 캠퍼스 뒤에 있는 산에서부터 흘러내리는 스트로베리크리크Strawberry Creek 위에 걸린 작은 다리로 이어지고, 이 다리를 건너면 예술 인문학부 건물들과 만나게 된다. 이그나시오는, 그 다리는 과학과 예술을 이어 준다는 의미를 갖고 있다고 설명했다. 아치 길 건너편 '과학'이 속해 있는 건물이 바로 맨해튼 프로젝트의 기초가 마련되었고 핵폭탄 개발 계획이 진행되었던 곳이라고 했다.

작은 인도교를 건너서 교수 클럽 앞의 싱싱한 초록빛 뜰에 다다랐다. 거기서부터 이그나시오의 집까지 구불구불한 오르막을 걸어 올라갔다. 우리의 이야기는 기후 변화, 토양의 변화, 화학물질로 과하게 얼룩진 환경, 종의 멸절 등, 지구가 처해 있는 현재의 상황으로 이어졌다. 나는 이그나시오의 비유 방식에 깜짝 놀랐다. "우리는 지금껏 학생들에게 거짓말을 하고 있어요. 지구가 죽어 가고 있다는 얘기 말이에요. 그건 사실이 아니죠. 정말 감사하게도, 지구는 멀쩡합니다. 학생들에게 말해 줘야 할 사실은 우리가 **사랑하는** 지구가 죽어 가고 있다는 겁니다. 우리는 어떤 지구를 원하는 걸까요? 커다란 동물과 식물과 아름다운 환경이 있는 행성? 아니면 우리가 지금 만들고 있는 모습으로? 아마 그런 모습의 지구에는 우리가 사랑하던 것들, 우리가 사랑하던 장소는 없을 겁니다. 기업들을 만족시키는 것들 외에는 아무것도 남지 않을 거예요." 이그나시오는 그리 멀지 않은 장래에, 지구는 곰, 인간, 심지어는 새에 이르는 큰 생명체는 존재하지 않고 오로지 균류만 존재하는 행성이 될 것이라고 예견했다. 그의 말을 들으면서 나는 회색의 솜털로 덮인, 초록은 없이 수프처럼 끈적끈적하고 독성을 가진 바닷물과 곰팡이가 번져가는 땅덩어리를 상상했다. 상상만 해도 알레르기가 다시 덮쳐 오는 기분이었다.

한참을 걸어서 이그나시오의 작고 야트막한 오두막에 도착했다. 그는 그 집에서 애인인 리사Lisa(그의 딸 이네스는 뉴욕 주립 대학교에 재학 중이어서 캘리포니아에서 함께 살지 않았다)와 함께 살고 있다. 드넓은 버클리 캠퍼스가 한눈에 다 들어오는 높은 곳에 자리 잡은 집이었다. 몸집이 작은 검은색 셰퍼드 잡종견 루나는 양치기 개처럼 옆걸음 치듯 빙빙 돌며 겅중거렸다. 방이 몇 개 안 되는—작은 주방과 거실, 침실 하나와 욕실 하나—작은 집 안은 어두웠다. 노출된 평면이 하나도 없을 정도로 사방에 책이 쌓여 있었다. 심지어는 거실 한편에 밀려나 있는 작은 식탁 위에도 책이 가득했다. 그 책들 중 일부의 위에는 컴퓨터가 놓여 있었다. 스테인리스 싱크대 옆에는 마개를 딴 와인 한 병이 놓여 있었다. 소박한 거주 공간만 봐도 이그나시오의 삶이 2000년대 초부터 시작된 고난으로부터 결코 벗어나지 못했음을 알 수 있었다. 그의 동료들 중 일부와 비교한다면, 어쩌면 이그나시오는 결코 그들의 위치까지 가지 못한 셈이었다.

루나가 우리보다 앞서서 뛰어가게 두고, 이그나시오는 자기 집 주변에 있는 주택들을 손가락으로 가리켰다. 언덕에 찰싹 달라붙은 듯 나지막한 여러 채의 주택들 중 하나는 프랭크 로이드 라이트 Frank Lloyd Wright가 설계한 것이었다. 이그나시오는 언덕 위를 가리키며 '바로 저곳에서' 시에라 클럽Sierra Club[5]이 탄생했다고 말했다. 그리고 또 한 집을 가리키며, 존 뮤어John Muir가 자서전을 탈고한 집이라고 알려 줬다. 주변을 쭉 훑듯이 가리키면서 이그나시오가 말했다. "바로 여기 이 건물들에서 환경운동이 시작된 것이죠."

나는 이그나시오를 따라서 먼지 앉은 마른 도랑을 건너 버클리 캠퍼스를 굽어보는 산으로 올라갔다. 버클리 캠퍼스보다 한참 높은 곳에 자리 잡은 절벽으로, 거대한 노란색의 시멘트로 'C'자 모양의 경계가 지워져 있는 빅 CThe Big C에 도착하니 거대한 오렌지색 불덩이가 샌프란시스코만에 서서히 내려앉고 있었다. 날이 어두워지기 시작하는 가운데 굽이굽이 언덕길을 내려오면서, 이그나시오는 자신의 삶에 대해 털어놓기 시작했다.

이그나시오 차펠라는 1959년 멕시코시티에서 열한 명의 남매 중 막내로 태어났다. 신문 기자였던 아버지는 이그나시오가 세 살 때 교통사고를 당해 대퇴골이 부러지면서 회복할 수 없는 불구의 몸이 되었고, 그가 열한 살 때 결국 세상을 떠났다. 전업주부였던 어머니는 막내아들이 태어났을 때 이미 지칠 대로 지쳐 있었다고 한다. "먹고사는 것보다 가르치는 것을 더 중요하게 생각했던 어머니였지만, 내가 학교에 다닐 무렵에는 이미 곳간이 텅텅 비어 있어서 나는 형과 누나들처럼 사립 학교에 다닐 수가 없었죠."

가족이 살던 집 뒤에는 거대한 석벽이 있었는데, 그 석벽 뒤로는 폐허가 되어 젖소 한 마리 남지 않은 목장이 있었다. 그러나 그 벽

너머는 "천국이었어요. 나무와 그루터기, 그리고 굴을 팔 수 있는 땅이 있었으니까." 이그나시오에게는 그를 보살피거나 잔소리하는 사람이 아무도 없었다.

위계질서가 없는 집—아버지는 세상을 떠났고, 어머니는 열한 명의 자녀들을 한 집에서 키우느라 고생하고 있었다—에서 어린 이그나시오는 홀로 밖으로 나가 스스로 배우고 깨우쳤다. 어느 정도 나이를 먹자, 그는 자전거를 타고 멕시코시티 밖으로 나가, 최대한 멀리까지 달렸다. 그러고는 자전거에서 내려 천천히 걸어 다니며 거의 아무런 구속도 없이 자연 세계를 관찰했다. 그렇게 걸으면서 이그나시오는 뿌리도 없고 끝도 없어 보이는, 무한하게 증식하는 균류에 빠져들기 시작했다. 집 밖에는 보이지 않는 우주 전체가 있었고, 그것이 자신을 전율하게 만들었다고 이그나시오는 말했다. 열한 살 때 처음으로 현미경을 들여다본 그는 그만 완전히 매료되고 말았다.

이그나시오는 자라면서 과학에 대한 강한 흥미와 적성을 보이기 시작했지만, 또한 불의에 대한 타고난 저항 의식도 점점 강해지기 시작했다. 균류에 대한 연구로 유명한 대학에 진학한 그는, 멕시코시티에서 자라던 싱싱한 물푸레나무*들이 일정 종류의 균류 때문에 죽어 가고 있다는 것을 알고 슬픔과 분노를 느꼈다. 그는 나무들이 왜 병들어 가는지 관심을 가졌고, 해결책을 찾고 싶었다. 그러나

---

* 최근에는 미국에서도 물푸레나무가 화제가 되고 있다. 아시아에서 유입된 외래종 호리비단벌레(emerald ash borer) 때문에 초토화되어 가고 있기 때문이다. 미국의 기후가 변해 겨울에도 이 벌레의 유충을 죽일 수 있을 만큼 기온이 내려가지 않다 보니 호리비단벌레의 개체수가 걷잡을 수 없이 늘고 있는 것이다. 이 벌레 때문에 미국에 서식하는 물푸레나무의 99퍼센트가 가까운 미래에 모두 죽고 말 것이라고 한다. 물푸레나무가 사라지면 숲의 생태계 전체에 영향을 미친다. 물푸레나무와 호리비단벌레에 대한 보고서는 우리가 사는 이 세상의 종말을 이야기하는 불길한 예언들 중 하나가 되었다. 본론에서는 벗어난 이야기지만, 재미있는 것은 물푸레나무가 야구 배트를 만드는 데 쓰인다는 점이다. 매우 단단하고 나뭇결이 곧게 뻗어 있는 나무이기 때문이다. 물푸레나무가 영영 사라진다면, 미국인들에게 가장 인기 있는 스포츠인 야구의 배트는 무엇으로 만들게 될까?

손쓸 수 없을 정도가 될 때까지 나무가 죽어 가고 있다는 것을 아무도 알아채지 못했다. 도덕적인 분노를 가볍게 보지 않는 이러한 삶의 자세가 결국 그로 하여금 멕시코를 떠나 버클리로 가게 한 이유가 되었다. "어느 순간 제가 멕시코 과학계에서 꽤 잘나가는 사람이 되어 있었어요. 꽤 똑똑한 학생이라는 평을 들었고, 몇몇 교수들로부터 제안을 받기도 했습니다. 특히 그중 한 교수님은 굉장한 권력을 가진 분이었죠. 그 교수님이 저를 '너!' 하고 점찍었어요." 멕시코에서는 교수의 후계자로 낙점을 받으면 언젠가는 그 교수로부터 일자리를 제안받을 거라는 희망 속에서 그 교수의 연구실에서 일하게 되고, 거기서부터 출세의 사다리를 오르게 된다고 이그나시오가 설명했다. "저는 그 교수의 제안을 거절했습니다. 난리가 났죠. 네가 감히…? 이런 분위기였어요. 교수님은 불같이 화를 냈습니다. 제가 그분의 제안을 거절한 이유는 균류에 대해서 더 연구하고 싶었기 때문이에요. 그런데 당시로서는 균류라는 분야가 굉장히 불확실하고 미미했기 때문에, 저의 선택은 위험하기 짝이 없었죠."

이그나시오는 멕시코를 떠나 1981년부터 84년까지 웨일스 대학교에서 박사 과정을 밟았다. 그다음에는 아내인 로라가 영문학 박사 과정을 밟고 있던 코넬 대학교로 옮겼다. 그곳에서 이그나시오는 희귀한 종류의 균류를 연구하기 시작했다. 그러다가 스위스에 있는 산도스 파마수티컬Sandoz Pharmaceuticals(산도스는 훗날 노바티스가 되었다가 결국에는 거대 제약회사 아스트라제네카의 농업 부문을 합병하면서 신젠타가 되었다)*이라는 스위스 생명공학 회사

* 거대 농산 기업과 거대 제약 회사의 관계를 알게 되면, 거대 제약 회사들이 농약과 GMO에 의해 발병하는 알레르기와 자가면역 질환으로부터 얻는 것이 무엇일까 궁금해질 것이다.

로부터 연락을 받았다. 산도스 파마수티컬이 이그나시오에게 관심을 보인 이유는 그가 아무도 본 적 없는 수많은 균류들을 발견했기 때문이다. 그들은 이그나시오가 산도스 파마수티컬에 유익한 어떤 것을 발견한 확률이 매우 높다고 판단했고, 새로운 형태의 생명체의 발견은 그들에게도 점점 구미가 당기는 관심거리였다. 그래서 그에게 일자리를 제안한 것이다.

이그나시오는 1987년 바젤로 가서 산도스에 들어갔다. '생명공학의 진정한 탄생을 목격'한 것이 바로 스위스에서였다고 그는 회상했다. 그 무렵, 제약 회사들은 훗날 GMO가 된 새로운 생명 형태에 대한 특허, 그리고 GMO와 함께 쓰일 화학물질의 제조 등으로 사업을 다각화하려는 중이었다.

이그나시오는 스탠퍼드 대학교 연구진들이 유전자를 조합하고 이식하는 실험을 하던 1970년대 초반에 GMO의 가능성에 대해서 처음으로 들었다. 스탠리 노먼 코헨Stanley Norman Cohen과 허버트 보이어Herbert Boyer라는 과학자가 1973년 개구리의 리보솜 RNA 유전자를 박테리아의 세포 안으로 이식하는 방법을 발견했는데, 이렇게 유전자를 이식하면 개구리 RNA의 특질이 발현될 수 있었다. 이그나시오는 화학 기업들이 생명공학으로 진출하는 데 크게 고무되었다.* 하지만 과학자로서가 아니라 '어린아이'로서의 감정이었다. "어린아이 같은 생각으로 받아들인 거죠. 와, 이젠 생명체를 가

* 이그나시오는 GMO는 '유전자 이식'이라고 불러야 한다고 주장한다. 어떤 생물체로부터 DNA를 떼어 내서 다른 생물체로 옮겨 놓는 것이기 때문이다. 게다가 DNA를 두 종 사이에서 옮기는 일을 '유전공학'이라고 부르는 것에 대해서 그는 이것이 "단순한 공학의 문제는 아니"라고 말한다. "가지치기가 공학이죠. 매년 작물을 선택하는 것이 유전공학입니다. 반면에 GMO는 한 생물체에서 유전 물질을 뽑아내 다른 생물체에 삽입하는 겁니다, 짝짓기도 없이. 그렇지 않나요?" (이그나시오의 이야기를 중심으로 다룬 이 장에서는 종종 GMO를 '유전자 이식'으로 칭한다.)

지고도 조립을 할 수가 있네! 내가 원하는 건 다 만들 수 있어! 이렇게….” 성인이 되어 세계 굴지의 제약회사 산도스에 자리를 잡은 그에게도 그 연구는 매우 흥미로웠다. 산도스에서는 한동안 매우 즐겁게 일했다. 그 어느 때보다 많은 수입이 있었고, 이네스를 임신한 로라도 코넬 대학교에서 바젤로 옮겨 와 그의 곁에 머물렀다.

그러나 1991년, 이그나시오는 바젤에서의 생활에 염증을 느끼기 시작했고, 더욱 중요한 것은 산도스가 자신이 발견한 것을 가지고 하려는 일들에 대해 윤리적인 의심이 생기기 시작했다는 점이었다. 이그나시오는 상아탑의 안전과 자유가 그리웠다. 그는 가족과 함께 미국으로 돌아갈 계획을 세우기 시작했다. 코넬 대학교로 돌아간다면 일자리는 얻을 수 있을 것이라 여겼다. 1992년, 이그나시오와 가족들은 눈보라를 뚫고 스위스를 떠나 코넬 대학교가 있는 이타카에 도착했다. 그런데 그는 바젤을 떠나기 전, 멕시코 오악사카의 오지에 사는 사람들로부터 팩스 한 장을 받았는데 이 팩스 한 장이 학자로서의 그의 나머지 일생을 결정해 버렸다.

“[오악사카 사람들과 나의] 첫 접촉은 일본 사람들—오악사카 사람들은 그들을 중국 사람으로 착각했다—때문이었어요. ‘중국 사람들이 나타나서 우리 숲에서 나는 [송이]버섯을 어마어마한 값에 사겠다고 합니다. 너무 큰 금액이라 불안하기도 하고, 뭔가 잘못된 건 아닌지 의심스럽기도 합니다. 혹시 이게 어찌 된 일인지 좀 도와주실 수 없을까요?’ 이런 내용이었어요.” 오악사카 사람들이 어떻게 알고 그에게 접근했는지 물었더니 그가 답했다. “균류에 대해 연구한 사람 자체가 드물었어요. 그러니 스페인어를 할 줄 알면서 균류에 대해 잘 아는 사람이라면 또 누가 있었겠어요?”

이그나시오는 그 팩스를 대충 살펴보았다. "결국은 일본 사람들과의 거래가 정당한 거래인가가 문제였어요. 일본 사람들은 송이버섯이라면 사족을 못 쓰기 때문에 억만금을 주고라도 사려고 합니다…. 때에 따라서는 싱싱한 자연산 송이버섯 1파운드가 50달러 이상의 가격으로 거래가 되니까요. 반면에 오악사카 사람들에게 송이버섯은 먹지도 않는 음식이니, 그런 버섯을 그렇게 큰돈을 들여 사 간다는 게 이해할 수 없었던 거죠." 조금만 도와주면 금방 끝날 일이라고 생각했던 이그나시오는 일본 사람들과 거래해도 잘못될 게 전혀 없다는 답장을 보냈다. 그러자 그들이 또 물었다. "여기로 와서 이 사람들과의 협상을 좀 도와주실 수 없을까요?"

오악사카 사람들에게 왜 훌륭한 변호사가 아니라 과학자가 필요했는지는 아무도 정확히 모른다. 하지만 이그나시오는 이미 그들과 관계를 맺기 시작했다. 오악사카 사람들은 송이버섯을 기를 수 있는 방법이 없다는 걸—송이버섯은 숲에서 채취해야만 한다(때로는 나무 밑에 덮인 낙엽을 날려 버리기 위해 송풍기를 동원하는데, 이 기계가 숲의 표토층을 망가뜨린다고 한다)—알고 나서는 숲을 잘 관리할 필요성을 느꼈다. 몰래 송이버섯을 캐 가는 사람들도 있었기 때문에, 일본 사람들과의 거래를 유지하기 위해서는 숲을 순찰할 필요도 있었다. 그러다가 어느 시점부터는 송이버섯뿐만 아니라 다른 버섯들도 수입원이 될지도 모른다는 데에 생각이 미쳤다. 결국 오악사카 사람들은 숲에서 채취해야 하는 송이버섯 대신, 식용 굴과 실험실에서 재배할 수 있는 표고버섯으로 수입원을 대체하는 데 관심을 기울였다. 그들은 이그나시오에게 돈과 시간, 그리고 인력을 충분히 투자할 테니, 이런 것들을 재배할 수 있는 작은 실험실을 만들 수 있게 도와 달라고 했다. 이그나시오는 흔쾌히 동의했다. 오악사카의 버섯 사업은 이그나시오의 도움으로 엄청난 성공을 거두었고, 오악사카 사람들은 버섯 재배로 큰돈을 벌어들였다.

관계가 점점 돈독해지자, 오악사카 사람들은 이그나시오에게 유전자 이식 또는 GMO에 대해서 묻기 시작했다. "아마 1992년, 아니면 1993년쯤이었을 거예요. 굉장히 앞선 생각이었죠." 이그나시오는 이 아이디어가 당시로서는 단지 가설에 불과했을 뿐이었다고 인정한다. 대부분의 GMO 작물들(당시에는 주로 옥수수와 콩)은 미국에서 현장 실험을 진행 중이었다. "오악사카 사람들이 '그런 걸 할 수 있다니 아주 그럴듯하게 들리기는 합니다. 하지만 만약 미국 사람들이 옥수수에 돼지의 DNA*를 넣으면 어떻게 되는 건가요? 그리고 그런 옥수수하고 우리 옥수수하고 짝짓기를 하면 또 어떻게 되나요?'라고 하기에 그건 나도 모르겠다고 답했죠. 그랬더니 그 사람들이 그건 좀 불안하다고 하더군요. 그러면서, 그렇다면 미국의 GMO 옥수수하고 우리 옥수수를 어떻게 구분하느냐는 거예요. 그래서 대답했죠. '구분할 수 없을 겁니다. GMO 옥수수나 우리 옥수수나 아무런 차이가 없을 거거든요.' 그러자 오악사카 사람들이 말하더군요. 그렇다면 누군가가 나서서 우리 옥수수를 GMO 옥수수로부터 보호해 줘야 한다고."

이그나시오는 당시의 기억에 깊은 회의를 느끼는지, 허탈하게 웃었다. 그때에도 그는 오악사카의 농부들이 바라는 그런 보호는

* 오악사카의 농부들도 당시에 이미 인슐린에 대해 들어서 알고 있었다. 인슐린을 제조하기 위해서는 돼지의 재조합 DNA를 사용했으므로, 인슐린은 최초의 진정한 GMO라고 할 수 있었다.

가능하지 않을 것임을 알고 있었다고 했다. GMO를 만드는 회사는 물론 멕시코 정부도 오악사카의 농부들과 그들의 옥수수를 보호할 수 없었다는 것이다. 결과야 어떻게 되든, 오악사카의 농부들은 아무도 시도하지 않았던 일을 해 보기로 결정했다. GMO 감지 능력을 가진 자체 실험실을 자신들의 소중한 옥수수 밭에 만들겠다고 결정한 것이다. 이그나시오는 필요한 장비와 도구의 목록을 만들었고, 자신도 점점 오악사카 사람들이 하는 일에 빠져들었다. 그들의 질문 중 상당수가 그의 관심을 끌었기 때문이다.

오악사카 농부들과 이그나시오는 몇 년이나 이 일에 매진했다. 그러는 도중에 이그나시오와 로라는 버클리로 다시 자리를 옮겼고, 그는 그곳에서 일자리를 얻었다. 1997년, 오악사카 농부들의 새 실험실이 문을 열었다(장비와 도구는 대부분 국제적인 과학자 단체로부터 기증받은 것이었다). 그로부터 몇 년 후, 크리오요 옥수수에서 GMO DNA를 검출할 수 있었다. "2000년에 있었던 그 일이 내 인생을 송두리째 바꿔 놓았습니다. 하지만 사실 그 일은 내가 한 게 아니라 오악사카의 농부들이 한 것이었어요. 사람들이 나를 보고 '당신이 드디어 해냈군요'라고 말했을 때, 나는 단호히 답했습니다. '아닙니다. 내가 한 게 아닙니다. 나는 이 사람들이 실험실을 만들 수 있게 도왔을 뿐입니다. 물론 영어로 논문을 써서 〈네이처〉에 보낸 것은 나입니다. 하지만 이걸 발견한 사람들은 오악사카의 농부들입니다.' 나는 오악사카에서 GMO DNA를 발견한 게 누구냐 하는 논쟁을 끝내고 싶었어요."

이그나시오가 마지막으로 한 말이 사실과 다르지 않을까 하는 의심을 품기 시작한 것은 그의 논문이 〈네이처〉에 실리기까지의 더 깊은 배경 이야기, 그리고 그 논문을 둘러싼 후폭풍에 대해 들은 후였다. 어쩌면 나는 이 일을 판단할 위치에 있지 않을지도 모른다. 사람들 사이에서 복잡한 협상이 있었기 때문이다. 오악사카 사람들에게 토종 옥수수—크리오요—는 정체성의 중요한 일부와 같았으므로, 이 문제의 해결책을 원했다. 그러나 나는 유랑객이자 도덕적 결기가 충만한 과학자인 이그나시오가 스스로 어떤 어젠다를 가지고 이 문제에 발을 들여놓은 것이라는 생각을 지울 수 없었다. 이 문제는 이그나시오 자신도 속속들이 이해하고, 궁극적으로는 세상에 알리고 싶어 했던 일이다. 그렇지 않았다면, 이렇게 거대하고 정치적인 이해관계가 얽혀 있는 일에 그토록 많은 시간과 에너지는 물론 자신의 명성까지 투자할 수 있었겠는가?

언덕의 내리막길을 걸어 이제 가로등에 불이 켜진 버클리 캠퍼스로 돌아오다 보니, 하늘은 완전히 어두워져 있었다. 특별히 갈 곳을 정하지 않고 이리저리 배회하고 있었는데, 이따금씩 내 발이 앞으로 미끄러지거나 한쪽 발의 앞 끝이 다른 쪽 발의 뒤꿈치에 걸리기 일쑤였다. 루나가 어디서 긴 막대기를 물고 와서는 자꾸만 내 정강이를 건드렸기 때문이다. 루나를 보니 호퍼가 떠올랐다. 숲 속으로 산책을 가면 호퍼도 늘 그랬다.

풋볼 경기장이 한눈에 내려다보이는 높은 위치에 있어서, 학생들이 공짜로 풋볼 경기를 보곤 했다는 타이트워드 힐에서 잠시 멈추었다. 지금은 대학 본부에서 그 자리에 대포를 설치하고, 경기 중에 대포를 쏜다고 한다. 그 자리에서 다시 내리막길을 걷기 시작해 저녁 강의를 들으러 가거나, 기숙사로 돌아가거나, 학생 식당으로 향하는 수많은 학생들과 마주치면서 캠퍼스를 가로질렀다.

문득 나의 대학 시절, 대학 캠퍼스가 떠올랐다. 나는 대학 생활이 좋았다. 가끔은 내가 느슨하게 배낭을 메고 아무런 구속도 없이, 모든 가능성에 대해 마음을 열고 캠퍼스를 누비던 시절이 벌써 그토록 오랜 옛일이 되었다는 현실에 깜짝 놀라곤 한다. 할 수만 있다면 그 시절로 다시 돌아가고 싶다.

이그나시오와 나는 불 켜진 학생회관 옆에서 잠시 멈추었다. 그는 〈엘르〉에 실린 내 기사와 나의 질병에 대해서 말해 보자고 했다. 그는 이식 유전자의 일부분에 대해 내 몸이 특이한 민감성을 보이는 것이 분명해 보인다고 했다. 이그나시오는 나에게 노골적인 냉소가 아니라 호기심을 느끼는 것 같았다. 이런 시선은 처음이 아니었다. 나는 오랫동안 많은 사람들의 냉소를 받으며 살아왔다. 의사들, 친구들, 친척들, 심지어는 나 자신으로부터도. 아무도 그 원인을 명확히 짚어 낼 수 없는 병을 앓고 있으면, 이상하게도 "아픈 사람을 탓하는" 상황이 발생한다. 그 사람이 아픈 것은 그 사람의 정신 상태 때문이라고 생각하는 것이다. 이른바 '심신 상관성 증상 psychosomatic illness'이라는 것이다. 사람들이 그렇게 생각하는 것을 나는 이해한다. 나도 나 자신을 두고 그렇게 생각했으니까.

나의 경우에는, 문턱이 닳도록 병원을 드나들고, 뭔가 잘못된 게 분명하다고 호소하고, 제발 어떻게든 해 달라고 사정하면서 의사의 표정에서 이런 생각을 읽을 수 있었다. 의사의 어투, 내가 하는 말에 귀를 기울이기보다는 처방전을 쓰느라 바쁜 태도, 이제 내 얼굴을 보는 것도 지긋지긋하다는 듯한 인상…. 결국 의사는 이렇게 말했다. "환자분은 피곤하신 거예요. 집에 가셔서 푹 쉬고 다음 주에 다시 오세요." 그다음 주에도 여전히 피곤하고, 아프고, 온몸이 쑤시고 저려서 걸을 수도 없는 상황이 되어 찾아가면, 의사는 새로운 이론을 내놓았다. "항우울제를 처방해야 할 것 같네요."

"좋습니다." 항우울제도 먹어 보았다. 효과가 없었다. 통증과 피로는 더욱 심해졌다.

"항우울제는 끊어야겠군요." 의사가 말했다. 그다음에는 또 이렇게 제안했다. "갑상선을 다시 검사해야겠습니다." 그다음에는 또 이렇게 말했다. "다리에 코르티손 주사를 맞아야겠습니다." 또 그다음에는, "제가 생각하는 원인을 말해 볼까요? 누구나 매일 이 정도의 통증은 참고 살아갑니다. 환자분은 과도하게—**극심하게**—예민합니다. 신체적인 통증에 집중된 관심을 끊어야 할 필요가 있습니다."

의사의 진단은 나를 부끄럽고 창피하게 만들었다. **강해지자**, 나 자신에게 말했다.

그러나 정신 무장으로는 충분하지 않았다. 이런 식으로 **마음을 다잡는** 것만으로는 이길 수 없었다.

그러자 담당 의사는 마지못해 포틀랜드 인근 지역의 여러 전문가들에게 가 보라며 진료 의뢰서를 써 주었다. 그 당시의 진료 기록을 보면, 온갖 검사의 연속이었다. 부채꼴 모양의 명함꽂이를 돌돌 돌려 가며 명함을 찾는 것처럼 시간의 수레를 뒤로 돌리다 보면, 나이 많은 류머티즘 전문의였던 조지 모튼George Morton 박사에게서 잠시 그 수레가 멈춘다. 모튼 박사는 이제 은퇴했다. 그의 에너지 넘치는 건강한 얼굴이 떠오른다. 꼼꼼하게 뭔가를 적고, 깊은 관심을 가진 듯한 태도에, 너무나 자상했던 마음 씀씀이가 기억난다. 이 마음씨 좋은 노의사에게 나의 어리석고, 유치하고, 어찌 보면 유약함이 원인인 듯 보이는 문제들을 털어놓고 싶지 않아서, 내 이야기를 솔직하게 하지 않았었다. **책이나 영화나, 뭐 그런 다른 이야기나 해야겠다,** 하고 생각했다. 있는 그대로 말한다는 것이 부끄러웠고(있는 그대로 말한들, 그것이 나에 대해 무엇을 말해 준단 말인가?), 적당히 줄여서 말한다 해도 대수로울 게 뭐냐 싶었다.

진료 예약이 줄줄이 적힌 진료 기록들을 훑어보니, 갓 결혼한 커리어 우먼, 인생의 새로운 장을 열 준비를 이제 막 끝낸 한 여자가 타인들에게 어떻게 인식되고 있는지를 몰래 훔쳐보는 것 같아 마음이 불편했다. 어떤 진단서는 일상잡기 같은 내용으로 채워져 있었다. 마치 오랜 친구에게 이메일을 보내면서, 어쩌다 이상한 병에 걸린 한 여자의 이야기를 슬쩍 끼워 넣은 듯했다. 모든 박사의 진료 기록에는 약간 슬프고 절망적이기까지 한 톤으로 "명석하고 야심차며 외모도 준수하고 캐주얼하지만 단정한 옷차림의" 한 여성이 병에 걸렸다고 쓰여 있었다. 거의 모든 기록에서 빠지지 않은 내용이, 내가 신체적 증상의 정도를 "걱정"하거나 "두려워"하고 있으며 "낫기를 고대한다"라는 것이었다.

정말 낫고 싶었다. 그 문제에 대한 답이 나를 두렵게 하는 것일지라도 답을 알고 싶었다. 이그나시오와 나란히 타이트워드 힐에 섰을 때, 절실하게 누군가의 도움을 원하면서도 한편으로는 너무나 큰 수치심과 분노를 느꼈던 그 복잡한 감정이 새록새록 떠올랐다. 새로운 의사를 만날 때마다, 그 의사 앞에서 또다시 내 이야기를 반복해야 할 때마다, 그저 나에게 잠깐의 관심을 갖게 만드는 게 아니라 그들의 머릿속에 백만 불짜리 전구가 번쩍 켜지게 만들어서 나를 낫게 해 줄 치료법을 떠올리거나 특효약을 떠올리도록 내 이야기를 잘 전달할 방법이 없을까를 고민하는 것만으로도 피곤하고 힘들었다.

그날 밤 가로등 아래서, 이그나시오가 참을성 있게 내 이야기를 들으면서 내가 겪은 일들을 통해 그와 나 사이에서 본질적인 변화를 이끌어 내려고 애쓴다는 것을 알 수 있었다. 하지만 그의 동정은 원하지 않았다. 그리고 나에 대한 그의 회의적인 태도는 나로 하여금 그에게 존경심을 갖게 만들었다. 이그나시오는 반-GMO 진영에서 가장 활발히 활동하는 사람들 중 하나지만, 그의 과학적인 두뇌는 데이터와 패턴을 탐색하고 있다는 것을 느낄 수 있었다. 그는 비판 정신을 타고난 사람이었다. 자신에 대한 글을 쓰기 위해 거기까지 찾아간 내 앞에서도 예외는 없었다. 그게 바로 그가 정직하다는 증거라고 나는 생각했다.

나는 그냥 막연한 느낌으로만이 아니라 이 GMO 옥수수 이론을 누구라도 신뢰할 만한 기록으로 직접 증명하거나 반증할 길을 찾고 있었노라고 말했다. 그러자 그 말이 무슨 출발 신호라도 된 것처럼, 마치 기름기 잔뜩 머금은 오리 깃털에서 물방울이 미끄러져 떨어지듯이, 내 병에 대한 이야기는 다 털어 버리고 그는 자기 자신에 대해 말하기 시작했다. "나는 바퀴벌레 같은 사람이에요. 나는 어디서도, 무엇으로부터도 살아남을 수 있어요." 그가 나에 대해 어떻게 생각할까 하는 궁금증에 마침표가 찍히는 것 같았다.

이틀 후, 그의 연구실로 갔더니 아주 흥미롭기는 하지만, 그가 그전에 했던 말과는 반대인 듯한 이야기를 들려주었다. 이그나시오가 말하길 이 연구의 어시스턴트인 알리Ali가 어느 날 표본을 채집하러 GMO 옥수수 밭에 나갔었다고 한다. 옥수수 추수는 끝난 뒤였지만, 밭에는 옥수수가 남아 있었다. "알리는 그 밭에 있는 건 아무것도 만지거나 몸에 닿지 않게 하고 싶다는 듯 후드까지 쓰고는 마치 화학전이 벌어진 듯한 전장을 지나가듯이 걷고 있었어요. 바보 같은 행동이지만, 늘 그렇듯이 나는 옥수숫대를 집어 들었죠. 정말 싱싱하고 맛있어 보이는 옥수수였어요. 옥수수 하나를 집어서 몇 줄 씹어 보고 땅에다 내려놓은 뒤, 또 다른 것을 집어서 몇 줄 씹어 보고 땅에 내려놓고… 계속 그랬죠. 그랬더니 정말 내 몸이 아프더군요. 열이 펄펄 끓고 온몸이 아팠어요. 그냥 배탈이 난 게 아니었어요. 놀랍고 두려운 반응이었습니다. 진짜 내 몸이 구석구석, 끔찍하게 아팠어요. 온몸의 관절과 근육과 뼈가 모두…. 겁이 더럭 났습니다…."

거기서 내가 툭 끼어들었다. "바퀴벌레 같은 사람이라더니요?"

"그러게요. 나도 그 생각을 했어요." 이그나시오가 말했다.

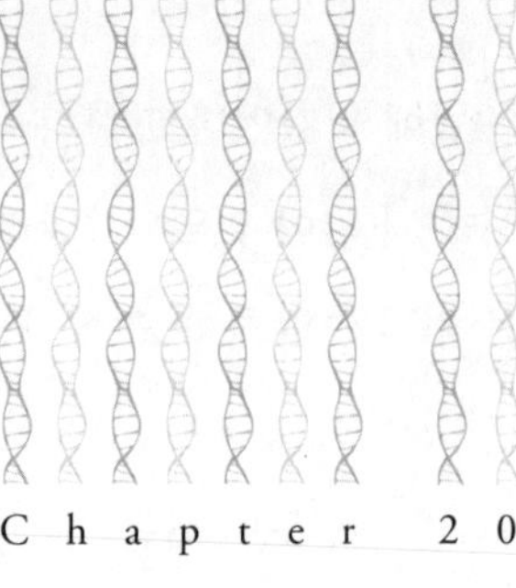

Chapter 20

다음 날 아침, 버클리 시티 클럽의 조용한 테이블에 앉아 아침 식사를 했다. 신선한 과일과 녹차, 그리고 집에서 가져온 메밀과 아마씨 시리얼을 먹었다. 이따금씩 창밖을 내다보면서, 평소 습관대로 전날 밤의 기억을 되살려서 이그나시오와 버클리 힐스를 걸으며 나누었던 이야기들을 생각나는 대로 모두 노란색 스프링 노트에 적었다. 그 후에는 운동화로 갈아 신고 캠퍼스 주변을 달렸다. 점심 무렵 이그나시오를 만나기 전, 정신을 맑게 해야겠다는 생각이었다.

밖을 나서니 이미 햇살이 따가웠다. 캠퍼스 안의 언덕을 달려 올라가는데, 마스든을 임신했을 때 남부 캘리포니아에서 맡았던 그 냄새가 느껴졌다. 재스민 꽃이 살짝 썩은 냄새에 유칼립투스 나무의 항박테리아 물질 냄새, 그리고 이상하게 자극적인 악취가 섞인 캘리포니아의 흙냄새였다. 그 교묘한 조합이 내 속을 울렁거리게 했다. 마스든을 임신 중이었을 때, 나는 메인주의 깨끗한 냄새가 너무나 그리웠다. 바닷바람과 소나무, 라일락, 은방울꽃, 그리고 짙은 색의 비옥한 흙냄새.

하지만 그날 캘리포니아의 악취는 너무나 역해서, 순간적으로 내가 둘째 아이를 임신한 게 아닐까 하는 생각이 들었다. 댄과 나는 일주일쯤 전부터 '시도'를 해 왔다. 마스든을 낳은 후 5년 동안 할까 말까, 주저주저하면서 미뤄 왔던 선택이었다. 우리가 정말 둘째 아이를 원하는 걸까? 지구의 현재 상황을 고려할 때 아이를 하나 더 낳는 게 과연 현명한 선택일까? 환경주의자(또는 나르시시스트) 부부가 환경의 소비자가 이미 넘치게 많아 휘청거리는 지구에 또 한 명의 백인 중산층 아이를 더하는 건 옳은 일인가? 또 한 명의 아이를 갖기에 우리는 이미 너무 피곤하고 너무 늙고 너무 가난한 건 아닐까?

하지만 크리스마스가 지나면서 댄은 둘째를 가져야겠다고 결심했다. 생각해 보면 우리 가족은 너무 단출했다. 댄은 시댁 식구들과 거의 왕래가 없었고, 친정 쪽으로도 마스든은 유일한 손주였다. 아마도 모든 사람들이 엄연한 경고의 징조에도 불구하고 아이를 더 갖겠다고 결심하는 배경에는 이런 욕구들이 있으리라. 하지만 정말 확실하게 마음을 먹기까지는 또 한 달이 걸렸다. 2월에 들어서면서 내가 둘째를 갖겠다는 결정을 내리자 이번에는 댄이 망설였다. 그러다가 3월에 드디어 우리는 결정을 내렸다. "어차피 시간이 필요한 일이야. 그러니까 우선 '도전'해 보고 기다리자고."

한 달 중에서 가장 적당한 시기(이 '적당한 시기'라는 것이 나에게는 언제나 애매했다)에, 그러니까 버지니아로 일주일짜리 강의를 하러 떠나기 직전에 우리 부부는 '도전'을 감행했다. 그로부터 열흘 후, 나는 캘리포니아의 버클리 캠퍼스에서 달리기를 하고 있었다. 코를 찌르는 캘리포니아의 흙냄새와 나를 질리게 만드는 재스민 냄새, 그리고 시큼한 유칼립투스 냄새 때문에 나는 결국 길가에 쭈그리고 앉았다. 그리고 어쩌면 임신일지도 모르겠다고 생각했다. 댄에게 전화를 걸어 내 생각을 알렸다. 댄은 큰 소리로 웃으며 확실하냐고, 임신이라는 게 원래 그렇게 쉬운 거였냐고 물었다(불쌍한 댄은 두 아이 모두 단 한 번의 '도전'으로 얻었다). 나는 확실한 것 같다고 답했다. 임신했을 때의 느낌과 비슷한 느낌은 어디에도 없다. 로데오 경기에 참가하고 있는 것이 아니라면. 호텔로 돌아가 수영복으로 갈아입었다. 캘리포니아 자연의 냄새를 맡고 있는 것보다 호텔에서 수영을 하는 것이 차라리 나을 듯했다. 캘리포니아의 수영장에서 수영을 하면서, 2010년에 메인의 바닷가에서 즐겼던 짠물 수영을 떠올렸다. 그때는 내 몸의 증상이 최악의 상태에 있었다.

아픈 몸에도 불구하고—어쩌면 아프기 때문이었는지도 모르지만—그해 여름에 댄과 나는 일을 적절히 조절해서 매일 오전 마스든과 호퍼를 데리고 포틀랜드 해변의 작은 주립 공원인 맥워스 아일랜드로 산책과 수영을 하러 갔다. 끝이 나지 않을 것 같은 여름이었다(혈액 검사에서 나타난 비타민 D 수치가 혈액 1밀리미터당 50나노그램까지 올라갔다. 몸은 무척 아픈 상태였는데도 비타민 D 수치만은 생애 최고점을 찍었다). 매일 아침의 바닷가 산책과 수영이라는 계획은 내가 늘 꿈꾸던 행복 그 자체였다. 천국이 따로 없었다. 맥워스 아일랜드는 둘레가 고작 2킬로미터밖에 안 되는 작은 섬이어서, 댄과 나는 바다가 땅을 조금씩 조금씩 깎아 내 육지 쪽으로 반달 모양을 이루며 움푹 들어간 해변 이쪽 끝부터 저쪽 끝까지 수영으로 왕복했다.

겨우 한 살 반이던 마스든을 유모차에 태워 해변에 도착하면, 엄마 아빠가 교대로 수영을 하는 사이에 아이는 땅바닥에 통통한 엉덩이를 깔고 앉아 작은 돌멩이로 홍합 껍데기를 부수고는 평평한 사암 위에 흩어진 푸르스름한 진줏빛 가루를 신기하다는 듯 들여다보곤 했다. 호퍼는 수영을 즐기는 우리와 마스든 사이를 오가며 양쪽 모두를 돌보았다. 막대기 하나를 입에 물고 내 주변을 돌며 수영을 하고는 물을 뚝뚝 흘리며 다가가서 홍합 껍데기를 부수는 마스든을 지켜보았다.

매일 오전, 수영과 산책이 끝날 즈음이면 나는 온몸이 뻣뻣하게 굳어 아흔 살 먹은 노파처럼 움직였다. 정말 독특한 패턴이었다. 이른 아침 눈을 뜰 땐 좀 피곤해도 그럭저럭 견딜 만했다. 댄은 내가 원하는 만큼 침대에서 쉬게 해 주었다. 그러다가 시간이 좀 흐르면 내 몸이 모든 빗장을 걸어 잠그는 것 같았다. 내 몸의 나사라는 나사는 모두 단단하게 조여져서, 오후가 되면 통증과 피로를 견디지 못하고 소파 위에 드러누워야 했다.

그래도 우리는 미사를 드리러 가는 가톨릭 신자들처럼 경건하게 맥워스 아일랜드로 갔다. 태양과 물은 마치 우리에게 필요한 예식 같았고, 단 한두 시간이라도 투명한 햇살 아래서 두려움을 미뤄 둘 수 있는 잠재의식의 휴식 같았다.

7월 어느 날, 맑고 차가운 바닷물에 발을 담그고 서서 주변에서 황금 갈색으로 일렁이며 춤을 추는 수초들을 내려다보고 있었다. 그날은 수영을 할 만큼의 기운이 나지 않았다. 하늘을 올려다보며, 어딘가에 있을 누군가에게 기도했다. "바다의 신이든 여름의 신이든 태양의 신이든, 무슨 신이든 좋으니 제발 이 병을 좀 거둬 가 주세요." 그리고 물속으로 뛰어들었다. 한 마리 물개처럼 다시 물 밖으로 나왔을 때는 마술처럼 모든 것이 깨끗하게 씻겨 나갔기를 바랐다.

숨을 더 참지 못하고 물 밖으로 나왔을 때, 내 몸은 그전과 똑같았다. 여전히 아프고 피곤했다.

그때, 낯선 젊은 여자가 금발 머리 아들 둘을 데리고 바닷가에 나타났다. 물에 발을 담그고 서서, 부러운 눈길로 나를 바라보았다. "수영복을 갖고 올 걸 그랬네요." 건강하고, 행복하고, 강인한 모습이었다.

"속옷만 입고 들어오세요. 저랑 둘뿐이잖아요. 제가 아드님들 돌봐 드릴게요. 정말 기분 좋아요." 여자는 선뜻 내키지 않는 얼굴이었다. "정말이에요. 너무 좋아요. 우리 가족은 매일 아침 오거든요. 저는 바닷물 맛을 보지 않으면 온전한 하루를 보낼 수가 없어요. 사람 사는 인생, 한 번뿐이잖아요?"

그러자 여자는 내 충고를 따랐다. 셔츠와 반바지를 벗고, 속옷 차림으로 바다에 뛰어들었다. 두 아들은 부끄러운 듯 내 옆에 서 있었다.

물 밖으로 나온 그녀는 몸에서 물기를 털어 내며 물었다. "정말 매일 이렇게 오세요?"

"그럼요."

마음속으로 생각했다. 댁이 내 사정을 안다면…. 여기 발을 담그고 서서 내 남편과 내 아들이 조개껍데기를 부수고 있는 바닷가를 돌아다보면, 내 가족과 나 사이에 있는 이 작은 만이 얼마나 멀게 느껴지는지 모른답니다. 내가 이미 죽은 사람인 것처럼….

캘리포니아에서의 그날 아침, 이제는 상황이 달라졌다는 것이 너무나 행복하게 느껴졌다. 나는 죽지 않았다. 몸이 아프던 시절에는 두 번 다시 아이를 가질 수 없을 줄 알았는데, 두 번째 임신에 성공한 것 같다는 행복한 예감 속에서, 길고 푸른 수영장을 왕복하며 강인하고 유연한 몸이 된 기분이었다. 메인주의 바닷가에서 내가 수영을 권했던 그 여자처럼, 내 두 아이들을 데리고 맥워스 아일랜드를 거니는 모습을 상상했다. 이게 정말 꿈이 아니고 현실일까 싶을 정도로 행복했다.

행복하고 감사한 마음으로 수영장을 나와 물기를 닦았다. 객실로 돌아가 샤워를 한 후, 옷을 갈아입고 이그나시오와의 점심 약속을 위해 객실을 나섰다.

이그나시오는 아래층에 있는 호텔 레스토랑에서 나를 기다렸다. 내가 그 호텔에 도착한 날, 시스코Sysco 푸드 트럭이 호텔 문 앞에서 식재료를 내리고 있는 것을 내 눈으로 봤는데, 메뉴 중 일부에는 '인근에서 생산된 유기농 재료'라고 쓰여 있었다. 레스토랑 안이 너무 소란스러워서, 우리는 구석진 자리로 가 간단히 주문을 했다. 이그나시오에게는 시저 샐러드가 사각 접시에 담겨져 나왔다. 양상추가 마야 사원의 피라미드처럼 쌓여 있었다. 나는 빵을 뺀 유기농 버거와 사이드 샐러드를 주문했다. 빵이나 롤, 피자 도우에는 옥수수가 들어갈 뿐만 아니라 구운 식품에는 첨가제나 보존제가 들어가기 때문에 빵 종류는 시키지 않았다. 극심한 역류성 식도염으로 고생한 후로 2013년부터는 글루텐을 완전히 끊었다. 당시의 내 주치의는 역류성 식도염 증상을 가진 모든 환자들에게 글루텐을 끊게 했다. 의사의 처방은 효과가 있었다. 하지만 커피 또는 차를 마시거나 스트레스를 받으면 역류성 식도염이 다시 찾아왔다.

점심을 먹으면서 이그나시오로부터 오악사카에 만든 실험실에서부터 〈네이처〉에 논문이 실리기까지의 과정을 듣고 싶었다. 그 두 사건 사이의 실제 과정은 어떠했으며, 어쩌다가 지난 20년 동안 GMO 논쟁에 휘말리게 되었는지 물었다.

2000년에, 그는 오악사카 산속의 실험실에서 데이비드 퀴스트 David Quist라는 대학원생의 도움으로 "오악사카 지방의 옥수수 품종에 이식 유전자 DNA가 있다"라는 사실을 발견했다. "오악사카 지방의 옥수수 품종"이라고 에둘러 말했지만, 사실 멕시코 사람들이 수천 년 동안 재배해 온 토종 옥수수를 얘기하는 것이었다. 그 사실이 이그나시오가 의미를 두는 만큼 오악사카 사람들에게도 큰 의미를 갖는 것인지 물었다. "그 사실이 **그 농부들**에게는 어떤 의미였나요?"

"아주 중요한 질문이군요. 아시는지 모르겠지만, 멕시코 농부들에게는 옥수수가 바로 그들 자신입니다…. 농부가 옥수수고, 옥수수가 농부죠…. 그러니 [그들의 옥수수에] 이식 유전자가 들어 있다고 말하는 건, 어느 날 아침에 내가 과학자라는 것을 광고라도 하듯이 실험 가운을 차려입고 그들의 집에 쳐들어가서, '당신들이 잠든 사이에 당신들이 싫어하는 곳, 이를테면 미국에서 온 어떤 사람들이 당신의 몸 안에 들어가 살기 시작했습니다'라고 말하는 것과 같습니다. 농부들은 이렇게 답하겠죠. '난 아무것도 못 봤는데요. 아무 느낌도 없었고. 그런데 대체 그게 무슨 소리랍니까?' 나는 또 이렇게 말합니다. '더는 할 말이 없습니다. 전할 말을 전했으니, 그럼 이만….' 그러면 농부들은 또 말할 겁니다. '그럼 이제 어떻게 되는 겁니까?' '나도 모릅니다. 아는 게 없어요.' '그럼 이걸 어떻게 없앱니까?' '모릅니다.' '내 몸 안에 몇이나 있습니까?' '모릅니다. 나도 모릅니다. 그럼 이만.' 내가 그들에게 한 이야기가 결국 이런 것이었어요. 참 황당하죠."

작가, 이야기꾼인 나에게 이그나시오의 이야기는 새로운 발견이었다. 바로 코앞에 있지만, 눈에는 보이지 않는 어떤 것에 대한 무지, 순진함에서 오는 무지는 인간적으로 매우 큰 고통이라는 생각이 들었기 때문이다. 그것이 이번 이슈의 핵심이었다. 그날 오후, 이그나시오의 이야기를 들으며 알게 되었다. GMO는 보이지 않는 존재라는 것을. 우리 눈에는 보이지 않고 우리 코로는 냄새 맡을 수도 없는 것을 우리 손으로 만들고, 기르고, 먹고 있다. 그것들은 우리 눈과 코에 지각되지 않을 뿐만 아니라 새와 사슴, 나비*와 너구리의 눈과 코에도 지각되지 않는다. 뿐만 아니라 그것들은 정상적인 non-GMO 품종들과 똑같은 모양, 똑같은 냄새를 가지고 있으며, 믿을 만하다고 여겨지는 관리자들도 우리에게 그 두 가지, GMO와 non-GMO 사이에는 아무런 차이가 없다고 말한다. 메인주 하원의원 첼리 핀그리는, "옥수수는 옥수수처럼 생겼죠"라고 말

* 나비도 냄새를 맡을 수 있다. 나비의 후각은 인간보다 훨씬 더 예민하다!

했다. 하지만 의문은 여전히 가시지 않는다. 모든 옥수수가 정말로 똑같을까? GMO 때문에 발생한, 의도치 않았던 부작용이 정말로, 눈에도 보이는 그런 부작용이 있을 수 있지 않을까? GMO를 먹은 우리의 몸에. GMO를 기른 땅에. 이 지구상에서 우리와 사는 다른 생명체들에게.

이그나시오가 가교의 역할을 했던 오악사카 농부들에게 이것이 어떤 의미였는지를 이해하기 위해서는 옥수수에 대한 공부도 필요하지만 옥수수가 멕시코 사람들의 정체성에 어떤 의미를 갖고 있는지도 알아야겠다는 생각이 들었다. 호텔 객실에서 인터넷 서핑을 한 결과, 옥수수를 가장 먼저 식량으로 삼은 사람들은 중앙아메리카 사람들이었다는 것을 알게 되었다. 지금의 멕시코 땅에서 기원전 5000년경부터 옥수수를 기르기 시작했다. 1492년 크리스토퍼 콜럼버스Christopher Columbus가 옥수수를 '발견'해 스페인으로 가져가서 이사벨라 여왕에게 진상하며, 완두콩처럼 생긴 흰 옥수수 알갱이를 갈아서 음식으로 만드는 방법을 보여 주었다. 스페인 궁정은 옥수수에 큰 관심을 보였다.

그 후, 옥수수는 스페인에서 시작해 유럽 전역은 물론 아프리카까지 퍼져 나갔다. 북아메리카에서는 멕시코에서 미국과 캐나다로 건너가 아메리카 원주민들의 손에 재배되었으며, 나중에는 청교도들도 아메리카 원주민들에게서 옥수수 재배법을 배웠다(청교도들의 첫 추수감사절 식탁에 옥수수가 차려졌음은 물론이다). 세계 곳곳으로 퍼져 나가는 동안, 옥수수는 대량 수확이 가능한 식량으로 인식됐다. 다른 많은 나라들에서도 옥수수는 중요한 곡물로 자리잡았지만, 특히나 멕시코 사람들은 여전히 옥수수를 자신들이 가진 고유한 정체성의 일부로 받아들이고 있다. 오늘날에도 많은 멕시코 사람들이 자신을 일컬어 '콘 피플corn people'이라 한다. 《잡식동물의 딜레마》를 쓴 마이클 폴란은, "이 표현은 은유가 아니다. 오히려 이 기적의 식물에 오래도록 의존해 왔음을 인정한다는 뜻이다. 옥수수는 거의 9000년의 세월 동안 그들의 주식이었다. 멕시코인들이 매일 섭취하는 칼로리의 40퍼센트는 옥수수로부터 직접 얻는다. 그들은 대개 옥수수로 토르티야를 만들어 먹는다. 따라서 멕시코 사람들이 '나는 옥수수다'라든가 '걸어 다니는 옥수수'라고 말할 때, 그것은 사실을 말하는 것일 뿐이다. 멕시코 사람들의 몸을 이루고 있는 물질은 상당 부분 옥수수로부터 만들어진 것이다." (애런 울프의 다큐멘터리 〈킹 콘〉에서 알 수 있듯이, 멕시코 사람들의 몸에서 발견되는 섬유는 실제로도 옥수수로 이루어져 있다. 이 다큐멘터리를 보면, 미국 사람들의 머리카락에서도 옥수수 단백질이 발견된다. 우리는 그만큼 옥수수를 많이 먹고 있는 것이다!)

멕시코의 농부들은 종종 (20에이커 이하) 작은 면적의 밭에서 옥수수를 재배하는데, 이런 소규모 자작농들이 생산하는 옥수수의 양은 멕시코 전체에서 생산되는 옥수수의 3분의 2를 차지한다. 이들이 재배하는 옥수수는 대부분 조상 대대로 물려받은 품종들이다. 사실 오늘날에도 59개 품종의 옥수수가 풍부하게 재배되고 있으며, 이 옥수수들은 농부들의 종자 보존 방식과 자기 밭에 가장 적합한 품종을 만들기 위해 서로 다른 품종끼리 교배해 온 기술 덕분에 잘 보존되고 있다. 피터 캔비Peter Canby는 〈네이션〉에 쓴 기사에서, 멕시코의 옥수수는 "수천 년 동안 토착 농민들에 의해 고산 지대에 어울리는 품종, 조생종과 만생종, 가뭄에 강한 품종과 비에 강한 품종, 특별한 음식에 적합한 품종과 주술 의식에 쓰이는 품종 등 각 지역의 특성과 용도에 맞도록 개발되어 왔다"라고 했다.

캔비가 "옥수수 작물의 미래를 위한 핵심"이라고 쓴, 옥수수와 얽힌 길고 전통적인 역사 때문에 1998년 당시 멕시코의 공식적인 입장은 멕시코 영토 안에서 GMO 옥수수의 재배는 허용하지 않는다는 것이었다. 멕시코 농부들은 자국에서 필요로 하는 옥수수의 최소한 80퍼센트를 직접 생산할 수 있었기 때문이다. (옥수수는 오랜 세월 멕시코 사람들에게 '비타민 T'—토르타, 토스타다, 타코, 타말레, 토르티야—라고 불려 왔다.) 2003년, 멕시코는 생물다양성 보존 협약Convention on Biological Diversity에 따른 카르타헤나 의정서Cartagena Protocol에 서명했다. 이 의정서는 GMO 오염으로부터 생물다양성을 지키자는 목적으로 여러 나라들(주로 유럽 국가들)이 서명했다. 카르타헤나 의정서는 몇몇 국가에게 GMO 상품뿐만 아니라 GMO 작물의 재배도 금지할 수 있게 했다.

그러나 1990년대에는 멕시코가 1993년에 서명한 NAFTANorth American Free Trade Agreement[6]와 식품의 세계화 때문에, 유럽과 일본 시장에서는 사람이 소비하는 것이 금지된 미국의 GMO 옥수수가 가축 사료용으로 멕시코에 수입되었으며, 미국에서 식용으로 소비되는 토르티야를 제조해 미국으로 다시 수출하기 위한 식품 재료용으로도 들어왔다. 멕시코 과학자 에제키엘 에즈쿠라Exequiel Ezcurra 박사(멕시코판 EPA인 멕시코 생태 연구소의 소장으로 임명되었다)와 다른 많은 과학자들은 NAFTA가 출현하자 멕시코 옥수수의 미래에 대해 걱정하게 되었다.

에제키엘은 어느 날 오후 전화 통화에서 말했다. 그의 목소리는 깊고 울림이 컸다. 그들은 두 가지를 걱정하고 있다고 했다. 첫째는 미국이 옥수수 재배에 주는 보조금이 멕시코 농부들에게는 불리하게 작용하리라는 것이었다. 멕시코는 옥수수 재배에 아무런 보조금도 주지 않기 때문에, 멕시코 농부들이 재배한 옥수수가 시장에서 불리한 위치에 놓일 것은 뻔했다. 또한 멕시코 정부는 GMO 작물의 재배를 금지했지만, 멕시코 토종 옥수수가 미국에서 재배되고 있는 GMO 작물에 의해 오염될 수도 있다고 보았다. 에제키엘과 다른 과학자들은 오염이 일어나지 않도록 국경 지역의 모든 미국 옥수수들을 제거해야 한다고 촉구했다.

그들의 걱정은 괜한 것이 아니었음이 드러났다. 이그나시오의 연구가 보여 줬듯이, 오염은 실제로 일어났다. 이그나시오, 에제키엘과 다른 과학자들이 추정하는 오염의 경로는 멕시코 정부가 애초에 가축 사료용으로 수입했다가 농부들이 사는 지역에 원조 식품으로 유통시킨 미국 옥수수였다. 이그나시오는 멕시코 사람들, 그리고 이 경우에는 아마도 멕시코 정부까지 동물 사료용과 식용 곡물 사이의 차이를 크게 인식하지 못했으며, 따라서 식용으로 재배하는 것도 차이가 없다고 보았을 것이라고 말했다. "이곳 사람들에게 종자와 낟알은 차이가 없어요. 종자나 낟알이나 다 똑같은 거죠." 이그나시오가 말했다.

이것이 중요한 이유는, 이그나시오가 오염 사실을 발견했던 때와 시기가 일치하는 2000년에 미국에서 커다란 논쟁이 벌어졌기 때문이다. 당시에 아벤티스 크롭사이언스Aventis CropScience(현재의 바이엘 사)가 개발해 동물 사료용으로만 제한적으로 EPA의 승인을 받은 스타링크 옥수수가 300종류 이상의 식용 제품(타코와 토르티야

등)을 오염시킨 것이 밝혀졌다. 스타링크 옥수수는 살충 결정 단백질인 Cry9C의 유전자를 조작한 품종이었다. Cry9C는 살충 성분 Bt에서 만들어지는데, 위산에 영향을 받지 않아서 장에서도 그대로 통과한다. 모든 살충 결정 단백질과 마찬가지로, 이 단백질도 수준 이하의 시험관 위산 테스트를 거쳤다. 그러나 시험관 위산 테스트로는 실제 위산에 대한 반응을 제대로 시뮬레이션할 수 없다는 것이 다수의 주장이다. 특히 프릴로섹 같은 양성자 펌프 저해제를 과용했을 경우 더욱더 그러하다. 그러나 Cry9C는 시험관 위산 테스트조차 통과하지 못했다. 테스트 성적이 너무나 형편없어서 FDA는 이를 동물 사료용으로만 허가했다. 그런데 어찌 된 일인지 미국에서 여러 사람들이 Cry9C 단백질, 또는 Bt로 인해 병을 얻은 케이스가 보고되었다. 타코벨Taco Bell 사의 타코와 다른 식품들은 제품을 리콜했고, FDA는 할 일을 제대로 못 했다는 비난을 피할 수 없었다.*

〈엘르〉 기사를 쓰기 위해 인터뷰했던 신시내티의 알레르기 전문의 아말 아사드Amal Assa'ad 박사(그녀의 병원은 사이먼 호건의 사무실에서 회색의 기다란 병원 복도를 걸어 5분 거리에 있다)는 스타링크 옥수수에 큰 의미를 둘 필요는 없다고 생각한다고 말했다. 아사드 박사는 매끄럽고 아름다운 피부와 숱 많은 검은 머리칼을 가진 여의사였다. 이집트에서 의학박사 학위를 받은 후 미국으로 건너온 이민자였는데, 고국에서 목격한 기아 때문에 꽤 오래전부터 GMO에 관심을 갖고 있었다. (그녀는 아프리카 여러 나라에서 일반적으로 GMO 곡물을 거부하는 것에 실망했다고 말했다. 그녀가

* 아벤티스는 이 위기에 대응하기 위해 컨설팅 회사인 엑스포넌트(Exponent)를 고용했다. 일설에 따르면, 엑스포넌트는 엑손 사의 엑슨 발데즈호 원유 유출, 월드 트레이드 타워 붕괴, 우주 왕복선 챌린저호 공중 폭발 등의 재난 사고를 처리했다고 한다.

보기에는 전혀 합리적이지 못한 선택이었다.) 아사드 박사는 FDA가 스타링크 옥수수 때문에 아팠던 적이 있다는 사람들이 시식 대회에 참가하는 것을 허락하지 않을 것이라는 방침을 정했을 때, 신시내티에서 치러지는 시식 대회를 진행한 팀의 일원이었다고 말했다. 박사는 처음 발병한 지 2년이 지나서야 자신의 병원에 입원했던 한 환자에 대해 이야기했다. "신시내티에서 이른바 시식 대회라고 부르는 경기를 진행했어요. [스타링크] 옥수수를 애플소스와 함께 내놓았습니다. 어느 날, 이 남자가 나타나서 적정한 양을 먹었습니다. 토르티야로 한 끼를 먹는다고 했을 때 섭취할 정도의 양이었어요. 그 남자 말이 토르티야를 먹고 여러 번 증상이 나타났다고 했거든요. 첫날에도, 둘째 날, 셋째 날에도 증상은 나타나지 않았습니다. 아무런 증상도 없었어요. 그 시식 대회는 이 사람이 알레르기를 가지고 있다는 확실한 증거가 될 만한 유일한 기회였어요. 우리는 피부 테스트를 해 보았습니다. 결과는 모두 음성이었어요."* 아사드 박사의 관점에서는 옥수수가 필요 이상으로 "비방을 당하고" 있었다. 호산성 질환의 원인으로 "옥수수가 중요한 요인 중의 하나"라고 간주되어 왔다는 점은 박사도 인정했다. 호산성 질환이란 호산구라 불리는 백혈구가 체내에서 필요 이상으로 많이 만들어져서 조직을 공격하면서 나타나는 알레르기 질환(내가 겪고 있던 증상에 대한 맨스먼 박사의 진단)이다.** 그러나 그녀는 호산성 질환

* 내가 조사한 바로는, 첫 번째 증상이 나타난 시점으로부터 2년이라는 시간이 흘렀다면 이는 환자의 민감성이 희석되기에 충분한 시간이다. 그러나 나는 이 내용을 아사드 박사에게 말하지 않았다. GMO에 오염된 타코를 먹고 실제로 그 사람이 말한 정도의 증상을 겪었을 수 있다는 가능성을 아사드 박사는 인정하지 않았다.

** 또 다른 알레르기 전문가는 호산성 식도염(식도 안의 호산구가 증가하여 발생하는 알레르기 증상)을 갖고 있는 많은 사람들이 옥수수 알레르기 검사에서 양성 반응을 보인다고 말했다. 만약 옥수수를 식단에서 제외하면, 모든 호산성 식도염 증상이 개선되는 것으로 보인다고 했다.

이 옥수수 때문에 일어날 가능성을 믿지는 않는다고 했다. 의사로서 땅콩, 달걀, 우유 등에 알레르기를 가진 환자들을 많이 진료했지만 "한 가지 원인 물질, 이를테면 땅콩에 알레르기를 가진 환자들에게서 나타나는 증상은 두드러기, 입술 부종, 눈 부종, 구토, 저혈압, 아나필락시스 등 다양합니다. 옥수수의 경우에는 매우 드물게 나타나죠. 옥수수 알레르기를 가진 환자는 매우 드뭅니다"라고 했다. GMO 옥수수에 들어 있는 GMO 부분, 즉 내재된 농약 성분, 또는 DNA 삽입으로 만든 단백질인 Bt 등이 정말로 사람의 몸 안에서 무언가를 교란할 수 있다고 생각하지는 않는지를 재차 따지고 들어가자 아사드 박사는 이렇게 답했다. "화학물질들이 어쨌다는 건가요? 우리가 화학물질들을 두려워하는 건 그게 사람들이 만든 것이기 때문이죠. 그렇죠? Bt도 화학물질 맞습니다. 하지만 우리에게 도움이 되는 화학물질도 굉장히 많습니다." 여기서 한발 더 나아가 이렇게 말하기도 했다. "꼭 필요하거나 안전한 수준보다 많은 양의 농약을 사용한 사람들 때문에 옥수수가 농약에 내성을 갖게 된 것은 옥수수의 잘못이 아니죠. 그건 전혀 다른 이야기라고 생각합니다. 이 부분은 생산자들이 관리할 필요가 있습니다. 농약은 그 자체에 대해서 연구할 필요가 있어요. 이건 마치, 사방에 음식이 있고, 다 맛있는 음식이지만, 아이에게 필요한 양 이상을 먹이면 아이가 비만아가 될 수밖에 없는 것과 마찬가지예요. 그게 음식 탓인가요, 아니면 너무 많이 먹인 부모 탓일까요. 그것도 아니면 밥그릇이 큰 아이 탓일까요? 이건 전혀 다른 이야기입니다."

GMO 토마토 과학자인 벨린다 마티노는, 스타링크 옥수수가 알레르기 증상을 보인 사람들에게 진짜로 문제였든 아니든, 아벤티스는 자사의 제품을 시장에서 철수시켰고, 미국 옥수수 생산량 중에서 스타링크 옥수수가 더는 문제가 될 염려가 없을 정도로 현저히 낮은 비율이 될 때까지 7년 동안 EPA와 USDA가 감시를 했다고 말했다. "스타링크의 상업적인 옥수수 작물 찌꺼기를 시장에서 제거하기까지 그렇게 긴 세월이 필요했습니다. 하지만 7년의 노력으로 스타링크의 흔적을 완전히 없앴다는 뜻은 아닙니다. 다만 더는 걱정하지 않아도 좋을 만큼 그 양을 줄였다는 것뿐입니다. 그러니까 스타링크가 어디서든 다시 나타난다면, 스타링크는 여전히 존재하는 것이죠. 스타링크가 어떤 점에서 다른지 아세요? 실험실에서 그 옥수수를 어떻게 처리했는지, 왜 어떤 사람은 알레르기를 일으키고 또 다른 사람은 멀쩡한지 그 이유를 밝히는 연구가 있어야 했습니다. 하지만 그런 연구는 없었어요. '저건 골칫덩어리야. 그냥 던져 버리고 다시는 돌아보지 않을래' 하고 방치한 겁니다. 심지어는 [릭 굿맨의] 데이터베이스에 등록조차 하지 않았어요."

이그나시오는 스타링크 사건과 멕시코에서 벌어진 일들을 별개의 사건으로 볼 수는 없다고 주장한다. "미국은 이식 유전자가 넘쳐나는 품질 나쁜 옥수수를 [동물용 사료로 포장해서 멕시코에] 갖다 버렸습니다…. 그러고는 멕시코 정부를 움직여 그 옥수수를 가장 외진 산간벽지에 풀어놓게 만들었어요…. 법적으로 멕시코 국경 안 어디서도 이식 유전자를 가진 생물은 있을 수 없습니다…. [정부가] 이중 플레이를 한 거죠. '이 옥수수는 [동물] 사료용으로 배포하는 거지 심으라고 주는 건 아니니까…' 이런 식으로 말입니다. 하지만… 그 옥수수를 심으면 안 된다고 말해 준 사람이 있기나 했을까요?"

드디어 이그나시오는 작지만 멋지게 쌓아 올린 샐러드를 다 먹었고, 나는 유기농 버거를 다 먹었다. 식사를 하는 동안 이그나시오는 아주 조용했고, 결벽증이 아닌가 싶을 정도로 깔끔했다. 임신인지 아닌지 아직 확실치는 않았지만 나는 게걸스럽게 먹어 치웠다. 자존심 따위는 접어 두고 커피와 디저트를 주문해야겠다고 했다. 이그나시오도 그러자고 했다. 나는 바닐라와 카라카라 오렌지 크림 캐러멜을, 이그나시오는 오렌지 마멀레이드 케이크를 주문했다.

디저트—내 것은 실크처럼 부드러웠고 말로 표현할 수 없을 만큼 맛있었다—를 먹으면서, 옥수수가 오염되었다는 사실을 알았을 때 얼마나 난리가 났었는지를 이그나시오가 말해 줬다. "사람들이 다들 한마디씩 했어요. '어쩐지… 우리 동네 개들이 다 죽더라니….' '사람들이 자꾸 이가 빠지더니, 바로 이것 때문이었어!'" 사람들의 주장은 황당무계했지만, 그는 뭔가 해결책을 내놓아야 할 책임을 느꼈다. 하지만 그가 할 수 있는 것은 없었다. "아무런 해결책도 없이 그저 사실만 전달한다는 건 윤리적으로 옳지 못한 일 같았어요."

사람들의 반응은 그들이 알게 된 사실이 어떤 결과를 몰고 올지를 암시했다. 이그나시오와 데이비드 퀴스트는 버클리로 돌아가 나중에 〈네이처〉에 실리게 된 논문 초안을 만들기 시작했다. "우리—생물학자들—는 모두 교차 오염을 걱정했습니다. 하지만 어떤 형태로든 데이터를 가진 사람이 없었어요. 그때까지는." 이그나시오가 말했다.

논문을 쓰는 동안 이그나시오는 자신의 데이터가 세계적으로 몰고 올 정치적인 파장을 이미 예견하고 있었다고 했다. 세계에서 가장 영향력 있는 과학 전문지에 논문을 제출하면서, 그는 GMO에 대해 엄청난 폭발력을 가진, 두 가지의 결정적인 시나리오를 이야기했다. 첫째는, 바람이나 새, 벌에 의해서든, 아니면 인간의 실수나 앞에서 언급된 모든 것들의 조합에 의해서든 GMO의 DNA가 결국은 다른 작물들, 즉 유기농 작물, 태곳적부터 존재한 소중한 토종 식물들을 오염시킬 것이라는 사실이었다. 둘째는, 유전자 이식 옥수수의 DNA는 불안정해서, 크리오요 옥수수의 게놈 안에서 "재조합"되었으며, 이는 피터 프링글이 그의 저서 《식품주식회사》에서 지적했듯이, 이식 유전자가 "헤매고 다니다가—방랑하다가—인간이 예기치 못한 가장 파괴적인 결과"를 가져올 수도 있음을 암시한다는 것이었다. 이그나시오의 연구가 오악사카 농부들이나 세상의 모든 사람들에게 위에서 말한 두 가지 시나리오 중 어느 쪽을 의미할지는 명확하지 않지만, 어떤 시나리오든 적어도 생물학적 종 다양성의 유지라는 측면에서 결코 환영할 수 없기는 마찬가지이다.

나중에 캘리포니아에서 집으로 돌아온 후에도 유전자 이식 옥수수의 DNA가 '헤매고 다닌다'라는 이그나시오의 이론이 여전히 궁금했다. 알고 보니 다소 '황당하게' 들리는 이 아이디어가 이그나시오를 비판하는 쪽 사람들의 집중 공격 포인트였다. 그를 비난하는 사람들 중 상당수가 그의 연구에서 훨씬 더 충격적인 오염이라는 개념보다 오히려 이 부분을 집중적으로 공격했다. 이그나시오는 이메일을 통해서, 논문을 출판하던 당시에는 이 '방랑'이라는 개념이 상대적으로 새로운 개념이어서, 널리 인정받고 자리를 잡기 위해서는 투쟁이 필요했다고 시인했다. 오늘날에는 대부분의 과학자들에게 "일반적으로 인정받은" 것 같다고 했다.* 그의 연구

* 부연 설명하자면, GMO와 관련해서 '일반적으로 인정받았다'라고 하는 것은 어떤 것이든 투쟁을 거친 것이다. 찬반 양측 모두에 의해 '인정받은' 것은 매우 드물다.

가 증명한 것은, 실험실의 과학자들은 부정하지만, GMO DNA가 식물 안에서 아무 데나 돌아다닐 수 있다는 것이었다.

내가 이해한 것이 맞는지 확인하기 위해, 벨린다 마티노에게 전화를 걸어 플레이버 세이버 토마토와 GMO를 만들 때 시행하는 유전자 삽입에 대해서 물어보았다. "확률상으로 GMO를 만들 때 실수로 DNA를 잘못 삽입할 수도 있나요? 아니면 잘못된 자리에 삽입하거나?"

"그럴 수 있죠. 사실 이식 유전자를 삽입하고 나면 어떤 결과가 나올지에 대해서는 우리도 아는 게 별로 없어요. GMO 토마토를 만들 때 우리가 발견한 게 바로 이거였어요. FDA 사람들이 와서 말하더군요. '이 커다란 DNA 벡터vector(외부 유전물질의 전이를 도와주는 매개체) 속에서 이 작은 DNA 조각만이 식물로 들어간다고 당신들이 말했죠. 벡터 전체가 식물 안으로 들어가지 않는다고 어떻게 장담할 수 있나요?' 그래서 그 사람들을 쳐다보고 대꾸했죠. '참 어리석은 질문이네요.' 10년에 걸친 식물분자학 연구가 DNA의 그 조각만이 삽입된다는 것을 보여 줬거든요. 그러니까 FDA의 질문에 대해서 내가 했던 말은 기본적으로는 문헌에 충실한 답변이었어요. 버클리의 한 전문가를 선택해서 그 사람의 최신 논문을 보고 'DNA의 그 부분만이 들어갈 것이다'라고 대답했던 거예요. FDA는 기특하게도 다시 돌아와 묻더군요. '당신이 장담할 수 있다고 생각하느냐 아니냐를 묻는 게 아니었습니다. 우리는 당신이 직접 토마토 포기를 들여다보면서 벡터 DNA의 나머지 부분이 들어 있지 않은지 찾아보고, 없다는 것을 확실하게 확인하라는 겁니다.' 그래서 결국 실험을 했습니다. 그랬더니 그 벡터 전체의

30~40퍼센트가 토마토 안에 들어 있었습니다."

"그럼 그게 무슨 의미였나요?"

"한발 물러서서 조용히 말해야 했죠. '어쩌죠? 이걸 직접 보실 준비가 됐나요?'"

하지만 대부분의 과학자들이 상황이 변했다는 걸 알 수(또는 직접 실험해서 알아낼 수) 있었나요, 내가 물었다.

벨린다가 답했다. "만약 자신의 데이터를 보았다면, 이렇게 말하는 거죠. '봐요, 나는 이 DNA에서 이 조각을 집어넣으려고 했던 건데, 이 DNA 조각이 이 식물 안에서 변했어요. 하지만 이 식물은 가장 기능이 뛰어난 데다, 나는 벌써 이 식물이 4대를 이어 오기까지 계속 연구했고, 이 식물이 씨를 많이 내는 것도 마음에 들어요. 꼭 이 식물로 연구하는 게 나한테는 정말 편합니다. 그러니까 나는 이 식물을 시장에 내놓겠다고 FDA에 말할 생각입니다. 유전자 조작 과정에서 내가 삽입하려고 했던 유전자에 변화가 생겼더라도 말이죠….' 어쨌든 그 식물이 자기 작품이니까요. 그 식물이 그들의 프로젝트고, 그들 삶의 수단이고, 6년이라는 세월 동안 그 옥수수 상품에 매달려 왔으니까요. 그들의 수입이 거기에 달려 있고, 승진도 달려 있어요. 그리고 그 옥수수가 농부들은 물론이고 여러 사람들을 도와줄 거라고 진심으로 믿고 있습니다. 그 옥수수에 어떤 문제가 있다는 건 인정하고 싶어 하지 않아요. 이건 인간의 본성이지 의식적인 결정이 아닙니다."

다시 버클리 시티 클럽. 두 번째 잔의 커피를 마시면서, 이그나시오는 데이비드 퀴스트와 논문의 마지막 마무리를 할 때 '방랑 이론'이 커다란 충격을 몰고 올 것이며 오염 문제는 벼락과 같을 것임을 알고 있었다고 말했다. "엄청난 스캔들이 되리라는 걸 알았어요…. 이 분야를 잘 아니까요. 막후에 도사린 힘들, 모두가 오염을 두려워하고 걱정한다는 것도 알고 있었죠. 그래서 논문을 제출했죠. 첫 피어 리뷰peer review* 때는 매우 긍정적인 반응이었어요. 그래서 사람들에게 전화를 걸기 시작했습니다. 내 논문을 지지하든 반박하든 어떤 반응을 내놓게 될 것으로 예상되는 사람들의 명단을 만들고, 직접 전화를 걸어서 얘기했습니다. '〈네이처〉에 내 논문이 실릴 것 같은데, 아무래도 당신에게도 영향이 가지 않을까 싶습니다' 이렇게 말이죠." 명단에 있던 인물들을 모두 기억할 수는 없지만, NGO의 지도자와 정부 고위 관리들도 있었다.

나는 이그나시오에게 단도직입적으로 물었다. 왜 미리 그렇게 예고를 한 건가요? 똑바로 기록하고 싶다는 욕심도 있었지만, 그사이 나는 이그나시오와 좀 더 친해졌다고 생각했기 때문에, 그를 조금 더 압박해 보고 싶다는 충동을 느끼던 차였다(어쩌면 카페인 때문이었는지도 모른다). 이그나시오는 당시에 자신이 생각하고 있던 것은, 만약 그 논문에 대해 언급하거나 인용하게 될 사람들에게 사전 경고나 예고를 하지 않고 그 논문이 공개되도록 둔다면 "그 논문을 어떻게 이용해야 할지, 그 논문이 어떤 의미를 갖고 있는지에 대해 아무 생각도 없는 기자들의 손에 그것이 넘어가게 될 것이고 결

---

* 동료 평가. 명망 있는 전문지에 과학 논문을 싣기 위해서는 '피어 리뷰' 단계를 거쳐야 한다. 같은 분야에 있는 동료, 또는 동업자들의 사전 검토로 출판 전에 과학적인 오류나 허점을 걸러 내기 위한 것이다. 이 단계에서 오류가 발견되면 출판이 무산되는 경우도 있다. 또는 편집진에서 리뷰어들의 제안에 따라 오류의 수정을 요구하거나 문제가 있음에도 불구하고 그대로 출판해서 과학적인 논쟁이 일어나기도 한다. 이 책을 쓰는 과정에서 여러 과학자들로부터 들은 바에 따르면, 피어 리뷰는 과학자들에게 지극히 정상적인 과정이며 바로 이러한 과정을 통해 최고의 과학적 발견이 등장한다고 한다. 그들은 믿을 만한 새로운 과학이 탄생하기 위해서는 검토와 균형, 그리고 논쟁이 필요하다고 말했다.

국은 논문의 주제를 오독하게 만들지도 모른다"라는 것이었다고 답했다. 내가 조금 더 압박하자 이그나시오는 '방어'를 위한 것이었다고 인정했다. "그때 내 생각은, 모두가 그들[생명공학 기업들]에게 달려갈 텐데, 그 상황을 나쁘게 보도한 기자들과 몬산토 사이에서 그들[생명공학 기업들]은 모든 것을 자신들에게 유리하게 포장할 것이고, 그러다 보면 아무도 과학적인 분석을 할 기회를 갖지 못하게 될지도 모른다는 거였어요…. 그래서 전화를 돌렸던 겁니다."

한발 더 나아가, 이그나시오는 멕시코로 돌아와서 이 논문이 출판되기 전에 "전문가들만이 참가하는 비공개" 세미나를 열어 달라는 제안을 받아들였다. 그때가 2001년 4월이었다. "그래서 비행기를 타고 가 보니, 여러 각료들과 정부를 위해 일하는 과학자들이 세미나에 모여 있었어요…. 나는 우선 비밀 엄수 조건에 대해서 말했습니다. 〈네이처〉는 언론에서 먼저 다룬 주제의 논문은 내지 않거든요."

나는 직접 그 과정을 지켜보거나 개입했던 사람이 아니기 때문에, 그의 이야기를 통해서 이 논문이 이그나시오에게 얼마나 큰 영향을 주게 되었는지를 알 수 있었다. 하지만 이그나시오가 굉장한 골칫거리였다는 것을 기억하자. 내가 말했다. "제가 보기에는 비공개라 하더라도 그 시점에서 세미나라면 큰 문제가 될 소지가 있었을 것 같은데, 왜 당신은 그렇게 보지 않았던 거죠?" 그는, 과학자들은 늘 자신이 연구하고 있는 주제나 곧 출판될 논문을 두고 세미나를 연다고 답했다. (이러한 설명에 대해서는 여러 사람을 통해 확인할 수 있었다. 에제키엘 에즈쿠라 박사는 "과학자들은 늘 잔뜩 고양되어서 자신이 중요한 것을 발견했다는 걸 사람들에게 알리고 싫어 하죠"라고 말했다.) 그러나 에즈쿠라는 이그나시오의 연구를 둘러싼 정치적인 소동에 대해 "차펠라는 자신이 통제하고자 했으나 결국 실패하고 말았다"라고 이야기했다.

그 후 몇 달 동안 〈네이처〉에 논문을 게재하는 일은 계속 꼬여만 갔다. 〈네이처〉가 일단 논문을 인정하기만 하면 일주일 안에 출판하는 경우도 있었기 때문에, 이그나시오는 논문 게재가 마무리되기를 바랐지만, 나중에 논문의 피어 리뷰에 참여했던 과학자들이 그의 연구에 대해 심각한 의문을 제기하기 시작했다. 〈네이처〉는 이그나시오와 퀴스트에게 연구의 결론을 다시 검토할 것을 요구했다. 두 사람은 미친 듯이 일하기 시작했다. 런던 시간에 맞추기 위해 태평양 표준시로 밤인 시각에도 연구에 매달렸다. 몇 달에 걸쳐서 이그나시오와 퀴스트는 다섯 번에 걸친 〈네이처〉의 재검토 요구를 묵묵히 받아들였다. 유례없는 일이었다.

그래도 출판은 이루어지지 않았다.

그러더니 일이 이상하게 돌아가기 시작했다.

이그나시오가 몇몇 회의에 참석하기 위해 멕시코로 돌아간 9월이었다. 자신의 연구로 밝혀낸 것들에 대해 "비공개" 세미나를 진행했다. 세미나가 끝난 후 자리를 뜨려는데 "웬 덩치 큰 남자가 와 있었어요. 그 남자가 다가오더니 '멕시코 생물학 연구 안전성 위원회의 의장을 맡고 계신 아무개 씨를 대신해서 이 자리에 참석했습니다. 보스께서 박사를 만나고 싶어 합니다' 이러더군요. 좋다고 답했죠. 나도 그 보스라는 사람과 얘기하고 싶다고. 그런데 그다음에 벌어진 일들은 마치 무슨 갱스터 무비를 찍는 듯했습니다."

이그나시오의 이야기에 따르면, 그와 그 덩치 큰 남자는 초록과 노랑으로 칠해진 택시를 탔다. 남자가 택시 기사에게 행선지를 일러줬는데, 이그나시오는 그 지명을 정확히 알아듣지 못했다. 기사가 차를 출발시키자 이그나시오는 남자에게 행선지가 어디냐고 물어보았다. "사무실로 갑니다"라는 대답이 돌아왔다. "그게 어딥니까?" 그러자 대답은, "여기서 멀지 않습니다"였다. 이그나시오는 그 지역이 종종 유기된 변사체가 발견되는 곳이라는 걸 알고 있었던 데다, 막상 도착한 곳이 실제로는 텅 빈 건물이고 보니 슬슬 겁이 나기 시작했다. "한두 개 층은 정부 기관이 차지하고 있는 것처럼 보였고, 정문에는 경비원이 지키고 있었습니다. 하지만 도착한 시간이 이미 5시가 넘어 있었기 때문에, 실제로는 건물이 완전히 텅 비어 있었어요. 정문을 통과해서 13층까지 올라갔습니다…." 그 무렵, 이그나시오는 완전히 패닉 상태였다. "엘리베이터 문이 열렸는데, 그 층 전체가 컴컴한 암흑이었고 사람이라고는 없는 것 같았어요…. 복도 끝 방에서 희미한 불빛이 새어 나오더군요. 우습게도, 카드보드 박스로 칸막이를 한 사무실 안에 수염을 기른 덩치 큰 남자가 있었어요. 남자는 휴대폰과 랩톱 컴퓨터를 가지고 있었고, 여직원이 커피를 끓이고 있더군요."

이그나시오가 커다란 모자를 쓰고 커다란 나비넥타이를 매고, 말 위에 올라앉아 기타를 치며 노래를 부르거나 허공에 대고 총질을 하는 '곡마단의 기수' 같았다고 표현한 그 남자는, 알고 보니 멕시코 정부의 고위 관료였다. 멕시코 생물학 연구 안전성 및 GMO 위원회Commission for Biosafety and Genetically Modified Organisms of Mexico 사무총장인 페르난도 오르티즈 모나스테리오Fernando Ortiz Monasterio였던 것이다. 에즈쿠라는 모나스테리오가 "매우 화려하고 … 젊었을 때는 아주 잘생겼던, 지성까지 갖춘 멕시코의 귀족 가문 출신으로, 눈썹이 굵고 화려한 나비넥타이를 매고 다녀서 거리의 악사나 곡마단 기수 같았다"라고 말했다.

모나스테리오가 여직원을 내보냈고, 방에는 그와 경호원과 이그나시오만 남았다. 그는 모나스테리오를 "상상할 수 있는 가장 불쾌한 인상을 가진" 사람이라고 표현했다. 여직원이 나가자 모나스테리오는 거의 1시간 동안 이그나시오에게 호통을 쳤다. "내가 스스로 내 무덤을 팠다면서 온갖 악담을 퍼붓고 욕설까지 서슴지 않았어요. 내가 엄청난 분란을 일으켜서 멕시코의 명예를 실추시켰다고… 세상을 구할 수 있는 신기술에 브레이크를 걸었다고 하고…." 그러더니 이그나시오에게 이 문제의 해결책을 제시했다. 이그나시오를 위대한 과학자라고 치켜세우면서, "당신의 논문이 대단히 뛰어나다는 것을 부정할 사람은 없을 거요…. 그 분야에서 가장 뛰어난 과학자 넷을 수소문해 놓았으니, 함께 힘을 합해서 이 난리를 수습하도록 하시오"라고 했다. 이그나시오는 그들이 누구인지 물었다. 모나스테리오는 몬산토와 듀폰 사 소속의 과학자들이라고 답했다. "당신과 기업 소속의 과학자 넷에게 바하칼리포르니아[7]에 환상적인 장소를 마련해 줄 거요. 아무도 방해하지 않을 것이니, 당신들은 논문만 쓰면 됩니다. 그러면 〈네이처〉에 그 논문이 실릴 거예요. 하지만 당신은 그 논문에 당신이 발견한 것은 자연적으로 존재하는 DNA 조각이라는 내용을 포함시켜야 합니다."

이그나시오는 그 상황을 도저히 믿을 수 없었다. 이제는 거의 가능성이 희박해진 상황에서 갑자기 〈네이처〉에 논문이 게재될 것이라는 보증을 얻었지만, 최종적으로 실리게 될 논문은 애초에 그가 제출한 논문이 아니었다. 기업에서 보낸 과학자들의 도움을 받으며 스스로 논문을 수정하라는 요구까지 받고 있었다. 그는 모나스테리오에게 이렇게 답했다. "다른 과학자와 공동으로 작업하는 것은 얼마든지 환영합니다. 기업에 소속된 과학자라도 말입니다. 하지만 그 사람들이 내 논문에 대해 이래라저래라 하는 간섭은 받을 수 없습니다. 그리고 저는 해야 할 일이 있습니다. 버클리로 돌아가서 월요일에는 강의를 해야 해요. 그러니까 그쪽에서 원하는 일은 할 수 없겠습니다." 그러자 모나스테리오는 불같이 화를 내면서 경호원에게 사무실을 보여 주라고 말했다.

그 순간 이그나시오는 거의 기절할 듯 정신이 희미해지기 시작했다. "아무도 없고 전쟁이 휩쓸고 지나간 듯한 그 공간을 가로질러 경호원이 다가오더군요. 홍수가 건물 안을 쓸고 가기라도 한 것처럼 카펫은 둘둘 말려 있었어요…. 건물 뒤편에는 커다란 쓰레기통도 있었거든요. 갑자기 이런 생각이 들더군요. '나를 저 창밖으로 던져 버리려고 그러나? 내 인생이 이렇게 끝나는 건가?' 정말 실감이 나지 않더군요."

이그나시오가 말을 멈추고 커피를 마셨다.

"그래서, 그다음엔 어떻게 됐나요?" 내가 물었다. 그 뒤에 벌어진 일이 궁금해서 온몸이 딱 굳어 버리는 것 같았다. 멕시코의 마약왕이 나오나? 마피아 보스가 나오나? 총소리도 나고?

이그나시오는 극적인 효과를 노리는 듯, 슬쩍 미소까지 지어 보였다.

"아무 일도 없었어요. 그냥 경호원이 다가오더니 지하실 주차장까지 같이 내려갔죠. 혼자서 내려가겠다고, 택시를 타고 가겠다고 했더니 안 된다더군요. '안 됩니다. 보스가 꼭 태워다 드리라고 했습니다.' 그래서 지하 주차장으로 내려갔더니 검은색 서버번 Suburban이 기다리고 있었어요. 그 차를 타고 가면서 경호원이 내 딸 이야기며 우리 누이가 사는 집 앞에 내려주겠다는 얘기까지 했어요. 즉 내 가족에 대해서 다 알고 있다는 거죠. 내 약점을 다 틀어쥐고 있다는 뜻이에요. 그게 다였어요."

그게 다라고요? 정말? 이그나시오가 실제 있었던 일을 부풀려서 더 섬뜩하게 꾸밀 수 있는 사람이었을까? 나는 에제키엘 에즈쿠라 박사에게 전화를 걸어 이그나시오의 경험담이 사실이었을 거라고 생각하는지 물어보았다. 이그나시오 차펠라가 정말 모나스테리오에게 협박을 당했을까요? "그랬을 거예요." 에즈쿠라가 답했다. "우리끼리 이야긴데, 차펠라는 가끔 내가 보지 못하는 음모를 보는 능력이 있어요. 때로는 사람들의 의도를 지나치게 악의적으로 해석할 때도 있어요. 하지만 그렇다고 그가 협박당하지 않았다는 뜻은 아니죠."

그렇지만 나는 캘리포니아로 돌아온 다음에 모나스테리오라는 사람에 대해서 자료를 찾아보았다. 우선, 같은 이름을 가진 사람 중에 유명한 성형외과 의사가 있었는데, 이미 사망한 상태였다. 그리고 건축가가 있었는데, 모나스테리오의 아들이었다. 이름은 똑같았고. 그 건축가의 아버지가 누구인지 알아보려고 그 사람의 전화번호를 적어 두었다. 본인과는 통화가 되지 않았지만, 전화를 받은 비서와 대화를 주고받으면서 오랜만에 스페인어 회화 연습을 했다. 열네 살 여름방학 때 스페인 살라망카에서 지냈을 때보다 스페인어를 더 많이 썼다. 그리고 그로부터 2년 후, 본격적으로 이 책을 쓰는 와중에 진짜 모나스테리오를 찾아냈다.

눈은 쌓였지만 햇빛이 쨍한 어느 일요일 아침, 메인주의 우리 집에서 그 남자와 전화로 대화를 나눴다. 남자는 멕시코시티 외곽의 산속 빌라에 있다고 했다. 모나스테리오가 나를 아는지 확신할 수 없어서 내 소개를 시작했다. 그는 내 말을 끊으며, 내가 보낸 이메일을 다 읽었기 때문에 내가 누구인지 확실히 알고 있다고 했다. (첨언하자면, 그는 완벽한 영어를 구사했다. 덕분에 짧은 나의 스페인어 실력으로 대화가 표류할 걱정이 없었다.) 그는 내가 최근에 보낸 길고 긴 질문 목록을 눈앞에 두고 있다고 했다. 그 질문들에 하나하나 짚어 가며 대답할 수 있게 되어 기쁘다고도 했다. 그러나 이야기를 시작하기 전에 그에게 중요한 두 가지를 먼저 내가 이해할 필요가 있다고 했다. "알겠습니다. 모나스테리오 씨에게도 최선의 결과가 되기를 바랍니다." 모나스테리오는 고맙다는 인사말과 함께 답변을 시작했다. 첫째, 그는 내 글 속에서 자신을 '15년 동안 정부의 대변인으로 일했던 사람'이며 이름은 '페르난도Fernando'로 써 달라고 했다. "나는 지켜야 할 복무규정이 있는 공무원이었습니다." 그가 말했다. "좋습니다." 나는 그의 요구에 동의했다. 그다음, 그는 이그나시오가 자신의 연구 결과를 공개한 멕시코의 분위기를 나도 이해할 필요가 있다고 말했다.

"그 분위기가 어떤 것이었는지 말씀해 주세요." 내가 요구하자 그는 그러겠다고 답했다. 그러고는, 솔직히 말해서 전혀 위협적이지 않은 굉장히 이성적인 목소리로 말하기 시작했다. 나는 펜으로 열심히 메모를 하면서 그의 이야기를 들었다. 그는 당당하게 대화를 주도하며 이야기했고, 나는 빠뜨리고 지나가는 부분이 없는지

주의하며 귀를 기울였다.

"차펠라의 연구는 대단히 훌륭하고 모범이 되는 연구였습니다. 그가 널리 알려지게 되었고 기대하던 어떤 것을 발견한 것만은 분명해요. 나는 차펠라가 한 일을 존경했고, 그가 겪어 온 일들도 존중합니다. 내 입장은 언제나 그의 편에 있었습니다. 당시에 멕시코는 매년 미국으로부터 GMO 옥수수를 수입하고 있었다는 사실을 이해해야 합니다. 시장과 멕시코 방방곡곡에서 그 옥수수가 유통되었습니다. 그 옥수수를 심는 농부가 하나도 없을 거라고 상상할 수 있나요? [그 옥수수를] 심으면 안 된다고 [정부가] 말하는 것과 우리가 침략당했다는 가혹한 현실 사이에는 모순이 존재합니다. 나는 15년 동안 GMO 옥수수를 심어서는 안 된다고 말했던 사람입니다. 멕시코는 옥수수에 관한 한 다양성의 중심지입니다. 거대 기업들은 물론 이 시장을 탐내죠. 그러나 원산지 국가는 GMO를 심어서는 안 됩니다. 미국과 캐나다는 GMO 카놀라를 심어서는 안 되고, 페루는 GMO 감자를 심지 말아야 합니다. 어떤 식물의 원산지 국가에서는 그 식물의 GMO 품종을 심어서는 안 됩니다."

그의 말을 이해하고 내가 말했다. "이제 제가 두 가지를 이해했으니 질문으로 넘어가겠습니다."

모나스테리오는 이그나시오를 직접 만나기 위해 그를 데려왔었다고 말했다. 그리고 그날 만난 장소였던 사무실은 "공사 중"이었다는 것도 밝혔다. "사무실에는 가구도 없었고 방도 따로 구분돼 있지 않았고, 우리는 월급도 받지 못하고 있었어요. 그렇게 중요한 일을 하는 사람들에게 환경은 매우 열악했던 겁니다."

"진짜 카드보드 박스 위에 책상을 놓고 있었나요?" 갑자기 모나스테리오를 보호해 주고 싶은 마음을 느끼는 동시에 내가 그에게 이렇게 지엽적이고 노골적인 질문을 던진다는 것이 당황스러웠다.

"그랬죠. 카드보드 박스라 아주 단단했어요. 사무실 환경이나 남에게 어떻게 보이는지는 중요하지 않아요." 그가 답했다.

그날 이그나시오를 만났을 때 당신의 목소리나 분위기는 어땠나요? 내가 물었다.

"직설적이었죠. 나는 멕시코 정부의 입장을 설명해야 했습니다. 물론 지금 당신과 이야기하는 이런 분위기, 이런 목소리로 말하지는 않았어요. 이그나시오와 나는 친구로 만난 게 아니었으니까요. 그가 가지고 있던 정보는 생명 안전성이라는 문제에 있어서는 폭탄과 같았어요."

혹시 이그나시오를 협박했나요, 내가 물었다. "전에도 이런 이야기를 들은 적이 있습니다. 이그나시오가 위협을 느꼈다는 이야기 말이죠." 하지만 친절하지 않을 뿐, 자신은 전문가라고 했다. "그를 협박했다는 건 절대로 틀린 말입니다." 그러나 그날의 만남이 매끄러웠느냐 그렇지 못 했느냐 하는 디테일한 부분은 더 큰 관점에서 본다면 적절치 않은 관심사라고 했다. "디테일 속에서 길을 잃지 마세요. 중요한 것은 공무원과 중요한 현실에 생명감을 불어넣은 과학자가 만났다는 것이죠."

이그나시오에게 욕설을 했나요? 내가 물었다. "아닙니다." 그는 욕설을 한 적은 없다고 분명히 말했다.

이그나시오의 발견이 생명공학과 NAFTA를 훼손시킬지도 모른다고 생각했나요? "그랬죠. 이그나시오가 가진 정보는 멕시코의 공공 정책을 변화시키고 나아가 세계의 정책까지 바꿔 놓을 가능성이 있었습니다. 무척 중요했습니다."

바하에서 기업 소속 과학자들과 연구를 다시 하라고 위협한 적이 있나요? "나는 바하칼리포르니아에 대해서는 기억나지 않아요. 하지만 대학 소속, 정부 소속 과학자들과 연구를 다시 해야 한다는 말은 했습니다. 몬산토 사가 더 좋은 연구 시설과 기술을 가지고 있고, 그 연구 결과는 멕시코에서 [옥수수에] 어떤 일이 벌어지고 있지를 확인하는 데 더 많은 정보를 줄 수 있을 테니까요." 이그나시오가 발견한 증거들을 바꿔야 한다는 이야기를 한 적이 있나요? "아뇨. 절대로 없습니다. 그건 말도 안 되는 주장입니다. 우리가 위험에 처해 있다는 것은 생물학적 안전성이라는 측면에서 중요한 문제였어요. 우리 모두가 차펠라의 연구 결과가 옳다는 걸 인정하고 있었습니다. 방금 그 질문은, 그가 진실을 말하는 것을 내가 원치 않았다는 뜻인가요?" "네, 그런 의미입니다." 그는 사실과 다르다고 말했다. 나는 한발 물러서서 다시 질문했다. "당신이나 경호원이 이그나시오에게 물리적인 위협을 암시한 적이 있나요?"

"경호원이요?" 그는 콧방귀를 뀌었다. "우리는 사무실도 없는 형편이었습니다. 경호원이라니, 말도 안 됩니다."

"하지만 당신은 상류층 가문 출신이라고 들었습니다. 혹시 개인 기사나 그날 당신을 도왔던 가족의 일원이 있지 않았나요?"

"나를 돕는 친구들이 있기는 합니다. 아마 이그나시오를 데리고 왔다가 다시 데리고 간 사람도 그런 사람이었을 겁니다. 하지만 가족은 개입하지 않았어요."

"그다음에는 어떻게 되었나요?"

"이그나시오가 갔죠."

"이그나시오의 이야기가 당신이 기억하는 것과 다른 데 대해서 불쾌하지 않나요?"

"아뇨, 불쾌하지 않습니다. 다만 그런 감정은 불필요할 뿐만 아니라 [GMO에 대해] 당면한 고차원적인 논쟁의 핵심을 흐려 놓을 뿐입니다. 지금 중요한 것은 그가 GMO에 대한 공공 정책의 방향을 바꿔 놓았다는 것입니다. 운전기사니 경호원이니, 우리가 만난 장소가 어디라느니 그런 것보다 훨씬 중요한 문제입니다."

"성가신 질문이겠지만, 이그나시오가 신변의 안전에 위협을 느꼈다는 부분에 대해서 다시 한 번 언급할 수 있을까요?"

"그 사람이 공포를 느낀 것은 사실입니다…. 혁신적인 과학자들은 세상을 변화시키려고 하지요. 세상을 변화시키기 위한 전쟁에 나서려면 두려움 따위는 접어 두는 것이 좋습니다. 차펠라의 연구는 과학에 대한 세계 각국의 인식을 위협했습니다. 그는 자신이 소속된 대학은 물론 정부로부터도 지원받지 못했어요. 풍차에 돌진한 돈키호테처럼 자신의 연구를 위해 싸웠습니다. GMO를 이해하는 데 있어서 차펠라의 연구는 하나의 변환점이 되었습니다. 그가 싫어하든 좋아하든, 그건 별개의 문제입니다. 그가 한 일은 용기 있는 일, 폭풍에 맞선 일이었어요. 그가 옳았습니다. 그의 연구는 모든 것, 모든 곳에 중요한 것이었습니다. 나는 그의 입장을 존경하고 존중하며 그 가치를 인정합니다. 그의 연구가 세상을 바꿔 놓았습니다. 더는 할 말이 없어요."

이그나시오에 따르면, 모나스테리오를 만난 다음 날은 금요일이었다. 금요일에는 캘리포니아로 돌아갈 비행기가 예약돼 있었다.

그가 멕시코에 머무는 동안, 〈네이처〉의 상황은 더욱 꼬여서 도저히 해결될 기미가 보이지 않았다. 그와 퀴스트가 받은 스트레스는 말로 표현할 수 없을 정도였다. 그들의 경력—생명까지는 아니더라도—은 바닥이 보이지 않는 심연 위의 절벽에 대롱대롱 매달린 형국이었다. 그날 아침, 이그나시오는 그린피스Greenpeace의 한 관리자로부터 전화를 받았다. 그는 이그나시오에게 오르티즈 모나스테리오가 그의 연구에 대한 뉴스를 유출했다고 알렸다. 모나스테리오가 그린피스의 관리자에게 멕시코 정부(이그나시오가 아니라)가 크리오요 옥수수의 오염을 발견했다고 말했다는 것이다. 이 남자는 여러 NGO 단체들이 오악사카의 옥수수 오염에 대한 이그나시오의 정보를 공개할 계획을 세우고 있으며 언론들도 곧 동참할 것이라고 말했다. 자신의 연구를 비밀에 부쳐 달라는 이그나시오의 요구에는 아무도 관심이 없었다.

에즈쿠라 박사도 당시의 일을 기억한다고 말했다. 모나스테리오가 그 정보를 유출했고, 그것은 과학자들 사이의 불신이 부른 참사였다고 했다. "비밀 유지는 과학자들 사이에 지켜져야 할 선의의 행동입니다." 그럼에도 불구하고 "DNA와 RNA의 차이조차 모르는 사람이 NGO에 전화를 걸어 이그나시오의 연구를 통째로 폭로했던 겁니다. 대중을 상대로 말이죠."

에즈쿠라의 말은 계속 이어졌다. "십중팔구, 그[모나스테리오]는 [NAFTA를] 걱정했을 뿐이고, [그 정보를 가지고] 기업들에게 손해가 될 일은 하지 않으려고 했을 겁니다." 다시 말하자면, 만약 모나스테리오가 이그나시오의 논문을 먼저 터뜨리지 않았다면, NAFTA로부터 이득을 얻는 다국적 기업들은 자신들을 변명할 수단이 없었을 거라는 뜻이었다. 모나스테리오는 일을 그런 식으로 처리함으로써 기업들이 입을 손해를 줄일 수 있게 했다. 그러나 "모나스테리오는 차펠라가 논문을 출판할 기회를 영영 빼앗아 버렸습니다." 에즈쿠라가 말했다. 모나스테리오에게 에즈쿠라의 말이 사실인지 묻자, 그는 이그나시오의 논문이 자신에게는 새로운 것이 아니었으며 멕시코 정부도 이미 그 정보를 가지고 있었고 당시에 그 정보를 공개할 계획이었다고 응답했다. "우리는 모두 [그 사실을] 알고 있었습니다. 차펠라는 모두가 알고 있던 것을 확인했을 뿐입니다. 그 정보는 [반드시 보호해야 할] 일급 정보도 아니었어요."

그에게는 그랬을지도 모르지만, 이그나시오는 자신의 연구에 관련된 정보가 공개되자마자 바람에 실려 퍼져 나가는 꽃가루처럼 사방으로 확산되었다고 말했다. 그 소식을 듣자마자 그는 〈네이처〉에 논문을 싣는 것은 물 건너갔구나, 하고 직감했다고 한다. 〈네이처〉는 언론에 이미 노출된 것은 어떤 것도 다루지 않는다는 엄격한 룰을 가지고 있다. 모든 것이 허물어진 폐허 위에서, 이그나시오는 〈네이처〉의 서부 해안 특파원이었던 렉스 돌턴Rex Dalton에게 전화를 걸어 그간의 일을 털어놓았다. 멕시코에서의 이상한 만남, 그의 논문은 출판되지 못하게 되었지만 그의 연구에 대한 소식은 언론에 노출된 상황, 그동안 〈네이처〉와 주고받은 이야기들…. 이야기를 들은 돌턴은 〈네이처〉가 그의 연구 자체는 게재하지 않기로 했음에도 불구하고, 〈네이처〉에 이그나시오의 연구에 관한 기사를 썼다. 아니, 정확히 말하자면 이그나시오의 연구 결과에 대한 설명이었다. 또한 돌턴은 그 기사에서 모나스테리오가 "국제적인 식품 안전 기구의 회의"에서 해당 연구에 대한 정보를 유출했다고 밝혔다. 더 나아가 "오르티즈는 비밀 엄수 약속을 위반했다는 사실은 부인했지만, 차펠라의 연구 결과를 공개적인 토론장에서 공개했다는 것은 인정했다"라고 썼다. 이그나시오에 따르면, 〈네이처〉의 편집자가 "논문 게재를 거부합니다"라고 공식적인 입장을 밝히는 동시에 "〈네이처〉는 그 연구가 발견한 것에 대해서는 뉴스로 전달할 것입니다"라고 말하는 이상한 상황이 연출됐다. 같은 잡지가 연구에 대한 소식은 전달하면서 그 연구의 과학적 발견물에 대해서는 다루지 않는 모순된 상황이었다. "정말 말도 안 되는 상황이었죠." 이그나시오가 말했다. 〈네이처〉가 최종적으로 그의 논문을 거부한 이유는 "단지 관심이 없기 때문"이었다.

그렇지만 마치 도미노 효과처럼, 차펠라와 퀴스트의 '관심받지 못하는' 뉴스는 여러 주요 매체를 통해 다뤄졌다. 논쟁의 여지가 전혀 없는 것은 아니지만 세계에서 가장 강력하고 완벽한 신문이라고 알려진 〈뉴욕 타임스〉도 예외는 아니었다. 〈뉴욕 타임스〉는 2001년 10월 2일자 기사로 차펠라의 연구를 다뤘다. "과학자들을 경악과 우려로 몰아넣은 한 연구에서 멕시코 정부는 자국의 토종 옥수수 품종이 GMO 옥수수의 DNA에 오염되었다는 사실을 발견했다. 오염된 종자는 옥수수에 관한 한 세계의 중심이라고 일컬어지는 지역에서 채집된 것이었다. 멕시코의 토종 옥수수는 많은 환경학자들과 과학자들이 오염으로부터 보호해야 한다고 주장해 온 품종이다. 이 연구 결과가 놀라웠던 이유는, 멕시코에서는 외국 품종의 유전자를 가진 GMO 옥수수를 상업적으로 재배하는 것이 금지되어 있기 때문이다. 멕시코의 환경 및 자연 보호부 장관은 9월 18일에 멕시코 영토 내 열다섯 개 지역에서 오염된 옥수수가 발견되었다고 발표했다. 이 발표에서 멕시코 정부는 애초에 오염 사실을 발견한 것이 차펠라 박사라고 밝혔지만, 그 연구는 정부가 주도한 것이었다고 주장했다. 차펠라 박사팀의 논문도 멕시코 정부팀의 논문도 아직 발표되지 않은 상태이다."

이그나시오에 따르면, 같은 날 파리를 여행하던 그의 친구가 2001년 10월 2일자 〈르몽드〉를 읽고 있었다고 한다. 그 친구는 신문 1면에 실린 에르베 켐프Hervé Kempf의 기사에서 이그나시오의 이름을 보았다. 9·11 테러 사건과 관련된 기사의 바로 아래쪽 기사였다. 이그나시오는 "내가 할 수 있는 거라곤 그 친구가 PDF 파일로 보내 준 〈르몽드〉의 1면 기사를 〈네이처〉의 편집장인 필 캠벨Phill Campbell에게 보내고 '필, 이 신문도 내 논문에 관심이 없었다고 말할 수 있나요? 〈르몽드〉 1면에 실렸어요'라고 말하는 것뿐이었습니다"라고 말했다. 그러자 〈네이처〉의 편집자들이 그에게 답장을 보내 왔다. "알겠습니다. 우리도 내보내겠습니다."

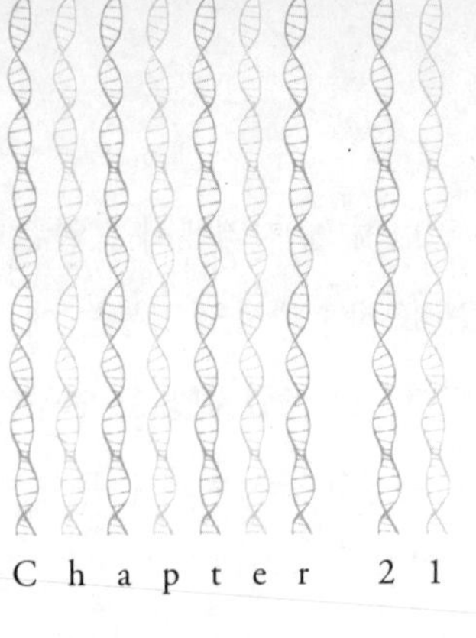

Chapter 21

시끄러웠던 소동에도 불구하고 〈네이처〉에 게재된 이그나시오의 논문 최종본은 군더더기나 과장 없이 매우 깔끔하고 간단했다. 두 쪽 길이의 짧은 논문이었지만 "침투한 이식 유전자 DNA*가 옥수수의 기원과 다양성의 중심지인 멕시코 오악사카 산간 오지의 토종 옥수수에 존재한다는 것을 보고한다"라는 중심 논제를 효과적으로 전달했다. 더 나아가 "이식 유전자의 침투가 토종 작물의 유전학적 다양성과 작물 원산지의 야생 상태에서 자생하는 토종 작물의 친척뻘 작물과 그 작물의 다양성에 미치는 잠재적인 영향에 대한 우려를 표현한다"라고 했다.

그리고 퀴스트와 이그나시오는 오악사카 산악 지대에서 자라는

---

* 한 종의 유전자 풀에서 다른 종의 유전자 풀로 이동하는 것.

크리오요 옥수수의 낟알 표본과, 지원금을 받아 멕시코 전역에 식품을 공급하는 디콘사Diconsa[8]가 제공한 옥수수 낟알 표본, 페루의 블루 콘(이식유전자 오염이 전혀 없던 깨끗한 품종이었다) 낟알, 1971년 시에라 노르테 드 오악사카Sierra Norte de Oaxaca에서 거둬들인 역사적인 옥수수 낟알, 그리고 몬산토 사의 Bt 옥수수 샘플 두 가지—일드가드YieldGard와 라운드업 레디—를 내놓았다. 블루 콘과 1971년에 추수한 옥수수는 '음성 대조군'(즉 오염이 없었다는 뜻이다)이었고, 몬산토 사의 종자는 말할 것도 없이 '양성 대조군'이었다. 이그나시오와 퀴스트는 PCRpolymerase chain reaction[9] 테스트법을 썼다고 말했다. PCR 테스트는 당시까지 GMO를 테스트하는 데 있어서 가장 효과적이고 민감한 방법이었으며, 지금도 어떤 상품에 GMO가 존재하는지를 결정할 때 사용하는 표준적인 방법이다.

나중에 이그나시오와 주고받은 이메일에서, 그는 자신과 퀴스트가 "음성" 대조군을 찾기 위해 종자 은행에 갔을 때 "종자 은행도 GMO에 오염되었다는 것을 발견했지만, 그것은 또 별개의 문제였어요"라고 썼다(이 내용은 논문에 공개되지 않았다). 종자 은행의 GMO 오염은 사실 굉장히 중요한 문제다. 사람들은 종자 은행이 인류의 미래를 위해 많은 수의 종자를 보존해서 지구에 필요한 종의 다양성을 지켜 주기를 바란다. 그 전해 가을에 벨기에와 독일을 함께 돌아다닌 독일인 양봉업자 발터 하페커는 노르웨이의 스발바르에 자리한, 지구상에 존재하는 가장 안전한 '종자 금고'라 불리는 "최후의 종자 은행"의 불합리함을 지적하며 껄껄 웃었다. 발터는 벌이 보호되지 못한다면, 그 종자 은행 자체도 의미가 없어진다고 지적했다. 식물의 가루받이를 할 매개체가 존재하지 않기 때문이다. 뿐만 아니라 궁극적으로 그 은행으로부터 이득을 볼 사람들이 누구인가 하는 문제도 있다. 듀폰/파이오니어, 신젠타, 크롭라이프 인터내셔널, 그리고 몬산토가 스발바르에 수백만 달러씩을 기부한 것으로 알려졌기 때문이다. 콜로라도에 있는 또 다른 종자 은행은 전적으로 몬산토에 의해 유지통제된다고 한다.*

* * *

충분히 예상할 수 있는 결과이기는 하지만, 이그나시오의 연구가 발표되자 많은 사람들의 환영 못지않게 과학계의 일부 인사들로부터 맹렬한 반발이 일어났다. 어떤 연구에나 이런 후폭풍은 있을 수 있다. 과정의 일부라고 할 수도 있다. 그러나 좀 특이했던 점은 버클리 교수진들 중 일부이자 이그나시오의 동료이기도 했던 과학자들로부터 받은 혹독한 비판이었다. 이그나시오의 방법론에 대해 극심한 의문이 제기됐고, 논문 자체도 관념적이고 부실하다고 폄하되었다. 그의 논문에 반대하는 사람들로부터 〈네이처〉 편집진에 항의 편지들이 날아들었고, 그중 두 통은 곧바로 공개되기까지 했다. 이에 대해 이그나시오와 퀴스트는 즉각 〈네이처〉에 "방랑하는" DNA를 분리하는 데 있어서 실수가 있기는 했지만 단 두 개의 DNA 서열에서였을 뿐이라는 글을 써 보냈다. 런던에서 발행되는 〈가디언*The Guardian*〉지로 보낸 편지에서는 "E pur si muove" (그래도 지구는 돈다)라는 갈릴레오의 말을 인용했다. 종교 재판

---

* 로이터 통신에 따르면 이 설에는 흥미로운 반전이 있다. 미국 정부가 통제하는 포트콜린스의 국립 유전자 자원 보존 센터는 애초에 총괄적인 종자 은행으로 지어졌지만, 사실은 다른 천연 종자들뿐만 아니라 몬산토 사가 아직 승인받지 못한 GMO 밀의 종자를 저장하고 있는 것으로 밝혀졌다. 이 밀의 종자는 오리건의 작물들 사이에서 일반에는 알려지지 않은 낟알이 발견되었을 때 알려졌다. 조사가 진행된 후, 이 시설에서 저장하던 모든 GMO 종자는 파괴되었다.

에서 결국 지동설을 철회한 후 갈릴레오가 혼잣말로 중얼거렸다고 전해지는 말이다. 일부 비평가들은 〈네이처〉에 이그나시오의 논문을 철회하라고 성화를 부렸다.

이에 대해 〈네이처〉는 이그나시오와 퀴스트에게 논문을 다시 한 번 검토하라고 요구했다. 냉정을 유지하려고 힘쓰면서, 그들은 한 리뷰어의 논점에 주목했다. 그들이 보기에도 썩 괜찮은 생각이었다. 이 리뷰어는 페루의 블루 콘은 좋은 대조군이 아니었을 수도 있다고 주장했다. 페루의 옥수수 샘플과 멕시코의 옥수수 샘플 사이에는 여러 가지로 태생적인 차이가 있을 수 있다는 것이었다. 그 주장을 염두에 두고, 이그나시오와 퀴스트는 종자 은행에서 더 오래된 멕시코 품종을 구했다. "이렇게 해서 그 논문의 마지막 기술 자격 심사를 통과할 수 있었어요." 이그나시오는 이메일에서 이렇게 밝혔다.

당시 상황에 대한 배경 설명으로, 그는 이 연구를 공개하던 시기에 버클리의 동료들로부터 받았던 공격을 설명함으로써 그를 둘러싼 개인적 상황은 물론 직장에서의 분위기를 들려주었다. 버클리에 임용된 1년 후였던 1997년, 그때까지 조교수 신분이었던 그가 소속 단과대학의 집행위원회 의장으로 임명되었다. "막중한 책임이 있는 자리였습니다. 당시에는 나 자신이 무척 자랑스러웠고, '동료들이 나를 이 자리에 뽑아 주다니, 나를 그만큼 높게 평가한 거야' 하고 생각했습니다."

그러나 이그나시오에 따르면, 그가 위원장에 임명되고 일주일 후, 고든 라우저Gordon Rausser 학장이 그를 불러 말했다. "이젠 당신이 대표자이니, 교수들에게 우리 대학이 노바티스 사와 5000만 달러짜리 협약을 맺으려고 한다는 것을 알려 주십시오." 노바티스는 이그나시오가 스위스에서 근무한 회사(산도스)가 아스트라제네카 AstraZeneca와 합병해서 탄생한 회사로, 타이론 헤이스의 적인 신젠타가 되기 이전의 이름이다. 학장은 이그나시오에게 30분 후에 교수들의 의견을 취합해 이 협약의 서명에 대한 찬반 여부를 알려 달라고 했다.

이그나시오에 따르면, 노바티스의 전신인 산도스 파마수티컬에서 일할 때 산도스가 미국 서부 해안에 있는 대학과 연계해 미국 시장 진출의 교두보를 마련하려고 애썼다고 한다. "산도스는 샌디에이고에 있는 스크립스Scripps(연구소)를 사들이려고 했습니다. 아주 노골적으로 일을 추진했죠…. 너무나 노골적으로 움직이다 보니, 상원의원 앨 고어Al Gore와 국립 보건 연구원장이던 버나딘 힐리 Bernadine Healy가 워싱턴의 하원에서 청문회를 소집했습니다. 청문회에서 산도스는 '당신들 뜻대로 되지는 않을 것'이라는 이야기를 들었습니다." 〈로스앤젤레스 타임스*Los Angeles Times*〉는 산도스와 스크립스 거래를 보도하면서, "버나딘 힐리 박사는 평상시와는 다른 강경한 어조로 라호야 소재의 유명한 연구 기관인 스크립스와 대형 제약 회사인 산도스 파마수티컬의 거래를 '비정상적인' 거래라고 비난했으며, 연방법 위반 가능성을 제기했다. 또한 연방 정부의 기금을 사용하는 연구 기관과 기업 사이의 정상적인 거래에 대한 '위험한 예외'가 될 수도 있음을 지적했다"라고 썼다.

이그나시오의 설명이 이어졌다. "앞선 일이 있고 몇 년이 흐른 뒤인 그 시점에서, 이번에는 버클리의 한 학장이 나에게 이 회사와 5000만 달러짜리 계약을 하겠다고 하는데 내가 하고 싶은 말은,

'학장님, 아주 좋은 계약이기는 하지만, 저는 버클리가 제2의 라호야[스크립스]가 되지는 않기를 바랍니다'였어요. 버클리에 기금을 주는 대신, 노바티스는 식물학부에서 나오는 모든 연구 자료를 가장 먼저 훑어볼 수 있는 권리를 요구했습니다."

이그나시오는 라우저 학장과 통화가 끝나자마자 다른 교수들에게 일일이 전화를 걸어, 집행위원회 위원장으로서 자신이 노바티스와의 계약을 눈감아 줘야 할지 물었다. 그와 통화를 한 대부분의 교수들은 노바티스와의 거래에 찬성하지 않았다(라우저 학장은 교수진 대부분이 찬성 의견이었다고 말했다). 이그나시오는 라우저와의 회의에서 자신은 "교수 회의를 대표하여" 계약서에 서명하지 않겠다고 말했다. 라우저는 분노하며 테이블을 쾅쾅 쳤다. 이그나시오는 학장에게 자신이 할 일은 교수진이 원하는 것을 전달하는 일이며 또한 그렇게 하는 것이 교수진을 위한 최선이라 믿는다고 말했다. 이그나시오는 자신이 믿는 대로 행동했다.

도덕적으로 분노한 상태로 이그나시오는 학장과의 만남을 끝냈고, 앞으로의 활동을 계획하기 시작했다. 그 후 2주에 걸쳐서 투쟁과 시위가 이어졌고, 대학과 이그나시오 사이에는 밀고 당기기가 있었다(한때 시위대가 라우저에게 파이를 던진 사건도 있었다). 하룻밤 사이에 이그나시오는 중구난방으로 흩어져 있던 교수진과 노바티스와의 거래에 반대하는 학생들을 이끌어야 하는 처지가 되었다. 이 논쟁은 결국 주의회까지 번져서 청문회가 소집되었다. 2년의 투쟁 끝에 버클리는 노바티스로부터 2500만 달러를 받았고, 대부분 유전자 연구와 관계된 과학자들인 버클리의 연구진 23명에게 노바티스의 연구 및 거래 비밀에 대한 접근권이 주어졌다. 〈새크라멘토 비Sacramento Bee〉는 '경제적으로 성공할 가능성이 있는 연구 결과는 노바티스가 가장 먼저 활용할 수 있도록 권리를' 준 대가라고 보도했다. 〈애틀랜틱The Atlantic〉은 이 소동을 보도하면서, 버클리를 "매수된 대학"이라고 지칭했다. 그러면서 이러한 상황에서 가장 우려스러운 점은 "밀실에서 이루어진 기업의 지원을 빌미로 논문이 발표되기 전에 자신들의 상업적 이익에 부합하도록 조작할 가능성"이라고 지적했다.

노바티스 사건에 대해 이야기할 때, 고든 라우저는 젖소와 말을 기르는 자기 소유의 목장으로 직접 운전해 가는 길이었다. 우리는 휴대 전화로 이 사건에 대해 이야기를 나눴다. 그의 목장은 버클리 북쪽, 그래스밸리 외곽에 있는데, 시에라네바다 산악 지대의 산기슭에 있는 그래스밸리는 포도밭과 급류 타기 래프팅, 그리고 고급 레스토랑으로 유명한 지역이다. 이미 학장직을 떠난(1994년부터 2000년까지 재직했다) 그는 나와 통화할 당시에는 버클리의 농업자원 경제학부의 로버트 고든 스프롤Robert Gordon Sproul 석좌교수[10]로 있었다. 그의 이력서를 슬쩍 들춰 보기만 해도 그가 대단히 성공을 거둔 학자라는 것을 알 수 있다. 나와 이야기를 하는 도중에 어쩌다 보니 자신은 GMO 찬성론자라고 밝혔다.

그 사건에 대한 라우저의 기억은 내가 보기에 이그나시오가 기억하는 것과 크게 다르지 않았다. 다만 그는 노바티스와의 거래에 부정적인 부분은 전혀 없었다고 주장했다(5000만 달러라는 수치에 대해서는 말꼬리를 흐렸고, 대학의 입장에서는 그런 거래가 성사되기만 한다면 더 큰 금액을 원했겠지만 이그나시오가 내게 말한 정도의 금액은 아니었다고 했다. 실제로 버클리에 기부된 금액이 그보다 적었던 것은 당시의 소동과는 상관이 없었다고 주장했다). 라우저는 자신의 관할하에 있던 미생물학부가 기부금을 받기 위해, 몬산토, 다우, 듀폰 등을 포함해 열다섯 곳의 생명공학 기업에 제안서를 제출하기로 결정했을 때, 그 목적은 단지 버클리의 일부 교수진들이 식물과 미생물학 연구를 진행하는 데 필요한 연구자금을 확보하기 위해서였다고 말했다. 예를 들자면, 그는 생명공학 기업들이 "가뭄 내성에 대한 혁신적인 아이디어 경쟁"을 벌이고 있다는 것을 깨달았다. 그리고 버클리의 과학자들에게 기업과의 협업 기회를 제공함으로써 버클리가 과학적인 발견의 선두에 서게 할 수 있다고 생각했다. (노바티스와의 거래가 성사된 후, UC 버클리의 생명학부는 미국에서 최고의 자리에 올라섰다.)

이 거래에 있어서 한 가지 커다란 걸림돌은 논문 발표에 대한 것이었다. 노바티스와 버클리는 어떠한 과학적 발견에 대해서도 90일간 공개하지 않는다는 데 동의했다. 과학자들에게 90일은 너무 긴 기간이라는 것은 라우저도 인정했다. 그러나 노바티스는 90일은 너무 짧다고 생각했다. 결국 노바티스도 교수들이 부정적인 관점의 논문을 쓰더라도 공개에 반대하지 않았다고 말했다. 그는 학문의 자유란 언제나 보장되어야 하는 것이라고도 했다.

애초에 엄청난 소동을 치렀음에도 불구하고, 노바티스는 버클리의 연구 결과를 전혀 이용하지 않았다. 객관적인 별도의 위원회는 마지막 평가로, 이러한 상황은 너무나 집중적이고 부정적인 관심을 끌게 되므로 다시 반복되어서는 안 될 것이라고 결론 내렸다.

그러나 이 책을 쓰기 위해 내가 만났던 많은 사람들이 학계의 상황은 당시보다 더 나빠졌으면 나빠졌지 나아지지는 않았다고 한

결같이 말했다. 하원의원 핀그리는 "연구에 대한 상업적인 투자, 특히 랜드 그랜트 칼리지land grant college[11]나 농업 대학에 대한 투자가 훨씬 많아졌습니다. 따라서 '얼룩지지 않은' 순수한 연구는 거의 없다시피 되었습니다. 어느 학교나 상업적인 연구를 받아들이고 있지요. 많은 학자들이 이러한 분위기가 과학계를 변화시켰다고 말합니다"라고 했다. 간결하고 무뚝뚝한 어조로 타이론 헤이스도 같은 이야기를 했다. "연구 자금을 얻기 가장 좋은 곳은 기업입니다…. 하지만 기업은 연구를 공개하기 싫어해요…. 어떤 기업에서 자사의 상품에 대해 연구하고 있는 과학자가 있다는 것을 알게 되면, 돈으로 그 과학자의 입을 다물게 합니다."

이그나시오는 과거를 돌이켜 보면 자신이 노바티스에서 일한 바 있다는 인연을 고리로, 노바티스와의 거래에 찍을 고무도장으로 이용당했다고 생각한다. "갑자기 윗선에서 시키는 일에 '노'라고 말할 배짱도 없어 보이는 웬 젊은 녀석 하나가 나타났다 생각하고 얼씨구나 했겠죠. 그래서 나를 그런 자리에 뽑아 앉힌 겁니다. 내가 잘나서 뽑혔다고 생각했으니, 얼마나 바보 같았는지…." 고든 라우저는 그것은 말도 안 되는 생각이라고 했다. 이그나시오가 그 자리에 뽑힌 것은 그보다 경력 있는 교수들이 위원장으로 활동할 시간이 없어서 그 자리를 고사했기 때문이라고 했다.

어쨌든 노바티스와의 거래에 따른 소동이 가라앉자마자 이그나시오는 종신 교수직 심사에서 탈락했다. 그러자 그는 또 한 번 커다란 싸움을 시작했다. 심지어는 책상과 책, 그리고 티포트까지 갖추고 유니버시티 홀 밖에서 시위까지 벌였다. 라우저는 이그나시오가 〈네이처〉에 실린 자신의 논문을 비판한 리뷰어 중 한 사람이 종신 교수직 심사위원 중 한 명이었다는 것을 빌미로 그런 싸움을 벌인 것이라고 했다. 라우저는 대학 입장으로서는 이익이 충돌하는 상황이었다고 주장했다. 결국 이그나시오는 대학을 상대로 소송을 걸었고, 명망 있는 변호사들이 그의 편에 섰다. 게다가 이그나시오 측은 소송의 단계마다 모든 자료를 언론에 공개함으로써 대학의 심기를 더욱 불편하게 만들었다. "나한테 '기밀'이라고 적힌 모든 서류가 도착할 때마다 나는 곧장 기자들에게 공개했습니다. 그러면 그대로 신문에 실렸죠. 완전한 공개적 소송이었습니다."

이그나시오는 골칫거리—버클리에서뿐만 아니라 더 넓은 영역에서—로 유명해졌을 뿐만 아니라 몽상가라는 손가락질까지 받게 되었다. 어떻게 보면, 과학자로서는 몽상가라는 손가락질이 더 치명적일 수 있었다. 몽상가라는 꼬리표가 붙는 순간 그의 연구에 대한 신뢰도는 바닥으로 떨어지기 때문이다. 그러나 라우저에게 이그나시오를 정말 골칫덩어리로 생각하느냐고 물었을 때 그는 이렇게 답했다. "아뇨, 그렇지 않습니다. 이그나시오가 골칫덩어리라면 버클리에는 골칫덩어리 아닌 사람이 없을 겁니다. 버클리에서 과학자로서 계속 공헌한다면, 그는 골칫덩어리가 아닙니다." 그러나 마지막 순간에 라우저는 날카로운 한마디를 남겼다. "그 사람 이제는 정교수가 되었는지 모르겠군요. 아직 조교수입니까?"

"네."

"아직 정교수가 되지 못했군요. 그렇다면 학문적으로는 좋지 않은 징조로군요."

2002년 6월, 거의 1년이 지났는데도 〈네이처〉는 여전히 이그나시오의 논문을 가지고 갑론을박 중이었다. 그 무렵 〈네이처〉의 편집장이던 필 캠벨은 이그나시오와 퀴스트에게 논문을 철회할 것을 요구했지만 두 사람 모두 거절했다. 그러자 캠벨은 그들의 논문 게재를 거부했다. 그 와중에도 〈네이처〉는 이그나시오의 연구를 거론하는 글들을 계속 실었다. 그중 가장 눈길을 끄는 것은 이그나시오의 애초 논문을 비판한 논문들이 노바티스로부터 기금을 받아 진행된 것이었음을 비난하는 글이었다. "퀴스트와 차펠라의 논문에 대한 반론으로 게재된 두 논문의 저자 여덟 명은 연구비의 전부 또는 일부를 노바티스(현 신젠타)의 농업생명공학 자회사인 토리 메사 연구소Torrey Mesa Research Institute(TMRI)로부터 지원받았다." 그 여덟 명의 저자 중 둘은 버클리의 과학자였다. 그 글의 저자는 만약 이그나시오와 퀴스트가 4년 전에 있었던 노바티스와 버클리 거래에 대한 "비판을 주도한" 학자들이 아니었다면 위의 저자들과 노바티스와의 관계는 "이처럼 주목할 만한" 이유가 없었을 것이라고 지적했다. 《식품주식회사》의 저자 피터 프링글은 캠벨이 "위의 두 과학자—이그나시오와 퀴스트—에 대한 비난이 그들의 논문을 거부하는 결정에 영향을 미쳤다는 것을 부인했다"라고 썼다.

시간이 흐른 뒤 돌이켜 보아도, 생명공학 기업의 강한 압력과 몇몇 거물급 과학자들의 공격이 〈네이처〉의 결정에 전혀 영향을 주지 않았다고 믿기는 힘들다. 언론계라고 해서 외부의 압력으로부터 자유로운 것은 아니다. 설상가상으로, 노골적으로 생명공학 기업들을 두둔하는 인터넷 캠페인이 일어나 이그나시오와 퀴스트의 연구를 비난하기 시작했다. 이메일 폭탄의 근원지를 추적하자, 워싱턴 DC에 근거를 둔 PR 회사인 바이빙스 그룹Bivings Group이 등장했다. 몬산토 사는 이 회사의 가장 큰 고객이었다.

잠깐만 에즈쿠라 박사에게로 돌아가 보자. 이 소동에서 그의 역할은 점점 더 중요해졌다. 2001년 4월, 이그나시오가 오악사카에서 자신이 발견한 것을 환경부 소속 인사들에게 설명하기 위해 멕시코시티로 갔을 때, 당시 멕시코 생태 연구소 소장이던 에즈쿠라 박사는* 옥수수가 오염되었다는 사실을 처음 알았다. "이그나시오의 이야기를 듣고 깜짝 놀랐지요." NAFTA의 서명이 있기는 했지만, 옥수수는 오염되지 않기를 바랐다. 그는 곧 솔 오르티즈Sol Ortiz라는 동료를 차펠라가 오악사카 옥수수의 샘플을 채취했던 벽지로 보냈다. 오르티즈가 가져온 샘플을 멕시코의 한 연구소로 보내 차펠라의 발견을 다시 한 번 확인했다. "그 옥수수에서 다량의 [GMO] DNA가 발견되었습니다." 그해 11월, 차펠라의 연구가 공개된 후, 에즈쿠라 박사는 노스캐롤라이나의 레일리에서 열린 국제회의에 참석했다. 수많은 과학자와 기자들이 모이는 자리였다. 그는 청중들 앞에서 밝혔다. "차펠라의 연구를 다시 한 번 확인했습니다. 그가 발견한 것은 사실이었습니다." 그는 이그나시오의 연구와는 별개로 진행된 자신의 연구 논문을 〈네이처〉에 보냈지만, 〈네이처〉는 3미터짜리 막대기 끝으로도 그의 논문을 건드리지 않으려고 했다고 말했다. 〈네이처〉는 그의 연구에서 PCR이 오염되었을 가능성을 제기하며 그의 논문을 거부했다. 〈네이처〉가 왜 그런 가능성을 제기했을지 묻자 에즈쿠라는 이렇게 답했다. "유수의 전문지라 하더라도 경제적인 후폭풍 때문에 그런 논문을 게재하기

---

* 현재는 캘리포니아 대학교 멕시코-미국 연구소 소장으로 있으면서 UC 리버사이드의 식물학 및 식물과학부의 식물생태학 교수로 재직 중이다.

를 꺼려합니다. 정치적인 후폭풍도 무시할 수 없고요."

그러나 흥미로운 것은 에즈쿠라도 거기서 멈추지 않았다는 사실이다. 그 후로 1년 반 동안, 그는 동료들을 보내 더 많은 종자를 확보했다. 그 무렵, 오악사카의 농부들은 상황을 확실하게 인식하고 있었다. 이그나시오에게 일어난 일들을 알게 된 후, 그들은 직접 행동에 돌입했다. "[그들은] 조직이 아주 잘돼 있었고, 어떤 옥수수를 심어야 하고 어떤 옥수수를 피해야 하는지에 대해 공동체 안에서 스스로 아이디어를 내고 추천까지 하는 수준이었어요. 2001년부터 미국산 동물 사료를 피하는 움직임이 있었는데, 지금은 그렇지 않습니다. 그리고 또 한 가지는, 아이오와에서 건너온 유전자 이식 옥수수를 멕시코에 심으면… 잘 자라지 않아요. 많은 양의 비료와 물, 그리고 아이오와의 긴 여름 햇살이 있어야 하거든요. 오악사카는 표토가 얇고 물도 부족해요. 라운드업을 쓰는 사람이 아무도 없는 땅에서 무엇 때문에 라운드업 레디 옥수수를 심겠어요? Bt 작물도 마찬가지입니다. 오악사카에는 조명충나방 문제가 없어요…." 그가 두 번째로 채취한 샘플은 미국의 전문 연구소인 제네틱 ID Genetic ID로 보내졌는데, GMO DNA가 전혀 발견되지 않았다. 이것은 어떻게 설명할 수 있을까? "사포텍 Zapotec 사람들*은 문제를 해결할 수 있었습니다." 짧은 기간 동안, 그들은 오염을 막아 냈다. 적절히 격리시키고 GMO 옥수수를 피하자 오염은 확산되지 않았던 것이다.

그러나 에즈쿠라는 미래를 그다지 희망적으로 보지 않는다. 미

---

* 주로 오악사카 남부에 거주하는 멕시코 원주민을 말한다. 콜럼버스가 신대륙에 도착하기 이전 중앙아메리카에서 가장 높은 수준의 문명을 이루었던 민족이다.

래에 대한 그의 걱정은 비단 GMO에 그치는 것이 아니라 식량 전체에 대한 것이다. "우리는 지금 세계적인 식량 위기에 처해 있다고 믿습니다. 식량의 양이 아니라 현대적인 농업에서 비롯된 식량의 질이 문제인 거죠. 멕시코에서는 NAFTA 이후에 이 문제가 폭발적으로 증가했습니다. [멕시코는] 세계에서 가장 건강한 인구를 가진 나라에서 [미국과 사우디아라비아에 이어] 세계에서 세 번째로 비만과 당뇨 환자가 많은 나라가 되었습니다. 소규모 자영농에서 기업적인 식량 재배, GMO 옥수수, 다량의 항생제와 성장 호르몬을 투여하며 밀집 사육장*에서 기른 닭과 소고기 소비 등으로 인해 멕시코 인구의 건강이 위태로워지고 있습니다. 멕시코는 지금 많은 문제를 안고 있습니다. GMO는 전체 패키지 중의 일부일 뿐이죠…. [그러나] 우리의 적은 GMO 문제보다 훨씬 큽니다. 다국적 기업과 더 깊은 관련이 있지요."

* 나중에 에즈쿠라는 "밀집 가축 사육장"을 "강제 가축 수용소"로 바꾸었다.

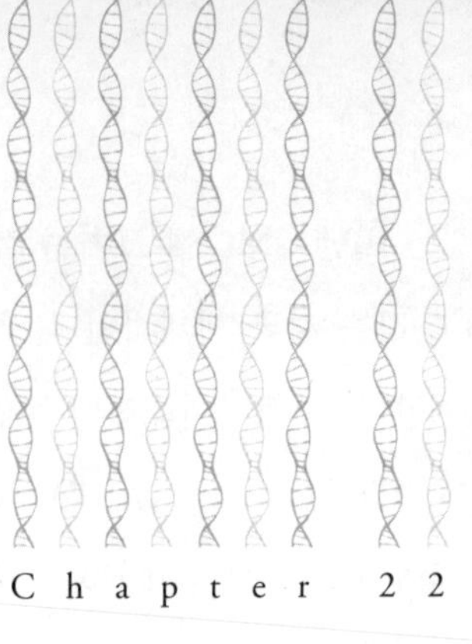

Chapter 22

점심 식사가 거의 끝날 무렵, 여러 잔의 커피를 들이붓듯 마셨음에도 불구하고 이그나시오는 눈에 띄게 피곤해 보였다. "뱃사람들의 모험담"처럼 길고 곡절 많은 자신의 이야기를 모두 털어놓은 사람은 내가 처음이라고 했다. 모든 것이 한꺼번에 무너져 내리기 시작한 지 10년이 넘은 세월이었다. 노바티스와 버클리의 거래에서부터, 결혼 생활의 파탄, 종신 교수직을 위한 싸움, 멕시코 옥수수 연구를 둘러싸고 자신의 연구의 신뢰도를 지키기 위한 싸움까지. 그 긴 세월 동안 그는 버클리에서의 입지만 잃은 것이 아니라, 새로운 것을 발견하고 책과 논문을 출판하고 세계 최고의 대학에서 종신 교수직을 얻는 다른 과학자들에 비해 경제적으로도 파탄 상태였다.* 타이론 헤이스는 이그나시오가 고난의 시간을 보내던 시기에도 그를 알고 있었다고 말했다. "개인적으로 잘 아는 사이였기 때문에, 그가 정신 나간 사람이 아니라는 것도 잘 알지요. 바깥에서 이런 일을 구경하는 사람의 입장에서는, 이를테면 대기업과 그들의 전술, 대학과의 관계, 정부와의 관계, 이런 음모론에 대해 미친 소리라고들 하지요. 하지만 이건 현실이고 저도 직접 경험했습니다."

캘리포니아에서의 사흘째 아침, 나는 헤이스의 이야기를 떠올리며 아침 일찍 잠에서 깼다. 수영을 하고 과일로 아침을 먹은 후, 버클리 시티 클럽을 출발해 언덕의 오르막길을 걸었다. 꽃이 만개한 버클리 캠퍼스를 걷자니 정신이 몽롱할 정도로 꽃향기에 취할 것 같았다. 타이론 헤이스를 직접 만나기 위해 라이프 사이언스 빌딩을 찾았다. 그 무렵, 나는 이미 여러 번 그와 이야기했고, 나에게 이그나시오를 소개한 사람도 바로 그였다. 다시카 슬레이터Dashka Slater가 타이론 헤이스와 신젠타 사이의 황당하고 통렬한 투쟁을 멋지게 묘사한 〈마더 존스〉의 기사도 읽었다. 그리고 자사에 불리한 논문을 내거나 기사를 쓰는 사람들을 대상으로 한 신젠타의 고립 전략을 파헤친 〈뉴요커〉의 기사도 읽었다.

건물 안에는 거대한 티렉스 골격의 화석이 계단통에 버티고 서서 사람도 한입에 삼킬 듯한 기세로 입을 떡 벌린 채 계단을 오르내리는 학생들을 향해 포효하고(보는 사람에 따라서는 웃고) 있었다. 희미한 조명 아래 실험실로 연결된 여러 개의 문이 촘촘히 벽에 박혀 있는 복도를 지나 타이론의 실험실에 도착했다.

---

* 이건 여담이지만, 이그나시오는 자기 몫의 점심 값은 본인이 지불했다. 자기 이야기를 들려주는 대가로 나에게 밥을 얻어먹었다는 이야기를 듣고 싶지 않다고 했다. 이 책을 쓰기 위해 여러 사람을 만났지만, 그런 걱정을 한 사람은 그가 처음이자 마지막이었다.

그는 키가 160센티미터 남짓 되고 불룩 나온 배에 말총머리를 한 흑인이었다. 티셔츠와 반바지를 입고 있었는데, 매일 오클랜드에서 UC 버클리까지, 적어도 세 시간이 걸리는 길을 걸어서 출퇴근하며 다져진 다리 근육이 드러났다. 때로는 늦지 않게 도착하기 위해 새벽 3시 반에 출발해야 하는 먼 거리였지만, 워낙 걷는 것을 좋아하는 사람이라 오클랜드 시내를 관통해 걷기를 즐겼다. 조용하고 성격 좋아 보이는 얼굴에 목소리도 부드러웠다. 우리가 이야기를 나누는 동안 들락거리던 대학원생들에게 일일이 내 소개를 하고는, 자신과 신젠타의 싸움, 그리고 그 싸움이 어떻게 이그나시오의 이야기와 연결되는지를 말해 주었다.

타이론이 에코리스크Ecorisk라는 워싱턴주의 컨설팅 회사로부터 처음 연락을 받은 것은 1997년이었다. 이 회사는 당시에 노바티스(나중에 신젠타로 사명을 바꾸었다)를 대리하고 있었다. 그는 그때 이미 버클리의 정교수였다. 버클리가 노바티스와 금전적으로 얽히는 것을 막기 위해 이그나시오가 적극적으로 투쟁할 때였다. 버클리와 노바티스의 협약은 1998년 이후에야 이루어졌다. 신젠타는 헤이스에게 화학 제초제인 아트라진을 검사해 줄 것을 요청했다. 아트라진은 EPA의 상품 재승인 절차를 밟고 있는 중이었다. (아트라진은 1959년부터 옥수수, 사탕수수, 크리스마스트리 농장, 골프 코스, 잔디밭 등에 사용되고 있다. 라운드업을 제외하면 미국에서 가장 널리 쓰이는 농약으로 기록되어 있다. 아트라진의 판매고는 1년에 약 3억 달러로 추산된다.) 타이론은 아트라진의 사용량이 그렇게 많지는 않을 거라면서, 그 수치를 체크할 필요가 있다고 답했다. 어쨌든 아트라진이 위험한 물질이었다면, 노바티스는 왜 그에게 검사를 요청했을까? "처음 그 회사와 일하기 시작했을 때는 내가 순진했죠." 헤이스가 말했다.

그러나 개구리를 대상으로 한 연구를 통해 아트라진에 노출된 수컷 개구리의 후두가 줄어들고, 따라서 짝짓기에서 불리한 입장이 되거나, 일부 개구리의 경우에는 생식선이 기형으로 태어나거나 아예 거세되었으며 심지어 어떤 개체는 '게이'가 되거나 자웅동체가 되기도 한다는 것—이 책의 초반에서 다루었듯이—을 증명하면서 그는 뭔가 다른 흑막이 있을 거라는 생각을 하기에 이르렀다. 어느 순간, 신젠타가 원하는 것은 누군가로 하여금 아트라진을 테스트하게 함으로써 '테스트를 했다'는 사실을 강조하는 한편, 자신들은 '책임이 없음'을 주장하려는 꼼수라는 생각이 들었던 것이다.

〈마더 존스〉에 실린 기사에서 다시카 슬레이터는 "0.1ppb라는 낮은 농도의 아트라진에 노출된 개구리들 사이에서 성기 기형이 나타났다. EPA가 정한 식수 중 아트라진의 허용치인 3ppb의 30분의 1밖에 안 되는 농도이다"라고 썼다. 타이론의 연구에 따르면, 극히 낮은 농도일지라도 아트라진은 수컷 개구리를 암컷 개구리—완벽한 암컷 개구리의 성기를 갖춘—가 되게 만드는 요인으로 작용했다. 이는 충격적이고 공포스러운 발견이었다.

결국 타이론은 아트라진이 남성 호르몬인 안드로겐을 에스트로겐으로 변환시키는 효소를 활성화한다는 것을 증명했다. 그는 "유전적으로 수컷인 개구리를 아트라진에 노출시키면 에스트로겐이 증가하면서 그중 일부는 스스로를 암컷 개구리로 인식하게 됩니다. 즉, 이 개구리들은 암컷으로서 다른 수컷 개구리와 짝짓기를 한다는 뜻입니다. 이러한 변화의 과정은 아주 어린 시기부터 시작되고, 비가역적으로 진행됩니다"라고 말했다.

엘리자베스 콜버트Elizabeth Kolbert는 자신의 책《여섯 번째 대멸종 *The Sixth Extinction*》에서 개구리, 그리고 양서류 전반에 걸친, 빠르고 전면적이고 광범위한 '대량 멸종'에 대해서 썼다. 개구리의 대량 멸종은 1980년대부터 많은 과학자들이 우려하던 부분이었다. 콜버트는 개구리를 보호하기 위한 활동에 매진하고 있는 파나마의 한 생물학자의 말을 인용했다. "불행하게도 우리는 많은 양서류들을 잃고 있다. 어떤 종류는 그 존재조차 모르고 있는데도 말이다." 타이론은 자신의 연구를 바탕으로, 이 문제의 원인은 개구리를 **죽이는** 어떤 것에 있는 것이 아니라, 아트라진 같은 화학물질에 의해 수컷 개구리의 내분비계가 교란됨으로써 그것이 수컷으로서 기능하지 못하고 결국 생식 불능 상태에 빠지게 되는 데서 찾아야 한다고 생각하기에 이르렀다.

결국 타이론은 〈마더 존스〉의 기사에서 슬레이터가 쓴 것처럼, 만약 개구리가 양수와 비슷한 수생 환경 속에 잠겨서 생활하고 아트라진 오염으로 인한 성정체성 혼란에 빠진다면, 그것은 우리 인간에게도 영향을 미칠 것이라고 추측하게 되었다. 또한 성정체성 혼란, 성기 기형 등 인간에게서도 점점 흔해지고 있으며, 특히 어린 아동에게서 급증하고 있는 이와 유사한 현상들이 아트라진에 노출된 결과가 아닐까 의심하기 시작했다.

신젠타는 타이론의 연구나 그의 의심을 달가워하지 않았다. 그에게 주었던 연구 기금을 중단했고, 연구 자료를 넘겨 달라고 요구했다. "그들이 내게 연구 자금을 준 것은 내 연구 결과를 발표하지 못하게 하기 위해서였어요." 타이론이 말했다. 다시 말하자면 그들이 준 돈은 그의 입을 막기 위한 것이었다. 그는 그 요구를 거절했다. 즉 애초의 계약을 깨고 논문을 발표했다.

정확하게 말하자면, 아트라진의 부작용을 파헤친 과학자는 타이론이 처음이 아니었다. 그러나 가장 유명한 연구가 된 것은 분명했다. 그는 자신의 연구를 독특하고 요란스럽게 노출시켰다. 타이론의 말을 빌리자면, "일종의 마초 스타일"로 보여 준 것이다. 그의 논문은 어디서나 "힙합 과학자"의 논문으로 통했다. 그의 랩 송 때문이었다. 타이론은 딱딱한 과학자들의 모임에서 랩 가사를 붙여 노래를 불렀다(자신의 민족성과 흑인 커뮤니티에서의 힙합의 문화적 중요성을 부각하면서). 자신과 거대 생명공학 기업 사이의 지적인 논쟁이 난타전으로 달아오르자, 신젠타에도 신랄한 가사의 랩을 써서 보냈다. 그중 두 편만 옮겨 보면 다음과 같다.

> 나는 어딜 가나
> 야단법석
> 당신네도 알다시피
> 뭘 해도 시끌벅적.

그리고

> 에스트로겐을 위한 나의 생각
> 번개처럼 내리쳐
> 천둥 같은 목소리로
> 두려움에 찌든 당신

내 이름을 부르는 목소리
겁에 질려 두리번거려
벌써 두 번째 번개가 쳤나
타이론이란 놈이.

요즘은 타이론도 핑퐁 이메일로 논쟁하기를 그다지 좋아하지 않는다. 옛날 그 시절은 광기의 시기였다. 아마 웬만한 사람이었다면 신젠타를 상대로 맞장을 뜰 만큼 용감하지(또는 에너지가 충만하지) 못했을 것이라고 보는 편이 상식적일 것이다. (신젠타와의 전쟁으로 타이론은 인생에서 많은 시간과 돈을 빼앗겼다.) 타이론은 가장 중요한 쟁점으로 돌아갔다. "예를 들면, 신젠타는 아트라진에 대한 [자신들이 직접 진행한] 연구가 수천 건도 넘는다고 주장합니다. 그런데 그 연구들 중 단 한 건도 공개되거나 출판된 게 없어요. 나도, 당신도 본 적이 없지요. 그저 그들의 주장일 뿐이에요. 그러므로 그들이 그 문서와 테스트, 그리고 논문을 EPA에 제출했는지는 몰라도 실제로 누가 그것들을 읽어 보거나 평가했는지는 알 수 없습니다. 나 역시 그 회사와 일할 때조차 그 문서들을 내 눈으로 직접 본 적이 없으니까요."

GMO 또는 GMO에 수반되는 농약에 관해, 타이론은 기업들이 정부 기관에 제출했다고 주장하는 테스트의 숫자에 속아서는 안 된다고 말했다. "정부가 요구하는 건 오로지 그들이 테스트를 했다는 사실뿐입니다. 그 증거로 서류가 돌아다니는 거죠. 기업 입장에서는, '우리 회사는 매년 이 테스트를 하는 데 X백만 달러를 썼습니다' 하고 말할 수 있으면 되는 겁니다. 그러나 그렇게 말할 수 있다고 해서 그들이 그 테스트 결과를 공개했다는 의미도 아닐 뿐더러, 그 회사가 내놓은 것들이 안전하다는 의미는 더더욱 아닙니다." 브루스 채시가 말한, 트레일러트럭 두 대분의 데이터를 기억해 보자. 에릭 치비언 박사는 이렇게 말했다. "미국 정부가 흡연에 관한 판단을 필립 모리스Philip Morris Companies Inc.의 연구에 의존한다면, 국민들은 어떻게 생각할까요? GM 작물을 재배하는 데 쓰인 농약이 인체에 무해한지를 알아보기 위한 실험이 그 농약을 만드는 회사에 의해서 진행되었다면요? 그 결과를 과연 믿을 수 있겠습니까?"

타이론은, 신젠타와 끝이 보이지 않는 전쟁을 치르고 있었을 때, 적어도 자신은 이미 종신 교수직을 확보한 후였다고 말했다. "만약 내가 경력이 일천한 사람이었다면, 종신 교수직을 따기 위해 아직도 한참 노력해야 하는 [이그나시오 같은] 상황이었다면…" 생명공학 기업들의 비위를 거스르는 연구를 "할 수 있었을지 확신할 수 없어요…. 내 경력에 너무나 큰 부담이 되니까요."

타이론은 자신을 향한 조직적이고 엄청난 반발과 이그나시오를 둘러싼 일들도 결국은 돈 문제, 그리고 기업이 자기 회사의 상품을 지키려는 욕심이 그 근원이었다고 말했다. 생명공학 기업들은 일반 대중이 아트라진을 어린 남자아이를 게이로 만들거나 자궁 속에서부터 생식기를 기형으로 만들지도 모른다고 두려워하게 되는 것을 원치 않았다. 이그나시오의 연구가 GMO 오염을 증명했다는 소식이 세계 곳곳으로 퍼져 나가는 것도 원치 않았다. "GMO 또는 농약을 둘러싼 문제들의 핵심은 생명공학 기업들이 필요한 어떤 수단을 동원하더라도 자기 회사의 상품을 결코 포기하지 않으려 한다는 데 있습니다. 내 경험으로 봐도 그들의 상품에 위험한 부작용이 있든, 재차 검토해야만 할 요소가 있든 그들은 그런 것들이 절대로 드러나지 않도록 꽁꽁 숨기기 위해 못할 짓이 없습니다." 타이론의 말이다. 이와 비슷하게, 프링글은 생명공학 분야 컨설턴트인 돈 웨스트폴Don Westfall이 GMO 오염에 대해 했던 말을《식품주식회사》에 인용했다. "기업들이 바라는 바는, 세월이 흐르면서 시장에 GMO가 넘쳐흘러서 아무도 손쓸 수 없게 되는 것이다. 그들은 결국 누구라도 두 손을 들 수밖에 없는 상황을 원한다."

타이론은 자신도 이그나시오처럼 항복하거나 물러서는 데에는 관심이 없다고 말했다. 신젠타는 타이론이 강의를 하거나 강연을 할 때면 '어깨'들을 보내 강의실이나 강연장 뒤쪽에 세워 놓곤 했다. 다시카 슬레이터가 〈마더 존스〉에 쓴 기사에 따르면, 그들은 타이론에게 그의 아내와 아이들을 언급하며 협박하는 짓도 서슴지 않았다고 한다. 슬레이터는 헤이스가 아트라진의 위험성에 대해 증언하기로 한 자리에 신젠타의 대표가 나타나서 했던 말을 썼다. "그렇게 밖으로 싸돌아다니면 가족과 연구실은 누가 돌보나, 티백Tea Bag?[12] 그런 건 걱정 안 되나 보지?" 대표의 말은 거기서 끝나지 않았다. "다음번에 또 이런 강의를 하면, 그땐 내 친한 친구들 몇을 데리고 와서 아트라진이 그 녀석들을 어떻게 게이로 만드는지 당신이 설명하는 걸 듣게 해 주지. 정말 재미있을 거야. 그렇지 않아, 티백?"*

타이론에게 자신의 생명은 물론, 가족들마저 위험할 수 있다는 것을 알면서 밤에 어떻게 잠을 잘 수 있었느냐고 묻자, 그는 내분비

---

* 흥미롭게도, 타이론은 거대 생명공학 기업들에 연줄이 있으며 나의 〈엘르〉 기사에 대해서 공격한 존 엔타인으로부터도 공격을 받았다. 레이철 아비브(Rachel Aviv)가 타이론과 신젠타 사이의 싸움을 추적해 쓴 2014년 〈뉴요커〉의 기사에 따르면, 엔타인은 신젠타 측에 의해 '중요한 지지자 그룹'으로 분류되어 있었다고 한다.

계를 교란하고 태아의 발육을 저해하는 화학물질을 다룬《도둑맞은 미래*Our Stolen Future*》를 쓴 작가 테오 콜번Theo Colburn도 화학 회사들로부터 위협을 당한 적이 있었기 때문에 자신을 걱정해 줬다고 말했다. "테오는 나한테 집에 갈 때도 같은 길로는 두 번 가지 말라고 말하곤 했죠." 타이론은 사우스캐롤라이나의 아주 거친 동네에서 성장했지만, 네브래스카에서 혼자 있었을 때처럼 누가 그에게 폭력을 쓰지 않을까 두려운 때도 있었다고 했다.

그만두고 싶지는 않았을까? 신젠타와의 싸움에서 그만 발을 빼고 싶었던 적은 없었을까? 나는 알고 싶었다. "아마 그게 신젠타를 미치고 팔짝 뛰게 만들었을 거예요. 내가 포기하지 않는다는 것. 나는 분명히 문제가 있다는 걸 알고 있었고, 뭔가 잘못되어 있다는 걸 알고 있었고, 그들이 적절치 못한 행동을 하고 있다는 것도 알고 있었어요."

아직도 타이론은 멈추지 않았다. 전략을 바꿨을 뿐이다. 연구의 핵심을 서로 시너지를 일으키는 조합과 화학 혼합물로 옮긴 것이다. 정부에서도 이 문제를 처리할 태스크 포스를 꾸리지 않았으므로, 누군가는 이 일을 해야 한다고 그는 생각한다. 타이론은 연구 자금을 확보하기 위해 창의적인 아이디어를 내야만 했다. "대부분의 연구 자금은 기업으로부터 나오는데, 부정적인 데이터를 공개하는 데 돈을 댈 기업은 없으니까요…. 연방 정부의 기관을 봐도, 기초 과학에 연구 자금을 대 주는 곳은 과학 재단뿐입니다. EPA도 개별 상품이나 화합물을 들여다보는 연구에는 기금을 주지 않아요…. 실질적으로 연방 기금은 없습니다. 그런데도 그런 연구를 선택해서 누군가로부터 연구 자금을 지원받는다면, 그 과학자의 경력이 위험에 처하게 될 확률이 높습니다. 내가 경험했듯이 말이죠." 이 책을 쓰기 위해 내가 만난 또 한 명의 과학자가 단도직입적으로 말했다. "요즘은 연구의 쇠퇴기입니다. 내가 묻고자 하는 질문의 답을 찾는 데 필요한 연구 기금은 아무도 주려고 하지 않아요."

타이론은 일하는 동안에는 몸을 낮춘다고 말했다. 연구 자료를 발표하는 순간부터 사방에서 파편이 날아오리라는 것을 알기 때문이다. 그러나 〈마더 존스〉와 〈뉴요커〉의 기사는 그의 경험을 증명해 준다. 결국 누군가는 그에게 실제로 일어난 일들의 옳고 그름을 가려 준다는 것을 그는 요즘 느끼고 있다. 앞에서 말한 두 건의 기사 외에, 그의 페이스북 계정에는 그가 농약에서부터 GMO에 이르기까지 모든 것에 대해 코멘트해 주기를 기다리는 '팬'들이 넘쳐난다. 다른 사람의 포스팅에 가끔씩 짬을 내어 댓글을 달기는 하지만, 우스꽝스러운 사진을 올리거나 저녁 때 먹은 음식에서부터 최근 하버드 대학교에 강의를 하러 갔을 때 묵었던 호텔의 이상한 거울 같은 시시콜콜한 것들을 모두 포스팅하지는 않는다.

GMO 자체는 그의 분야가 아니지만, 나는 그에게 생명공학 기업들이 하는 말, 즉 GMO는 절대적으로 안전하다는 말이 사실인지 물었다. 그는 내 말이 끝나자마자 말했다. "네브래스카에는 실험 작물이 끝도 없이 재배되고 있어요. 시장에 내놓기 오래전부터, 사람이 먹을 식품으로 등록되거나 팔리기 오래전부터." 밭은 바깥에, 공기 중에 노출되어 있고, 바로 옆에 위치한 비실험 작물들도 오염되는 것은 피할 수 없다. "솔직히 말할까요? 아닙니다. 그 회사들은 그렇게 말해서는 안 됩니다. 당연히 그래서는 안 되죠. 오늘날에도, 예를 들면 이 대학에서도 비밀회의 같은 것들이 열립니다."

그는 나에게 우스꽝스러운 표정을 지어 보였다. 그러고는 잠시 생각에 잠긴 듯 말이 없었다. 그러다가 다시 이야기를 시작했다. "결론은 GMO냐 새로운 화학물질이냐, 이거라고 생각합니다. 사람이 자연 환경 속에 뭔가를 욱여넣고 '이건 절대로 해를 끼치지 않아'라고 말할 수 있는 건 없어요. 하와이에서 쥐를 잡겠다고 몽구스를 풀어놓고 어떻게 됐습니까? 그게 어떤 결과를 가져올지 아무도 예측하지 못했죠. '이건 절대로 안전해'라고 확실하게 말할 수는 없습니다. 화학물질에 대해서라면 더더욱. 특히 무언가를 죽이도록 만들어진 화학물질이라면요. '이것은 원치 않는 어떠한 상황도 초래하지 않을 것입니다'라고 말할 수는 없습니다, 절대로. 나라면 그런 말은 단 1초도 믿지 않겠습니다."

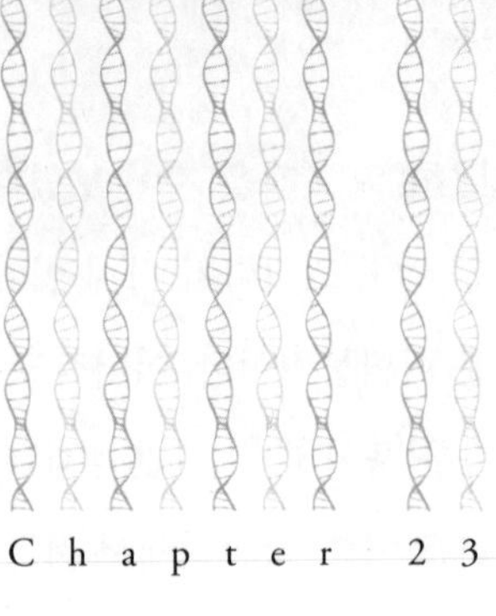

Chapter 23

타이론과 만난 후, 힐가드 홀**Hilgard Hall** 꼭대기 층에 있는 이그나시오의 연구실을 찾아 캠퍼스를 가로질렀다. 힐가드 홀은 스트로베리크리크를 가로질러 놓인 좁은 인도교와 유칼립투스 숲을 지나 작은 언덕 위에 있었다. 힐가드 홀 정면 외벽에는 "인류 사회를 위해 전원생활의 가치를 구하라**RESCUE FOR HUMAN SOCIETY THE NATIVE VALUES OF RURAL LIFE**"라고 쓰인 동판이 걸려 있다.

푸른 캠퍼스가 내려다보이는 작은 발코니의 창은 열려 있었고, 책과 자료로 뒤죽박죽인 책상을 사이에 두고 이그나시오와 마주 앉았다. 이그나시오 등 뒤의 작은 싱크대에는 접시와 비커, 학생들과 작은 자축 파티를 벌이고 난 흔적인 와인잔이 쌓여 있었다. 한참 요란했던 싸움이 끝나고, 결국 종신 교수직을 따내고, 옥수수 연구에 대한 무차

별적인 공격이 어느 정도 잦아들자 그는 이제 다음 행보는 어떻게 해야 하나, 하는 고민에 빠졌다고 한다. 그 앞의 몇 년 동안 짙은 먹구름처럼 그의 머리 위에 머물렀던 시간들은, 그에게 다음 행보가 어떤 것이든 금방이라도 천둥 번개를 내리칠 것 같은 두려움을 안겨 주었다.

그러나 각종 비커와 여러 개의 화이트보드가 모든 공간을 차지하고 있는 그의 연구실 바로 아래층 작은 연구실에서 그는 오악사카 사람들과 계속 연락을 주고받았다. 그는 지금도 오악사카 사람들에게 메신저 역할을 자처한다. 사실 그들을 만족시킬 정답은 없다는 것을 그는 알고 있다. 태어난 땅에서 벗어나지 않고 평생 농사를 지으며 사는 오악사카 주민들에게 '맨눈으로는 보이지 않는 것을 보도록' 만들어 줄 수 있는 창의적인 어떤 것을 원한다고 그는 말했다.

그런 마음으로 만든 것이 바로 세상의 모든 빈곤한 사람들이 자신이 만든 꿀 속에, 옥수수 밭에, 벼를 기르는 논에 GMO가 있는지 없는지, '예스/노'를 분명하게 판단할 수 있는 '장치'였다. 그가 평소에 발을 담그고 있는 과학의 세계로부터의 일종의 일탈이었고 과학적 탐구 행동이라기보다는 "기술적인 개입"이었다.

'터틀(거북이)'이라고 이름 붙인 이 장비는 여러 가지 기준을 충족해야 했다. 일회용으로 사용한 후 폐기할 수 있거나 재활용할 수 있는 것이어야 했고, 독성이 없어야 했다. 방사성 물질이나 전자적 장치, 중금속이 들어 있지 않아야 하고 심지어는 사용하는 데 전기도 필요 없어야 했다(이그나시오는 세상에는 아직도 전기를 사용하지 못하는 곳이 많다고 지적했다). 이러한 노력의 목표는 "깜짝 놀랄 만큼 간단하고, 저렴하고, 일회용으로 쓰고 버릴 수 있으면서 쓰레기로 흔적을 남기지는 않는 것", 그리고 금방 구닥다리 퇴물이 되지 않을 만한 것, 강한 의존성을 유발하는 것(해마다 특허 가진 종자를 새로 구입해서 파종해야 하는 GMO에서부터 아이폰에 이르기까지, 이그나시오가 보기에는 다소 비열한 비즈니스 모델이지만, 소비자로 하여금 그 기술에 의존하게 함으로써 끊임없이 구매를 충동하는 것)을 만들어 내는 것이었다.

무엇보다도, 그가 개발한 장비는 고가의 PCR 테스트가 필요 없었다. PCR 테스트를 하려면 특수한 실험 장비뿐만 아니라 그 장비를 사용할 줄 아는 전문 인력이 필요했다. (장비 가격만 1만 달러였으니, 평범한 주부나 농부는 선뜻 사용할 수 없는 고가의 장비였다.) 실험실이나 연구소에 PCR 테스트를 의뢰하는 데에도 큰돈이 들었다. 작은 꿀 샘플, 이파리 하나, 옥수수 씨앗 하나를 테스트하는 데만도 300에서 500달러가 들었다. 이그나시오는 "그 테스트를 정기적으로, 또는 시시때때로 할 수 있는 사람은 거의 없다고 봐야죠. 자기 농토를 갖고 있는 사람이라면, 그 농토가 아주 작다 하더라도 자기가 기르고 있는 작물 중에서 몇 퍼센트가 이식 유전자를 갖고 있는지 알고 싶은 게 당연하죠. 자기 작물 중에서 어느 정도나 오염이 되었을까, 궁금하죠. 밭에서 샘플 열 개를 채취하면, 5000달러에 가까운 돈을 들여 테스트를 해야 합니다. 만약 무슨 일이 생겨서 그다음 주에 같은 테스트를 또 하게 되면, 또 5000달러를 써야 하죠"라고 말했다. 따라서 "결국 농부들은 어둠 속에, 보고 싶은 것, 보아야 할 것을 볼 수 없는 눈 먼 세상에 살게 되는 것이죠. 그걸 알려면 이런 전문가들의 지식까지 모두 섭렵해야 하니까. 여기 미국에서조차, 지금 내가 서 있는 곳에서 GMO가 있는 가장 가까운 곳이 어디냐고 묻는다면, 그 답은 나도 모릅니다." 그의 말을 듣다 보니, 그는 전혀 새로운 차원의 '알 권리' 캠페인을 펼치고 있는 것 같았다. 만약 그의 장비가 제 몫을 한다면, 소비자들은 이제 식품 제조사들과 정부, Non-GMO 프로젝트나 홀푸드 등이 붙여 놓은 표시에 의존하지 않고 직접 그 성분을 알아볼 수 있게 될 것이고 그 자체로서 커다란 혁명이 될 것이다.

이그나시오는 그 시점에서 가장 신뢰할 수 있는 GMO 분석 기관으로(이 분야는 새롭게 각광받는 분야이고 구글 검색을 하면 간판을 걸고 있는 업체들이 많이 검색되지만) 딱 두 업체가 있다고 말했다. 한 곳은 미국에 있는 '제네틱 ID'라는 회사였다. 이 회사는 존 페이건John Fagan이라는 GMO 비판가가 운영하는 곳이었다. (존 페이건은 아이오와주 페어필드에 있는 마하리시 경영 대학교와 관계가 깊다는 이유로 반-GMO 활동가들로부터 "너무 멀리 벗어난" 사람이라는 비판을 받았다. 마하리시 경영 대학교는 '초월 명상'을 학교의 이념으로 삼고 있기 때문이다.) 두 번째 기업은 룩셈부르크에 있는 '유로핀스 사이언티픽Eurofins Scientific'이었다. 두 회사 모두 굉장히 정확한 GMO 테스트로 명성이 나 있었다. 이 두 회사에 지나치게 의존하게 된 상황이 이그나시오에게는 불만이었다. "GMO의 존재 여부를 볼 수 있는 사람은 오로지 이쪽 분야에서 일하는 사람뿐이었어요. GMO 오염이 있으면, 오염시킨 쪽이나 오염당한 쪽 모두가 이 회사를 찾게 되죠. 그[페이건]의 회사는 세상에 존재하는 GMO와 오염이 심해질수록 발전하게 되어 있어요. GMO와 오염은 중요한 문제가 되고, 그 문제가 커질수록 페이건은 세상에 꼭 필요한 사람이 되니까요."

이그나시오의 이야기를 들으면서, 나는 이 책을 쓰기 시작했을 때 만났던 짐 게리첸과의 대화가 떠올랐다. 짐은 메인주 북부에서 감자와 옥수수를 기르는 농부였다. 게리첸은 매년 소량의 옥수수 샘플을 만들어 페이건의 제네틱 ID에 보내 작물이 GMO에 오염되지 않았는지 확인한다고 했다. 그가 농사를 짓는 아루스툭 카운티는 상대적으로 다른 농지로부터 고립된 곳이지만, 불과 몇 마일 떨어진 캐나다 국경과 가까운 곳에 GMO 옥수수가 재배되는 밭이 있었기 때문에, 그는 늘 GMO 오염을 걱정했다. 새나 벌이나 바람은 그가 결코 통제할 수 없기 때문이다. "오염된다 해도 윤리적으로는 아무런 책임이 없지만, 그래도 우리는 매년 직접 비용을 지출하면서 GMO 테스트를 해요…. 샘플 하나당 몇백 달러의 비용이 발생하지만 말입니다." 그 샘플들—옥수수 알갱이 1만 개 정도—이 그의 의문에 속 시원한 답을 주는지 물어보았다. 그는 느릿느릿 대답했다. "아니요. 100퍼센트 보장할 수는 없죠." 그는 더 자세히 설명했다. "100퍼센트 확신하기 위해서는 사일로 또는 저장고 하나를 통째로 비워서 그 안에 있던 옥수수 알갱이들을 모두 갈아 없애야 할 텐데, 그렇게 한다 해도 헛수고가 될 공산이 큽니다."

이 문제, 즉 콩이나 옥수수가 GMO에 오염되지 않았음을 100퍼센트 보장하는 문제는 몬산토 사의 GMO 상품이자 대표적인 가축용 사료 대표 작물인 알팔파 품종 때문에 한 차례 논란이 된 적이 있다. 엄청난 논쟁 속에서도 USDA는 이 작물에 대한 규제를 폐지했다. 반-GMO 진영에서는 이 작물이 들불처럼 번져 나가 non-GMO 알팔파를 오염시킬 것이라고 우려했다. 밭과 들판을 가로질러 번져 나가 결국에는 유기농 풀을 먹이는 방목 목장과 식육용 농장들에게 돌이킬 수 없는 피해를 줄 것이라는 걱정이었다. 메인주 상원의원 핀그리는 GMO 알팔파에 대해 이렇게 말했다. "초선 시절에 알팔파에 대한 청문회가 열렸는데 청문회는 지지부진했습니다. 나는 행정부나 USDA의 입장에서 말할 수는 없었어요. 하지만 농업소위원회가 주관하는 청문회장의 분위기는 민주당 소속 의원들이나 공화당 소속 의원들이나 다 한결같았어요. 'GMO의 소비를 제한하는 어떠한 규제나 법안, 토의도 받아들일 수 없다'는 것이었습니다. 지난 4년 동안 이 문제에 대해 이렇다 할 의미가 있는 공청회는 한 번도 열린 적이 없었다고 생각해요."

핀그리 의원과 다른 사람들의 이야기를 듣고, 나는 GMO 오염에 대한 USDA의 입장이 궁금해졌다. 특히 USDA의 한 내부 인사로부터, 모든 규제 절차의 실행은 물론 존립 자체를 쥐락펴락하는 거대 생명공학 기업들 앞에서는 이 조직도 "이빨 빠진" 호랑이에 불과하다는 이야기를 들은 후에는 더더욱 그러했다.

그래서 USDA에 전화를 걸었다. 여러 사람을 거친 끝에 USDA에서 유전자 조작 작물의 시장 진입을 규제하는 부서의 부국장인 마이클 그레고어Michael Gregoire와 이야기를 하게 되었다. 그레고어는 USDA가 정말 이빨 빠진 호랑이였는지, 정말로 거대 생명공학 기업들에 휘둘리고 있는지 묻자 단박에 불쾌한 감정을 드러냈다. "우리는 식물 보호 관련법에 관한 한 건강한 이빨을 아주 많이 갖고 있습니다. GE 작물에 대한 관할권을 가지고 있으며 현장 조사도 실시하고 있어요. 우리는 법을 위반하는 내용이 발견되면, 어떤 작물이든 몰수하거나 재배를 중단시키거나 조치를 취할 수 있습니다. 지난해에도 700번이나 현장 조사를 실시했어요." 법 위반 행위에 대해 더 자세히 묻자 그는 생명공학 기업들이 USDA가 요구하는 서류를 제출하지 않은 사례를 일목요연하게 정리한 목록을 보내 줬다. 그러나 USDA가 부과한 벌금은 극히 미미한 액수였을 뿐만 아니라 벌금을 부과한 사례 자체가 매우 드물었다. 헛웃음이 나올 지경이었다. 한 예를 보면, 신젠타 시드Syngenta Seeds 사는 아직 개발 단계에 있기 때문에 USDA의 승인을 얻지 못한 옥수수 29파운드를 유출했고, 이 옥수수가 이미 승인을 받은 옥수수와 섞이고 말았다(말하자면 시험 재배 중인 옥수수가 정상적으로 공급되는 옥수수와 섞였다는 뜻이다). 이들에게 부과된 벌금은 고작 1만 3125달러였다. 또 다른 예를 보면, 몬산토 사는 '미승인 면화'를 수확하면서 승인된 면화와 섞어서 시장에 내보내고도 USDA에 신고조차 하지 않았다. 여기에는 1만 8690달러의 벌금이 부과되었다. 또, 푸에르토리코에만 있어야 할 작물이 텍사스에서 발견된 예도 있다. 이 외에도 많은 미승인 곡물들이 승인된 곡물들과 섞여 시장에 방출되었다. 어떤 경우든 예외 없이, 이런 실수를 저지른 주체는 거대 다국적 기업들이고 이 실수로 인해 환경을 비가역적으로 오염시킨 잘못에 비해 터무니없이 적은 금액의 벌금만이 부과되었을 뿐이다. 생각해 보면, 환경 속에 깃들어 살아가는 것들을 대상으로 '규제'라는 것이 실제로 무슨 의미가 있는가 하는 의문이 들었다. 시인이자 환경주의자인 웬델 베리Wendell Berry의 유명한 말이 생각났다. "혐오의 대상은 규제할 수 없다. 그 자체를 막아야만 한다."

농부, 육종가, 식품 제조자 등은 종자 회사들이 유전자 이식 작물을 계속 개발하는 한, 미국에서 재배되는 어떤 곡물도 절대적으로 순수하다고 보증하기 어렵다는 결론에 이르게 되었다. 곡물의 순수성을 방해하는 요소는 너무나 많다. 수분 매개체, 인간의 실수,

안일한 습관, 바람….*

벨린다 마티노는 플레이버 세이버 토마토를 만들 때의 경험으로 보건대, 사람들이 GMO 작물을 제어할 수 있다고 생각하는 것 자체를 이해할 수 없다고 말했다. "밭에는 다람쥐도 드나들고, 새들도 날아다니고, 곤충들도 들락거립니다. 이런 매개체들을 완전히 배제할 수는 없지 않나요? 토마토를 먹는 사람도 마찬가지입니다. 플레이버 세이버 토마토가 USDA의 승인을 얻기 전까지는, 연구원들이 향미 테스트를 할 때조차 입에 넣고 씹었던 토마토를 삼키지 못하게 했습니다. 그걸 삼켰다가 다른 데 가서 배설하면 안 되니까요."

오염의 문제와 핀그리 상원의원이 얘기한 워싱턴에서의 정체 국면에 비추어 볼 때, 게리첸 같은 많은 농부들이 자신이 짓고 있는 농사에 대해 더 많이 알고 싶어 하며 자기 손으로 직접 문제를 해결하고 싶어 한다고 이그나시오는 믿는다. 그들에게 있어서 터틀은 직접 이용할 수 있는 GMO 감지 장치가 될 것이다.

그날 오후, 이그나시오는 수납장에서 터틀의 샘플을 꺼내 보여주었다. 내가 보기에는 두루마리 화장지 심처럼 생긴, 카드보드로 만든 원통처럼 보였는데, 다만 수평으로 놓아야 하고, 마치 곤충의 다리 같은 발이 튀어나와 있었다. 내부는 뭔가 더 복잡했는데, 자세한 구조나 기능은 알 수 없었다. 이그나시오가 설명한 바에 따르면,

* 뿐만 아니라 생명공학 기업들은 그 오염 속도를 추적조차 하기 불가능할 정도로 빠르게 퍼져 나갈 것으로 보이는 품종들을 내놓으려 하고 있다. 내가 이 책을 쓰는 동안, 신젠타는 에노젠(Enogen)이라는 이름의 옥수수를 내놓았다. 이 옥수수는 에탄올 생산에 도움이 되도록 높은 내열성을 가지고 있다. 콘 칩이나 시리얼 제조사들은 이 품종이 식재료로 쓰이는 일반 품종의 옥수수를 오염시킬까 봐 걱정하고 있다. 이 품종은 식용 옥수수의 밀도를 떨어뜨릴 것으로 보이기 때문이다. 에노젠에 오염된 옥수수는 부서지기 쉽고 점성이 낮아 바삭바삭하고 단단한 식품(이를테면 도리토스)을 만들 수 없다.

실제로는 원통 두 개가 안팎으로 포개져 있는 구조이고, 그 두 개의 원통이 여러 개의 발에 의해 정렬되어 있다고 했다. 그리고 세 개의 작은 관이 들어 있는데, 두 개의 원통을 가로로 관통하고 있고, 각각의 관에는 광학 필터가 들어 있다고 한다. 장치의 한쪽 끝에는 'SUN'이라는 라벨이 붙어 있었다. 전체적인 모양은 이랬다.

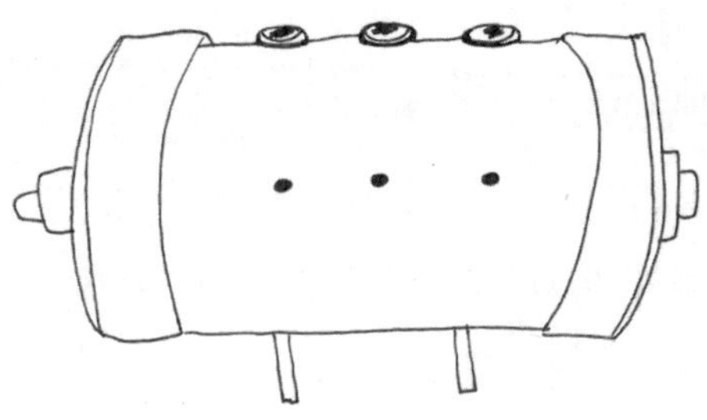

터틀의 작동 원리나 방법은 복잡했다. 이그나시오가 설명하는 것을 다 이해하려면 유전학, 생물학, 그리고 아마도 물리학에서도 박사 학위가 있어야 할 것 같았다. 하지만 나는 그 설명을 끝까지 들으려고 노력했다. 이그나시오는 화이트보드에 빨간색, 초록색, 파란색 마커로 쓰고 그려 가며 참을성 있게 다양한 요소들을 설명했다. 나는 그저 미소를 지으며 듣고 있었다. 내가 이해한 부분은 터틀이 샘플 안에서 찾고자 하는 화학적 합성 물질—이를테면 GMO DNA—의 존재 여부를 알려 주는 빛 신호로 형광성(짧은 파장의 빛을 흡수한 뒤 긴 파장의 빛으로 방출하는 성질. 형광 페인트를 생각하면 이해할 수 있다)을 이용한다는 것이었다. "GMO

DNA가 든 물질을 파란색 빛 신호에 노출하면 노란색 빛을 방출합니다. 만약 노란색 빛 신호가 잡히면, '아하, GMO DNA가 있구나!' 하고 알 수가 있는 거죠. 터틀은 그런 물질의 존재 여부를 알려주는 장치입니다…. 간단히 말하자면, 우리가 찾는 물질이 무엇이든 그게 있을 때는 이 빛 신호가 빛을 내고 없을 때는 빛을 내지 않는 거죠."

그 핵심을 나에게 보여 주기 위해, 이그나시오는 나를 자기 연구실의 발코니(발코니가 있는 연구실을 갖고 있다는 건 얼마나 멋진 일인가, 하는 생각이 들었다)로 데리고 나가 발명품의 사용법을 보여 주었다. 햇빛을 향해 터틀을 들고 들여다보니 뷰파인더를 통해 파란색/보라색 빛과 노란색/주황색 빛이 보였다. GMO에 오염된 물질 한 가지와 "깨끗한" 물질 한 가지가 있는 셈이었다. 그때 우리가 본 샘플은 꿀(프로젝트의 일부로 그는 전 세계의 꿀 샘플을 테스트하고 있었다. 그중에는 당시 한창 전쟁을 치르고 있던 독일의 양봉업자로부터 온 샘플도 있었다)이었다.

이그나시오는 궁극적으로 이 장치 한 대의 가격이 1달러 이하로까지 내려갈 수 있기를 바랐다. 세상 곳곳에 이 장치를 보급해서 사람들이 직접 [GMO 오염에 대해] 물을 수 있게 되기를 바란다고 했다. 그는 돈을 벌기 위해 이 장치를 만드는 건 아니라고 했다. 그가 바라는 것은, GMO가 다른 작물들을 오염시킨 곳이 어디인지를 지도로 그려 낼 수 있는 것, 그리하여 그와 그의 팀, 그리고 일반 대중이 전 세계의 GMO 확산 범위에 대한 정보를 입수할 수 있게 하는 것이었다. 이 목표는 매우 야심찬 것임이 분명했다. 오악사카에서의 연구처럼, 정치적으로 매우 위험한 의미를 갖고 있는 것이

기도 했다. GMO 작물의 재배와 오염이 어디까지 퍼져 있는지에 대해 사람들이 알게 되면 무슨 일이 벌어질까? 보통 사람들도 이 문제의 심각성에 대해 고민하게 될까?

자신이 만든 장치가 세상에 나간다 하더라도 아무 쓸모없는 물건이 될 가능성도 아주 없지는 않다고 이그나시오는 말했다. 어쩌면 그 장치를 써 본 사람들이 "사방 천지에 GMO네. 하지만, 봐, 우린 이렇게 멀쩡하잖아. 그러니까 걱정할 필요가 없는 거 아니겠어? 이러고 말지도 모르죠. 나는 그렇게 생각하지 않지만, 결정은 내가 하는 게 아니니까요. 이것이 옳으냐 그르냐를 묻는 게 아니라 잘못될 수도 있느냐를 묻는 것이 과학입니다. 사람들은 과학이 옳고 그름을 따지는 거라고 생각하지만 그렇지 않습니다. 언제나 자신에 대해 의문을 가지는 것이 과학입니다."

이그나시오에게 이제 거의 15년이 지났는데, 다시금 역풍을 맞을까 두렵지 않으냐고 물어보았다. 그를 둘러싼 모든 것들이 와르르 무너져 내리던 2000년대 초, 어느 날 밤 마당의 흙을 파서 이리 옮기고 저리 옮기던 날이 다시 되풀이될 수도 있지 않느냐고. "내가 담장 위로 머리를 내밀 때마다 누군가는 총질을 시작한다는 걸 나도 알아요. 그 사람들은 내가 누군지 절대로 잊지 않죠." 그가 말했다. 이번에는 자신의 과학이 초점이므로, 더는 자신이 통제할 수 없는 상황으로 번지지 않기를 바랄 뿐이다. "내가 GMO를 반대하는 이유는 차고 넘칠 만큼 많아요. 하지만 반-GMO 몽상가로 낙인찍히고 싶지는 않습니다…. 그쪽 사람들과 합류하는 건 거부합니다."

이그나시오의 연구실에 앉아 있던 그날 오후, 그의 마지막 말이 그의 진심이었는지는 확실하지 않았다. 내가 아는 한, 그는 늘상 몽상가로 낙인찍혀 있었다. 또 다른 무기를 들고 GMO 논쟁에 나선다고 해서 그 꼬리표가 떼어질지는 확신할 수 없었다.

그러나 내가 느낀 것은, 이그나시오는 할 수만 있다면 세월을 되돌려 놓고 싶어 한다는 것이었다. 싸움꾼, 무자격 과학자라는 오명을 벗고, 무엇이든 간에 더 큰 대의에 기여한 한 사람의 과학자로 대접받을 수 있는 중립적인 자리로 돌아가고 싶어 했다. 결론적으로 보자면, 내가 이 책을 쓰면서 인터뷰한 모든 과학자들이 원하는 것이 바로 그것이었다.

1990년대에 노바티스와의 거래를 두고 이그나시오와 전쟁을 치렀던 고든 라우저는 그때의 전쟁 때문에 이그나시오를 미워하지는 않는다고 말했다. "인간 대 인간으로서 이그나시오를 좋아합니다. 그 사람의 열정이 마음에 들어요." 내게는 이 말이 아메리칸 드림의 본질적인 성격을 언급하는 것으로 들렸다. 우리는 언제나 우리 자신을 개조한다. 전열을 재정비하고 다시 시도할 기회는 무궁무진하다.

그날 밤 이그나시오의 연구실에서 돌아오는 길에, 바람이 일기 시작하더니 머리카락이 흩날리기 시작했다. 갑자기 피로가 몰려오면서 집이 그리워졌다. 집에서는 음식을 먹기가 한결 수월했다. 댄과 마스든, 그리고 호퍼도 보고 싶었다. 그날 아침, 타이론의 연구실로 가던 길에 '유기농 버거'라는 간판이 내걸린 버거 집을 봐 둔 터라, 뭔가 그럴싸하고 영양가 있는 것을 먹을 수 있을 것 같았다. 가게 안으로 들어가, 양상추 위에 과카몰리를 얹은 버거를 주문했다. 나온 음식은, 언뜻 보기에는 먹음직스러웠지만 너무나 기름지고 질겨서 실망스러웠다. 늦은 시간인 데다가 난 임신 중이잖아. 나는, **이 버거 맛은 엄청 좋은데, 내가 임신 중이라 미각이 둔해져서 제대로 그 맛을 못 느끼는 것뿐이야!** 하고 스스로를 위안했다. 반은 그대로 남긴 채 호텔로 돌아가 다음 날 아침 집으로 떠날 준비를 했다.

이튿날 아침, 샌프란시스코로 떠나는 비행기를 탄 나는 병에 시달리던 때를 다시 떠올렸다. 나만 느끼는 지독한 통증에서 시작해 GMO와 농약이 우리 인간들에게뿐만 아니라 우리와 함께 이 지구를 나눠 쓰며 사는 모든 생명체들에게 끼치는 영향에 대한 더 큰 걱정을 하게 되기까지의 우여곡절이 떠올랐다. 엄마로서, 나에게 이 문제는 누가 나쁜 사람이고 누가 좋은 사람이냐를 가르는 문제가 아니었다. 사실 그 경계선 자체도 불분명했다. 또는 누구의 과학이 가장 정당한가의 문제도 아니었다. 누구의 과학이든, 모든 과학은 문제를 더 복잡하게 만드는 요인이었고, 그런 복잡한 요인 중 하나가 이 일에 개입된 양쪽 진영 모두의 이데올로기였다. 내가 탄 비행기가 시에라 산맥을 넘을 때 마치 지구의 얼굴 위에 찍힌 거대한 곰 발바닥 무늬 같은 구름의 그림자를 보면서, 이 싸움에서 득을 보는 사람은 누구이며 패자는 누구일까 생각해 보았다. 둘째 아이를 가진 엄마인 나에게, 그 패자는 우리의 아이들이 될 것임이 분명하게 보였다. 비행기에 앉아 내 몸속의 작은 생명체를 느끼면서 그 사실을 깨닫는 순간, 갑자기 가슴이 찢어질 듯 아파 왔다.

에필로그

보이지 않는 괴물과 은혜로운 자비

"당신 같은 사람들이 큰 관심을 가지지 않는다면, 아무것도 개선되지 않는다. 절대로." – 닥터 수스, 《로렉스》

"두려움을 느낀다면, 자연에는 누구도 기대하지 않고 누구도 고맙게 여기지 않는 자비도 있다는 것을 기억하라."

– 헨리 베스턴, 《세상 끝의 집》

이 책을 마무리하기 위해 필사적으로 버둥거리고 있을 때, 다섯 살 꼬마 마스든은 불면증에 시달렸다. 한여름 무더위가 기승을 부렸고, 나는 둘째 아이를 임신한 지 7개월째였다.

피곤해서 퉁퉁 부은 발을 질질 끌고 아래층으로 내려가 10분만 쉬어야지, 하고 있을 때 머뭇머뭇 조심스럽게 나를 부르는 소리가 들렸다. "엄마…!" 나는 억지로 발을 끌며 다시 2층으로 올라갔다. 아이의 방에 들어선 나는, 미스 해니건Miss Hannigan[1]보다는 메리 포핀스가 되어 주려고 노력했다.

"왜 그러니?"

"무서워." 마스든은 떨리는 목소리로 대답했다.

"뭐가 무서운데?"

"괴물."

어린 시절 나도 괴물을 두려워했던 것을 기억하지 못하는 건 아니었다. 마스든의 괴물과 나의 괴물은 똑같은 것들이었는지도 모른다. 커다란 뻐드렁니에 산발한 머리, 길게 자라다 못해 구부러진 손톱…. 나의 괴물들은 여름이면 어김없이 다시 등장했다. 낸터킷에 있던 외할머니와 외할아버지의 오두막에서 남동생과 함께 쓰던 방 바깥의 복도에 작은 제빙기가 있었는데, 꼭 그 제빙기에 괴물이 숨어 있는 것 같았다. 콜라를 마실 때나 아니면 그냥 입에 넣고 빨아 먹으려고 하루에도 수십 번씩 여닫으며 얼음을 꺼내던, 나뭇결무늬로 껍데기만 바른 제빙기의 문짝 안 깊은 곳에 숨어서 오도독, 오도독 뼈를 씹어 먹고 있을 것 같았다. 밤이면, 나는 눈을 말똥말똥 뜨고서 할아버지의 인기척이 들릴 때까지 점점 더 나를 짓누르는 두려움에 떨었다. 외할아버지는 늦은 밤, 모두가 잠들었다 싶을 때면 TV가 있는 방에서 조심조심 걸어 나와 얼음에 포포프Popov 보드카를 따라 잠들기 전에 한 잔씩 드시곤 했다. 그렇게 조용한 모험을 끝내고 다시 TV가 있는 방으로 무사히 돌아가시는 소리가 들릴 즈음이면 나도 스르르 잠이 들었다. 그러다가 사촌 제인Jane과 한 방을 쓰게 되었을 때에야 나의 괴물을 과감히 떨쳐 버릴 수 있었다. 세탁실에 숨은 늑대 인간 이야기로 제인을 놀라게 하고 겁을 주는 걸로 내 스트레스를 풀 수 있다는 것을 깨달았던 것이다.

나는 마스든에게 말했다. "봐, 마스든. 무슨 괴물이든 너한테 가까이 오기만 하면, 엄마가 이 배로 꽉 눌러서 없애 버릴게. 이렇게…." 그러면서 괴물을 잡아 방바닥에 패대기치는 시늉을 하고, 헐크 호건처럼 머리카락을 휙 걷어붙였다.

그러면 마스든은 까르르, 숨이 넘어가게 웃으며 다시 누웠다. 성공이야!

이젠 정말 괜찮겠지, 생각하며 나는 계단을 내려갔다.

하지만 몇 분 후, 빨래를 갠다든가 하는 집안일을 시작하려고 하면, 다시 조그마한 목소리가 들려 왔다. "엄마아…?" 나는 다시 계단을 올라갔다. 이번에는 옷장과 서랍장을 다 열어 보고, 커튼 뒤도 일일이 확인했다. 그리고 모든 과정을 다시 한 번 더. 그다음에는 아빠가 한 번 더.

이런 과정은 계속 반복되었다. 밤마다. 어떤 날은 두세 시간씩이나. 이야기를 나누고, 엄마가 괴물이 없는 것을 다 확인하고, 레슬링으로 무찌르는 장면을 보여 주고, 온 집 안의 불—복도, 화장실, 마당의 노르웨이 단풍나무를 비추는 창밖의 외등까지—을 다 켜 놓았다. 어쩔 수 없이 나도 짜증이 나기 시작했다. "제발, 마스든! 넌 안전해. 엄마도 여기 있고, 아빠도 여기 있잖아. 호퍼도 있어." 잠깐이라도 쉬고 싶다는 절박한 심정과 지칠 대로 지친 내 몸 때문이기도 했지만, 마스든이 걱정되기도 했다. 다음 날이면 유치원에 가야 하는데 밤늦도록 잠을 자지 못하면 내일은 피곤해서 어쩌나, 하는 걱정도 있었고, 몸은 점점 자라는데 정신은 아직도 저렇게 어리니 어쩌나 하는 걱정도 있었다.

한참 만에야 드디어 입술을 쭉 내밀고 베개 위에 금발 머리카락을 흐트러트린 채 잠든 아이를 보면서, 짜증 내고 한숨 쉬었던 행동에 대해 죄책감을 느끼곤 했다. 아이의 청을 거절한 것도 미안했다.

어느 날 아침, 죄책감에 못 이겨, 아이를 유치원에 데려다주면서 물어보았다. "무엇 때문에 그렇게 겁이 나는 거니, 아가?"

"있잖아, 엄마. 내가 옆으로 누워 있으면 꼭 내 등 뒤에 뭐가 있는 것 같아. 그래서 반대편으로 돌아누우면, 또 그게 내 등 뒤에 있는 것 같아."

"그게 뭘까? 등 뒤에 있는 게?"

잠시 침묵이 흘렀고, 백미러에 비친 아이의 모습을 보니 제법 심각해 보였다. 나는 아이가 대답할 때까지 기다렸다. "괴물. 내가 무서워하는 건 보이지 않는 괴물이야. 눈에 보이지 않는 괴물."

나는 아이의 얼굴을 유심히 들여다보았다. 생각이 깊고 영리하지만, 연약하고 무엇에 대해서든 마음을 열고 있는 아이. 내 가슴에 사랑이 차올랐다. "엄마도 이해해, 아가. 우린 누구나 보이지 않는 괴물을 무서워해. 엄마도 그랬어. 우리를 해칠 수 있으면서 눈에 보이지 않는 괴물은 아마 제일 무서운 괴물일 거야, 그치?"

"맞아." 아이가 조용히 긍정했다.

유치원에 내려주고 작별 인사를 한 뒤, 나는 생각에 잠겼다. 내가 귀찮아했던 그 시간들을 모두 되돌리고 싶었다. 내 아이를 힘들게 했던 게 무엇이었는지, 이제는 알 것 같았다. 나 자신이 아무도 그 원인이나 해법을 찾을 수 없는 증상으로 4년 가까이 고생했다. 나만이 느낄 뿐, 누구에게도 보이지 않는 괴물이었다. 이그나시오에 의해 자신들이 기르던 옥수수가 GMO에 오염되었다는 사실을 알게 되었을 때 오악사카 사람들도 똑같은 공포를 느꼈을 것이다. 독일의 양봉업자들도(꿀 소비자들도 마찬가지로) 똑같이 겪었던 문제였다. 우리가 먹는 꿀 속의 GMO나 농약은 어떻게 알아볼 수 있을까? 과학자들이나 정책 결정자들이 뭐라고 쇼를 하든, 아기에게 100퍼센트 안전한 이유식을 고르고 싶은 엄마들에게도 같은 문제다. 생각해 보면, 잭이 알고 싶어 하는 문제이기도 하다. 그는 아무에게도 해가 되지 않는, 적어도 자기 자식에게만은 안전한 작물을 재배할 수 있기를 원한다.

이 보이지 않는 괴물의 문제는 우리가 매일같이 겪고 있는 현대 사회의 시련이다. 우리는 아무것도 모르는 아기의 잠옷이나 침낭 속에 섞여 함께 배달되는 방염 화학물질을 가려낼 수 없다. 소파나 의자의 쿠션 속에 스며 있는 온갖 화학물질에 대해서도 전혀 알지 못한다. 다락방에 철 지난 옷을 넣어 보관하는 플라스틱 수납함 속의 내분비계 교란 물질 역시 가려낼 수 없다. 옷이며 쿠션이며 수납함에서 발생하는 미세먼지는 모든 것들 위로 살포시 내려앉는다. 고물고물한 손으로 창틀을 만진 아기는 아무 생각 없이 그 손가락을 입으로 가져간다. 그렇게 미세먼지는 아기의 입속으로 들어간다. 신용카드 영수증, 식품용 밀폐 용기, 물병에 들어 있는 BPA도 알아볼 수 없다. BPS는 BPA를 대체하기 위해 개발된 화학물질이지만, BPA와 똑같은 성분으로 이루어져 있으며 결코 더 안전하지도 않음에도 불구하고 BPS로 만든 제품에는 'BPA-free'라는 스티커가 버젓이 붙어 있다. 아이의 간식으로 산 초콜릿 속에 납이 들어 있을 수 있다는 것도 우리는 알지 못하고, 논스틱 테플론 프라이팬의 코팅제에 포함된 독성 화학물질 PFOA도 우리 눈에는 보이지 않는다. 내 이웃이 마당 잔디밭이나 꽃밭에 뿌리는 농약이나 비료도 우리 눈에는 보이지 않는다. 우리 가족 중에서 가장 여리고 연약한 아기의 이유식에서 발견되는 네오니코티노이드의 흔적이 얼마나 되는지도 알지 못한다.

우리가 마시는 물, 숨 쉬는 공기, 먹는 음식, 밟고 있는 땅속에 숨어 있는 이런 독성 물질들은 8만 5000가지가 넘는다. 그것들을 일일이 열거할 필요는 없다. 사실 그러기는 불가능하다. 특히, 엄마인 우리로서는 내 배 속의 아이마저 완벽하게 보호할 수 없다는 현실에 분노가 솟구친다. 태아에게 전달되지 않도록 유해 물질을 걸러 내는 필터 역할을 하는 태반으로 8만 5000가지의 화학물질을 모두 걸러 낼 수는 없다. 인간의 태반은 이렇게 무시무시한 상황을 가정하고 만들어진 것이 아니다.

그러나 어떤 부모도 이런 상황을 선택한 적은 없다.

그렇다면, 우리 주변의 식물이나 동물은 이런 상황을 스스로 선택했을까? 우리 인간들이 보거나 냄새 맡거나 맛으로 구분할 수 없는 그 화학물질들을 식물이나 동물은 구별할 수 있을까?

우리 가족에 대해서 말하자면, 나를 괴롭히던 보이지 않는 괴물의 정체를 파악한 후로 삶이 극적으로 바뀌었다. 그러나 쉬운 변화는 아니었다. 식재료 공급처를 직접 수소문해서 선택하고, 식재료와 함께 따라오는 GMO와 농약을 차단하기 위한 노력을 시작하기 전에, 모든 식품은 안전해야 한다는 신조부터 지녔다. 사실 그 신조가 우리가 경험한 가장 큰 내적·외적 결심이었다. 전적으로 로컬 푸드, 유기농 식재료, non-GMO 식품으로 전환하기 시작하자 아주 기초적인 질문부터 하게 되었기 때문이다. 댄과 나는 궁금했다. 왜 우리는 식품 회사가 우리 가족이 먹을 음식을 세심하게, 건강한 음식으로 만들어 줄 것이라고 기대했을까? 현대 세계의 어떤 것이 우리로 하여금, 우리가 먹는 음식들이 어디서 왔는지에 대해 더 신경 쓰지 않아도 좋다고 믿게 만들었을까? 이 책을 쓰기 위해 만난 한 알레르기 전문가는 이렇게 말했다. “우리는 우리 할머니나 어머니가 우리 몸에 좋은 것이라고 선택해 준 것이 아니라 잘 알지도 못하는 곳에 있는 어떤 회사의 어떤 사무실에 앉아 있는 어떤 사람이 안전하다고 정해 버린 음식을 먹고 있는 겁니다. 그게 바로 섬뜩한 겁니다."

이렇게 사는 것이 쉽지는 않다. 많은 노동이 필요하기 때문이다. 가족 모두가 동원되어야 한다. 심지어는 마스든도 나서서 사과 껍질을 벗겨 애플소스 만들기를 돕고 복숭아 씨앗을 빼내는 것으로 복숭아 통조림 만들기를 돕는다(한겨울인 1월에 통조림에서 꺼내 먹는 노란 복숭아는 정말 맛있는 별미다). 방목으로 기른 소고기를 사려면 먼저 선불로 큰 금액을 지불해야 할 때도 있다. 충분한 양을 사다 놓기 위해 갈 때마다 10개가 아니라 30개씩 계란을 골라 오는, 《샬럿의 거미줄*Charlotte's Web*》에 나오는 헛간처럼 생긴 양계장까지 간다. 여행을 갈 때면 집에서 음식을 장만해 자동차용 냉장고에 넣어서 가지고 간다. 물론 맥도날드에 잠깐씩 들러서 끼니를 해결하는 것보다 훨씬 힘들고 바쁘다. 10월에는 그동안 직접 기른 허브며 고추 같은 것들을 식탁 위에 올려놓고 늦은 밤까지 묶는 작업을 한다. 그렇게 묶은 것들을 잘 말려서 빻은 뒤 저장해 두었다가 겨울철에 수프나 스튜를 끓일 때도 쓰고 차로도 끓여 마신다. 댄은 내가 직접 기른 허브를 묶어 말리는 것을 좋아한다. 해마다 이렇게 말하는 것도 빼놓지 않는다. "직접 기른 허브를 말려서 먹고 마시는 여자와 결혼했다니, 믿어지지 않아!" 하지만 솔직히 말하면, 댄이 없었다면 이런 풍경은 절대로 가능하지 않았다. 댄은 통조림의 달인이 되었고, 그걸 스스로 자랑스러워하기까지 한다. 내가 진이 빠져서 백기를 든 후에도 혼자서 한참 동안 사과 통조림을 만들고,

토마토소스를 만들고, 자두, 딸기, 복숭아, 블루베리 잼을 만든다. 또 피클과 사우어크라우트sauerkraut[2]를 몇 항아리나 만든다.

이런 가사 노동이 부담된다면, 그 뒤에 진정한 즐거움과 기쁨이 숨어 있다는 걸 꼭 말해 두고 싶다. 우리가 만든 잼, 피클, 소스 같은 것들은 명절이면 친척들, 친구들에게 건넬 좋은 선물이 된다. 그리고 우리가 먹는 거의 모든 음식에 우리의 손이 직접 닿아 있게 된다. 어떤 것이 어디서 왔는지, 어떤 사랑의 손길이 그것들을 만들거나 길러서 우리 식탁까지 오게 된 것인지 알 수 있게 된다. 추운 겨울 저녁, 지하 저장고로 내려가 소스가 담긴 병조림과 커다란 냉동고기 한 덩어리를 들고 올라와 따뜻하고 정 넘치는 저녁 식사를 마련할 수 있다는 것은 정말로 뿌듯하고 마음 편안한 일이다. 내 가족이 먹을 모든 음식이 바로 내 손 끝에서 만들어지고 그 모든 식재료들이 내 손이 닿는 곳에 있다는 건 축복이며 온갖 스트레스로 가득 찬 이 세상에서는 은총에 가깝다.

핵심을 말하자면, 이렇게 사는 것이 슈퍼마켓에서 가공식품이나 반조리 식품을 사 먹는 것보다 더 큰 돈이 드는 것도 아니다. 지출이 잘게 나눠져서 이루어지지 않고 큰 덩어리로 이루어진다는 것이 다를 뿐이다. 소고기를 한꺼번에 주문할 때는 보통 700에서 800달러 정도가 든다. 하지만 거의 1년에 한 번 정도 이렇게 지출하고, 한 번 주문할 때 찜용, 스테이크용, 햄버거용 등 다양한 부위의 소고기를 다양한 크기와 형태로 잘라서 주문할 수 있다. 가까운 슈퍼마켓에서 방목 소고기를 사려면 보통 파운드당 9~13달러 정도를 줘야 한다. 일주일에 한두 번 정도 그 소고기를 먹는다고 치자. 그럴 경우 1년에 1400달러를 지출하게 된다. 우리가 지출하는 비용의 거의 두 배에 가깝다. 각 지역의 소비자 조합이나 공동 구매를 이용하면 닭고기나 달걀, 채소는 오히려 더 저렴한 비용으로 살 수도 있다. 그러나 여기에는 언제나 사전 계획과 예산 계획이 필요하다. 그리고 대량으로 거래가 이루어진다. 이 부분이 바로 문제인데, 커다란 복숭아 상자를 때로는 댄의 도움 없이 나 혼자 집까지 가져와야 한다. 그래도 다행인 것은, 메인주의 포틀랜드에서만 이런 생활이 가능한 것은 아니라는 점이다. 유기농 식재료를 듬뿍 장만할 수 있는 파머스 마켓은 전국 어디서나, 도시에서도 시골에서도 열린다. 그리고 유기농 식재료를 재배하는 농부들은 소비자를 직접 만나고 싶어 한다. 농부들은 발품을 팔더라도 소량 구매를 원하는 유기농 소비자들의 선택을 존중한다.

그럼에도 불구하고, 이런 변화가 결코 쉽게 이루어지지는 않는다는 걸 먼저 말해 두고 싶다. 그리고 이것이 과학적으로 100퍼센트 순수한 유기농이라고 할 수도 없다. 우리가 사는 현대 사회에서 순수함이란 어쩌면 가질 수 없는 것인지도 모른다. 예를 들면, 우리는 스카보로에 있는 프리스 팜의 대니얼에게서 닭고기와 칠면조 고기(그리고 그 알까지)를 사 오는데, 이 농장의 닭과 칠면조들은 풀밭을 쏘다니며 주로 풀을 뜯어 먹거나 벌레를 잡아먹고 자라지만 요즘에는 여기에 약간의 옥수수도 먹는다. (애초에는 옥수수를 전혀 먹이지 않고 가격이 훨씬 비싼 귀리를 먹여 닭을 기르는 농부에게서 닭고기와 달걀을 구입했는데, 귀리를 먹인 닭은 성장 속도가 너무 느리기 때문에 결국 농부가 그 방법을 포기하고 발아된 보리를 먹이는 방법으로 바꾸었다.) 대니얼은 닭에게 유기농 옥수수를 먹이지만, 어떤 유기농 옥수수라 하더라도 적으나마 오염의 가능성이 있기 때문에, 나는 우리 음식을 완벽하게 지켜 내기란 불가능한 현실임을 받아들이기로 타협할 수밖에 없었다. 빗물, 꽃가루, 먹는 물, 영농법 등 오염의 경로는 한도 끝도 없다. 그리고 때로는 유기농 제품을 살 수 없는 일요일에는—집 근처에 서는 파머스 마켓은 수요일에만 열린다—당장 필요한 버터나 크림, 요구르트 같은 것을 슈퍼마켓에서 살 수밖에 없는 경우도 있다. 또 어떤 주, 어떤 달에는 다른 때보다 식비를 줄여야 하기 때문에 그것이 불가피한 경우도 있다. 그리고 솔직히 말하자면 우리 가족이 정말 좋아하는 음식들도 있다. 예를 들면 토르티야나 통옥수수 버터구이 같은 것이 그렇다. 이렇게 약간의 타협을 하고 나면, 나는 그다음 날 아침 잠자리에서 일어날 때 옛날처럼 손이 뻣뻣해지거나 과민성 대장 증후군으로 고생하기도 하지만, 댄과 마스든은 별다른 증상 없이 잘 지나가는 것 같다.

이 책을 쓰고 있던 어느 날, 메인주 다운이스트의 해변에 위치한 신시아Cynthia와 빌 세이어Bill Thayer의 다시아 팜Darthia Farm에서 하룻밤을 보낸 일이 있었다. 그날 밤, 신시아는 프라이드치킨과 통옥수수 버터구이를 했다. 치킨도, 옥수수도 다시아 팜에서 난 것들이었다. 나는 옥수수가 살짝 걱정스러웠지만, 빌은 1960년대부터 계속 자신이 직접 종자를 관리하며 기르는 옥수수라고 나를 안심시켰다. 사실 그들의 목장은 작물을 오염시킬 가능성이 있는 다른 농장들로부터 굉장히 멀리 떨어진 외딴 곳—바다와 숲으로부터 수십 마일이나 떨어진—에 있었다. 그날 밤, 우리는 옥수수에 버터를 듬뿍 바르고 소금을 솔솔 뿌려 구워서 달콤 짭짜름한 옥수수 알갱이를 마음껏 먹었다. 장담하건대, 그날의 통옥수수 버터구이는 정말 환상적인 맛이었고, 내가 먹어 본 옥수수 중 최고였다. 옥수수 알갱이를 깨물 때마다 입안에서 따스한 햇살과 여름의 기운이 느껴졌다. 다음 날, 나에게는 아무 일도 일어나지 않았다. 그냥 멀쩡했다.

GMO를 피하기 위한 노력에 있어서 대인 관계는 전혀 다른 차원의 문제일 수 있다. 내 친구들은 나에게 줄 음식을 만들기를 꺼리기도 한다. 물론 여기에는 여러 가지 이유가 있다. 그러나 다른 사람들의 사회생활과 비슷한 모양새라도 갖추기 위해서, 우리는 종종 포트 럭 파티pot luck party[3]를 제안하거나, 옥수수와 글루텐처럼 우리가 주로 피하고자 하는 음식이나 식재료를 미리 알려주곤 한다. 하지만 우리는 친구들이 우리를 위해 만들어 주는 음식이라면 뭐든지 맛있게 먹는다. 대인 관계에서 완전히 고립되는 상황을 막기 위해, 지인들을 우리 집으로 초대해서 우리가 직접 기르거나 멀리까지 가서 구한 식재료와 그 과정에서 배운 결과물들을 보여 주기도 한다.

최근 몇 년 동안 내가 배운 것은 최대한 GMO와 농약 없이 식탁을 꾸리는 방법이었다. 장기적으로 생각해 보면, 유기농 또는 GMO가 전혀 없는 완벽한 음식은 거의 불가능하다. 나 자신은 물론이고 내 가족, 그리고 내가 가진 예산 안에서 최선을 다하려고 노력할 뿐이다. 지금까지 많은 이야기를 했지만, 이 책을 읽은 독자들 중에는 나를 병들게 만들었던 것이 정말 GMO였을까 하는 의심을 떨쳐 버리지 못하는 사람도 있을 수 있다. GMO로부터 벗어나려고 노력하다가 어느새 자신이 농약 전문가가 되었다는 게 가능한 일일까 의심하는 사람도 있을 수 있다. (치비언 박사는 그것이야말로 박수를 칠 일이라고 말했다. "GMO 식품을 먹는 사람은 농약에 전혀 노출되지 않는다고 말할 수 없어요. 네오니코티노이드, 글리포세이트, 그 외에도 GMO 식품 속에, GMO 과일이나 채소 속 세포나 과즙

속에 들어 있으면서 생체의 조직 전반에 영향을 끼치는 농약들이 많이 있습니다. 그러므로 씻거나 껍질을 깎는다고 농약이 완전히 사라지지는 않습니다. 인체가 이런 농약에 장기적으로 노출되었을 때 건강에 어떤 영향을 끼치는지에 대한 데이터도 거의 전무하죠. 그나마 있는 데이터들은 혼란을 더욱 가중하는 것들뿐입니다. 어떤 의미에서 보자면, 우리 모두가 시험 대상인 거죠.")*

그럼에도 불구하고, 내가 GMO를 끊은 것과 증상이 호전된 것이 우연히 동시에 일어난 것뿐, 이 둘 사이에 실질적인 인과 관계는 없었고 다른 원인이 있었던 것은 아닐까 하는 의문이 든다. 예를 들면 비타민이나 약국에서 사 먹은 약 같은 것이었을 수도 있다. 갑자기 식습관을 바꾸면서 내 식생활에서 제거된 다른 요소가 있었던 것일 수도 있다. 나는 사실 아직도 확신하지 못한다. 마치 닭이 먼저냐, 알이 먼저냐를 따지는 것 같다. 하지만 박사 자신이 믿는 것과 나의 호산구 증가증이 사라졌을 뿐만 아니라 이제 바이러스도 갖고 있지 않다는 확실한 증거를 얘기해 준 맨스먼 박사가 있었고, 기꺼이 나와 대화를 나누었던 과학자들의 이론도 있다. 뿐만 아니라 댄과 마스든은 내 눈앞에 살아 있는 또 다른 증거들이다. 이 두 사람은 과거의 어느 때보다 건강해졌다. 그러나 나에게도 같은 공식을 적용할 수 있을까? 나의 못 말리는 의심증을 완전히 잠재울 만큼 확실하고 풍부한 정보와 증거가 나에게 있는가? 그렇지 않았다. 지금까지는.

이렇게 늘 의심하는 나의 습관은 단지 신뢰의 부족 때문만은 아니다. 공포 때문이다. 나는 늘 과거의 증상이 다시 나타나 나를 내

---

* 레이철 카슨의 말. "어떤 사람은 전혀 이상 반응을 보이지 않는데, 어떤 사람은 먼지나 꽃가루에 알레르기 반응을 보이고 독성 물질에 민감하거나 쉽게 염증을 일으키는 것은 일종의 의학적인 미스터리이다. 현재로서는 아무런 속 시원한 설명이 없기 때문이다."

가족으로부터 떼어 놓겠다고 위협하는 순간을 기다린다. 해마다 검진을 하는데, 결과가 나올 때면 담당 의사에게 류머티즘 수치를 다시 체크해 달라고 부탁한다. 류머티즘 관절염이 재발하면 의심증으로 흔들리는 내 마음이 더는 흔들리지 않을지도 모르기 때문이다. 그래서 조용히, 잠들기 전 외로운 시간이나 다른 가족의 숨소리가 아직 깊고 고른 이른 아침 시간에 눈을 뜨고 기다린다. 나의 평온한 일상은 이제 끝났다는 신호를. 어떤 일이 일어나 맨스먼 박사가 틀렸고 나도 틀렸다는 것을 인정해야 하는 순간이 오기를. 그때까지 마치 생명줄을 부여잡듯이, 아무리 불편하고 힘들어도, 지금의 식생활을 고수할 것이다. 이것이 내가 할 수 있는 최선이기 때문에.

지난 5년 동안 무엇이 GMO를 만드는가에 대한 모든 것을 공부한 결과 이제는 내가 올바른 길에 올라섰다는 것을 알게 되었다. 농약, 예측 불가능한 수많은 단백질과 미네랄 킬레이션[4], 독립성이 부족한 대학의 연구, 최소한도에도 미치지 못하는 동물 실험 등을 생각해 보면 대부분의 GMO는 아마도 인체에 유해하리라는 것을 거의 확신할 수 있다.* 정도는 다르겠지만, 인간뿐만 아니라 지

---

* GMO 작물 중 일부, 이를테면 석유를 원료로 만들어지기 때문에 인체에 유해한 살균제를 사용하지 않을 목적으로 중국에서 개발 중인 곰팡이 내성 밀 같은 것은 좋은 상품으로 판단될 가능성도 있다. 또는 질병 내성 GMO 파파야도, 벼 품종 중 일부도 그러하다. 특히 황금쌀(golden rice)은 빌 게이츠 재단으로부터 기금을 받아 저개발 국가의 빈민들에게 비타민 A를 공급할 목적으로 개발되고 있다. 그러나 이런 '선의의' GMO 작물들은 이 세상을 뒤덮고 있는 '돈벌이' GMO 작물—옥수수, 콩, 면화 등 네오니코티노이드, 글리포세이트 그리고 2,4-D같은 농약과 짝을 이루어 개발된—에 비하면 너무나 미미하다. 요즘 전 세계에서 자라고 있는 신종 GMO 나무는 말할 것도 없다. 옛날에는 생명이 살아 숨 쉬고 진짜 숲이 우거졌던 곳에 지금은 가짜 나무가 숲을 이루며 하늘을 향해 자라고 있다. 이렇게 원래의 숲이 사라지면, 공기 중에 방출되는 CO_2의 양은 어마어마하게 증가한다. GMO 나무의 숲은 진짜 숲을 파괴한 불모의 땅이며 거기에 해충을 잡겠다고 다량의 농약까지 살포되고 있다. 이 나무들은 전 세계에서 우드 펠릿과 종이를 만드는 데 쓰인다. (조너선 프랜즌(Jonathan Franzen)은 2015년 〈뉴요커〉에 기고한 글에서 GMO 유칼립투스 숲은 "워낙 생명을 품고 있지 않기 때문에 죽음도 그만큼 적게 품고 있다는 점에서 인간들이 은밀한 매력을 느끼고 있다"라고 썼다.)

구상에 공존하는 생명체, 즉 동물과 식물 모두에게도 위험할 것이다. (인간이 태워 없애고 있는 화석 연료 때문에 점점 더 극적으로, 영구적으로 변화하고 있는 기후도 마찬가지다. 화석 연료의 상당 부분은 농약이나 농약을 생산하기 위한 에너지의 형태로 산업화된 농업 부문에 의해 사용된다.)* 마지막으로, 보건 관련 연구들로부터, 나는 호건의 쥐들에게서 나타났던 것처럼 GMO는 사람의 면역 시스템도 교란시킬 가능성이 매우 높다고 믿게 되었다. 맨스먼 박사의 표현을 빌리자면, 사람의 면역 시스템은 우리가 섭취하는 물질의 유전적 변화를 인지할 만큼 민감하며, 나의 경우에 그런 것처럼 누구에게든 큰 혼란이 일어날 수 있다. 면역 시스템의 교란이 알레르기를 일으키고 자가면역 질환까지 발생하게 만든다고 믿는 데에는 그럴 만한 이유가 있다. 과도한 자극을 받은 면역 시스템은 밀려들어 오는 화학물질과 독성 물질, 식품 단백질, 환경 자극 물질 등을 더 제어하지 못하고 반격에 나선다. 추측건대, GMO와 GMO에 동반된 농약들이 우리의 장내 미생물들을 손상시켜 비만, 자가면역 질환, 염증 등을 일으키는 것이다. GMO는 항생제 내성을 키울 가능성도 있다. 어쩌면 그 이상의 작용을 할지도 모른다. 이런 상황에서 데이터, 특히 건강과 관련된 데이터는 처음에는 사소하고, 개인적인 일화에 불과하고, 상황에 따른 무작위적인 에피소드인 것처럼 보인다. 여기서 우리는 경고의 메시지를 보지 못하고 놓

* 몬산토는 최근에 클라이밋 코퍼레이션(The Climate Corporation)이라는 기업을 합병했다. 이 회사의 웹 사이트에는 이 합병이 "농업에 있어서 위기 관리의 길을 제공함으로써 농부들을 지원하기 위한" 투자라고 소개되어 있다. 그들은, 날씨는 농부들이 매년 감당해야 할 가장 큰 위험 요소라고 주장한다. 몬산토는 클라이밋 코퍼레이션이 변화하는 지구 환경에서 '생산량을 극대화하는 방법'을 농부들에게 조언할 것이라고 주장한다. 나의 시각에서는, 이 합병도 몬산토가 세계의 농업 생산을 장악하려는 새로운 시도로 보인다.

치게 된다. 그러다가 어느 날 갑자기 깨닫는다. 결론은 우리가 아직 잘 이해할 만큼의 정보를 가지고 있지 못하다는 것이다.* 더욱 위험하지만 우리가 잘 모르는 것 중의 하나가 바로 식물 속에 삽입된 유전자 또는 식물이 내성을 갖도록 삽입된 농약이다.

환경운동가이자 작가인 나의 친구 스티븐 호프가 이렇게 말한 적이 있다. "GM은 진화를 정지시킬 때에만 의미가 있다." 나는 그의 말이 옳다고 믿기에 이르렀다. GMO를 세상에 내놓는 순간, 우리는 그것에 대한 통제력을 상실한다. 어찌 됐든 GMO도 환경 속에 유입된 살아 있는 생명체로서 언젠가는 중대한 결과를 초래할 것이 분명하다.

진작에 GMO 찬성론자들은 삽입 DNA로부터 농약을 분리하고 분명하게 분석해서 인간이 GMO 식물이나 동물 때문에 치러야 할 대가, 또는 인간 때문에 GMO 동식물이 치러야 할 대가가 무엇인지 속 시원히 밝혔어야 한다. 그들은 우리가 GMO를 기후와 물, 화석 연료 소비와 연관시키는 것을 원치 않는다. 그러나 우리도 언제까지고 이렇게 혼란스러운 상태로 살아갈 수는 없다. GMO의 장점만 부각시키면서 그 뒤에 도사린 위험은 무시한다면, 누구에게도 도움이 될 리 없다. 이제는 이 한 가지 진실만은 부정할 수 없다. 환경을 조작하는 것은 우리 자신을 조작하는 것과 다르지 않다는 것이다.

자연의 세계를 우리의 길잡이로 인정한다면, 전 세계의 수많

* 알레르기나 면역 전문가에게 물어보면, 실상 우리는 면역 시스템이 어떻게 작동하는지에 대해서 아직 완벽하게 이해하지 못하는 수준이라는 대답을 듣게 될 것이다. GMO는 고사하고 우리가 일상적으로 섭취하는 식품 속의 단백질에 면역 시스템이 어떻게 반응하는지조차 우리는 확실하게 알지 못하고 있다.

은 과학자들이 모여 펼쳐 낸 책 한 권에 주목해 보자. 내가 이 책을 마무리하던 2014년 여름, 《생명다양성과 생태계에 미치는 침투성 살충제의 영향에 관한 전 세계 통합 평가*A Worldwide Integrated Assessment of the Impacts of Systemic Pesticides on Biodiversity and Ecosystems*》라는 책이 출판되었다. 4대륙 15개 나라 53명의 과학자들이 1100편 이상의 논문을 검토하여 쓴 책이다. 이 책에서 과학자들은 네오니코티노이드를 조류, 어류, 벌레, 수분 매개자, 곤충에게 영향을 끼치는, DDT보다 위험한 물질로 규정했다. 또한 과일과 채소, 우유와 꿀에서도 이 물질의 흔적을 찾아냈다. 이 책은 GMO 작물에 주로 쓰이는 네오니코티노이드를 파괴적인 결과를 가져올 수 있는 문제의 원인으로 확실하게 지목한 최초의 포괄적인 연구 개요서다. 2014년 하버드 대학교 연구진이 쓰고 〈곤충학 회보*Bulletin of Insectology*〉에 게재된 한 논문은 219종의 꽃가루와 53종의 꿀 샘플 중 70퍼센트가 네오니코티노이드에 오염되었다는 사실을 밝혔다. 스웨덴의 한 논문도 소변 샘플에서 셀 수 없이 많은 종류의 농약 성분이 검출되었던 사람들이 2주 이상 유기농 식재료로 식단을 바꾸면 그 이전에 발견되던 농약 성분의 70퍼센트가 사라진다는 사실을 보여 줬다. 독자들이 이 책을 읽을 즈음이면 이보다 훨씬 많은 증거들이 등장해 있을 거라고 믿는다. 이런 증거들은 아주 빠른 속도로 나타나고 있다.

우리가 이미 알고 있는 연구 논문들에서도 많은 과학자들과 연구진들이 지구를 물들이고 있는 온갖 화학물질들을 더 자세히 들여다봐야 한다고 호소하고 있다. 미국의 어업 수렵국은 2016년부터 와일드라이프 레퓨지 시스템(야생동물 피난 프로그램)에서 네오니코티노이드를 사용하지 못하도록 금지했다. EPA는 2016년, 일부 농약에 대해 승인을 제한하거나 취소하는 전례 없는 행동에 나섰다. 이런 일련의 변화에도 불구하고 타이론 헤이스는 이미 벌어진 일들을 되돌리는 것은 불가능할 것이라는 비관적인 시각을 가지고 있다. "세계 각국—12개국—의 과학자들 21명과 공동으로 진행한 논문을 최근에 펴냈습니다. 아트라진이 성징에 미치는 영향을 파헤친 논문들이죠. 아트라진 외에 다른 것들 때문에도 시장에서 우리는 여전히 싸우고 있습니다. 담배 말입니다. 아직도 담배를 두고는 논쟁만 난무합니다. 왜 아직도 담배를 두고 싸우느냐고요? 담배가 어떤 영향을 주는지 알고 있기 때문이죠. 왜 아직도 담배가 버젓이 팔리고 있는 걸까요? 담배는 선택의 문제죠. 피우고 싶은 사람만 피울 수 있습니다. 담배 속의 독성 물질을 내 몸속으로 끌어들이느냐 마느냐는 나의 선택입니다." 그러나 8만 5000가지의 화학물질은? 아기 이유식(유기농 이유식임에도 불구하고) 안에 들어 있는 GMO는? 여기서는 누구에게도 선택권이 없다. 우리와 우리 아이들은 살기 위해 먹는 것뿐인데도 스스로를 위험에 빠뜨리게 되었다.

프랑스의 철학자이자 생물학자인 장 로스탕Jean Rostand은 이렇게 말한 바 있다. "감내해야 할 의무를 진 우리에게는 알 권리도 있다." 이 말이 옳을지도 모른다. 그러나 알 권리를 위한 투쟁은 매우 힘든 싸움이다. 예를 들면, 이 책을 마무리할 즈음, 유럽 의회는 발터가 그토록 가열하게 싸워서 얻어 낸 유럽 사법재판소의 판결을 뒤엎었다. 꿀은 이번에도 육류, 유제품과 함께 GMO 표시 품목에서 제외되었다. GMO 작물로부터 꿀이 오염된 양봉업자들을 위한 보호 조치는 이번에도 무시되었고, 자기가 먹는 꿀이 오염되었는지의 여부조차 알 길 없는 소비자들도 외면당했다. 그럼에도 불구하고 지칠 줄 모르는 발터는 이렇게 말했다. "이젠 EU 회원국들을 각각 움직여서 법정으로 끌고 가야 합니다." 발터는 전 세계에서 꿀을 위한 싸움을 계속하겠다고 말했다. 나에게 보낸 마지막 이메일에서, 그는 벌에 대한 애정을 바탕으로 유럽과 시리아 사이에 다리를 놓기 위해 시리아 난민들 중에서 양봉업자였던 사람들과의 연계를 시작했다고 말했다.

미국에서는 '푸드 데모크라시 나우!'의 리사와 데이브가 콜로라도의 볼더로 삶의 터전을 옮겼다. 리사가 오래전부터 꿈꾸던 곳이다. 하지만 두 사람은 결별했다. 리사는 자신과 데이브는 꿈도 꿀 수 없을 정도로 어마어마한 자금력을 가진 다국적 기업들을 상대로 싸워야 하는 데서 오는 크나큰 스트레스를 더는 견딜 수 없었다. 그리고 그 일이 자신의 삶을 구석구석 갉아먹는 것도 참을 수 없었다. 이제 다른 것, 더 즐거운 어떤 것을 원했다. 그런 그녀를 비난할 수 있는 사람은 없다. 반면에 데이브는 포기하지 않았다. "우리는 계속 전국적인 이슈로 만들어 갈 겁니다. 이 회사들과 싸워야만 해요. 조금이라도 승리를 얻을 때까지 멈출 수 없어요."

데이브처럼, 짐 게리첸도 이 싸움의 최전선에서 물러설 생각이 없다고 했다. 이 싸움을 계속하기 위해 그는 농장 일을 하면서도 밤늦게까지 이메일을 보내거나 전화 통화를 하거나 주말이면 멀리 시위 현장이나 모임을 찾아다닌다. 어떤 사람들은 막강한 기업의 힘 앞에서 두 손을 들지만, 지구의 많은 부분이 독성 물질에 오염되었다는 것을 보여 주는 강력한 증거들 앞에서 짐은 여전히 뜻을 굽히지 않는다. "우리는 아직 이 싸움에서 패배하지 않았습니다. 우리는 아직 돌아올 수 없는 다리를 건너지 않았습니다. 겨우 여섯 개 대기업의 작물들이 문제일 뿐, 이들 때문에 농업의 종말이 온 것은 아니니까요." 여기서 감정이 북받쳤는지, 그의 목소리는 살짝 떨렸다. 그는 신중하게 말했다. "우리가 탄 배의 항로를 돌릴 능력도, 권리도 우리에게 있습니다."

한편 릭 굿맨은 반대쪽 진영에서 싸움을 계속하고 있다. 하지만 GMO 표시 법안이 연방 차원에서 시행된다면 "생명공학 기업들은 설 자리를 잃게 될 것"이라고 말할 때 그의 목소리가 침울하게 가라앉는 것을 들으며 패배를 감지하고 있음을 눈치챌 수 있었다. 그러고는 마치 내가 이미 전화를 끊은 줄 알고 혼잣말을 하는 것처럼 중얼거렸다. "그게 제일 중요한 핵심이죠."

GM 식품에 대한 표시 법안이 생명공학 기업에게는 사형 선고나 다름없을 것이라고 예견한 사람은 굿맨만이 아니었다. 데이브 머피 역시 GMO 표시 법안은 몬산토, 듀폰, 신젠타 등의 기업들에게는 끝의 시작이 될 것이라고 말했다. 그러나 내가 인터뷰했던 사람들 중에는 GMO를 표시한다 해도 어느 정도 그 표시에 익숙해지면 대부분은 그 표시에 그다지 신경 쓰지 않게 될 거라고 말한 사람들—릭 굿맨의 동료 스티브 테일러를 포함해—도 많았다. "여태까지 이런 것들을 먹고 살았지만 난 멀쩡하잖아, 이렇게 말할 거예요." 테일러는 라벨링을 의무화하는 법이 기업들에게 일어날 수 있는 최악의 사태는 아닐 거라고 인정했다. 내 생각에도 GMO 표시 법안 때문에 생명공학 기업들이 큰 타격을 입을 것 같지는 않다. 그들은 규제가 완화될 때까지 대체할 만한 다른 화학물질들을 충분히 보유하고 있고, 그것들이 결국은 언젠가 중요한 돈줄이 될 것이 분명하다.

하지만 2015년 추수감사절 무렵에 이그나시오 차펠라는 내 생각이 틀렸다고 지적했다. "내가 이렇게 말하게 될 줄은 몰랐지만, 2015년은 GMO와 농약의 끝이 시작되는 해가 될 거라고 믿게 되었습니다. 거대한 공룡이 드디어 죽어 가고 있는 거죠. 생명공학 기업들은 그 공룡과 같은 배를 타고 있고요. 당연히 살기 위해 필사적이겠죠." 나는 왜 그렇게 생각하는지 물었고, 그는 여러 가지 예를 들며 설명했는데, 그중에는 미국은 물론 멕시코와 유럽에서 확산되고 있는 여론도 있었다. 또 WHO에서 라운드업이 발암물질일 수 있다는 발표를 한 후, 독일과 스위스에서 라운드업이 진열대에서 사라졌다고 했다. 개인적인 경험도 들려주었다. 대형마트 체인인 코스트코Costco에서 그를 찾아와 각 점포에서 서서히 GMO를 퇴출시킬 방법을 찾고 있다면서 GMO에 대한 최신 정보로 자신들에게 강의를 해 줄 것을 요구했다고 한다(코스트코는 GMO 문제에 대해 이미 입장을 정리했으며, 새로운 GMO 연어 상품은 입점을 거부했다). 이그나시오는 이런 것들이야말로 거대한 변화가 시작되고 있다는 신호라고 말했다. 내가 그를 만난 이후 가장 긍정적인 모습이었다. 그는 생명공학 기업들의 끝의 시작을 보았을 뿐만 아니라 터틀에 대한 여러 편의 논문을 발표하느라 바빴다. 게다가 모든 발표가 순조롭게 진행되고 있었다. 그의 조교 알리 역시 멕시코 농부들의 손에 터틀을 전달하고 사용법을 가르치느라 바빴다. 그들이 상상했던 것보다 훨씬 많은 샘플의 분석 요청이 밀려들었다. 그는 여러 분석들을 종합하고, 그 결과를 지도로 만드는 작업을 진행 중이다.

이 책의 작업이 거의 끝났을 즈음, 잭에게 안부 전화를 했다. 잭은 여전히 농사를 짓고 있지만, 농사짓는 방법에는 변화를 시도하고 있다고 말했다. 2016년 가을부터 그의 농지 중 일부에 처음으로 non-GMO 옥수수를 심을 계획이라고 했다. "요즘에는 시장에서 non-GMO 옥수수를 원합니다." 잭은 언제나 GMO는 안전하다고, 'GMO와 직접적인 인과 관계가 있는 의학적 문제'는 없다고 생각했다고 말했다. 그러나 이제는 '장기적'이라고 말할 때의 그 '장기'가 어느 정도의 시간을 말하는 것인지 모호하고, 어떤 작물을 어떻게 길러서 어떻게 소비하는가에 상관없이 음식은 장기적으로 사람에게 문제를 일으킬 수 있다고 생각하게 되었다. "[GMO가 안전하다는 것을] 반증하는 증거는 아직 없지만 내가 GMO 작물에 대해 한 발짝 물러서게 된 것은, 농부인 우리가 아무리 이 곡물은 100퍼센트 안전하다고 믿는다 해도 궁극적으로 이 곡물을 생산하는 이유는 소비자들을 위해서이기 때문입니다. 지금도 얼마든지 GMO는 안전하다고 주장할 수 있지만, 대중이 원하는 것을 생산하기로 했어요…." 시장이 농부들에게 GMO를 계속 재배해야 할 것인지에 대해 생각해 볼 여지를 주었다고 그는 말했다. 앞으로 유기농 재배로 전환할 생각도 있느냐고 묻자 그는 이렇게 대답했다. "절대로 아니라는 말은 절대로 못 하죠." 또한 내가 그의 농장을 다녀간 후, 밭에 뿌리는 농약의 양도 줄였다고 했다. 첫 번째 이유는 그 무렵 그의 밭에서 필요한 농약의 양이 줄었기 때문이다 지금은 가을에 2,4-D를 뿌리는 경우가 "매우 드물어"졌다고 했다. 그것도 "최소한으로 필요한 만큼만" 뿌린다고 했다. 농약은 잘 사용해도 해롭다고 생각하기 때문이 아니라 꼭 사용해야 하는 때가 아니면 사용하고 싶지 않기 때문이라고 했다. 그리고 개인적인 이야기도 들려주었다. 내가 그의 농장을 방문했던 무렵, 형인 브랜던의 건강에 심각한 문제가 있었다. 결국 브랜던은 옥수수를 포함한 곡물을 섭취할 수 없다는 것을 알게 되었다. "브랜던이 옥수수 재배농협회에서 일하고 있다는 걸 생각하면, 정말 아이러니한 일이죠." 형의 투병 과정을 지켜보면서, 그는 〈엘르〉에 실린 내 글을 믿어야 한다는 것을 깨닫게 되었다. "어떤 사람들은 GMO에 예민하죠. 그런 사람들에게 이 문제는 아주 중요합니다." 요즘에는 브랜던이 약간의 곡물을 섭취할 수 있게 되었으며 건강 상태도 많이 호전되었다고 했다. 하지만 자신의 맏아들이 적색 40호 색소에 알레르기 반응을 보여서 이제는 "대부분의 성인들에 비해" 훨씬 꼼꼼하게 식품 성분 표시를 읽는다고 했다. 이제 그의 가족들은 차를 타고 한 시간이나 달려가 홀푸드에서 식재료를 구입하거나 가능한 경우에는 유기농 식품을 산다고 했다. 잭이 서서히, 그리고 조용히, 그러나 모든 가능성 앞에 마음을 열고 당당하게 자신의 농법에 변화를 시도하고 있다는 데에 큰 감동을 받았다. 그는 여전히 그레이트플레인스에서 재배되는 작물들의 사진과 농부로서의 소소한 일상들을 트위터에 포스팅하며 바깥 세상에 알리고 있다.

마지막으로, 사이먼 호건은 나와의 최근 대화에서 GMO가 알레르기를 유발하는지의 여부에 답을 줄 수 있을 것으로 기대되는 연구 방법을 고안했다고 말했다. 생쥐 실험을 계획 중인데, 이 방법으로 동물 모델 실험을 비난하는 사람들로부터도 신뢰를 얻을 수 있으리라고 믿는다고 했다. 신시내티 대학교에서의 연구 덕분에 그는 실험실과 연구에 필요한 모든 것을 확보하고 있다. 실험용 쥐 구입과 기초적인 조사를 위한 비용으로 독립적인 기금 50만 달러 정도가 필요할 뿐이다.

이 글을 쓰고 있는 지금, 창밖에는 커다랗고 하얀 눈송이가 춤을 추며 내려앉고 있다. 둘째 아들은《안나 카레니나》에 나오는 농민 이상주의자 콘스탄틴 레빈의 이름을 따서 레빈이라 이름을 지었다. 강보에 꼭꼭 싸인 레빈은 편안히 잠을 자고 있다. 숨을 쉴 때마다 가슴이 들썩거리는 것이 보인다. 마지막 문장들을 다듬는 이 순간에 그 아이가 내 곁에 있다는 것이 의미심장하게 느껴진다. 캘리포니아에서 마지막 자료 조사를 마치고 이 책의 첫 번째 문장들을 쓸 무렵부터 내 배 속에 있던 아이다.

품에 꼭 안고 아이의 심장 박동을 가슴으로 느끼며, 그동안 내가 만난 사람들과 그들이 들려준 이야기, 그 이야기들을 들으며 떠올렸던 이미지, GMO에 대한 다양한 논쟁들 속에서 발견했던 열정들을 돌이켜 본다. 지금 내가 쓰고 있는 문장들이 얼마나 큰 무게를 갖는지를 새삼 느끼지 않을 수 없다. 이건 중요한 문장들이다. 내 아이들, 여러분의 아이들, 그리고 이 지구를 위해. 지금의 위험을 과대평가하는 것은 무책임한 짓일 것이다. 마찬가지로 그 위험을 과소평가하는 것 역시 똑같이 무책임한 짓일 것이다.

메인주의 주도인 오거스타 근방, 팔레르모의 낡은 농가에 사과 전문가 존 벙커John Bunker가 산다. 그는 메인주와 뉴잉글랜드 지역에서 에얼룸 사과heirloom apple[5] 품종들을 조사하고 분류하는 데 많은 시간을 보냈다. 때로는 길을 가다가도 낯선 사과나무가 보이면 차를 세우고 낡은 농가에 불쑥 들어가 그 사과를 살펴보기도 한다.

사과를 한 알 따서 칼로 잘라 보고, 안을 들여다보고, 맛을 본다.

이 책을 쓰기 시작할 때, 그에게 갈변 현상이 없도록 유전자를 조작한 GMO 사과인 북극 사과Arctic Apple에 대해서 물어보았다. 점심이나 간식용 도시락을 싸 가는 아이들이나 패스트푸드 레스토랑에서 플라스틱 용기에 넣어 파는 과일 제품용으로 개발된 품종이다. 북극 사과를 만든 회사는 이 사과를 소개하면서 "훨씬 더 좋아진 완벽한 과일"이라고 광고했다. 웹 사이트에는 파란 눈의 귀여운 꼬마가 커다랗고 먹음직스러운 사과를 먹고 있는 모습이 걸려 있었다. 뉴스에서는 여러 전문가들이 나와, 레몬즙 몇 방울만 뿌리면 보통의 사과도 갈색으로 변하지 않게 할 수 있다는 것을 아는 엄마들이 과연 자기 아이에게 GMO 사과를 먹이려 할까, 회의적인 반응을 보였다. 굳이 갈변 없는 사과가 필요할까요? 기자들이 물었다. 다른 여러 가지 위험이 도사리고 있는데, 오로지 갈변 현상만을 없앤 이런 사과와 같은 것들이 우리에게 꼭 필요할까? 나 역시 의심스러웠다.

존과 통화할 때, 그에게도 똑같은 질문을 했다. 그는 껄껄 웃으며 허스키하지만 솔직하게 들리는 목소리로 대답했다. 첫째, 갈변 없는 사과는 꼭 필요한 것은 아니다. 미국에서 소비되는 사과는 주로 레드, 골든 딜리셔스, 매킨토시, 그래니 스미스 등과 몇몇 품종이 대세지만, 실제로는 수천 가지 품종이 있고, 품종마다 다양한 특질을 가지고 있어서 누구라도 자신이 원하는 사과를 골라 먹을 수 있으며, 이러한 생명의 다양성이야말로 지구를 위해 꼭 필요한 것이다. "정말 불필요한 짓을 한 겁니다. 그런 사과를 만들 필요가 전혀 없어요."

존의 이야기는 계속 이어졌다. “둘째, 그 사람들이 만든 사과는 **썩어 가는** 도중에도 갈색으로 변하지 않는 사과예요. 무슨 설명이 더 필요하겠어요? 셋째, 그 사람들이 이런 사과를 만든 데에는 두 가지 이유가 있습니다. 하나는 너무나 게으른 탓에 역사를 거슬러 올라가 과거에도 잘 팔렸고 지금도 잘 팔릴 수 있는 사과 품종을 찾아보지 않은 거예요. 또 하나는 이윤이죠. 이걸 만들어서 막대한 이윤을 얻을 수 있으니까요.”

북극 사과가 처음 등장했을 때, 나는 가족과 함께 루이스턴 북쪽에 있는 리커 힐 과수원으로 사과를 따러 갔었다. 겨우내 먹을 애플 소스, 애플 버터, 파이를 만들기에 충분한 양, 거기에다 크리스마스 시즌까지 점심마다 먹을 수 있는 양의 사과를 차에 실은 후, 수백 년 동안 대대로 이어 오며 과수원을 지켜 온 주인에게 GMO 사과에 대해 물었다. “내가 하고 싶은 말은 딱 한마디, 음식은 왕이라는 겁니다. 농촌이 몰락하면, 먹을 것을 가진 자가 이깁니다. 이건 음식 주권에 대한 문제입니다.”

우리는 고개를 돌려 푸르게 우거진 그의 과수원을 내려다보았다. 저 멀리 산 위로, 그 너머까지 이어진 과일나무들이 보였다. “이런 농장을 갖고 계시다니 정말 행운아세요.” 내가 말했다.

“저도 그렇게 생각합니다.” 과수원 주인이 답했다.

저무는 해를 바라보며 집으로 돌아오는 동안, 마스든과 댄, 그리고 나는 아삭아삭한 맛있는 사과를 먹었다. GMO 기업들에 대해 존이 했던 말이 떠올랐다. “우리가 지금까지 했던 일에 **대해** 지금 당장 무언가를 해야 할 책임이 있어요. 또는 우리가 지금까지 했던 일들을 **가지고** 무언가를 할 수 있는 기회가 아직 있다고 할 수도 있고요."

그가 말하는 기회가 어떤 것인지 나는 아직도 확신할 수 없다. 그러나 우리에게 책임이 있다는 말에는 깊이 공감한다. 꽃가루와 화밀을 모으는 조디의 벌처럼, 우리는 우리의 꿀벌 통을 기억해야만 한다. 그리고 다가올 긴긴 겨울을 살아남아야 한다.

참고 자료에 대한 이야기

독자들께

중단했다가 다시 시작하기를 여러 번 반복하면서, 이 책이 결실을 맺기까지 5년이 넘게 걸렸다. 이 책을 처음 쓰기 시작했을 때는 내가 얼마나 아팠고 얼마나 두려웠는지를 종이 위에 적어 놓고만 있었다. 가슴속에 꽁꽁 담아 두었던 것을 꺼내기 위해 애썼고, 내게 일어났던 일들을 표현하기에 적합한 말들을 찾느라 고민했다. 주말이면, 혹시라도 내가 지원할 수 있는 임상 테스트가 없을까 하는 마음으로 〈뉴욕 타임스 매거진*New York Times Magazine*〉의 의학 칼럼을 뒤졌다. 일요일에는 스콘 몇 개에 차를 곁들여 마시면서 내가 찾는 답이 그 속에 있지 않을까 하며 또 샅샅이 읽어 보았다. 정말 너무나 절박할 때는 랍비 해럴드 쿠시너**Harold Kushner**의 《착한 사람에게 나쁜 일이 생길 때*When Bad Things Happen to Good People*》를 들고 다니기도 했지만, 차마 읽지는 못했다. 나에게는 불운의 부적 같아서였다.

드디어 맨스먼 박사로부터 진단을 받았을 때는 아직 책을 쓰겠다고 마음먹기 한참 전이었지만 그때부터 책을 찾아 읽기 시작했다. GMO에 대해서 더 알아야 했고, 옥수수, 농약, 거대 농산업체에 대해서도 더 알고 싶었다. 거울 나라의 앨리스처럼, 나는 완전히 나 자신을 던지듯 책에 몰두했다. 나보다 앞서 간 사람들로부터 배우고 싶었다. 여기서 소개하는 책들이 전부는 아니다. 내가 이 책을 쓰는 동안 특히 중요한 역할을 한 책들을 소개하는 것뿐이다. 이 책의 주제에 깊이 관심을 가진 독자라면 여기서부터 출발점으로 삼아 어떤 방향으로든 나아갈 수 있을 거라고 믿는다.

가장 먼저 읽은 책은 레이첼 카슨의 《침묵의 봄》(김은령 옮김, 에코리브르, 2011)이다. 대학 시절에도 읽었고, 이 책으로 강의를 했던 메인주 출신의 무뚝뚝한 미국사 교수님도 기억나지만, 성인이 되어 다시 읽으니 완전히 새로운 지평이 열린 기분이었다. 아직 이 책을 읽지 못했다면, 절대로 시간이 아깝지 않은 책이라고 말하고 싶다. 출판된 지 50년이 넘었지만, 여전히 의미심장할 뿐만 아니라 감동적이고 아름다운 책이다. 우리가 저지르지 않았다면 더 좋았을 일들을 깨달으며 눈물을 흘릴지도 모른다.

카슨 다음에는 마이클 폴란이었다. 먼저 읽은 책은 옥수수 위주의 식품 시스템을 다룬 《잡식동물의 딜레마》(조윤정 옮김, 다른 세상, 2008)였다. 이 책 다음은 바버라 킹솔버, 스티븐 호프, 카밀 킹솔버 Camille Kingsolver의 《자연과 함께한 1년: 한 자연주의자 가족이 보낸 풍요로운 한해살이 보고서》(정병선 옮김, 한겨레 출판사, 2009)였다. 폴란이 제시한 전형을 현실에 응용한 기록이었다. 이 책에서는 부모와 두 자녀가 시장과 결별하고 1년 동안 애팔래치아 산자락의 소박한 농장에서 모든 먹거리를 직접 길러 먹는다. 킹솔버의 문장들은 어깨를 토닥이는 따뜻한 손길처럼 내 마음을 어루만져 주었다. 킹솔버와 호프가 나눠 주는, 현재의 식품 시스템에 대한 정보도 큰 도움이 되었다. 그다음에는 폴란이 쓴 《욕망하는 식물》(이경식 옮김, 황소자리, 2007)을 펼쳤다. 네 가지 작물, 사과, 감자, 튤립 그리고 마리화나를 집중적으로 다룬 책이었다. 사과와 감자에 대한 부분이 특히 내 관심을 끌었다(이 책에서 다룬 감자는 모두 GMO 감자였다). 이 책 다음에는 역시 폴란의 책인 《요리를 욕망하다 *Cooked*》(김현정 옮김, 에코리브르, 2014)를 읽었다. 우리가 먹는 식품이 어떻게 식재료에서 음식이 되는지에 대한 내용이었다. 이 책들을 읽는 도중에 제러미 세이퍼트Jeremy Seifert의 다큐멘터리 〈GMO OMG〉[1]를 보았다. 정직하고 새로운 안목으로 GMO를 바라보면서 스스로 GMO를 이해하고 자기 아이들에게 설명해 주려는 한 아버지의 시도가 담겨 있었다.

그레이트플레인스를 향해 첫 여행을 떠나기 전날 밤, 내 친구 맷 문Matt Moon이 이언 프레이저의 감동적이며 아름답고 재미까지 있는 기행문 《그레이트플레인스》를 전해 줬다. 미국 원주민의 역사에서부터 농업의 역사에 이르기까지 그레이트플레인스라는 한 지역의 모든 것을 배울 수 있는 이 책은 내가 가장 좋아하는 책이 되었다. 이언 프레이저는 모르는 게 없는 사람 같았다. 《그레이트플레인스》를 다 읽은 후에는 내 친구 마이크 패터니티Mike Paterniti의 책, 《텔링 룸*The Telling Room*》을 읽었다. 세상에서 가장 맛있는 치즈를 만드는 스페인 외딴 소도시의 구석구석을 취재한 한 작가의 모험기다. 내 책도 그렇지만, 패터니티의 책도 한마디로 딱 정의하기 어려운 대상의 흔적을 오랜 세월 쫓아다니며 쓴 책이었다. 그가 이 책을 완성하기까지는 장장 12년의 세월이 걸렸다. 로마에서 긴 시간 비행기를 타고 와 보스턴에 착륙하기 직전에, 댄에게 나한테 말도 걸지 말라고 했던 일이 기억난다. "이 책의 마지막 문장을 읽기 전에는 비행기에서 내리지 않을 거야!" 패터니티의 책은 나를 눈물짓게 만들었다. 마지막 장을 읽으며 이야기가 거기서 끝난다는 것이 못내 아쉬웠다. 캘리포니아에 갈 때는 비행기 안에서 그레텔 에를리히Gretel Ehrlich의 《광활한 공간이 주는 위안*The Solace of Open Spaces*》을 읽으면서, 이 책을 처음 읽었던 20대 초반에 뉴욕에 살면서 카우걸이 되기를 꿈꿨던 추억을 더듬었다. 세 번의 여행에 모두 목적지에 적합한 조류 도감도 들고 갔다. 밤이면 잠자리에 누워 그날 낮에 내가 봤던 새의 이름과 습성을 찾아보곤 했다.

자료 조사를 끝내고 2014년 4월 1일에 '플라이오버 컨트리'를 쓰기 시작하면서 피터 프링글의 놀랍도록 치밀하고 지적인 책, 《식품주식회사: 질병과 비만, 빈곤 뒤에 숨은 식품산업의 비밀》(박은영 옮김, 따비, 2010)을 읽기 시작했다. 내 책을 쓰는 동안 이 책을 서너 번은 본 것 같다. 사견이지만, 프링글은 GMO의 역사에 관한 한 미국에서 가장 권위 있는 학자라고 할 수 있다. 더스트볼 부분을 쓰기 시작하면서는 《분노의 포도》를 읽으면서 인간적인 관점에서 더스트볼의 역사를 다시 짚어 보았다. 워커 에반스, 도로시아 랭, 프랭크 골크 등의 사진 작품도 많이 보았다. 농약에 대한 부분을 쓸 때는 샌드라 스타인그래버의《먹고 마시고 숨 쉬는 것들의 반란》(이지윤 옮김, 아카이브, 2012)을 참고했다. 환경 속의 화학물질이라는 딱딱해 보이는 주제를 다루고 있지만, 읽기 쉽고 이해하기 쉬운 문장으로 짜여 있다. 이 책 다음에는 저자인 알도 레오폴드 사후에 출판된 고전,《모래땅의 사계》(이상원 옮김, 푸른숲, 1999)를 읽었다. 자연세계에서 살아간다는 것과 자연 보호를 주제로 쓴 에세이집이다. '플라이오버 컨트리'를 쓸 때는 다음과 같은 영화나 다큐멘터리도 보았다. 애런 울프의 〈킹 콘〉, 켄 번스의 〈더스트볼〉, PBS가 제작한 〈레이철 카슨의 침묵의 봄*Rachel Carson's Silent Spring*〉, 〈식품주식회사*Food, Inc.*〉, 네브래스카에서 농사를 지으며 살아가는 한 부부의 감동적인 이야기를 담은 다큐멘터리 〈농부의 아내*The Farmer's Wife*〉, 〈성분*Ingredients*〉, 〈농장 만들기*To Make a Farm*〉, 〈공격받는 과학자들*Scientists Under Attack*〉, 그리고 〈기업의 숨겨진 진실〉까지.

2부의 벌에 대한 이야기로 옮겨 가면서, 벌에 대한 책을 읽기 시작했다. 제일 먼저 손에 잡은 책은《바보들을 위한 벌 기르기*Beekeeping for Dummies*》였다. 나는 벌에 대해서는 거의 아무것도 아는 게 없었다. 그런데 레빈을 낳고 병원에 입원해 있을 때, 친구 수전이《벌: 자연의 역사*The Bee: Natural History*》라는 아름다운 책을 선물해 줬다. 마스든과 머리를 맞대고 이 책에 푹 빠져 밤 깊어 가는 줄 몰랐던 날이 하루 이틀이 아니었다. 지구상에 사는 모든 종류의 벌들의 사진과 함께 벌들의 역사와 고난에 대해서 읽었다. 빌 매키번Bill McKibben의 회고록,《석유와 꿀*Oil and Honey*》도 읽었다. 화석연료 회사에 맞서는 환경운동과 양봉업자들을 지원하기 위한 여행을 주제로 한 책이었다. 그다음에는 마틴 블레이저의《인간은 왜 세균과 공존해야 하는가》(서자영 옮김, 처음북스, 2014), 데이비드 마이클스의 《청부과학》(이홍상 옮김, 이마고, 2009) 등을 읽었다. 모두가 시간을 내어 읽을 만한 가치가 있는 중요하고 유익한 책이었다. 〈사라져 가는 벌들*Vanishing of the Bees*〉, 〈꿀 그 이상*More Than Honey*〉은 아주 훌륭한 다큐멘터리였다.

이 책의 3부인 '에덴의 서쪽'을 시작하면서는 엘리자베스 콜버트의 《여섯 번째 대멸종》(이혜리 옮김, 처음북스, 2014)(이 책에 대해서 토론을 하기 위해 댄에게도 읽게 했다), 벨린다 마티노의 《첫 번째 열매*First Fruit*》, 댄 찰스Dan Cahrles의 《수확의 왕*Lords of the Harvest*》, 에밀리 앤시스Emily Anthes의 《프랑켄슈타인의 고양이 *Frankenstein's Cat*》, 테오 콜본의 《도둑 맞은 미래》(권복규 옮김, 사이언스북스, 1997), 존 맥피John McPhee의 《자연의 통제*The Control of Nature*》를 읽었다. 이 부분을 쓰면서 나도 모르게 찰스 다윈Charles Darwin의 《종의 기원*The Origin of Species*》을 읽기도 했다.

이 책을 쓰는 동안, 내셔널 퍼블릭 라디오에서 농업 관련 기사를 취재하는 댄 찰스가 쓴 모든 것에 주목했다. 벌, 그레이트플레인스, 멕시코와 옥수수, GMO, 농업과 화학을 다루는 잡지는 할 수 있는 한 찾아서 읽었다. 집필 장소를 옮길 때마다(우리 집 서재나 거실, 친구네 집 거실이나 주방) 큰 상자 두 개 분량의 과학 문헌을 함께 가지고 다녔고, 정치 연설문, 워싱턴의 정치가들이 제출한 법안의 원문 복사본, 웬델 베리와 메리 올리버Mary Oliver의 시집을 읽었고, 내게 영감을 주는 음악을 들었다. 대개 내가 쓰고 있는 지역의 풍경과 관련이 있는 음악이거나 내 상상력을 자극하는 음악들이었다. 그리고 틈날 때마다 사진과 지도를 들여다보며 조금이라도 더 많이 배우고 깨닫기 위해 노력했다. 잠자리에 들 때는 앨리스 워터스Alice Waters, 멜리사 클라크Melissa Clark, 마사 스튜어트의 요리책이나 《요리의 즐거움*The Joy of Cooking*》, 《패니 파머의 요리책*The Fannie Farmer Cookbook*》 같은 고전적인 요리책을 보면서 우리 가족을 만족시킬 만한 GMO 없는 요리를 찾아냈다. 다음과 같은 웹 사이트에도 수시로 들락거리면서 자료와 정보를 얻었다. beyondpesticides.org, gmo-compass.org, The Endocrine Disruption Exchange(endocrinedisruption.org), The Environmental Working Group(ewg.org), Environmental Health News(environmentalhealthnews.org), National Pesticide Information Center(npic.orst.edu), epa.gov, fda.gov, usda.gov.

이 책들과 영화, 다큐멘터리, 그리고 웹 사이트들이 독자들께 도움이 되기를. 그리고 내가 미처 발견하지 못한 것들까지 발견하기를 바란다. 어쩌면 여러분은 내가 멈춘 그 자리에서 출발해 새 책을 쓸 수 있을지도 모른다. 이 많은 출처들을 소상히 밝히는 이유가 바로 그것, 바통을 넘기기 위함이니까.

2016년 4월 1일

케이틀린 셰털리

감사의 말

도와줄 스태프도, 분명한 로드맵도 없이 이런 책을 쓰기 위해서는 보이지 않는 많은 사람들의 도움과 격려가 필요하다. 뿐만 아니라 그들의 시간과 에너지, 아이디어, 우정과 때로는 돈까지 필요하다. 이 책이 세상의 빛을 보기까지 내게 도움을 준 분들이 너무 많아 이 지면에 모두 담지 못하는 것이 안타까울 뿐이다. 예를 들면, 내가 유럽으로 떠나기 전날 밤, 그 전에 샀던 가방에 구멍이 나 있는 것을 발견하고 연락했더니 늦은 시간이었음에도 불구하고 다른 직원을 보내 새 가방을 우리 집까지 가져다 준 L. L. 빈 매장의 매니저는 이름조차 알아 두지 못했다. 또 버클리 시티 클럽에 머물 동안 내게 기대 이상의 친절과 호의로 호텔에서의 며칠을 더할 나위 없이 편하게 해 준 호텔 직원도 있었다. 이탈리아에서 환상적인 음식으로 우리를 감동시키고 마스든까지 따뜻하게 보살펴 주었던 그라치엘라도 고마운 분이다.

그들이 없었다면 절대로 이 책이 나올 수 없었을 두 사람이 있다. 첫 번째는 나의 에이전트 리사 그럽카Lisa Grubka, 내가 아는 모든 사람들 중에서 가장 규칙적이고 현실적인 사람이다. 언제나 지독할 정도로 정직하지만 또한 끝없는 격려를 보내 줬다. (편집자 케리와 나는 리사에게 이렇게 말하곤 했다. "리사, 느낌을 솔직히 말해 줘요.") 들어오는 모든 기획서와 초고를 직접 꼼꼼하게 읽어 보는 에이전트가 몇 명이나 될까 싶다. 오랜 시간 심사숙고하며 책 전체를 가늠하는 커다란 그림을 그릴 뿐만 아니라 문장 하나하나를 두고도 깊이 고민하고 고치고 다듬어 줬다. 리사가 나의 첫 기획서를 보고 책으로 낼 만한 가치가 있다고 판단하고 처음부터 끝까지 뛰어난 지성과 사려 깊은 충고로 나를 돕지 않았다면 아마 우리는 오늘 이 책을 읽을 수 없었을 것이다. 리사, 고마워요. 당신은 나의 가장 진실한 조언자이며 충실한 친구입니다.

두 번째는 편집자 케리 콜렌Kerri Kolen. 지칠 줄 모르는 에너지와 박학다식에 유머까지 갖춘 날카로운 안목의 소유자. 우리 셋은 단단하게 묶인 'GMO 팀'이었다. 도저히 넘을 수 없을 것 같았던 여러 번의 고비와 난관도 있었지만 우리는 꿋꿋하게 버티고 이겨 냈다. 한참 원고를 쓰던 도중에 아이를 가진 나에게 누구보다도 큰 인내심을 보여 줬다. 그래도 예정일보다 2주 반이나 일찍 분만실로 들어가게 된 상황에서 간호사에게 아기를 낳기 전에 이 책의 마지막 몇 문장을 마무리하고 분만실에 들어갈 수 있게 기다려 달라고 사정했으니, 점수를 조금은 회복한 셈이다. 진통을 참으며 마지막 문장을 만들고 있는 나를 보다 못해 댄이 조용히 말했다. 이제 그만 노트북을 내려놓으면 안 되겠느냐고…. 케리도 이 책의 원고를 리사 못지않게 여러 번 읽었다. 과학적인 개념과 내용들을 이해하기 쉬운 문장으로 만드느라 셋이 머리를 맞대고 고민했다. 우리는 무엇보다도 GMO라는 것을 쉽게 설명하고 싶었다. 케리는 모든 문제에 대한 해답을 가지고 있었고 내가 코를 빠뜨리고 있을 때면 언제나 유머와 격려로 내 기를 살려 줬다.

이 책의 고정 독자, 수전 콘리Susan Conley, 스티븐 호프, 제시 문Jessie Moon에게도 감사를 표한다. 이 세 사람은 완성되기 전의 길고 지루한 원고(아마 500쪽 정도?)를 꼼꼼하게 읽고 내게 피드백을 해 주었다. 이들 덕분에 지금의 책으로 만들어졌다. 그리고 원고에 주석을 달고, 나를 응원해 주고, 함께 아이디어를 짜고, 문장을 고쳐 쓰고, 복잡한 과학적인 내용을 이해하기 쉽게 걸러 내기 위해 고생하면서 투덜대는 나의 불평을 들어 주고, 그리고 그저 나를 위해 내 곁에 있어 줬다. 영원히 갚지 못할 빚을 졌다.

그리고 나에게 주고, 주고, 또 주기만 한 사람들도 있다. 내 아버지 로버트 브라운 셰털리 주니어Robert Browne Shetterly Jr., 삼촌 제이 셰털리Jay Shetterly와 톰 셰털리Tom Shetterly. 포틀랜드에 있는 아름다운 타운하우스에 원고를 쓸 공간을 마련해 준 제이미 킬브레스Jamie Kilbreth와 베스 킬브레스Beth Kilbreth. 제이미와 베스에게 손님이 찾아와서 그 방을 내주어야 했을 때는, 조앤 에이머리와 댄 에이머리가 자기 집의 방 하나를 내게 허락했다. 베스에게는 한 번 더 고마워해야 할 것 같다. 내가 작업을 하는 동안 멋진 피아노 연주로 내 기운을 북돋아 주었다. 너의 피아노 연주는 나의 뮤즈이자 사운드트랙이었어! UC 어바인의 과학자 브루스 블룸버그는 과학적인 용어를 설명해 주고 여러 편의 논문들을 이해할 수 있도록 도움을 줬을 뿐만 아니라 타이론 헤이스를 소개해 줬다. 타이론 헤이스는 이그나시오 차펠라, 릴리 킹Lily King, 케이트 크리스텐슨Kate Christensen, 그리고 빌 매키번을 소개해 줬다. 이들 모두가 이 책을 쓰기 시작하던 무렵부터 완성될 때까지 필요할 때마다 조언과 도움을 아끼지 않았다. 가장 중요한 부분을 썼던 팔머스 기념 도서관, 내 컴퓨터를 여러 번 고쳐 줬을 뿐 아니라 두 번이나 사라진 원고 파일을 복구해 준 스탠 스미스Stan Smith, 이 책을 쓰는 데 꼭 필요한 기금을 후원해 준 메인주 예술위원회, 내가 아는 사람들 중 가장 긍정적인 성격을 가진 팀 라이스Tim Rhys와 그의 아내이자 내 친구인 제시카 라이스Jessica Rhys, 바쁜 생활에도 불구하고 내가 필요할 때면 늘 내 곁에 있었던 크레이그 포스피실Craig Pospisil, 고맙다는 말로는 다 표현할 수 없는 우정을 보여 준 조디 모저. 조디는 음식부터 책, 가족에 이르기까지 내가 마음에 들지 않을 때마다 끊임없이 해대는 불평을 들어 주느라 많은 시간을 보냈다. 그리고 유기농, 벌, 꿀, 정원 가꾸기, 꽃과 나무에 대해서도 나에게 많은 것을 가르쳐 줬다. 고마워, 조디.

이 책을 쓰기 위해 인터뷰한 많은 사람들도 큰 시간을 할애해 줬다. 특히 레슬리 맨스먼과 패리스 맨스먼, 사이먼 호건, 릭 굿맨, 발터 하페커, 짐 게리첸, 잭 허니컷, 에릭 치비언, 벨린다 마티노, 데이브 머피, 리사 스토크, 첼리 핀그리, 세버린 벨리보, 카를 하인츠 바블로크, 볼프강 퀼러, 타이론 헤이스, 이그나시오 차펠라, 에제키엘 에스쿠라, 존 벙커, 그리고 이탈리아 스파노치아Spannocchia의 모든 사람들.

이 책이 세상에 나오기까지 도움을 준 퍼트넘Putnam 출판사의 모든 이들에게도 감사를 드린다. 특히 이 책을 믿고 나와 이 책을 응원해 준 이반 헬드Ivan Held, 법률적 검토를 맡아 준 캐런 메이어Karen Mayer, 홍보를 맡아 준 알렉시스 웰비Alexis Welby, 캐런 핑크Karen Fink와 스테파니 하거든Stephanie Hargadon, 마케팅 팀의 애슐리 매클레이Ashley McClay와 애나 로믹Anna Romig, 원고를 편집해 준 클레어 설리번Claire Sullivan, 멋있게 편집 디자인을 해 준 클레어 바카로Claire Vaccaro와 타냐 메이보로다Tanya Maiboroda, 그리고 지원부서의 앨리스 호페이커Alise Hofacre와 소피 브룩스Sofie Brooks.

리서치 어시스턴트 에마 딘스Emma Deans와 케이틀린 앨런Caitlin Allen, 그리고 웹 사이트 검색을 맡아 준 베서니 플래너리Bethany Flannery에게도 감사를 전한다.

팩트 체커 힐러리 엘킨스Hilary Elkins와 키스 비어든Keith Bearden. 키스의 성실함과 긍정적인 성격, 그리고 그가 잡아낸 실수들이 이 책을 조금 더 완전하게 만들었다.

보이지 않는 곳에서 응원을 보내 주고 크고 작은 도움을 주거나 내게 마음을 열어 준 많은 사람들이 있었다. 〈엘르〉에서 내 기사를 담당한 로리 에이브러햄Laurie Abraham, 〈엘르〉의 내 기사에 공격이 쏟아지자 나를 옹호하는 기사를 써 준 로비 마이어스Robbie Myers, 그리고 나를 크리스티 플레처Christy Fletcher에게 보내 준 케이트 리Kate Lee. 크리스티가 내 기획서를 리사에게 보냈고, 리사가 이 책의 출판을 진두지휘했다. 기획서의 원고 초안을 읽어 준 대니얼 웽어Daniel Wenger와 데브라 스파크Debra Spark, 수없이 바뀐 원고를 잘 챙겨 준 에드 셀딘Ed Seldin, 탈고 과정에서 원고를 읽어 준 스티브 드러커

Steve Drucker, 내 메시지의 힘을 믿게 해 준 세스 리골레티Seth Rigoletti, 내가 여행을 갈 때나 사진을 찍을 때 멋진 의상을 골라 준 미셸 볼덕Michelle Bolduc, 그리고 샌디 존슨Sandy Johnson, 수전 핸드 셰털리Susan Hand Shetterly, 매기 밀러Maggie Miller와 에릭 밀Eric Miller, 샐리 셰털리Sally Shetterly, 애런 셰털리Aran Shetterly와 마고 리 셰털리Margot Lee Shetterly. 그리고 베이비시터 벨라 버거론Bella Bergeron과 멜러니 로스Melanie Ross. 벨라와 멜러니, 당신들이 없었다면… 하는 생각은 상상조차 할 수 없어요.

어떤 길을 달리든 항상 나에게 영감을 불어넣어 주는 음악을 만든 라이언 애덤스와 그레그 브라운에게도 감사를 전한다.

메인주의 용감한 농부들과 유기농 재배협회의 농민들에게도 감사하는 마음이다. 그들이 기르는 먹거리가 나와 내 가족을 건강하고 행복하게 하며 아직도 희망의 씨앗이 남아 있음을 느끼게 한다. 또한 메인주가 할 수 있다면 이 나라도 할 수 있으리라는 믿음을 갖게 한다.

그리고 주말에도 일에 묶여 있는 나를 대신해 설거지를 하고 아이들을 돌보느라 고생한 댄. 자신의 일도 바쁘고 힘든데, 여러 번 고친 이 책의 원고를 아이들이 잠든 뒤 큰 소리로 읽으면 참을성 있게 들어 주었다. 내게 신경 써 주고, 차를 끓여다 주고, 토요일 저녁에는 내가 잠시라도 주방에서 벗어날 수 있게 나를 대신해서 멋진 생선 요리로 저녁 식사를 준비해 줬다. 이 책을 쓰느라 힘들고 고통스러웠던 때에도 늘 나를 사랑해 줬다. 댄, 나 자신과 이 책에 대해 나조차도 아무런 믿음이 없이 헤맬 때에도 당신은 언제나 나와 이 책의 가치를 믿어 줬다는 거 알아요, 댄. 내가 날마다 누군가와 싸워야 했을 때 우리가 먹을 것과 입을 것을 걱정하지 않게 보살펴 준 당신, 정말 고마워요.

마스든과 레빈. 행복한 나의 두 아이. 너희들은 내 영감의 원천이자 내가 존재하는 이유란다. 너희들을 위해 이 책을 썼어. 크든 작든 우리가 변화를 만들어 낼 수 있다는 것을 보여 주고 직접 세상에 나아가서 중요한 질문을 던질 수 있다는 걸 알려 주고 싶어서. 그리고 어떤 괴물과도 맞서기를 두려워해서는 안 된다는 걸 보여 주려고 말이야. 내가 바라는 건, 우리가 우리의 먹거리와 지구에 대해서 조금 더 알고, 지구를 조금이라도 더 좋은 곳으로 만들 수 있었으면 하는 거야. "우리는 이제 막 지구를 사랑하기 시작했을 뿐이다"라고 시인 데니즈 레버토브Denise Levertov가 말했듯이 말이지.

마지막으로 호퍼. 아름답고 영리하고 점잖고 지적이었던 반려견. 이 책을 끝낼 무렵 호퍼가 세상을 떠났다. 내가 숲 속을 달릴 때나 산책을 할 때 묵묵히 내 옆을 따라다녀 줬던 것에 대해서도, 내 아이들을 따뜻하게 보살펴 줬던 것(정말이다!)에 대해서도, 내가 글을 쓸 때면 내 발밑에 너부죽이 엎드려 내 발을 따뜻하게 해 줬던 것에 대해서도 미처 고맙다는 말을 다 하지 못했다. 증명할 길은 없지만, 호퍼가 암에 걸려서 결국에는 신장 질환으로 느닷없이 고통스럽게 죽은 것은 웨스트브룩의 이웃집들이 잔디에 뿌린 농약 때문이라고 생각한다. 오며 가며 마신 물웅덩이에 스며 있었을 농약 성분과, 털에 생긴 진드기를 잡으려고 우리가 뿌렸던 네오니코티노이드 성분의 진드기 퇴치제가 상승 작용을 일으켜 호퍼를 죽게 만들었던 것이다. 그것 말고는 그렇게 건강하고 튼튼했던 반려견—집에서 직접 만든 유기농 사료만 먹였건만—이 그토록 급속도로 병약해진 이유를 달리 찾을 수 없다. 호퍼가 죽고 얼마 후, 우리는 주변 이웃들 누구도 농약을 쓰지 않는 좀 더 안전한 동네로 이사했다. 호퍼의 죽음으로 내 아이들은 안전할까 하는 걱정이 생긴 것은 물론이다. 그 원인을 찾아낼 수도 증명할 수도 없지만, 내 마음 한구석은 계속 찜찜하다.

이 책에 실린 그림들은 모두 우리 가족의 합동 작품이다. 마스든이 내 옆에서 이 그림들을 그렸다. 일요일 아침, 댄이 트랙터와 벌, 옥수수 같은 것들을 목판화**로 작업할 때 마스든은 내 옆에 앉아 곤충 그림책을 뒤지고, 구식 컴퓨터를 요리조리 뜯어보고, 곰돌이 모양의 플라스틱 꿀병을 유심히 들여다보았다. 이건 마스든이 그린 옥수수 조명충나방 애벌레다. 마스든의 그림이 궁금하다면 caitlinshetterly.com에서 찾아볼 수 있다.

옮긴이 주

- 제퍼슨 인문학 강의는 미국의 국립 인문학 기금이 1972년부터 운영하고 있는 일종의 명예 강의이다. 미 연방 정부가 인문학 분야에서 뛰어난 업적을 쌓은 사람을 선정하여 강연자로 초청하는, 인문학자로서는 가장 영예로운 강의이다.

PART 1

1 북아메리카의 중앙, 로키산맥의 동쪽에 위치한 대평원. 미국의 네브래스카주, 노스다코타주, 뉴멕시코주, 몬태나주, 사우스다코타주, 오클라호마주, 와이오밍주, 캔자스주, 콜로라도주, 텍사스주와 캐나다의 매니토바주, 서스캐처원주, 앨버타주에 걸쳐 있다.

2 flyover country. 항공기를 타고 북아메리카 대륙을 동서 횡단할 때 비행기에서 내려다보이는 주. 즉 북아메리카의 내륙에 위치한 주들을 말함.

3 미국의 대표적인 국민 소설가 윌라 캐더(Willa Cather)가 쓴 소설로, 네브래스카를 배경으로 절친한 친구 사이인 안토니아(Antonia Shimerda)와 그녀의 친구 짐 버든(Jim Burden)의 성장기를 그렸다.

4 사슴진드기류에 속하는 여러 진드기가 매개하는 질병으로, 처음에는 발진, 두통, 피로, 오한 등의 증상이 나타난다. 병원균이 신경계에 침범하면 근육, 골격계의 여러 곳에서 증상이 나타나고, 만성적인 관절염으로 발전하기도 한다.

5 1948년 작품인 〈크리스티나의 세계〉를 말한다. 소아마비를 앓아 다리가 불편한 여인 크리스티나의 뒷모습을 묘사한 앤드루 와이어스의 대표작.

6 인공 보존제, 인공 색소 등의 유해 첨가물을 넣지 않은 유기농 식품을 판매하는 미국의 슈퍼마켓 체인.

7 식품의 점착성 및 점도를 증가시키고 유화안정성을 증진하며 식품의 물성 및 촉감을 향상시키기 위한 식품첨가물.

8 진통제의 일종.

9 톡 쏘는 향기로 의식을 되찾게 하는 탄산암모늄 주성분의 약품.

10 현미경 표본 착색용 염료.

11 알레르기 치료제로 쓰이는 항히스타민제의 일종.

12 원문에 "150,000 to 450,000 platelets in a given sample"이라 되어 있으나, "a given sample"은 정확한 단위가 아니므로, 서울 대학교 건강 칼럼을 참조, 1마이크로리터로 단위를 수정했다. 한국 성인의 경우 혈소판은 1마이크로리터당 13만~40만 개임.

13 1950년대에 제작된 뮤지컬 코미디. 영화로 만들어진 후에도 브로드웨이에서 뮤지컬로 오랜 기간 상연되었다. 순박한 소녀 애니 오클레이(Annie Oakley)가 명사수가 되면서 쇼의 스타로 등극하는데, 경쟁 관계에 있던 다른 쇼의 사격 명수 프랭크 버틀러(Frank Butler)와 사랑에 빠진다는 내용이다.

14 동식물 분류 단위의 하나. 즉, 계-문-강-목-과-속-종의 '문(門)을 말한다'.

15 베트남 전쟁 당시, 밀림에 숨어 있는 베트콩 게릴라를 찾아내기 위해 울창한 나뭇잎을 제거할 목적으로 미군이 저공비행으로 살포한 제초제 혼합물. '고엽제'라는 명칭으로 알려져 있다.

16 보빈 성장 호르몬. 우유의 생산량을 늘리기 위해 젖소에게 주사하는 인공 호르몬으로, 유방암, 직장암 등의 발병 위험을 증가시키는 등의 부작용을 일으키는 것으로 알려져 있다.

17 폴리염화 바이페닐. 2개의 벤젠 고리가 연결된 바이페닐의 10개 수소 원자 중 2~10개가 염소 원자로 치환된 화합물. 물에 녹지 않고 유기 용매에 잘 용해되며 산과 알칼리에도 안정적이다. 그러나 토양과 해수에 오래 잔류하며, 인체에 유입되면 간과 피부에 손상을 주는 것으로 판명되어 현재는 사용 및 제조가 금지되어 있다.

18 미국 중서부에 걸쳐 형성된 세계 제1의 옥수수 재배 지역을 말한다. 오하이오주 서부에서 인디애나주, 미시간주 남부, 일리노이주 북부, 아이오와주, 미주리주 북부, 미네소타주 남서부, 사우스다코타주 남동부, 네브래스카주 동부, 캔자스주 북동부에 이르는 광대한 지역이다.

19 초대형 픽업트럭. 흔히 경주용으로 쓰인다.

20 병아리콩 으깬 것과 오일, 마늘을 섞은 중동 지방의 음식.

21 대략 콜로라도 남동부, 캔자스 남서부, 텍사스와 오클라호마주의 좁고 긴 돌출 지역들, 그리고 뉴멕시코의 북동부로 이루어져 있다. '더스트볼'이라는 말은 1930년대 초 이 지역을 강타한 기후 상황에서 비롯되었다. 가축을 방목하고 토지 관리가 대체로 허술했던 시기를 이어 연평균 강우량이 500밀리미터에도 못 미치는 심한 가뭄이 수년간 계속되자, 이 초원의 토착 식물이며 뿌리에 수분을 간직해서 흙을 고정시켜 주는 풀인 쇼트그래스가 죽었고, 겉으로 드러난 표토는 강한 봄바람에 모두 날려갔다. '검은 폭풍(black blizzard)'은 태양을 가렸고 바람에 날린 흙이 점차로 쌓였다. 결국 대공황 때 수천 세대가 이 지역을 떠나야만 했다. 이후 풍화 작용은 연방 정부의 지원으로 점차 줄어들었으며, 방풍림을 조성하고 초원의 많은 부분이 복구되었다. 1940년대 초에 이르러서는 원래의 모습을 거의 되찾았다.

22 미국과 영국에서 육우로 많이 사육하는 소의 품종.

23 수릿과에 딸린 맹금의 하나로 주로 북아메리카 대륙에 분포한다.

24 야드파운드법에 의한 논밭 넓이의 단위. 1에이커는 약 4047제곱미터.

25 미국의 동화 작가. 1870년대부터 1880년대까지 미국 서부를 배경으로 한《초원의 집*Little House in the Big Woods*》이라는 자전적인 소설 시리즈를 썼는데, 그녀의 가족이 주인공이며 둘째 딸인 자신의 시선으로 이야기가 그려진다. 같은 제목의 드라마로도 제작되었다.

26 미국의 제32대 대통령.

27 프랭클린 루스벨트 대통령은 마흔 살이 가까운 나이에 소아마비에 걸려 하반신 불구가 되었으나, 장애를 받아들이고 재활 치료를 받으며 정치 활동을 이어 나갔다.

28 1862년에 발효된 홈스테드법(Homestead Act, 자영농지법)은 미시시피강 서쪽 지역의 미개척지에 들어가 일정한 토지에 거주하며 농지를 개척한 사람에게 160에이커의 토지를 무상으로 제공함으로써 많은 사람들을 서부로 유인했다.

29 미국의 중장비 농기계 회사.

30 미국의 납세자들에게 매년 발송되는, 납세 실적에 따라 은퇴 후 받을 수 있는 보장 내역에 대한 설명서.

31 곡류나 감자 등의 양을 나타내는 데 이용되는 용량의 단위. 약 35리터 정도임.

32 이랑을 따라 비료를 주는 일.

33 야드파운드법에 의한 무게 단위. 1파운드는 약 453.592그램.

34 둑이나 제방, 밭 언저리 등에서 쉽게 볼 수 있는 덩굴 식물.

35 금속 원자를 중심으로 배위자라고 하는 큰 분자들이 달라붙어 형성되는 킬레이트 화합물의 구조를 말한다. 고리 모양의 킬레이트 화합물은 일단 형성되면 안정성이 매우 높아 잘 깨지지 않는다. 따라서 글리포세이트가 망간이나 철분의 주위에 달라붙어 킬레이트 고리를 형성해 버리면, 망간과 철분이 인체 내에서 원래 해야 할 기능을 하지 못하므로, 문제가 생기는 것이다.

36 아군의 의도를 숨기기 위하여 의도되지 않는 작전을 실시하여 적을 기만하는 행위.

37 과민증의 일종. 혈청 주사를 맞은 후, 또는 조개 등을 먹은 후에 일어나는 이질 단백질에 대한 과민 증상.

38 핵연료봉을 추출하는 회사에서 일하다가 방사능에 피폭되자 방사능 물질을 둘러싼 회사의 비리를 폭로하려다가 의문의 교통사고로 사망한 캐런 실크우드(Karen Silkwood)의 실화를 다룬 영화.

39 PE&G 사의 공장에서 유출된 크롬 성분 때문에 힝클리 마을 주민이 병들어 가고 있음을 알게 된 법률 회사의 비서 에린 브로코비치가 마을 주민들을 설득해 거대 기업 PE&G를 상대로 미국 역사상 최대 규모의 소송에서 승소하기까지의 이야기를 그린 영화. 줄리아 로버츠(Julia Roberts)

가 에린 브로코비치로 열연했다.

40 '종결자'라는 의미에서 붙은 이름. 처음 한 번은 발아와 성장이 가능하지만, 그 뒤 수확된 종자는 파종을 해도 싹이 트지 않게 하는 유전자.

41 아프리카 서북부 대서양에 위치한 섬나라. 포르투갈어를 공용어로 사용하며, 농업을 기반으로 하는 혼합경제 체제의 개발 도상국.

42 열대 과일의 일종.

43 1984년 12월 2일 밤, 미국 석유화학 기업 유니언 카바이드 사가 보팔에 세운 살충제 공장에서 유독성인 메틸이소시안염 가스 40톤이 누출되는 사고가 발생했다. 이에 즉사한 사람만 2259명에 달하고, 사고 후유증으로 현재까지 2만여 명이 더 사망한 것으로 알려져 있다.

44 미국의 대표적인 사실주의 화가로, 도시와 교외의 풍경과 소시민들의 일상을 주로 그렸다. 국내 유통업체인 SSG의 초기 광고들이 호퍼의 회화 작품을 오마주했다는 일화가 있다.

45 야구 모자처럼 생긴 캡 형태의 모자.

46 2006년부터 2011년까지 NBC에서 방영된 드라마 〈프라이데이 나이트 라이츠*Friday Night Lights*〉의 주연 배우. 고등학교 풋볼팀 선수들과 코치진들이 매 시즌 닥쳐오는 고난을 헤쳐 나가며 성장하는 과정을 그린 드라마이다.

47 시설 및 요인 경호는 물론 전투, 호송 등의 군사적인 서비스까지 제공하는 민간 군사 기업. 이라크 전쟁에도 용병을 파병할 만큼 전투력이 막강하다. 2011년에 사명을 '아카데미(Academy)'로 변경했다.

48 미국의 대통령 예비 선거 과정 중 아이오와주의 각 군에서 코커스[당원 대회] 형식으로 대의원을 선출하는 행사.

49 미국 연방의회가 제정한 법률이나 주의회가 제정한 주법이 미국 헌법에 위반하는지를 심사하는 제도로 삼권 분립에 있어서 중요한 제도이다.

50 중동 지방에서 쓰이는 소스의 일종으로, 참깨를 갈아 만든 것이다. 여기에 마늘이나 레몬즙, 식초나 올리브오일 등을 섞어 용도에 맞는 소스를 만들어 사용한다.

PART 2

1 돼지의 선지가 들어 있는 거무스름한 독일식 소시지.

2 최고 운영 책임자.

3 삶은 달걀을 올려놓는 컵.

4 수의자이자 하버드 의대 교수이기도 한 마크 제롬 월터스(Mark Jerome Walters)가 《자연의 역습, 환경전염병*Six Modern Plagues*》이라는 책을 내면서 지목한, 현대인들의 생활양식과 환경이 원인이 되는 전염병 여섯 가지. 광우병, 에이즈, DT104라는 살모넬라균, 라임병, 한타 바이러스, 웨스트 나일 바이러스를 말한다.

5 이탈리아에서 생산되는 햄의 일종.

6 소방관들의 수호 성인으로, 화재로부터 보호해 주는 것으로 알려져 있다.

PART 3

1 샌프란시스코만 근교 지역을 연결하는 장거리 전철.

2 1757-1822. 이탈리아 신고전주의 조각가.

3 1780-1825. 나폴레옹 보나파르트의 누이. 본문에서 말하는 대리석 조각상은 1804년 누이인 폴린을 비너스로 묘사한 조각상을 만들어 달라는 나폴레옹의 부탁을 받고 제작한 것이다.

4 1879-1970. 영국의 소설가. 《하워즈 엔드*Howards End*》, 《인도로 가는 길*A Passage to India*》 등을 썼다.

5 미국의 천연자원 보존을 위해 활동하는 단체로, 샌프란시스코에 본부가 있다. 1892년에 캘리포니아 주민들에 의해 만들어졌으며, 초대 회장이던 박물학자 존 뮤어는 자연 보존을 추진하기 위해 정치 활동에 참여했다. 현재 미국 전역에 지부를 두고 환경 문제에 관한 교육과 환경 관련 입법을 위해 각 지역주연방 의회에서 로비를 벌이고 있다.

6 북미 자유무역 협정.
7 태평양과 캘리포니아만 사이에 있는 반도로, 멕시코령에 속한다.
8 멕시코 정부로부터 지원금을 받아 저소득층에 식품을 공급하는 곡물 회사.
9 중합 효소 연쇄 반응. DNA의 특정 부분만을 반복적으로 복제하여 증폭시키는 기술.
10 1930년부터 30년 동안 총장으로 재직하며 UC 버클리를 세계적인 대학으로 키워 낸 로버트 고든 스프롤 박사의 업적을 기려 제정된 석좌교수직.
11 1862년 제1차 모릴법(Morill Act)에 따라 설립된 미국의 고등교육 기관. 연방 정부는 각 주에 1만 2000헥타르씩의 토지를 주고, 이 땅의 매각 대금으로 농업과 기계학을 가르치는 학교를 한 곳 이상씩 설립하도록 했다. 급속한 산업화에 따라 국가가 필요로 하는 숙련공을 양성하는 것이 목적이었다. 코넬 대학교, 퍼듀 대학교, 매사추세츠 공과 대학교, 오하이오 주립 대학교, 일리노이 대학교, 위스콘신 대학교 등이 모두 랜드 그랜트 칼리지로 출발했다.
12 흑인인 타이론 헤이스를 티백에 비유하며 비하한 표현.

에필로그

1 뮤지컬 영화 〈애니*Annie*〉에 나오는 심술쟁이 노처녀 고아원장.
2 잘게 썬 흰 양배추를 소금에 절여 발효시킨 음식. 중앙 유럽의 대표적인 음식이다.
3 파티에 참석하는 사람들이 한두 가지씩 음식을 장만해서 모이는 파티.
4 몸에 좋은 미네랄(유황, 셀레늄, 아연 등)로 독성 미네랄(수은, 납, 카드뮴 등의 중금속)을 대체하는 치료법.
5 교잡하지 않고 수대에 걸쳐 자연 교배한 사과.

참고 자료에 대한 이야기

1 OMG는 'Oh My God'의 줄임말.

•• 댄의 목판화 작품은 케이틀린 셰털리의 공식 홈페이지를 장식하고 있다.

슬픈 옥수수

우리의 음식, 땅, 미래에 대한 위협 GMO

초판 1쇄 발행 2018년 1월 31일
초판 2쇄 발행 2018년 10월 31일

지은이 케이틀린 셰털리 | 옮긴이 김은영
펴낸이 홍석 | 전무 김명희
인문편집부장 김재실 | 책임편집 정다혜 | 디자인 데시그·서은경
마케팅 홍성우·이가은·김정선·배일주 | 관리 최우리

펴낸 곳 도서출판 풀빛 | 등록 1979년 3월 6일 제8-24호
주소 03762 서울특별시 서대문구 북아현로 11가길 12 3층
전화 02-363-5995(영업), 02-362-8900(편집) | 팩스 02-393-3858
홈페이지 www.pulbit.co.kr | 전자우편 inmun@pulbit.co.kr

ISBN 979-11-6172-708-0 04470
ISBN 978-89-7474-402-1 04080 (세트)

이 도서의 국립중앙도서관 출판예정도서목록(CIP)은 서지정보유통지원시스템 홈페이지(seoji.nl.go.kr)와 국가자료공동목록시스템(www.nl.go.kr/kolisnet)에서 이용하실 수 있습니다.
(CIP제어번호: CIP2018000780)